Von formaler Hierarchie zu effektiver Kooperation?

Europäische Hochschulschriften
Publications Universitaires Européennes
European University Studies

Reihe II
Rechtswissenschaft

Série II Series II
Droit
Law

Bd./Vol. 4276

PETER LANG
Frankfurt am Main · Berlin · Bern · Bruxelles · New York · Oxford · Wien

Klaus Simonis

Von formaler Hierarchie zu effektiver Kooperation?

Die Rolle von Information bei der Umsetzung der Umweltschutzpolitik der Europäischen Gemeinschaft am Beispiel der Naturschutz- und Luftreinhaltepolitik

PETER LANG
Europäischer Verlag der Wissenschaften

Bibliografische Information Der Deutschen Bibliothek
Die Deutsche Bibliothek verzeichnet diese Publikation in der Deutschen Nationalbibliografie; detaillierte bibliografische Daten sind im Internet über <http://dnb.ddb.de> abrufbar.

Zugl.: Bremen, Univ., Diss., 2005

D 46
ISSN 0531-7312
ISBN 3-631-54493-6

www.peterlang.de

Für Katharina und Johann

Vorwort

Die vorliegende Untersuchung wurde im Wintersemester 2004/2005 von der Universität Bremen als Dissertation angenommen. Das Manuskript wurde im Herbst 2004 abgeschlossen und für die Veröffentlichung leicht überarbeitet. Neuere Literatur wurde nach Möglichkeit bis Februar 2005 berücksichtigt.

Die Arbeit betreute Prof. Dr. Gerd Winter. Ihm danke ich für Geduld, Vertrauen und die Freiheit, meinen fachlichen Interessen nachgehen zu können. Für die schnelle Erstellung des Zweitgutachtens danke ich Prof. Dr. Ulli Rühl.

Zu danken ist an dieser Stelle der Deutschen Forschungsgemeinschaft, die das Projekt in der Anfangsphase durch ein Stipendium im Rahmen des Graduiertenkollegs „Privatrecht und Risikoregulierung" an der Universität Bremen unterstützt hat. Stellvertretend sei hier Herrn Prof. Dr. Dieter Hart für die Aufnahme in das Kolleg gedankt. Mit fachlichem Rat stand mir in dieser Zeit vor allem Herr PD Dr. Josef Falke zur Seite.

Im Wesentlichen entstand die Arbeit während meiner Zeit an der Forschungsstelle für Europäisches Umweltrecht an der Universität Bremen. Den Kolleginnen und Kollegen dort möchte ich für die angenehme Arbeitsatmosphäre danken. Für die freundliche Bürogemeinschaft danke ich Christoph Ruholl, für motivierende Diskussionen mit Blick über den juristischen Tellerrand Andreas Rau.

Mein besonderer Dank gilt meinen Eltern, die mich stets vorbehaltlos unterstützt haben. Von Herzen danke ich meiner Frau Katja für Mut und Zuversicht.

Schwerin im Juni 2005

Klaus Simonis

Inhaltsverzeichnis

Einleitung

Trotz eines mittlerweile recht umfangreichen Regelwerks der Gemeinschaft zum Schutz der Umwelt und trotz tatsächlicher Fortschritte in einigen Bereichen wird allgemein eine Verschlechterung des Zustandes der Umwelt im Gebiet der Europäischen Gemeinschaft beklagt.[1] Eine der Ursachen wird in der stetigen Steigerung der Anzahl von Verschmutzungsquellen gesehen. So führt beispielsweise im Bereich des Individualverkehrs die gestiegene Anzahl an Fahrzeugen trotz Emissionsrückgangs des einzelnen Fahrzeugs zu einer insgesamt höheren Schadstoffbelastung der Luft.[2] Neben solchen gewissermaßen „von außen" kommenden Problemen treten aber auch „interne", eigene Probleme der Umweltschutzpolitik hinzu.[3] Von der Kommission wird bereits seit Mitte der neunziger Jahre betont, dass es in der gemeinschaftlichen Umweltpolitik nach einer ersten Phase, die vorrangig dem Erstellen eines umweltschützenden Regelwerkes gegolten habe, nunmehr in einer zweiten Phase einer Stärkung und Konsolidierung dieses Regelwerkes bedürfe.[4] Da die gemeinschaftliche Umweltschutzpolitik stark rechtlich geprägt ist, hängt ihre Wirksamkeit in erster Linie von der Implementierung der gemeinschaftsrechtlichen Vorgaben in den Mitgliedstaaten ab. Der Schlüssel dafür liegt nach Ansicht der Kommission in der ordnungsgemäßen Anwendung des Gemeinschaftsrechts. Hier sieht die Kommission

---

1 Die Kommission sprach 1996 von ca. 200 Rechtsakten (KOM (96) 500 endg. v. 22.10.1996 „Durchführung des Umweltrechts der Gemeinschaft", Rdnr. 1). Zum Zustand der Umwelt in der Europäischen Gemeinschaft vgl. European Environmental Agency, Environment at the turn of the century, Environmental Assessment Report No. 2, 1999, S. 7 (http://reports.eea.eu.int, zuletzt besucht am 29.07.2004); für den Bereich des Naturschutzes in Deutschland z.B. Niederstadt, Die Umsetzung der Flora-Fauna-Habitat-Richtlinie durch das Zweite Gesetz zur Änderung des Bundesnaturschutzgesetzes, NuR 1998, 515 (515); differenzierend Tietmann, Situation der Umwelt in der Europäischen Union, in: Rengeling (Hg.), EUDUR Bd. I, § 2, Rdnr. 1.

2 Nicklas, Implementationsprobleme des EG-Umweltrechts, S. 39.

3 Vgl. z.B. aus gemeinschaftsrechtlicher Perspektive Nicklas, Implementationsprobleme des EG-Umweltrechts, S. 85.

4 KOM (96) 500 endg. v. 22.10.1996 „Durchführung des Umweltrechts der Gemeinschaft", Rdnr. 2; KOM (2001) 428 endg. v. 25.07.2001 – „Europäisches Regieren. Ein Weißbuch", S. 32; ebenso der Rat (Entschließung des Rates v. 07. Oktober 1997 zur Formulierung, Durchführung und Durchsetzung des Umweltrechts der Gemeinschaft, EG-ABl. C 321 v. 22.10.1997, S. 1).

nach wie vor Defizite.[5] Das Ausmaß der unvollständigen oder unrichtigen Anwendung liegt, was die Rechtsanwendung der deutschen Praxis betrifft, im Dunkeln;[6] in den anderen Mitgliedstaaten wird es sich nicht anders verhalten.[7] Einigkeit besteht aber darüber, dass ein Defizit in der Anwendungspraxis vorhanden ist und dies ein ernstes Problem der Umweltpolitik und des Umweltrechts darstellt.[8] Dabei ist die Frage nach der Effektivität der gleichmäßigen Implementation gemeinschaftsrechtlicher Richtlinien auch eine normative Frage.[9] Letzten Endes wird durch eine allzu ungleiche Umsetzung und Anwendung des Gemeinschaftsrechts in den Mitgliedstaaten der Zweck der Gemeinschaft, die Schaffung eines einheitlichen Binnenmarktes, und damit auch die Legitimation gemeinschaftlicher Rechtssetzung überhaupt in Frage gestellt. In der Literatur wurde der Gemeinschaft bereits der Vorwurf gemacht, sie flüchte bei der Politikgestaltung vor den Problemen einer strengen Durchsetzung der gemeinschaftsrechtlichen Vorgaben mehr und mehr in die Vorgabe unverbindlicher Rahmen und damit ins *soft law*, statt von den ihr zustehenden Kompetenzen zur Setzung rechtsverbindlicher Vorgaben Gebrauch zu machen.[10]

Zur Lösung der Probleme der Umweltschutzpolitik sucht die Europäische Gemeinschaft neben ordnungsrechtlichen Ansätzen nun auch neue Lösungsansätze. Bereits das 5. Umweltaktionsprogramm der Europäischen Gemeinschaft erklärt den Umweltschutz zu einer gesellschaftlichen Aufgabe, an deren Lösung alle gesellschaftlichen Kräfte beteiligt werden sollten.[11] Dieser Ansatz wird im 6. Umweltaktionsprogramm

---

5 KOM (96) 500 endg. v. 20.10.1996 – „Durchführung des Umweltrechts der Gemeinschaft", Rdnr. 3, 5.

6 Es sind keinerlei Daten über den Vollzug vorhanden; vgl. Lübbe-Wolff, Stand und Instrumente der Implementation des Umweltrechts in Deutschland, in: dies. (Hg.), Der Vollzug des europäischen Umweltrechts, S. 77.

7 Für den Vollzug des englischen Bereiches vgl. Howarth, Umweltrecht und Vollzug des Umweltrechts in England and Wales, in: Lübbe-Wolff, (Hg.), Der Vollzug des europäischen Umweltrechts, S. 37 (65).

8 Lübbe-Wolff, Stand und Instrumente der Implementation des Umweltrechts in Deutschland, in: dies. (Hg.), Der Vollzug des europäischen Umweltrechts, S. 77 (89).

9 Vgl. Kadelbach, Allgemeines Verwaltungsrecht unter europäischem Einfluss, S. 115.

10 So Bothe, „Soft Law" in den Europäischen Gemeinschaften? S. 774.

11 5. Umweltaktionsprogramm der Europäischen Gemeinschaft „Ein Programm der Europäischen Gemeinschaft für Umweltpolitik und Maßnahmen im Hinblick auf eine dauerhafte und umweltgerechte Entwicklung", EG-ABl. C 138 v.

weitergeführt.[12] Es wird der Versuch unternommen, die Aufgabe des Umweltschutzes aus dem Bereich alleiniger staatlicher Verantwortung herauszulösen und gesellschaftliche Mitverantwortung einzufordern. Flankiert wird dieser Ansatz durch die Forderung nach mehr Integration des Umweltschutzes in die anderen Politiken der Gemeinschaft, also einer besseren Verwirklichung des Querschnittcharakters der Umweltpolitik.[13] Als eines der Schlüsselelemente zur Verwirklichung dieses Ansatzes wird die Information bezeichnet.[14] Auch in der Literatur wird allenthalben ein „Informationsdefizit" in der Gemeinschaft konstatiert.[15] Es mangelt danach innerhalb der Organe der Gemeinschaft an brauchbarer Information für die Schaffung effektiver und effizienter Instrumente, benötigt werden aber auch Informationen für die Umsetzung und den

---

17.05.1993, S. 1 (78 ff.); vgl. auch KOM (2001) 264 endg. v. 15.5.2001 „Nachhaltige Entwicklung in Europa für eine bessere Welt: Strategie der Europäischen Union für die nachhaltige Entwicklung", S. 9.

12 Vgl. Art. 3 des 6. Umweltaktionsprogramms (Beschluss Nr.1600/2002/EG des Europäischen Parlaments und des Rates v. 22.07.2002 über das sechste Umweltaktionsprogramm der Europäischen Gemeinschaft, EG-ABl. L 242 v. 10.09.2002, S. 1).

13 5. Umweltaktionsprogramm der Europäischen Gemeinschaft „Ein Programm der Europäischen Gemeinschaft für Umweltpolitik und Maßnahmen im Hinblick auf eine dauerhafte und umweltgerechte Entwicklung", EG-ABl. C 138 v. 17.05.1993, S. 1 (81). Dabei treten durchaus Konflikte mit anderen Politikbereichen auf, so sieht sich das Umweltrecht in Deutschland bereits seit längerem mit Forderungen nach Deregulierung, beispielsweise dem Abbau von Beteiligungsrechten zur Verfahrensbeschleunigung, konfrontiert (krit. dazu bereits Erbguth, Umweltrecht im Gegenwind: die Beschleunigungsgesetze, JZ 1994, 477; ebenso das Umweltgutachten 2002 des Rates von Sachverständigen für Umweltfragen „Für eine neue Vorreiterrolle", BT-Drs. 14/8792 v. 15.04.2002, S. 122); vgl. auch Voßkuhle, Der Wandel von Verwaltungsrecht und Verwaltungsprozessrecht in der Informationsgesellschaft, in: Hoffmann-Riem/ Schmidt-Aßmann (Hg.), Verwaltungsrecht in der Informationsgesellschaft, S. 349 (373 f.).

14 5. Umweltaktionsprogramm der Europäischen Gemeinschaft „Ein Programm der Europäischen Gemeinschaft für Umweltpolitik und Maßnahmen im Hinblick auf eine dauerhafte und umweltgerechte Entwicklung", EG-ABl. C 138 v. 17.05.1993, S. 1 (68 f.).

15 Z.B. Epiney, Umweltrecht in der Europäischen Union, S. 45; Demmke, Die EG-Informationsrichtlinie und die Vollzugsdefizite in der EG-Umweltpolitik, in: Hegele/ Röger, Umweltschutz durch Umweltinformation, S. 49; polemisch auf die schlechte Ausstattung der Kommission hinweisend: Hören, Bringt Bücher nach Brüssel, NJW 2000, 3112; Beutler/Bieber/Pipkorn/Streil, Die Europäische Union, S. 681 Rdnr. 1195.

Vollzug der vorhandenen Instrumente.[16] Neben Instrumenten der indirekten Verhaltenssteuerung wie der „Publikumsinformation", zum Beispiel in Form des Umweltzeichens,[17] und ähnlichen indirekten Steuerungsinstrumente, wie dem Umweltinformationsgesetz,[18] oder verfahrensrechtlich orientierten Instrumenten, wie der Umweltverträglichkeitsprüfung,[19] verfolgt die Europäische Gemeinschaft mit der Errichtung von Informationssystemen und -netzen eine neue Strategie:[20] Die Kommission verschafft sich in zunehmenden Maße über institutionalisierte Netzwerke, aber auch über Verfahren, welche die mitgliedstaatlichen Fachbehörden und private Verbände und Nichtregierungsorganisationen einbeziehen, Informationen, die sie für die Gestaltung und Durch-

---

16 Engelsberger sieht beispielsweise die Möglichkeit den Vollzug durch Information zu verbessern (ders., Der Vollzug europarechtlicher Vorschriften auf dem Gebiet des Umweltschutzes, S. 288; vgl. dazu auch Demmke, Die Implementation von EG-Umweltpolitik in den Mitgliedstaaten, S. 279). Dies wird auch im 5. Umweltaktionsprogramm der Europäischen Gemeinschaft „Ein Programm der Europäischen Gemeinschaft für Umweltpolitik und Maßnahmen im Hinblick auf eine dauerhafte und umweltgerechte Entwicklung" bemängelt (EG-ABl. C 138 v. 17. 05. 1993, S. 1 (68)).

17 Z.B. die europäische „Blume"-Verordnung (EG) Nr. 1980/2000 des Europäischen Parlaments und des Rates v. 17.07.2000 zur Revision des gemeinschaftlichen Systems zur Vergabe des Umweltzeichens, EG-ABl. L 237 v. 21.09.2001. Weitere Informationen unter http://www.europa.eu.int (zuletzt besucht am 29.07.2004).

18 Umweltinformationsgesetz v. 08.07.1994, BGBl. I, S. 1490, neugefasst durch Bek. v. 23.08.2001, BGBl. I, S. 2218.

19 Gesetz über die Umweltverträglichkeitsprüfung v. 12.02.1990, BGBl. I, S. 205, neugefasst durch Bek. v. 05. 09.2001, BGBl. I, S. 2350; zuletzt geändert durch Art. 2 Gesetz v. 18.06.2002, BGBl. I, S. 1914.

20 Vgl. zu Netzwerken und einer verbesserten Zusammenarbeit zwischen Gemeinschaft und Mitgliedstaaten den Bericht der Kommission SEK (2002) 804 v. 07.07.2002 „Vierter Jahresbericht über die Durchführung und Durchsetzung des Umweltrechts der Gemeinschaft", S. 7. Ein System zur Erhebung und Veröffentlichung von Daten zur Luftreinhaltung wird z.B. durch die Richtlinie 96/62/EG des Rates v. 27. September 1996 über die Beurteilung und die Kontrolle der Luftqualität (EG-ABl. Nr. L 296/55 v. 21.11.1996) errichtet. Dazu Wägenbaur *Europa-Report - Informationsnetz zur Messung der Luftverschmutzung*, EuZW 1997, 290. Die Daten sind auch im Internet abrufbar unter http://www.prtr.de/EPER2003 oder www.eper.de. Das diskutierte Spektrum umfasst nicht nur die Verbraucherinformation als Steuerungsinstrument, sondern beispielsweise auch das Thema Ökobilanzen (Rehbinder/Schmihing, Öko-Bilanzen als Instrumente des Umweltschutzes); allgemein zum Thema Information als Steuerungsinstrument z.B. in der Bodenschutzpolitik (Bückmann/Yeong Heui Lee/Zieschank, Bodenschutz, UPR 1999, 81 ff.).

führung der Umweltschutzpolitik benötigt. Ein Beispiel ist die Europäische Umweltagentur als „Netzwerkmoderator" des „Umweltinformations- und -beobachtungsnetzes" *EIONET* (European Environmental Information and Observation Network)[21].

Aus dem nationalstaatlichen Kontext ist bekannt, dass gesetzliche Regelungen vollzugsfreundlich oder -unfreundlich gestaltet werden können.[22] Im Bereich der gemeinschaftlichen Umweltschutzpolitik liegt in der Regel vor dem Vollzug durch die mitgliedstaatlichen Verwaltungen die Umsetzung der gemeinschaftsrechtlichen Regelungen in das nationale Recht. Auch das Gemeinschaftsrecht kann dabei die Voraussetzungen für eine reibungslose und vollständige Umsetzung und den anschließenden Vollzug durch die nationalen Verwaltungen in den Mitgliedstaaten schaffen, es kann den Mitgliedstaaten und deren Verwaltungen aber auch Stolpersteine in den Weg legen.[23] In der vorliegenden Arbeit wird der Frage nachgegangen, inwieweit die gemeinschaftsrechtlichen Vorgaben für die Mitgliedstaaten „implementationsfreundlich" gestaltet sind, ob sie also Bedingungen für eine zügige und vollständige Implementation in den Mitgliedstaaten schaffen. Es soll untersucht werden, inwieweit die Gestalt der gemeinschaftlichen Regulierung jeweils ein bestimmtes Konzept der Implementation verfolgt und welchen Einfluss dieses Konzept auf die Implementation des gemeinschaftlichen Sekundärrechts in den Mitgliedstaaten nimmt. Wie eben dargestellt, wird nicht zuletzt von der Europäischen Gemeinschaft selbst Information als ein Schlüssel zu einer verbesserten Umweltschutzpolitikgenannt. Der Fokus der Arbeit liegt daher auf der Frage, welche Rolle Information für

---

21 Grundlegend zur Umweltagentur Kahl, Stellung und Funktion von Umweltagenturen - eine rechtsvergleichende Typologie, UTR 36 (1996), S. 119 ff. Information zu allgemeinen Aufgaben und Tätigkeiten: http://nature.eionet.eu.int (zuletzt besucht am 29.07.2004). Siehe auch Viertes Kapitel, B III., 2. b).

22 So weist Jarass am Beispiel des Immissionsschutzrechts darauf hin, dass die für den Vollzug des BImSchG so wichtige Verwaltungsvorschrift TA-Luft und das BImSchG selbst nicht die gleiche begriffliche Systematik verwenden mit der Folge, dass die TA-Luft zum Teil kürzer greift als das Gesetz (ders., Zur Systematik des Immissionsschutzrechts, in: Dolde (Hg.), Umweltrecht im Wandel, S. 381 (394)).

23 Vgl. zu dem Problem vollzugsuntauglicher Rechtssätze aus Perspektive des Gemeinschaftsrechts z.B. Albin, Die Vollzugskontrolle des europäischen Umweltrechts, S. 321 ff. Auch die Europäischen Gemeinschaft hat das Problem erkannt; vgl. Bericht der Kommission SEK (2002) 804, v. 07.07.2002, „Vierter Jahresbericht über die Durchführung und Durchsetzung des Umweltrechts der Gemeinschaft", S. 7.

die Implementation des Gemeinschaftsrechts in den Mitgliedstaaten spielt, und ob mit Hilfe von Information Bedingungen einer möglichst zügigen und vollständigen Implementation geschaffen werden können.

Diese Fragestellung soll an den Beispielen der Luftreinhaltepolitik in Form des Anlagenzulassungsrechts und des Naturschutzes in Form der Schutzgebietsausweisung untersucht werden. Luftreinhaltepolitik und Naturschutz gehören zum Kernbestand der Umweltschutzpolitik.[24] In der jüngeren Vergangenheit haben Elemente der Information auch in diese beiden Bereiche Eingang gefunden. Nach der Vogelschutzrichtlinie aus dem Jahre 1979 sieht die Fauna-Flora-Habitat-Richtlinie aus dem Jahre 1992 (FFH-Richtlinie)[25] mit dem Natura-2000-Programm die Einrichtung eines Netzes von Schutzgebieten zur Sicherung der ökologischen Vielfalt in den Mitgliedstaaten vor. Während die ältere Vogelschutzrichtlinie[26] die Auswahl von Schutzgebieten weitgehend in die Hand der Mitgliedstaaten legt, werden die Schutzgebiete nach der FFH-Richtlinie in einem besonderen Verfahren festgelegt. Aus den Meldungen relevanter Gebiete durch die Verwaltungen der Mitgliedstaaten entwirft die Kommission im Einvernehmen mit den Mitgliedstaaten eine Liste mit Gebieten von Gemeinschaftsinteresse, die sie nach Stellungnahme des sogenannten Habitat-Ausschusses den Mitgliedstaaten in Form einer Entscheidung mitteilt. Die Mitgliedstaaten haben sodann ihrerseits die notwendigen konkreten Maßnahmen zum Schutz der festgelegten Gebiete zu treffen. Im Anlagenzulassungsrecht sieht die Richtlinie 96/61/EG über die integrierte Vermeidung und Verminderung der Umweltverschmutzung (IVU-Richtlinie)[27] einen „Informationsaustausch" über den Stand umweltschützender Technik der gängigen Industriebran-

---

24 Das Naturschutzrecht ist eines der ältesten Teilgebiete des Umweltrechts (Kloepfer, Umweltrecht, § 11, Rdnr. 3). Das Immissionsschutzrecht kann ebenfalls auf eine lange Tradition zurückblicken und lässt sich noch immer als „Herzstück" des deutschen Umweltrechts bezeichnen (ders., a.a.O., § 14, Rdnr. 5 ff).

25 Richtlinie 92/43/EWG des Rates v. 21. Mai 1992 zur Erhaltung der natürlichen Lebensräume sowie der wildlebenden Tiere und Pflanzen, EG-ABl. Nr. L 206 v. 22.07.1992, S. 7.

26 Richtlinie 79/409/EWG des Rates v. 2. April 1979 über die Erhaltung der wildlebenden Vogelarten, EG-ABl. Nr. L 103 v. 25.04.1979, S. 1.

27 Richtlinie 96/61/EG des Rates v. 24. September 1996 über die integrierte Vermeidung und Verminderung der Umweltverschmutzung, EG-ABl. Nr. L 257 v. 10.10.1996, S. 26.

chen vor. Die ältere Industrieanlagen-Richtlinie[28] und die nachfolgenden Richtlinien zur Konkretisierung[29] beschränkten sich dagegen darauf, Standards zu setzen.

Im ersten Kapitel der Arbeit wird der Begriff der Information als Grundlage für die weitere Untersuchung herausgearbeitet. Im Anschluss daran wird im zweiten Kapitel der Bedeutung von Information in der nationalen Umweltschutzpolitik nachgegangen. Das dritte Kapitel skizziert den Rahmen der europäischen Umweltschutzpolitik. Im vierten und fünften Kapitel werden jeweils die als Beispiele ausgesuchten Richtlinien (Vogelschutzrichtlinie und FFH-Richtlinie sowie Industrieanlagen- und IVU-Richtlinie) und deren Implementation dargestellt. Das sechste Kapitel bewertet schließlich die in den vorangegangenen Kapiteln gewonnenen Erkenntnisse.

28 Richtlinie 84/360/EWG des Rates v. 28. Juni 1984 zur Bekämpfung der Luftverunreinigung durch Industrieanlagen, EG-ABl. Nr. L 188 v. 16.07.1984, S. 20.

29 So z.B. die Großfeuerungsanlagen-Richtlinie (Richtlinie 88/609/EWG des Rates v. 24. November 1988 zur Begrenzung von Schadstoffemissionen von Großfeuerungsanlagen in die Luft, EG-ABl. Nr. L 336 v. 07.12.1988, S. 1).

Erstes Kapitel:

Begriff der Information

Für ein differenziertes Verständnis als Grundlage der weiteren Betrachtung und Analyse der Funktion und Bedeutung von Information ist eine begriffliche Ein- und Abgrenzung notwendig. Im folgenden Kapitel wird der Begriff der Information näher betrachtet. Anhand von Beispielen aus Gesetzestexten, Gerichtsurteilen und der Literatur erfolgt zunächst eine kurze Bestandsaufnahme für den Bereich der Rechtswissenschaft. In Anlehnung an sprachwissenschaftliche Kategorien werden sodann die unterschiedlichen begrifflichen Ebenen der Information dargestellt. Auf der Basis dieser Differenzierung wird schließlich ein eigener Begriff der Information herausgearbeitet und gegenüber ähnlichen Begriffen wie dem Datum und der Nachricht abgegrenzt.

A. Der Begriff „Information" in der juristischen Diskussion

Mit der EG-Richtlinie über den freien Zugang zu Umweltinformationen[30] und ihrer Umsetzung durch das Umweltinformationsgesetz (UIG)[31] in das deutsche Recht liegt für den juristischen Bereich eine Legaldefinition für den Begriff der Umweltinformation vor. In Artikel 2 der Umweltinformationsrichtlinie und dem gleichlautendem § 3 Abs. 2 des Umweltinformationsgesetzes werden Umweltinformationen als „in Schrift, Bild oder sonstigen Informationsträgern vorliegende Daten" über die Zustände bestimmter Umweltmedien und Tätigkeiten bestimmter öffentlicher Stellen oder Dritter definiert. Normiert wird ein Anspruch auf Aufklärung über Datenbestände; der Begriff Information wird mit dem der Daten gleichgesetzt, der Aspekt der Mitteilung und Weitergabe fehlt. Die Literatur und auch die Gerichte beschäftigen sich zwar mit der Auslegung des Informationsbegriffs im UIG, es geht dabei jedoch nicht um das Verständnis und die Funktion von Information. Gegenstand der Auseinandersetzung ist vielmehr die Frage, ob ein Zugangsrecht zu bestimmten Wissen besteht oder nicht; d.h. es wird über die Reichweite des

---

30 Richtlinie 90/313/EWG des Rates v. 07. Juni 1990 über den freien Zugang zu Informationen über die Umwelt, EG-ABl. Nr. L 158 v. 03.06.1990, S. 56.

31 Umweltinformationsgesetz (UIG), in der Fassung der Bekanntmachung v. 23. August 2001 (BGBl. I, S. 2218)

Anspruchs auf Zugang zu den Datenbeständen der Verwaltung diskutiert.[32]

Auch die Gründungsverordnung der Europäischen Umweltagentur (European Environmental Agency, EEA) verwendet den Begriff der Information.[33] Hauptaufgabe der Agentur ist die Generierung und Verbreitung von Information. Die Gründungsverordnung spricht von Daten und Informationen, ohne dass die Begriffe näher definiert oder explizit voneinander abgegrenzt werden. Die Begriffe werden jedoch differenziert verwendet. So findet der Begriff „Daten" bei der Messung und Ermittlung von Umweltzuständen Verwendung,[34] während von „Information" im Zusammenhang mit der weiteren Verwendung der aus den Daten gewonnenen Ergebnisse gesprochen wird.[35]

Das 5. Umweltaktionsprogramm der Europäischen Gemeinschaft betont ebenfalls die Rolle von Information für die Gestaltung und Umsetzung einer effektiven Umweltpolitik. Auch hier wird der Begriff nicht näher ausgeführt, sondern allgemein von der Verbesserung der Datenlage als Entscheidungsgrundlage gesprochen.[36] Das 6. Umweltaktionsprogramm knüpft daran an und betont unter der Überschrift „Information" noch einmal die Bedeutung einer hinreichenden Datengrundlage für fundierte Entscheidungen in der Umweltschutzpolitik.[37]

---

32 Winter, Was sind Umweltinformationen, was Vorverfahren im Sinne der Umweltinformationsrichtlinie? NuR 1997, 335 (336); zu der Frage, ob auch Bewertungen Informationen im Sinne des Gesetzes sein können, vgl. auch Vahldiek, Neue Entwicklungen in der Rechtsprechung zum Umweltinformationsrecht, ZUR 1997, 144 ff. Mit aktuellem Überblick über die Rechtsprechung: Rossi, Das Umweltinformationsgesetz in der Rechtsprechung, UPR 2000, 175 (176 f.).

33 Verordnung (EWG) Nr. 1210/90 des Rates v. 07. Mai 1990 zur Errichtung einer Europäischen Umweltagentur und eines Europäischen Umweltinformations- und Umweltbeobachtungsnetzes, EG-ABl. Nr. L 120/1 v. 11.05.1990.

34 Vgl. z.B. Art. 2 iii) VO (EWG) Nr. 1210/90.

35 Z.B. Art. 1 Abs. 2, 1. Spiegelstrich, VO 1210/90/EWG. In dieser Weise differenziert auch aus politologischer Perspektive Zieschank, Einleitung, in: Weidner/Zieschank/ Knoepfel (Hg.), Umwelt-Information, S. 24.

36 5. Umweltaktionsprogramm der Europäischen Gemeinschaft „Ein Programm der Europäischen Gemeinschaft für Umweltpolitik und Maßnahmen im Hinblick auf eine dauerhafte und umweltgerechte Entwicklung", EG-ABl. C 138 v. 17.05.1993, S. 1 (67).

37 6. Umweltaktionsprogramm (Beschluss Nr.1600/2002/EG des Europäischen Parlaments und des Rates v. 22. Juli 2002 über das sechste Umweltaktionspro-

Prominente Beispiele gerichtlicher Entscheidungen zur Information als Instrument staatlicher Steuerung im deutschen Recht sind die Transparenzlisten-Entscheidung[38] und die Glykolwein-Entscheidung[39] des Bundesverwaltungsgerichts. Beide Entscheidungen beschäftigen sich zum einen mit der Frage, ob die behördliche Information der Öffentlichkeit über die Eigenschaften bestimmter Produkte in Grundrechte der betroffenen Produzenten eingreift, und zum anderen mit der dafür notwendigen rechtlichen Eingriffsgrundlage. Schließlich sind noch kompetenzrechtliche Fragen staatlicher Verbraucherinformation Gegenstand der Entscheidungen.[40] Auf den Begriff der Information und seine Abgrenzung zu anderen Begriffen wird nicht näher eingegangen. In der Glykolwein-Entscheidung wird von „Information der Öffentlichkeit durch sachgerechte Aufklärungsarbeit" und der Aufgabe der Regierung, Krisen „durch Information und Warnung der Öffentlichkeit" zu bewältigen, gesprochen.[41] Das Begriffsverständnis entspricht dem Alltagsverständnis, wobei der Schwerpunkt auf der Mitteilung bestimmter Sachzusammenhänge liegt. Darüber hinaus schreibt das Bundesverwaltungsgericht der Information eine Steuerungsfunktion zu.[42] Worin diese spezifische Steuerungseigenschaft und ihre Funktionsweise besteht, wird aber nicht weiter erörtert, sondern vorausgesetzt.[43]

In Monographien zum Umweltrecht wird das Instrument Information als „schlicht-hoheitliches Verwaltungshandeln, das ... auf Information[!], Beratung, Überzeugung oder Überredung zielt", beschrieben.[44] Betont

---

gramm der Europäischen Gemeinschaft (EG-ABl. L 242/1 v. 10.09.2002)). Vgl. auch die Mitteilung der Kommission zum Hintergrund des 6. Umweltaktionsprogramms (KOM (2001) 31 endg. v. 24.01.2001, „Mitteilung der Kommission an den Rat, das Europäische Parlament, den Wirtschafts- und Sozialausschuss und den Ausschuss der Regionen zum sechsten Aktionsprogramm der Europäischen Gemeinschaft für die Umwelt 'Umwelt 2010: Unsere Zukunft liegt in unserer Hand' - Sechstes Umweltaktionsprogramm", insb. Ziff. 8.2).

38 BVerwGE 71, 183 - „Transparenzlisten".

39 BVerwGE 87, 37 - „Glykolwein"; vgl. außerdem BVerwGE 82, 76 - „Jugendsekten", das sich jedoch nicht auf den Verbraucher- oder Umweltschutz bezieht.

40 Ausführlich dazu Brandt, Umweltaufklärung und Verfassungsrecht, S. 74 ff.

41 BVerwGE 87, 37 (47) -„Glykolwein".

42 BVerwGE 71, 183 (192 ff.) - „Transparenzlisten"; darauf Bezug nehmend BVerwGE 87, 37 (42) -„Glykolwein".

43 BVerwGE 87, 37 (49) - „Glykolwein".

44 So z.B. Breuer, Umweltschutzrecht, in: Schmidt-Aßmann (Hg.), Besonderes Verwaltungsrecht, Rdnr. 84; vgl. Sparwasser/Engel/Voßkuhle, Umweltrecht, § 2, Rdnr. 174 ff.

wird stets der Aspekt der Mitteilung, wobei jeweils als spezifische Funktion der Zweck der Mitteilung, den Einzelnen zu einem bestimmten Verhalten zu bewegen, hinzukommt.[45] Hier zeigt sich die Steuerungsfunktion der Information. Information wird dabei allgemein als „weiches" Instrument der indirekten Verhaltenssteuerung im Gegensatz zu ordnungsrechtlichen Instrumenten wie Ge- und Verboten charakterisiert. Auch in anderen wissenschaftlichen Untersuchungen zum Thema „Information" wird der Begriff oft nicht näher konkretisiert, sondern schlicht als Oberbegriff verschiedener Kategorien von Information verwendet, denen dann eine Steuerungsintention oder Einflussnahme zugeschrieben wird - oder auch nicht. So bildet zum Beispiel *Philipp* in einer Untersuchung über staatliche Verbraucherinformation die Kategorien der herkömmlichen Öffentlichkeitsarbeit und der Verbraucherinformation, wobei erstere den Zweck verfolge, einen gesellschaftlichen Konsens über die Regierungspolitik zu erreichen, und letztere dazu diene, über die Verbraucher Einfluss auf die umweltfreundlichere Gestaltung von Produkten zu nehmen.[46] Aus verfassungsrechtlicher Perspektive differenziert dagegen *Vierhaus* in einer Untersuchung über die politische Willensbildung im demokratischen Rechtsstaat für den Bereich der Umweltpolitik unter dem Oberbegriff der Information zwischen wertneutraler Wissensvermittlung und der werbenden, appellativen Umweltaufklärung.[47] Andere Autoren verwenden nicht den Begriff der Information,

---

45 Vgl. Kloepfer, Umweltrecht, § 5, Rdnr. 166; 311 ff.

46 Philipp, Staatliche Verbraucherinformation im Umwelt- und Gesundheitsrecht, S. 2 f. Der Unterschied zwischen herkömmlicher Öffentlichkeitsarbeit und Verbraucherinformation als Politikinstrument ist nach dieser Differenzierung im Zweck der Information zu sehen: Bei der herkömmlichen Öffentlichkeitsarbeit kann die behördliche Information wegfallen; die jeweilige Aufgabe wird dennoch erledigt. Beim Instrument der Verbraucherinformation ist dies nicht der Fall, da die Information selbst das Mittel behördlichen Handelns ist und die Aufgabe nur dadurch erfüllt wird; die Aufgabe bliebe ohne diese Informationstätigkeit unerledigt. Behördliche Verbraucherinformation dient danach allein der Veränderung des individuellen Verbraucherverhaltens mit dem Ziel einen bestimmten Erfolg, z.B. eine geringere Umweltbelastung durch eine bestimmte Produktgruppe, zu erzielen.

47 Vierhaus, Umweltbewusstsein von oben, S. 183, 187: Ziel staatlicher Umweltinformation in der Bundesrepublik sei die Schaffung eines „Umweltbewusstseins". Diesem sollen sich in Anlehnung an eine Betrachtungsweise aus psychologischer Sicht vier Komponenten zuordnen lassen: ein intellektuelles Element (Wissen über die Umwelt), ein emotionales Element (Umwelterleben und -betroffenheit), ein ethisches Moment (umweltbezogene Wertorientierungen) und ein voluntatives Element (umweltrelevante Verhaltensabsichten).

sondern stellen statt dessen auf Begriffe wie Beratung ab, wobei es sich in der Sache jedoch um ähnlich gelagerte Themen und Fragestellungen handelt:[48] Stets geht es um Wissen, das im Zusammenhang mit Entscheidungen abgefragt oder eingebracht wird. Auch Begriffe wie Umweltinformation, Umweltberichterstattung und Umweltinformationssystem oder Umweltmonitoring werden in Untersuchungen zu den entsprechenden Themen nicht einheitlich verwendet, sondern teils nebeneinander, teils synonym verwendet.[49] In der neueren Literatur findet sich eine Differenzierung zwischen „Befindlichkeiten" der Information. Unterschieden wird zwischen der „Fracht" (der Information auf dem Weg; die Übertragung), dem „Bestand" (dem Reservoir, z.B. ein Archiv), dem „Input" (der Aufnahme der Information), sowie dem „Output" (die Überführung der Information; die Kommunikation).[50]

Zusammenfassend stellt sich die juristische Terminologie in der umweltpolitischen Diskussion in Bezug auf das Instrument „Information" uneinheitlich und wenig differenziert dar. Teils wird der Zweck bzw. die Funktion, nämlich die Intention einer Steuerung, betont, teils wird dieser Zweck aber auch schlicht vorausgesetzt, oder es wird zwischen zweck-

---

Diesem Begriff des Umweltbewusstseins, dessen wichtigste Komponenten das intellektuelle und das voluntative Element seien, lasse sich das Umweltverhalten als jeweils umweltrelevantes Verhalten des einzelnen gegenüberstellen. Hiervon ausgehend, bildet Vierhaus zwei Grundkategorien der staatlichen Information, die der wertneutralen Wissensvermittlung und die der werbenden, appellierenden Aufklärung, mit jeweils weiteren Unterkategorien. Wertneutrale Information zielt Vierhaus zufolge allein auf das intellektuelle Moment, während die werbende Aufklärung auf das voluntative Element abzielt und danach eine explizite Steuerungsintention aufweist. Ähnlich differenzieren Hoppe/Beckmann/Kauch, Umweltrecht, § 9, Rdnr. 61 ff.

48 Z.B. Brohm, Sachverständige Beratung des Staates, in: Isensee/Kirchhoff, HdStR II, der die verfassungsrechtliche Zulässigkeit der Beratung hoheitlicher Entscheidungsträger beim Fällen einer Entscheidung untersucht und von der Grundthese eines über diese Beratung vermittelten faktischen Einflusses der Berater ausgeht. Vgl. auch Timm, Die wissenschaftliche Beratung der Umweltpolitik, S. 9 f.

49 Z.B. Zieschank, Einleitung, in: Weidner/Zieschank/Knoepfel, Peter (Hg.), Umwelt-Information, S. 10 f. Betrachtet man die europäische Ebene, so kommt noch ein unterschiedliches Verständnis in den Mitgliedstaaten hinzu; ders., a.a.O. So wird etwa auch in der Gründungsverordnung der Europäischen Umweltagentur (VO 1210/90) mal von Daten, mal von Informationen gesprochen.

50 Lenk, Außerrechtliche Grundlagen für das Verwaltungsrecht in der Informationsgesellschaft, in: Hoffmann-Riem/Schmidt-Aßmann, Verwaltungsrecht in der Informationsgesellschaft, S. 59 (70).

freier und bezweckter Information unterschieden.[51] Ein einheitliches, spezifisch juristisches Verständnis von Information hat sich weder herausgebildet, noch lässt sich eines aus den angeführten Beispielen ableiten. Allgemein vorherrschend ist das alltägliche Begriffsverständnis;[52] die Begriffe werden je nach Kontext und Zusammenhang in unterschiedlichen Bedeutungszusammenhängen und mit unterschiedlichen Inhalten verwendet. Die konkrete Bedeutung ergibt sich jeweils erst aus dem Zusammenhang. Immerhin wird aber deutlich, dass die Information einen spezifischen Bezug zur Entscheidung besitzt, dass sie in Bezug auf die Entscheidung vielfach zweckgebunden verwendet wird, und dass mit ihr bestimmte Ziele verfolgt werden. Auch wird die Vielseitigkeit und Vielgestaltigkeit des Instruments der Information deutlich sichtbar. Soll der Begriff Information mit einem eigenständigen Inhalt gefüllt werden und nicht nur als konturloser Oberbegriff verwendet werden oder durch den konkreten textlichen Zusammenhang seine jeweilige Bedeutung erhalten, so ist es notwendig, ihn gegenüber dem weiten Alltagsverständnis einzugrenzen und gegenüber verwandten Begriffen wie der Nachricht, dem Datum oder der Mitteilung abzugrenzen. Einen Anknüpfungspunkt bietet die Differenzierung zwischen den „Befindlichkeiten" der Information.

B. Ein eigenständiger Begriff der Information

Dem deutschen Wort „Information" liegt der lateinische Begriff *informatio* zugrunde, dieser bedeutet „das Versehen von etwas mit einer Form, Gestaltgebung".[53] Im Laufe der Zeit hat sich die Bedeutung über „Benachrichtigen", „Auskunft geben" und „Belehren" auf „Wissensvermittlung", „Mitteilung" oder „Nachricht", also auf das oben auch als Alltagsverständnis Bezeichnete, reduziert. In den verschiedenen wissenschaftlichen Disziplinen wird der Begriff der Information in unterschiedlicher

---

51 In der jüngeren Vergangenheit werden auch die Veränderungen in der Verwaltungspraxis bedingt durch die EDV-technische Entwicklung unter dem Oberbegriff der Information abgehandelt, vgl. z.B. Gusy, Verwaltung durch Information, NJW 2000, 977 ff.; Reinermann, Das Internet und die öffentliche Verwaltung, DÖV 1999, 20 ff.

52 Im Alltagssprachverständnis bedeutet der Begriff Information eine Mitteilung, Nachricht, Auskunft oder Aufklärung (vgl. z.B. Duden Fremdwörterbuch, Stichwort „Information").

53 Wessling, Individuum und Information, S. 11 f. Vgl. auch Winter, Was sind Umweltinformationen, was Vorverfahren im Sinne der Umweltinformationsrichtlinie? NuR 1997, 35 (336), m.w.N.

Weise und mit unterschiedlichen Bedeutungen verwendet[54] und je nach den spezifischen Bedürfnissen interpretiert und eingeengt.[55] In der vorliegenden Arbeit werden unterschiedliche europäische Richtlinien auf das ihnen zugrunde liegende Regelungskonzept untersucht. Dabei soll insbesondere die Rolle von Information betrachtet werden. Die begriffliche Eingrenzung soll ein zur Analyse der Regelungsstrukturen und Implementationskonzepte taugliches Begriffsverständnis ergeben.

I. Begriffliche Ebenen der „Information": Eine erste Annäherung

Die Sprachwissenschaft betrachtet Zeichen aus drei unterschiedlichen Perspektiven, der Grammatik - auch Syntaktik genannt -, der Semantik und der Pragmatik.[56] Auf der syntaktischen Ebene sind die Zeichen oder Signale und ihre mathematisch-statistischen Beziehungen zueinander angesiedelt.[57] Die Bedeutung der syntaktischen Verknüpfungen wird auf der semantischen Ebene betrachtet.[58] Die Pragmatik schließlich bezieht Sender und Empfänger als Zeichenbenutzer ein und berücksichtigt so die Zweckorientierung.[59] Als zusätzliche Ebene lässt sich außerdem die Sigmatik einführen, die sich zwischen syntaktische und semantische Ebene schiebt und sich mit der Beziehung zwischen bezeichneten Objekten und Zeichen beschäftigt.[60] Die verschiedenen Dimensionen lassen sich zwar nicht trennscharf voneinander abgrenzen, sie lassen sich jedoch als hierarchisches Modell darstellen: Die semantische Ebene umfasst demnach die syntaktische Ebene und die sigmatische Ebene, und die pragmatische Ebene schließt alle anderen ein.[61] Will man nun den Begriff der „Information" nicht umfassend auf alle Ebenen beziehen, sondern enger fassen, so lässt sich der Begriff Information mit den verwand-

---

54 Seggelke, Information, in: Böhret/Hill (Hg.), Ökologisierung des Rechts- und Verwaltungssystems, S. 44.

55 Mag, Entscheidung und Information, S. 4.

56 Linke/Nussbaumer/Portmann, Studienbuch Linguistik, S. 39 ff.

57 Linke/Nussbaumer/Portmann, Studienbuch Linguistik, S. 39 f.

58 Linke/Nussbaumer/Portmann, Studienbuch Linguistik, S. 40 f. und S. 150 ff. (insb. S. 157).

59 Linke/Nussbaumer/Portmann, Studienbuch Linguistik, S. 41 und 195 ; vgl. aus ökonomischer Perspektive zu den unterschiedlichen Betrachtungsweisen spezifisch zum Begriff der Information Mag, Entscheidung und Information, S. 5 sowie Wessling, Individuum und Information, S. 13; vgl. auch Seggelke, Information, in: Böhret/Hill (Hg.), Ökologisierung des Rechts- und Verwaltungssystems, S. 44 (52 f.).

60 Wessling, Individuum und Information, S. 14.

61 Wessling, Individuum und Information, S. 14.

ten Begriffen Datum und Nachricht anhand dieser Perspektiven begrifflich differenzieren. Der Syntaktik sind dann die Daten als unterschiedliche Zeichen und deren Beziehung zueinander zuzuordnen, der Semantik die Nachrichten als hinter den Signalen stehende Tatbestände, und der pragmatischen Ebene schließlich die Information selbst.[62] Auf dieser Ebene gibt es sendende und empfangene Subjekte, die einen bestimmten Zweck, eine Intention, verfolgen. Unter Information ist so der Input entscheidungs- oder zweckorientierten Wissens zu verstehen.[63] Um eine sinnvolle Abgrenzung zum Begriff der Nachrichten zu ermöglichen, sind Daten der sigmatischen Ebene zuzuordnen.[64] Daten sind demnach in Abgrenzung zu Informationen medienverbunden und entscheidungsungebunden.[65] Sie stehen mit der Information aber im direkten Zusammenhang, da Informationen das aus Daten in einem „Intelligenzprozess" gewonnene Zweckwissen darstellt.[66]

Diese Differenzierung lässt sich am Beispiel von Schulnoten verdeutlichen:[67] Auf der syntaktischen Ebene befinden sich die reinen Zahlen 1 bis 6 als Zeichen. Ordnet man diesen Zahlen formal die Noten „sehr gut" bis „ungenügend" zu, so erreicht man die sigmatische Ebene. Auf der semantischen Ebene erfolgt eine inhaltliche Beschreibung der zugeordneten Zeichen; dies wird durch das Beispiel „Durch die Note 3 wird eine durchschnittliche Leistung ausgedrückt" deutlich. Mit der Aussage „wer zweimal die Note 6 erhält, muss das Schuljahr wiederholen" wird der Zeichenverwender mit einbezogen und die Wirkung der Zeichen untersucht; man befindet sich dann auf der pragmatischen Ebene.

Betrachtet man das Problem des durch bodennahes Ozon erzeugten Sommersmog als umweltpolitisches Beispiel, so differenzieren sich die Begriffe, wie in Tabelle 1 dargestellt. Reine Messergebnisse zu bestimmten Umweltmedien wie der Ozongehalt der Luft oder die Algenbe-

---

62 Diese begriffliche Differenzierung ist der Ökonomie entlehnt: Mag, Entscheidung und Information, S. 5; Wessling, Individuum und Information, S. 16.

63 Mag, Entscheidung und Information, S. 5; eine solche Differenzierung findet sich mittlerweile auch in der juristischen Literatur, z.B.. bei Kloepfer, Informationsrecht, § 1, Rdnr. 53 ff.

64 Wessling, Individuum und Information, S. 17.

65 Mag, Entscheidung und Information, S. 6; ebenso Wessling, Individuum und Information, S. 17.

66 Mag, Entscheidung und Information, S. 6; Lichtenecker, Umweltinformationssysteme, in: Bartel/Hackl (Hg.), Einführung in die Umweltpolitik, Fn. 1 auf S. 91, m.w.N.

67 Beispiel nach Wessling, Individuum und Information, S. 14 f.

lastung von Badegewässern sind nach diesem Begriffsverständnis als Daten zu bezeichnen. Werden diese in einen inhaltlichen Zusammenhang gestellt - wie „dieser Ozongehalt ist überdurchschnittlich hoch" - handelt es sich um Nachrichten. Die eigentliche Information liegt darin, einen Bezug dieser Daten oder Nachrichten zum individuellen Handeln herzustellen: „Bei diesem Ozongehalt sollte ich Anstrengungen vermeiden".[68] Die Weitergabe des jeweiligen Sachverhaltes (der Daten und Nachrichten) lässt sich als Mitteilung bezeichnen. Dies bedeutet zusammengefasst, dass die Information konkret in einer oder für eine Entscheidungssituation durch die Nutzung von Daten durch die Person des Entscheidenden entsteht.[69] Unter dem „Senden" oder dem „Überbringen"

Tabelle 1:

Bezugsebene	Semiotische Ebene	Begriff und Beispiel
Physikalische Ebene	Syntaktik	Zeichen „200, µg, O_3; m^3, Luft"
Bedeutungsebene	Sigmatik	Daten „200 µg O_3/m^3 Luft beträgt die Konzentration des Ozons in der Luft"
	Semantik	Nachricht „200 µg O_3/m^3 ist eine sehr hohe Konzentration. Diese kann u.U. zu Gesundheitsschäden führen"
Wirkungsebene	Pragmatik	Information „Bei dieser Ozonkonzentration sollte ich im Freien keinen Sport treiben"

Darstellung nach Wessling Information und Individuum, S. 18; eigenes Beispiel.

---

68 Führt man sich an dieser Stelle noch einmal die Verwendung der Begriffe Information und Datum in der Gründungsverordnung der Europäischen Umweltagentur (VO 1210/90) vor Augen, so scheint sich die hier entwickelte Differenzierung schon anzudeuten. Auch insofern ist das hier entwickelte Begriffsverständnis hilfreich.

69 Mag, Entscheidung und Information, S. 6.

der Zeichen soll in Abgrenzung zur Nachricht die Mitteilung beziehungsweise der Input verstanden werden. Dieses weitgehend von der Ökonomie aus der Semiotik entlehnte Verständnis findet sich vereinzelt auch in der Rechtswissenschaft.[70]

II. Information als verantwortliche Weitergabe handlungsleitenden Wissens

Unternimmt man den Versuch, die für das umweltpolitische Instrument „Information" konstitutionelle Steuerungsfunktion zu analysieren, so ist die Fassung des Informationsbegriffs als Art der entscheidungsbezogenen Einflussnahme hilfreich und weiterführend, da sie mit dem das Wissen verändernden Prozess die handlungsleitende und damit steuernde Komponente von Information betont. Dies gilt auch für die Frage nach dem Einfluss der Information auf Entscheidungen und der damit verbundenen Zweckverfolgung. Schon die oben dargestellten juristischen Begriffsverständnisse ließen den Aspekt der Zweckverfolgung von Information und deren Steuerungsintention erkennen.

Rechtliche Relevanz bekommt ein Sachverhalt nun, wenn zwei Personen miteinander agieren. Erst dadurch entstehen die Anknüpfungspunkte für eine rechtliche Bewertung. Erst durch die Mitteilung und das Verhältnis von Mitteilendem (Sender) und Empfänger entsteht zwischen zwei Personen die notwendige tatsächliche Beziehung, die ein Rechtsverhältnis begründen und die zum Gegenstand rechtlicher Betrachtung gemacht werden kann. Es ist nun gleichgültig, ob im Input eine Wertung enthalten ist, oder ob reine Daten mitgeteilt werden. Erst der Handlungsbezug verleiht der Mitteilung - wertend oder nicht - den Appellcharakter der Information. Nicht die Bewertung von bis dahin neutralen Daten wirft daher rechtliche Fragen auf. Erst der Bezug, den der Empfänger zwischen mitgeteiltem Datum oder mitgeteilter Nachricht und seinem Handeln herstellt, erzeugt einen der den Input liefernden Person zuzurechnenden Einfluss. Ob die Mitteilung eine Bewertung - also eine Nachricht - enthält oder ein bloßes Datum, ist dagegen unerheblich, da die Bewertung allein folgenlos bleibt, solange kein Handlungsbezug hergestellt wird. Fehlt der Handlungsbezug, so fehlt der Anknüpfungspunkt rechtlicher Beurteilung. Folgen sind erst denkbar, wenn ein Bezug zum eigenen Handeln hergestellt wird - also mit Erreichen der pragmatischen

---

70 Vgl. Reinermann, Das Internet und die öffentliche Verwaltung, DÖV 1999, 20 (21).

Ebene, der Information. Erst dann kann die Schwelle rechtlicher Relevanz überschritten werden.

Dass Information einen solchen Einfluss hat, erscheint evident. Denn indem die Information Gründe und Begründung für eine der zur Entscheidung stehenden Alternativen liefert, legt sie diese eine bestimmte Entscheidungsoption nahe und verweist die anderen. So entsteht bei einer Entscheidung für eine der verwiesenen Optionen ein Rechtfertigungsbedürfnis. Im Bereich der Verbraucherinformation bleibt diese Art des „leisen Zwangs" auf das private Individuum beschränkt: So lange sich private Handlungen im Bereich des rechtlich Zulässigen bewegen, muss sich niemand für seine Präferenzen rechtfertigen; auch irrationales Handeln bleibt unbenommen. Im Bereich des Öffentlichen aber - bei behördlichen Entscheidungen - muss das Handeln grundsätzlich auch öffentlich und entsprechend der normativen Vorgaben und Ziele gerechtfertigt werden beziehungsweise zu rechtfertigen sein.[71] Indem die Information, die den Handelnden zur gewählten Alternative bewogen hat, offengelegt wird, kann die notwendige und hinreichende Rechtfertigung geliefert werden. Gleichzeitig wird es erschwert, entgegen der durch die Information nahegelegten Option zu handeln. Diese Tendenz wird bei Entscheidungen der öffentlichen Verwaltung dadurch verstärkt, dass im öffentlichen Diskurs nicht alle Argumente zugelassen sind und durch die rechtlichen Vorgaben oftmals auch die Gewichtung der Argumente in einem gewissen Rahmen vorgegeben ist. Die Art und Intensität des Einflusses dagegen bleibt ungewiss. Hierin liegt gerade das Charakteristikum des „indirekten" Politikinstrumentes der Information.

In der vorliegenden Untersuchung soll der Rolle von Information für unterschiedliche Regelungsmodelle nachgegangen werden. Wendet man die gewonnene begriffliche Differenzierung nun auf die aus dem nationalen Kontext bekannten Muster konditionaler und finaler Programmierung an, so lässt sich feststellen, dass die konditionale Programmierung theoretisch ohne Information auskommt. Die Handlungsanweisung ergibt sich eindeutig und direkt aus der Norm selbst. Es werden lediglich die entsprechenden Daten benötigt, es gibt keinerlei Freiräume in der Entscheidung, auf die Dritte mit ihren Daten Einfluss ausüben könnten. Es bleibt als Tätigkeit allein übrig, die Daten des Sachverhaltes auf die „Schablone" des Rechts zu legen und zu prüfen, ob diese kongruent

---

71 Dies gilt auch für private Unternehmungen, die einer staatlichen Zulassung bedürfen. Der Grund liegt darin, dass durch die staatliche Zulassung ein Ausgleich der betroffenen Interessen geschaffen wird.

sind, um die gesetzlich vorgesehene Folge auszulösen.[72] Bei einer final programmierten Norm ist die Entscheidung dagegen offen.[73] Die Entscheidung ist nach Einstellung und Abwägung unterschiedlicher Belange zu treffen. Der Input entsprechender Daten hat daher stets potenziell einen Einfluss auf die zu treffende Entscheidung. Darin liegt der Handlungsbezug. Zur weiteren Eingrenzung lässt sich sodann an rechtliche Betrachtungsweisen anknüpfen: Da es der potenzielle, über den vom Empfänger hergestellten Handlungsbezug vermittelte Einfluss der Information ist, der die rechtlichen Fragen und Probleme aufwirft, stellt sich als eigentliches juristisches Problem die Frage nach der Zurechnung dieses Einflusses: Ist der mögliche Einfluss auf den Mitteilungsempfänger dem Mitteilenden zuzurechnen? Diese Zurechnung des möglichen Einflusses soll als weiteres Differenzierungskriterium eingeführt werden. Der im Folgenden verwendete Begriff der Information setzt also voraus, dass erstens in einem mindestens bipolaren Verhältnis ein Datum oder eine Nachricht mitgeteilt wird, dass zweitens dieses Datum oder diese Nachricht für den Empfänger einen potenziellen Handlungsbezug besitzt, und dass drittens dieser Handlungsbezug dem Mitteilenden zuzurechnen ist. Die Zurechnung ist dabei eine normative Frage, die nach juristischen Maßstäben für den Einzelfall zu beantworten ist.[74]

Ein so verstandener Begriff der Information bietet den Vorteil, dass nicht die sonst gerne herangezogene Abgrenzung zwischen wertneutralen Mitteilungen und solchen Mitteilungen, die durch ihre Wertung werben, als charakteristisches Merkmal der Information herangezogen wird, sondern die originär rechtliche Frage der Zurechnung den Anknüpfungspunkt der Bewertung bildet. Die Annahme, die Mitteilung einer bewerteten Tatsache habe erst aufgrund ihres werbenden Charakters die Intention, beim Empfänger eine Wirkung zu erzielen,[75] ist als Anknüpfungspunkt dagegen eher geeignet, die letztlich jeder Aussage zugrunde lie-

---

72 Dies gilt allerdings nur, soweit die entsprechende Norm kein Ermessen einräumt; vgl. z.B. Ossenbühl in: Erichsen/Ehlers, AllgVerwR, § 10, Rdnr. 1 ff.

73 Klassische Beispiele finaler Programmierung sind Planungsentscheidungen, wie sie etwa im Bebauungsplan getroffen werden (vgl. §§ 8 ff. BauGB).

74 Als grobe Linie wird sich in verschiedenen Konstellationen auf die im öffentlichen Recht und Zivilrecht entwickelte Dogmatik zurückgreifen lassen. Die Zurechnung entfällt zum Beispiel in solchen Fällen, in denen hoheitlich angeordnet Daten abgefordert werden. Obwohl hier im Kontext des öffentlichen Rechts entwickelt, lässt sich dieses Begriffsverständnis auch auf ein Gleichordnungsverhältnis übertragen.

75 So Vierhaus, Umweltbewusstsein von oben, S. 194.

genden Wertungen zu verwischen. Nach dem eben entwickelten Verständnis ist Information die Veränderung vorhandenen Wissens in handlungsleitendes Wissen, indem ein individueller Bezug zum Inhalt des Mitgeteilten hergestellt wird. Eine Beschränkung der Information auf ein intellektuelles Moment ohne Einfluss auf die Handlungsentscheidung des Informierten ist nach diesem Begriffsverständnis nicht möglich.[76] Reduziert man Information dagegen bereits begrifflich auf „werbenden" Input, so wird man letztlich auf die Frage zurückgeworfen, ob beispielsweise der Staat tatsächlich absichtslos und damit - im doppelten Sinne des Wortes - zwecklos handelt, wenn er eine Umweltberatung anbietet, Zugangsrechte zu vorhandenem Wissen in der Verwaltung gewährt und über die Umwelt berichtet und Umweltdaten veröffentlicht. Das Problem zeigt sich auch deutlich bei dem Versuch einer Unterscheidung zwischen einer wertneutralen Umweltberatung einerseits und werbendender Produktinformation andererseits. Was soll Inhalt der Umweltberatung sein, wenn nicht der – dadurch wertende - Rat zu umweltfreundlichem Verhalten? Der wesentliche Unterschied liegt allein in der Form des Handelns; bei der Produktinformation tritt der Staat an den Bürger aktiv heran, während er bei der Beratung ein Angebot bereitstellt, auf das der Bürger zugehen muss. Es erscheint wirklichkeitsfremd anzunehmen, dass diese unterschiedliche Form den Unterschied zwischen wertend und wertfrei, werbend und neutral, markieren könnte. Die Schwierigkeit der Trennung zwischen „objektiver" und „wertender" Verbraucherinformation wird beispielsweise bei der Werbung und bei den auf der Verpackung von Zigaretten aufzubringenden Warnhinweisen deutlich:[77] Handelt es sich um die bloße Mitteilung einer Tatsache oder um eine Bewertung des Rauchens?[78] Ist man der Auffassung, es

---

76 Überträgt man die hier entwickelte Begriffe, so handelt es sich bei den von Vierhaus unterschiedenen Arten zum einen um „Nachrichten" im Sinne von „staatlich bewerteter Mitteilungen" und zum anderen um „Daten" als reine, unbewertete „Mitteilung von Tatsachen". Diese Mitteilung unbewerteter Tatsachen stellt in der hier verwendeten Terminologie keine Information dar, da sie keinen Handlungsbezug aufweist bzw. dies nicht kann oder will.

77 Art. 5 Abs. 2 Richtlinie 2001/37/EG des Europäischen Parlaments und des Rates v. 5. Juni 2001 zur Angleichung der Rechts- und Verwaltungsvorschriften der Mitgliedstaaten über die Herstellung, die Aufmachung und den Verkauf von Tabakerzeugnissen, EG-ABl. Nr. L 194 v. 18.07.2001, S. 26.

78 Was eindeutig als gesundheitliche Folge des Rauchens bezeichnet werden kann, ist in der Medizin ja durchaus nicht unumstritten. So ließe sich wohl auch sagen, dass Rauchen Krebs lediglich fördert, aber nicht zwingend verursacht.

handele sich um Tatsachenmitteilungen, so muss man doch zugeben, dass die Tatsache selbst eine Wertung transportiert, sie „für sich spricht".[79] Der Vorteil des hier vertretenen Begriffsverständnisses der Information ist dagegen, dass die Unterscheidung zwischen Werthaftigkeit, Bewertung und Wertneutralität mit ihren ungewissen Abgrenzungen an Bedeutung verliert. Diese Abgrenzungsprobleme werden mit dem hier vertretenen Begriffsverständnis vermieden.

Überdies scheint es im Grundsatz äußerst fraglich, ob eine scharfe Trennung zwischen wertungsfreien und wertenden Mitteilungen - Berichterstattungen und Selbstdarstellungen - möglich ist, da Wertneutralität die Existenz einer vorhandenen Objektivität voraussetzt. Auch naturwissenschaftliche Aussagen sind jedoch nicht objektiv, sondern hängen von bestimmten - oftmals impliziten - Wertungen oder wertenden Grundannahmen ab. Dies zeigt schon die Tatsache, dass auch naturwissenschaftliche Themen höchst unterschiedlich bewertet werden.[80] Der Herstellungsprozess von Umweltdaten und Nachrichten ist ebenso wie die Bewertung der Gefährlichkeit eines Sachverhalts ein „sozialer und politischer" Prozess, an dessen Ende keine schlichten objektiven Wahrheiten stehen.[81] In der Praxis gibt es kein „objektives" Wissen, immer ist dieses auch auf der Grundlage von Wertungen gewonnen. Die Mitteilung eigenen Wissens transportiert so auch immer die diesem Wissen

---

79 Das stärkste Argument ist eben oft eine „Tatsache"; dies zeigt z.B. die im Verfassungsrecht geführte Debatte um den grundrechtlichen Schutz von Tatsachenbehauptungen (dazu z.B. v. Wendt, in: v. Münch, Grundgesetzkommentar, Art. 5, Rdnr. 9 f.).

80 Ein aktuelles Beispiel aus der Umweltpolitik ist die Frage, ob es in einem bestimmten Umkreis vom. AKW Krümmel eine signifikante Häufung von Leukämie bei Kindern gibt (dazu z.B. DER SPIEGEL v. 04.11.1999: „AKW Krümmel bleibt am Netz").

81 Zieschank, Einleitung, in: Weidner/Zieschank/Knoepfel (Hg.), Umwelt-Information, S. 19; ders., Umweltberichterstattung, in Weidner/Zieschank/Knoepfel (Hg.), Umwelt-Information S. 188; Wolf, „Herrschaft kraft Wissen" in der Risikogesellschaft, Soziale Welt 39 (1988), S. 164 (169); Kortenkamp/Grimme, Resümee, in: dies. (Hg.), Die Grenzenlosigkeit der Grenzwerte, S. 262 ff.; Banse, Herkunft und Anspruch der Risikoforschung, in: ders. (Hg.), Risikoforschung zwischen Disziplinarität und Interdisziplinarität:, S. 15 (53); Lohse, Der Rechtsbegriff „Stand der Wissenschaft" aus erkenntnistheoretischer Sicht, S. 136. Aus soziologischer Perspektive tritt Luhmann deshalb für eine Ersetzung des naturwissenschaftlichen Grenzwertkonzeptes gegen ein sozialwissenschaftliches ein (ders., Grenzwerte der ökologischen Politik, in: Hiller/Krücken, Risiko und Regulierung, S. 195 (196).

zugrunde liegenden Wertungen.[82] Auch die Mitteilung reiner, also unbewerteter Daten kann daher eine Information im entwickelten Sinne sein.

Überträgt man nun das entwickelte Begriffsverständnis auf die eingangs dargestellten Verwendungen des Begriffs der Information in Gesetzen und Rechtsprechung als Gegenprobe dafür, dass das hier vertretene Verständnis praktikabel ist, so zeigt sich, dass sich zwar keine grundlegenden Differenzen ergeben, die verschiedenen Formen begrifflich aber schärfer gefasst und eingeordnet werden können. Die Verwendung des Begriffs Information im Umweltinformationsgesetz (UIG) und der dazugehörigen EG-Richtlinie, in der Verordnung zur Gründung der Europäischen Umweltagentur und auch in den Umweltaktionsprogrammen kann unter mit dem hier verwendete Begriffsmodell erfasst werden. Bei Informationen im Sinne des UIG handelt es sich auch nach dem hier entwickelten Begriffsverständnis um Informationen: Solange die „in Schrift, Bild oder sonstigen Informationsträgern vorliegende(n) Daten" (§ 3 Abs. 2 UIG) bei der Behörde liegen, mag es sich um Daten oder auch Nachrichten handeln. Die Herausgabe dieser Daten erfolgt jedoch - dem Zweck der Richtlinie folgend - zielgerichtet, um den Bürgern oder Verbänden zu ermöglichen, sich das für Entscheidungen notwendige Wissen zu verschaffen.[83] Der Handlungsbezug, den der Bürger zwischen dem mitgeteilten Daten und Nachrichten und seinem eigenem Handeln herstellt, ist daher problemlos der Verwaltung als mitteilender Institution - und damit dem Staat - zuzurechnen. Gleiches gilt für den Informationsbegriff in der Gründungsverordnung der Europäischen Umweltagentur. Hier deutet sich bereits die oben entwickelte begriffliche Differenzierung an, indem von „Daten" im Zusammenhang mit dem Wissen um umweltbezogene Sachverhalte gesprochen wird und diese sodann als Basis der Politikgestaltung in der Form von „Information" weitergegeben werden. Gleiches gilt für die Umweltaktionsprogramme. Die in den genannten Gerichtsentscheidungen, Monographien beschriebenen Formen sind ebenso unproblematisch nach dem hier entwickelten Begriffsverständnis als Informationen einzuordnen: Da jeweils direkt eine Steuerungsintention verfolgt wird, ist der mögliche Einfluss der mitteilenden Institution als Information zuzurechnen.

---

82 Vgl. Scherzberg, Risikosteuerung durch Verwaltungsrecht, VVDStRL Bd. 63 (2003), S. 214 (229).

83 Vgl. Erwägungsgründe der Umweltinformations-Richtlinie RL 90/313/EWG.

In Bezug auf die Formen der Umweltberichterstattung, der Umweltinformationssysteme und des Umweltmonitoring[84] ist jeweils im Einzelfall zu differenzieren. Ohne dies im Detail zu entwickeln, wird sich als generelle Linie ausmachen lassen, dass die beiden ersteren sich als Information darstellen, da sie darauf zielen, einen Bezug zum individuellen Handeln herzustellen - sei es in Form umweltfreundlichen Verhaltens, sei es in Form politischen Engagements - und dieser Bezug der jeweiligen mitteilenden Institution zuzurechnen ist. Das Umweltmonitoring dagegen richtet sich zunächst allein auf die Erhebung von Datenmaterial, so dass ein möglicher Handlungsbezug nicht zuzurechnen wäre; allerdings soll dieses Material dann oftmals als Entscheidungsgrundlage herangezogen werden, womit wiederum von Information gesprochen werden kann.

Es bleibt also festzuhalten, dass sich ein differenziertes juristisches Begriffsverständnis von Information bislang weder in Rechtsprechung noch Literatur herausgebildet hat. Für die Untersuchung ist jedoch ein präziser Begriff notwendig, der sich von verwandten und naheliegenden Begriffen wie Datum, Nachricht oder Mitteilung abgrenzen lässt. Voraussetzung rechtlicher Beziehung ist immer ein mindestens bipolares Verhältnis, Information in diesem Kontext setzt daher stets die Mitteilung eines Sachverhalts von einer Person zur anderen voraus. Ein sinnvolles Begriffsverständnis nimmt die handlungsleitende Komponente der Information, die in der Wirkung auf die Motivation des Empfängers besteht, auf und betont diese. Da es der Eigenheit der Information als weiches Steuerungsinstrument entspricht, auf die Eigenmotivation des Informationsempfängers zu wirken und so ihren Einfluss zu entfalten, beinhaltet die Information als normatives Element die Zurechnung dieser handlungsleitenden Komponente zum Mitteilenden.

84 S.o., Erstes Kapitel, A.

Zweites Kapitel:

Information in der nationalen Umweltschutzpolitik: Politische Steuerung unter den Bedingungen von Ungewissheit

Nachdem zu Beginn der siebziger Jahre Umweltprobleme zunehmend in das Blickfeld der Politik gerückt waren, wurde in der Bundesrepublik Umweltschutzpolitik unter Einbeziehung rechtlicher Instrumente betrieben.[85] In der Folge hat sich das Umweltrecht als eigenes Rechtsgebiet vornehmlich als Gebiet des öffentlichen Rechts herauskristallisiert. Dieser Abschnitt beschäftigt sich mit der Struktur und den spezifischen Problemen des nationalen Umweltrechts und der Frage, welche Rolle und Funktion der Information darin zukommt.

A. Umweltschutzpolitik als Risikoregulierung: Die gestiegene Bedeutung von Wissen

Mit der fortschreitenden Entwicklung der Technik und der Wissenschaften - vornehmlich der Naturwissenschaften - hat sich in der jüngeren Vergangenheit eine wachsende Anzahl in Charakter und Inhalt neuartiger Risiken entwickelt.[86] Ursache dieser Entwicklung sind teils neu entwickelte Techniken wie zum Beispiel die Gentechnik mit ihrem bislang unbekannten und wissenschaftlich umstrittenen Gefahrenpotenzial oder die Atomtechnik mit ihrem Katastrophenpotenzial von bis dahin nicht bekanntem Ausmaß. Teils werden „neue" Risiken durch „alte" Industrien und deren Wechselwirkungen hervorgebracht, wie die Beispiele der drohenden Klimaveränderung und des sogenannten Ozonlochs in der Atmosphäre zeigen. Auch trägt der fortschreitende Erkenntnisgewinn der Naturwissenschaften zur „Vermehrung" der Risiken bei: Mit dem Wissen um naturwissenschaftliche Zusammenhänge und der fortschreitenden Entwicklung der Messtechnik, die den Nachweis immer kleinerer Konzentrationen von Stoffen zulässt, wächst auch das Wissen über mögliche Gefährdungen durch Sachverhalte, die bislang keine weitere Beachtung fanden oder als unproblematisch galten.[87]

---

85 Kloepfer, Umweltrecht, § 2, Rdnr. 76 ff.; Breuer, Umweltschutzrecht, in: Schmidt-Aßmann (Hg.), Besonderes Verwaltungsrecht, Rdnr. 2.

86 Banse, Herkunft und Anspruch der Risikoforschung, in: ders. (Hg.), Risikoforschung zwischen Disziplinarität und Interdisziplinarität, S. 15 (33).

87 Covello/Mumpower, Risk Analysis and Risk Management: An Historical Perspective, Risk Analysis Vol. 5, No. 2 (1985), S. 103 (116), aus rechtlicher Per-

Der Charakter der von diesen Tätigkeiten produzierten Risiken ist im Vergleich zu den Gefahren früherer Zeiten in vielfacher Hinsicht verschieden: Oftmals handelt es sich um Langzeitrisiken, deren Gefahrenpotenzial sich erst in fernerer Zukunft zu realisieren droht; die bewirkten Veränderungen sind vielfach irreversibel.[88] Hinzu kommt die zunehmende Komplexität der naturwissenschaftlichen Zusammenhänge. Diese erschwert die Vorhersehbarkeit zukünftiger Entwicklungen oder lässt sie gar unmöglich erscheinen. Prägend für viele dieser „neuen" Umweltgefahren und -risiken ist auch, dass diese sich nicht mehr unmittelbar sinnlich erfahren lassen.[89] Bestimmte Sachlagen, zum Beispiel die Schadstoffbelastung der Luft, die Beschaffenheit der Ozonschicht oder die Strahlenbelastung in der Nähe von Kernkraftwerken, lassen sich nur noch durch eine abstrakte messtechnische Erkundung mit einem mehr oder weniger großem technischen Aufwand erkennen und darstellen. Im gleichen Zuge hat sich aber auch die gesellschaftliche Wahrnehmung solcher Gefährdungen gewissermaßen vom „Schicksal" zum „Risiko" verändert: Durch eben denselben Fortschritt der Wissenschaft werden immer neue Zusammenhänge erkannt, und bestimmte Ereignisse stellen sich nicht mehr als zufällig und schicksalhaft dar, sondern als Folgen von Kausalketten, denen sich bestimmte Ursachen konkret zuordnen lassen.[90] Da die „neuen" Risiken im Gegensatz zu den schon immer drohenden Naturkatastrophen ihren Ursprung zumeist in der Technik und dem Erkenntnisfortschritt der Wissenschaft haben, werden sie trotz der ihnen anhaftenden vielfachen Ungewissheit als gesellschaftlich beeinflussbar und prinzipiell steuerungsfähig empfunden.[91]

---

spektive Scherzberg, Risikosteuerung durch Verwaltungsrecht, VVDStRL Bd. 63 (2003), 214 (216). Aktuell z.B. die Debatte um die Gefährlichkeit von Feinstaub (statt vieler DER SPIEGEL Nr. 14 v. 04.04.2005: „Das Feinstaubgespenst", S. 78).

88 Als Beispiel lässt sich der infolge der Industrialisierung befürchtete Klimawandel mit der Folge des Anstiegs des Meeresspiegels anführen.

89 Banse, Herkunft und Anspruch der Risikoforschung, in: ders. (Hg.), Risikoforschung zwischen Disziplinarität und Interdisziplinarität:, S. 15 (33).

90 Vgl. Winter, Umwelt - Ressource - Biosphäre, S. 1, und Scherzberg, Risikosteuerung durch Verwaltungsrecht, VVDStRL Bd. 63 (2003), S. 214 (216).

91 Teilweise werden die katastrophalen Folgen von Naturereignissen gerade durch menschliches Verhalten bedingt. So war festzustellen, dass die Folgen der Flutkatastrophe im Jahr 2002 auch an der zunehmenden Kanalisierung der Flüsse und der Bodenversiegelung beruhen (Umweltbundesamt Presse-Information 26/04, „Wasser und Naturkatastrophen" - Zum Tag des Wassers 2004/Hochwasserschutz ist Katastrophenschutz/Vorsorgender Hochwasser-

B. Das hierarchische Steuerungsmodell und seine Grenzen: Die „unwissende" Verwaltung

Die Gesellschaft begegnet diesen Risiken mit unterschiedlichen Strategien. Eine der ältesten Arten des Umgangs mit Risiken ist die Versicherung für den Eintritt des befürchteten Schadens.[92] Das Rechtsinstitut der Haftung für verursachte Schäden kann ebenfalls als eine Art des Risikomanagements begriffen werden.[93] Neben der Selbstregulierung durch die Betroffenen ist gerade im Bereich der Umweltschutzpolitik die hoheitliche Regulierung durch den Staat bislang das wichtigste Instrument.[94] Idealtypisch besteht das klassische Modell der Verwaltung im Nationalstaat dabei aus einer hierarchisch gegliederten öffentlichen Verwaltung und einem demokratisch legitimierten Gesetzgeber, dem Parlament. Über vom Parlament erlassene Gesetze in Konditionalform soll das Verhalten der öffentlichen Verwaltung zielgenau gesteuert werden. An der Spitze der Verwaltungshierarchie steht eine dem Parlament verantwortliche Regierung mit Weisungsbefugnis an die nachfolgenden Hierarchieebenen. Diese Struktur soll die demokratische Kontrolle des gesamten Verwaltungsapparates gewährleisten.[95] Die hierarchisch aufge-

---

schutz hilft, Schäden zu verhindern", http://www.umweltdaten.de/uba-info-presse/pi04/pd04-026.pdf, zuletzt besucht am 29.07.2004). Ähnliches gilt für Lawinenkatastrophen in den Alpen. Die Grenze verschwimmt also.

92 Covello/Mumpower, Risk Analysis and Risk Management: An Historical Perspective, Risk Analysis, Vol. 5, No. 2 (1985), S. 103 (109 f.); Banse, Herkunft und Anspruch der Risikoforschung, in: ders. (Hg.), Risikoforschung zwischen Disziplinarität und Interdisziplinarität, S. 15 (28).

93 Covello/Mumpower, Risk Analysis and Risk Management: An Historical Perspective, Risk Analysis Vol. 5, No. 2 (1985), S. 103 (110). Die Autoren beziehen sich im Text auf das *common law*, dies kann jedoch auch auf das kontinentale Rechtssystem übertragen werden.

94 Ladeur, Standards, in: Böhret/Hill, Ökologisierung des Rechts- und Verwaltungssystems, S. 75; vgl. auch Breuer, Umweltschutzrecht, in: Schmidt-Aßmann (Hg.), Besonderes Verwaltungsrecht, Rdnr. 2. Seine Ursache hat dies wohl darin, dass die Umwelt an sich niemanden zugeordnet ist und als „allgemeines Gut" keinen eigenen monetären Wert besitzt, der sich ebenso leicht wie beispielsweise das Eigentum durch Haftung oder Versicherung absichern ließe.

95 Dieses Ordnungs- und Steuerungsmodell wird auch als liberaler „Nachtwächterstaat" bezeichnet, da sich der Staat darauf beschränkt, dort tätig zu werden, wo es allein um die Gewährleistung der sogenannten öffentlichen Sicherheit geht. D.h. der Staat stellt seinen Bürgern ein Rechtssystem zur Regelung ihrer Beziehungen untereinander und eines zur Regelung ihrer Beziehungen zum Staat zu Verfügung und beschränkt sich auf die Überwachung

baute Verwaltung arbeitet dabei als System exakter Kompetenz- und Zuständigkeitsverteilung, unterliegt hochgradiger Regelbindung und stützt sich auf ein gehorsames Berufsbeamtentum.[96]

Voraussetzungen für eine regulative Umweltschutzpolitik nach dem ordnungsrechtlichen Konzept sind die Identifizierung einer Gefahr, also das Wissen um die Kausalzusammenhänge, welche die Gefahr verursachen, und die Zuordnung der Ursache zu einem Verantwortlichen.[97] Der Gesetzgeber muss bereits über entsprechendes Wissen verfügen, um einen Sachverhalt im Rahmen einer ordnungsrechtlichen, konditionalen Norm zu strukturieren. Eine solche konditionale Norm erspart sodann dem Anwender im Normalfall den Umfang des für die Entscheidung notwendigen Wissens, da jeweils nur die Tatbestandsvoraussetzungen ermittelt werden müssen.[98] Die grundsätzliche Entscheidung über die angemessene staatliche Reaktion, etwa die Erteilung einer Genehmigung oder auch der Erlass einer nachträglichen Auflage, wurde bereits zuvor im Rechtssetzungsverfahren getroffen.

Diente das Polizeirecht noch allgemein der Abwehr von Gefahren, so verlagern umweltrechtliche Regelungen nunmehr als Reaktion auf die veränderten Gefährdungen durch neue Techniken die Grenze staatlicher Intervention weiter nach vorne, indem sie an den Begriff des Risikos anknüpfen.[99] Klassischerweise wird das Risiko als der Gefahr vorgelagert

---

und Gewährleistung der Einhaltung der Regeln. Seine „Steuerungsressource" besteht daher im Wesentlichen aus Recht. Neben der Gewährleistung von Sicherheit und Ordnung des „liberalen Nachtwächterstaates" wuchsen dem Staat aber auch Aufgaben wie die Gewährleistung sozialer Sicherheit und die Herstellung sozialer Gleichheit zu (Stichwort „sozialer Rechtsstaat", vgl. z.B. Isensee, Rechtfertigung des Staates, JZ 1999, 271 f.). In diesem Rahmen gehört zu den neueren staatlichen Aufgaben auch der Umweltschutz (Staatszielbestimmung; Art. 20a GG). Der Staat wehrt danach nicht nur Gefahren für seine Bürger ab und verhält sich ansonsten passiv, sondern ist aktiv gestaltend und steuernd tätig.

96 Reznicek, Lean Management für die öffentliche Verwaltung? S. 64.

97 Wolf, „Herrschaft kraft Wissen" in der Risikogesellschaft, Soziale Welt 39 (1988), S. 164 (169); Scherzberg, Risikosteuerung durch Verwaltungsrecht, VVDStRL Bd. 63 (2003), S. 214 (217)..

98 Wolf, „Herrschaft kraft Wissen" in der Risikogesellschaft, Soziale Welt 39 (1988), S. 164 (167). Vgl. oben. Erstes Kapitel, B II.

99 Der Begriff Risiko tauchte zunächst konkret in den Gesetzestexten nicht auf. Aufgrund z.B. des § 5 I Nr. 2 BImSchG oder § 7 II Nr. 3 AtG ist der Betreiber dennoch verpflichtet, Risikovorsorge zu leisten und - in Anwendung des Vorsorgeprinzips - gegen Risiken unterhalb der Gefahrenschwelle Vorsorge zu

begriffen, wobei der Unterschied in der Eintrittswahrscheinlichkeit des unerwünschten Ereignisses sowie der ungewissen Schadenshöhe liegt. Diese Wahrscheinlichkeit ist entweder hinreichend bekannt, aber sehr viel geringer als bei der Gefahr, oder die Zusammenhänge eines Kausalverlaufs sind nicht völlig bekannt, was eine hinreichend sichere Wahrscheinlichkeitsprognose überhaupt nicht zulässt.[100] In der neueren Literatur wird das Risiko, gebildet aus Eintrittswahrscheinlichkeit multipliziert mit der erwarteten Schadenshöhe, auch als Risiko erster Ordnung bezeichnet. Dieses ist vom Risiko zweiter Ordnung zu unterscheiden. Dieses Risiko zweiter Ordnung zeichnet sich durch die Möglichkeit eines wegen Komplexität oder Singularität statistisch nicht zu berechnenden, oftmals langfristigen Schadensverlaufs aus.[101] Aufgrund der Ungewissheit bereitet nun auch die eindeutige Verantwortungszuschreibung Probleme.[102] Diese Entwicklung zwingt die staatliche Verwaltung, Entscheidungen unter der Bedingung der Ungewissheit zu treffen, deren

---

treffen. In Folge europarechtlicher Vorgaben findet sich der Begriff nun auch zunehmend in Gesetzestexten wieder (Lepsius, Risikosteuerung durch Verwaltungsrecht, VVDStRL Bd. 63 (2003), S. 264 (271), m. Beispielen zur Entwicklung des Begriffs „Risiko" im Recht, S. 268 ff.). Vgl. auch für den Bereich des Immissionsschutzrechtes Breuer, Umweltschutzrecht, in: Eberhard Schmidt-Aßmann (Hg.), Besonderes Verwaltungsrecht, Rdnr. 184. Krit. zum Begriff des Risikos als der Gefahr vorgelagerter Sachverhalt DiFabio, Risikoentscheidungen im Rechtsstaat, S. 106 ff. Für einen eigenständigen Risikobegriff Preuß, Risikovorsorge als Staatsaufgabe, in: Grimm (Hg.), Staatsaufgaben, S. 523.

100 Eine genaue Grenze zwischen Risiko und Gefahr lässt sich nur schwer ziehen. In der Diskussion im bundesdeutschen Rechtsraum stellt die Grenze zwischen Gefahr und Risiko den Anknüpfungspunkt für staatliche Schutzpflichten dar, da der Staat nach h.M. insoweit nur Schutz vor Gefahren schuldet, vor Risiken dagegen nur bedingter Schutz zu leisten ist. Vgl. nur v. Ossenbühl, Vorsorge als Rechtsprinzip im Gesundheits-, Arbeits- und Umweltschutz, NVwZ 1986, 161 (166); Schmidt-Aßmann, Anwendungsprobleme des Art.2 Abs.2 GG im Immissionsschutzrecht, AöR 106 (1981), S. 205 (216); Bender, Gefahrenabwehr und Risikovorsorge als Gegenstand nukleartechnischen Sicherheitsrechts, NJW 1979, 1425 (1426); Marburger Rechtliche Grenzen technischer Sicherheitspflichten WiVerw 1981, 241 (248).

101 Scherzberg, Risikosteuerung durch Verwaltungsrecht, VVDStRL Bd. 63 (2003), S. 214 (219 ff.); krit. zu dieser Differenzierung Lepsius, Risikosteuerung durch Verwaltungsrecht , VVDStRL Bd. 63 (2003), S. 264 (289 ff.).

102 Hierin sieht Lepsius ein Hauptmerkmal des Risikos (ders., Risikosteuerung durch Verwaltungsrecht, VVDStRL Bd. 63 (2003), S. 264 (283 ff.)).

Richtigkeit sich erst in der Zukunft erweisen kann.[103] In umweltschutzpolitischen Zusammenhängen wird der Mangel an Wissen dadurch zu einem Hauptmerkmal des Risikos. Die Ersparnis an Ressourcen durch die konditionale Programmierung wird so durch die zunehmend komplexen Sachverhalte zunichte gemacht, da es unter den beschriebenen Bedingungen der Umweltschutzpolitik als Risikoregulierung unmöglich ist, den der Entscheidung zugrunde zu legenden Sachverhalt vollständig zu ermitteln und bereits zum Zeitpunkt der Rechtssetzung vorwegzunehmen.[104] Infolge der oben skizzierten technischen und wissenschaftlichen Entwicklung wird die erforderliche Vorhersehbarkeit möglicher Kausalverläufe stark erschwert. Es lässt sich nicht mehr mit Bestimmtheit sagen, welches Verhalten zu welchen Entwicklungen führen wird, so dass man von einer Art „nichtlinearer" Kausalität sprechen kann.[105] Der beschriebene Ansatz konditionaler Programmierung ist demgegenüber im Grundsatz auf einfache - in ihrer Struktur überschaubare und unkompliziert vorhersehbare, sozusagen „lineare" - Kausalverläufe zugeschnitten.[106]

Der Bedarf an Wissen innerhalb der öffentlichen Verwaltung steigt daher. Systematisch lässt sich zwischen verwaltungsintern und -extern generiertem Wissen unterscheiden. Als intern ist dabei das innerhalb des staatlichen Verantwortungszusammenhangs generierte Wissen zu bezeichnen. Hierzu gehört auch dasjenige Wissen, das durch Institutionen und Organe erzeugt wurde, die zwar außerhalb der Entscheidungsinstanz stehen, aber selbst der staatlichen beziehungsweise behördlichen Organisation zugehörig sind. Als externes Wissen lässt sich dagegen von privater Seite generiertes Wissen bezeichnen, das also von Stellen außerhalb des staatlichen Organisations- und Verantwortungszusammenhangs generiert wurde. Um dem Mangel an internem Wissen entgegenzuwirken, bedarf es nun einer stark spezialisierten Verwaltung. Im Gegensatz zu früheren Zeiten werden als Verwaltungsfachleute nicht mehr vornehmlich Juristinnen und Juristen, sondern zunehmend Naturwissenschaftlerinnen und Naturwissenschaftler benötigt, um den internen

---

103 Priddat, Risiko, Ungewissheit und Neues, in: Banse (Hg.), Risikoforschung zwischen Disziplinarität und Interdisziplinarität; S. 105 (107).

104 Scherzberg, Risikosteuerung durch Verwaltungsrecht, VVDStRL Bd. 63 (2003), S. 214 (221 f.).

105 Preuß, Risikovorsorge als Staatsaufgabe, in: Grimm (Hg.), Staatsaufgaben, S. 523 (535 f.).

106 Wolf, „Herrschaft kraft Wissen" in der Risikogesellschaft, Soziale Welt 39 (1988), S. 164 (169).

Sachverstand zu erhöhen und so den gestiegenen fachlichen Anforderungen gerecht werden zu können.[107] Diesem Bedürfnis wird außerdem mit der Gründung entsprechender Institutionen nachgekommen,[108] was eine starke Spezialisierung innerhalb der Verwaltung bewirkt.[109] Trotz Spezialisierung der Behörden bleiben die staatlichen Ressourcen zur Wissensgenerierung begrenzt, und es entsteht ein Bedarf an Wissen, der kaum mehr zu decken erscheint. Dies gilt sowohl für den Entwurf eines umfassend fachlich abgesicherten Gesetzes als auch für das Treffen einer fachlich abgesicherten und begründeten Einzelfallentscheidung, wie beispielsweise der Erteilung einer immissionsschutzrechtlichen Genehmigung. So führt die gestiegene Bedeutung naturwissenschaftlichen Wissens trotz spezialisierter Fachbehörden dazu, dass die Behörde den Bedarf an Wissen zur Durchsetzung des ordnungsrechtlichen Regelungsprogramms nicht aus eigenen Mitteln decken kann, da sie auf ein Wissen angewiesen ist, das faktisch in diesem Maße dort nie vorhanden sein kann.[110] Als Folge dieses Wissensvorsprungs, der dem Muster des bekannten „Hase und Igel"- Wettlaufes folgt, lässt sich - zugespitzt formuliert - ein „Verfall der rechtlichen Architektur" des Ordnungsrechts konstatieren.[111]

C. Das kooperative Steuerungsmodell: Vom Wissen zur Information

Nachdem die Umweltschutzpolitik in Form klassischer hoheitlicher Regulierung aufgrund der dargestellten Entwicklung grundsätzlichen Problemen hinsichtlich ihrer Effektivität gegenübersteht, sind andere For-

---

107 Wolf, „Herrschaft kraft Wissen" in der Risikogesellschaft, Soziale Welt 39 (1988), S. 164 (171 f.).

108 Beispiele aus der bundesdeutschen Verwaltung sind das Umweltbundesamt (Gesetz über die Errichtung eines Umweltbundesamtes v. 22.07.1974, BGBl. I, S. 1505); Bundesamt Strahlenschutz (Gesetz über die Errichtung eines Bundesamtes für Strahlenschutz v. 09.10.1989, BGBl. I, S. 1830).

109 Wolf, „Herrschaft kraft Wissen" in der Risikogesellschaft, Soziale Welt 39 (1988), S. 164 (171 f.).

110 Vgl. Gusy, Probleme der Verrechtlichung technischer Standards, NVwZ 1995, 105 (106); Wolf, „Herrschaft kraft Wissen" in der Risikogesellschaft, Soziale Welt 39 (1988), S. 164 (176); DiFabio, Grundfragen der rechtlichen Regulierung wissenschaftlich und technisch erzeugter Risiken, in: Hoffmann-Riem u.a. (Hg.), Reform des Allgemeinen Verwaltungsrechts, S. 139. Zum faktischen Schwinden des staatlichen Gewaltmonopols vgl. auch Faber, Verwaltungsrecht, S. 32, sowie DiFabio, Risikoentscheidungen im Rechtsstaat, S. 7.

111 Wolf, „Herrschaft kraft Wissen" in der Risikogesellschaft, Soziale Welt 39 (1988), S. 164 (176).

men des Umgangs mit dem Risiko gefragt. Die Ressourcen der staatlichen Verwaltung zur einseitig hoheitlichen Ausübung des staatlichen Gewaltmonopols sind begrenzter als auf den ersten Blick zu vermuten ist.[112] Waren früher die staatlichen Aufgaben durch eine einseitig hoheitlich handelnde Verwaltung zu erledigen, so scheitert dieses Modell staatlicher Steuerung aufgrund der skizzierten Entwicklung zunehmend an der in der neueren Zeit für eine erfolgreiche Politik erforderlichen Beeinflussung von individuellen Einstellungen, Präferenzen, Konsumverhalten und Produktionsmustern.[113] Die staatliche Steuerung im Rahmen des Ordnungsrechts, alleine durch Ausübung des staatlichen Machtmonopols, stößt an ihre Grenzen.[114] Die staatlichen Institutionen sind darauf angewiesen, von den Privaten, die regelmäßig über einen Wissensvorsprung verfügen, die erforderlichen Daten und das Hintergrundwissen geliefert zu bekommen, um fundierte Entscheidungen über ihr Handeln treffen zu können.[115]

Folgt man bei der Bewertung den klassischen staatsrechtlichen Maßstäben und Kategorien, so ist „interner" Wissensinput von Behörde zu Behörde allein unter Gesichtspunkten der „Zweckrationalität" zu beurteilen, da dieses Wissen innerhalb des staatlichen, beziehungsweise öffentlich-rechtlich strukturierten Abhängigkeits- und Verantwortungszusammenhangs erzeugt wird.[116] Zwar sind im Verwaltungsrecht verschie-

---

112 Wolf, „Herrschaft kraft Wissen" in der Risikogesellschaft, Soziale Welt 39 (1988), S. 164; Scherzberg, Risikosteuerung durch Verwaltungsrecht, VVDStRL Bd. 63 (2003), S. 214 (226); Faber, Verwaltungsrecht, S. 32; zu den „Kosten" im einzelnen vgl. Würtenberger, Die Akzeptanz von Verwaltungsentscheidungen, S. 50 ff.

113 Majone, The new European agencies: regulation by information, JEPP 1997, 262 (264 und 268); ebenso Zeller, Staatliche Umweltberatung und gesellschaftliches Umweltbewusstsein, S. 83; vgl. Schmidt-Aßmann, Das allgemeine Verwaltungsrecht als Ordnungsidee, S. 95; zur Überforderung des ordnungsrechtlichen Systems auch Scherzberg, Risikosteuerung durch Verwaltungsrecht, VVDStRL Bd. 63 (2003), 214 (218).

114 Voßkuhle, „Schlüsselbegriffe" der Verwaltungsrechtsreform, VerwArch 92 (2001), S. 184 (202 f.); vgl. auch Würtenberger, Die Akzeptanz von Verwaltungsentscheidungen, S. 42.

115 Wichert, Natura 2000, S. 114 f.; Demmke, Die Implementation von EG-Umweltpolitik in den Mitgliedstaaten, S. 305; Scherzberg, Risikosteuerung durch Verwaltungsrecht, VVDStRL Bd. 63 (2003), S. 214 (226).

116 Brohm, Sachverständige Beratung des Staates, in: Isensee/Kirchhoff (Hg.), HdStR II. Auch Vomhof differenziert zwischen internen und externen Sachverständigen (ders., Rechtsprobleme der Einbindung von sachverständigen Gremien in das Umwelt- und Technikrecht, S. 10 f.).

dentlich Anhörungserfordernisse anderer Behörden normiert. Dies hat seinen Grund jedoch nicht im Staats- oder Verfassungsrecht, sondern in der Zweckrationalität des verwaltungsmäßigen Verfahrens. Da die Verantwortung für die Entscheidung einer Behörde zugewiesen ist, wird auch nur ihr der Inhalt zugerechnet. Für die internen Vorgänge innerhalb der staatlichen Verwaltung ist das Recht gewissermaßen „blind“[117] - die Entscheidung wird der staatlichen Verwaltung insgesamt zugerechnet. Wissenstransfer innerhalb des staatlichen Organisationszusammenhangs kann sich daher gar nicht als Information darstellen, es fehlt an zwei unterschiedlichen Subjekten, dem den Input liefernden Mitteilenden und dem Empfänger, da beide staatlichen Stellen rechtlich als Einheit betrachtet werden.

Während sich der interne Wissenstransfer von Behörde zu Behörde also zunächst nicht unter den oben entwickelten Begriff der Information subsumieren lässt, stellt sich der Wissensinput von externen Dritten dagegen als Information dar. Der Behörde wird von dem privaten Dritten mit handlungsbezogenem Wissensinput versorgt. Dieser Input erfolgt zielgerichtet und ist daher zurechenbar. Externe Information muss sich im Gegensatz zu bloßem internen Wissenstransfer auch an rechtlichen Kriterien messen lassen. Sie folgt wegen des Einflusses auf die hoheitlich zu treffende Entscheidung Kriterien der „Rechtsrationalität“, wobei zwischen den Bereichen ein fließender Übergang besteht.[118] Das Letztentscheidungsrecht des staatlichen Entscheidungsträgers ist aus den oben genannten verfassungsrechtlichen Gründen bedeutsam.[119] Ein Einfluss des Privaten, der über das von ihm zur Verfügung gestellte Wissen vermittelt wird, wird daher nach klassischer staatsrechtlicher Lehre dem Privaten wenigstens nicht unmittelbar zugerechnet. Die Entscheidung muss letztlich beim staatlichen Entscheidungsträger verbleiben; er hat die Entscheidung zu verantworten.[120]

---

117 Zwar kennt das Verwaltungsrecht Anhörungserfordernisse, und z.T. ist es sogar erforderlich, das „Benehmen“ herzustellen, hierfür gibt es jedoch keine verfassungsrechtlichen Gründe, sondern eben nur solche der Zweckrationalität.

118 Brohm, Sachverständige Beratung des Staates, in: Isensee/Kirchhoff (Hg.), HdStR II, Rdnr. 9 ff. Zu den verfassungsrechtlichen Problemen Ebinger, Der unbestimmte Rechtsbegriff im Recht der Technik, S. 34 ff.

119 Vgl. oben, Zweites Kapitel, B.

120 Brohm, Sachverständige Beratung des Staates, in: Isensee/Kirchhoff (Hg.), HdStR II, Rdnr. 30. Diesen Widerspruch ebenfalls andeutend Wichert, Natura 2000, S. 115.

I. Formen der Information

Von staatlicher Seite wird in unterschiedlicher Form auf das Wissen nicht- oder halbstaatlicher Akteure zugegriffen. So gibt es mittlerweile eine Vielzahl von Ausschüssen und Gremien, besetzt mit Experten, die nicht unmittelbar der staatlichen Verwaltung angehören. Ihre Aufgabe ist explizit die „sachverständige Beratung des Staates".[121] Das von den Experten mitgeteilte Wissen weist in diesen Fällen einen ausdrücklichen, von allen Seiten gewünschten Handlungsbezug auf und stellt sich als Information im oben entwickelten Sinne dar. Die Vielfalt und Anzahl der unterschiedlichen Institutionen, die auf diese Weise externes Wissen an die Verwaltung weitergeben, ist kaum mehr zu überblicken und entzieht sich somit einer systematischen Darstellung.[122] Beispielhaft seien zwei Kategorien genannt: zum einen Expertenäußerungen - einzelner Sachverständiger oder von Verbänden - zu Einzelfragen, zum anderen Beratungsgremien, etwa Beiräte oder Kommissionen.[123] Beratung findet dabei sowohl auf Ebene der Rechtssetzung in Form von Parlamentsgesetzen und Rechtsverordnungen als auch auf der Vollzugsebene statt.

In Gesetzen, die den Schutz der Umwelt zum Gegenstand haben, werden nun einerseits vermehrt Generalklauseln und unbestimmte Rechtsbegriffe verwendet, andererseits verfahrensrechtliche Elemente stärker betont.[124] Vielfach werden in den Gesetzestexten lediglich allgemeine

---

121 Titel der Abhandlung von Brohm (ders., in: Isensee/Kirchhoff, HdStR II, S. 207).

122 Vgl. Brohm, Sachverständige Beratung des Staates, in: Isensee/Kirchhoff, HdStR II, Rdnr. 207 ff.

123 So gibt es Gremien mit allgemein gehaltenem Aufgabenbereich, wie z.B. den Sachverständigenrat für Umweltfragen, aber auch speziellere Formen wie die „Zentrale Kommission für die biologische Sicherheit" im Gentechnikrecht (§§ 4, 5, 11 GenTG) oder die Kommission für Reaktorsicherheit im Atomrecht. Eine Systematisierung für den Bereich des Planungsrechts unternimmt z.B. Ritter, Organisationswandel durch Expertifizierung und Privatisierung im Ordnungs- und Planungsrecht, in: Schmidt-Aßmann/Hoffmann-Riem (Hg.), Verwaltungsorganisationsrecht als Steuerungsressource, S. 207. Eine umfassende Darstellung findet sich bei Vomhof, der allerdings zu dem Schluss kommt, dass keine genauen Zahlen und Daten verfügbar sind, und die Zahl der Gremien sodann auf „jedenfalls mehr als hundert" schätzt (ders., Rechtsprobleme der Einbindung von sachverständigen Gremien in das Umwelt- und Technikrecht, S. 211).

124 Seiler, Aktuelle Tendenzen des Risikorechts, in: Banse (Hg.), Risikoforschung zwischen Disziplinarität und Interdisziplinarität, S. 146 ff.; vgl. Hoffmann-Riem, Verfahrensprivatisierung als Modernisierung, DVBl. 1996, 225.

Ziele normiert, ohne die genauen technischen Vorgaben zu deren Erreichung festzuschreiben.[125] Diese allgemein gehaltenen Vorschriften werden dann durch Rechtsverordnungen und Verwaltungsvorschriften konkretisiert. Über diesen umfangreichen Rückgriff auf unbestimmte Rechtsbegriffe und Generalklauseln wie „Stand der Technik"[126] oder „Stand von Wissenschaft und Technik"[127] wird das Wissen über die technischen Zusammenhänge zum „archimedischen Punkt" des Umweltrechts.[128] Da in der Verwaltung das notwendige Wissen für eine vollzugsfähige konditionale Regelung in ausreichender Detailtiefe nicht vorhanden ist, so dass auch in Rechtsverordnungen und Verwaltungsvorschriften keine konkret vollziehbaren Vorgaben gemacht werden können, wird in weitem Umfang auf technisch-wissenschaftlichen Sachverstand außerhalb der staatlichen Institutionen verwiesen, indem für die weiteren Details der Bewertung auf technische Regelwerke in Form von Normen privater Normungsverbände zurückgegriffen wird.[129] Dieser Verweis auf technische Normen lässt sich auch als Beratung begreifen und so als Information charakterisieren: Die technischen Normen wer-

---

125 So wird das BImSchG als eines der zentralen umweltrechtlichen Gesetze durch 31 Rechtsverordnungen und weitere Verwaltungsvorschriften konkretisiert (neben TA-Luft und TA-Lärm gibt es noch eine Reihe weiterer Verwaltungsvorschriften, die zum Teil spezielle Geräte (Krane und Drucklufthämmer) und Produkte (Kraftstoffe) betreffen. Dazu Jarass, Bundesimmissionsschutzgesetz, Kommentar, § 48, Rdnr. 25).

126 Z.B. § 5 Abs. 1 Nr. 1 BImSchG.

127 Z.B. § 7 Abs. 2 Nr. 3 AtG; vgl. auch die Einteilung der gentechnikrechtlichen Sicherheitsstufen nach dem „Stand der Wissenschaft" in § 7 Abs. 1 Nr. 1 bis 4 GenTG.

128 Wolf, „Herrschaft kraft Wissen" in der Risikogesellschaft, Soziale Welt 39 (1988), S. 164 (171).

129 Zum Beispiel der TA-Luft Ebinger, Der unbestimmte Rechtsbegriff im Recht der Technik, S. 178. Vgl. allg., Fischer, Umweltschutz durch technische Regelungen, S. 53 (Konkretisierung des § 5 BImSchG durch VDI-Normen); S. 71 (Konkretisierung von Betreiberpflichten im Atomrecht durch DIN-Normen). Krit. zu dieser Regelungstechnik: Führ, Technische Normen in demokratischer Gesellschaft, ZUR 1993, 99; Winter, Probleme der atomrechtlichen Anlagenzulassung aus verfassungsrechtlicher Sicht, ZUR 1994, 20 (22); DiFabio, Risikoentscheidungen im Rechtsstaat, S. 110; Lohse, Der Rechtsbegriff „Stand der Wissenschaft" aus erkenntnistheoretischer Sicht, S. 66. Lepsius hält dagegen das System von Parlamentsgesetz und Rechtsverordnung für grundsätzlich leistungsfähig genug: Risikosteuerung durch Verwaltungsrecht, VVDStRL Bd. 63 (2003), S. 264 (306 f.).

den als konkrete Entscheidungshilfe verwendet.[130] Auf diese Weise entsteht der Handlungsbezug, den die Behörde herstellt, indem sie sich in ihrer Entscheidung auf die Norm stützt. Dieser Handlungsbezug ist den Verfassern der technischen Normen zuzurechnen, da die Normen für eben diesen Zweck der Befolgung gedacht sind. Dabei entfällt die Zurechnung auch nicht deshalb, weil zum Teil in Gesetzes- und Verordnungstexten oder auch in Verwaltungsvorschriften auf die technischen Normen verwiesen wird. Hier liegt zwar der Gedanke nahe, dass die Zurechnung entfallen könnte, weil die technische Norm auf hoheitliche Anordnung hin verwendet wird. Dem ist jedoch entgegenzuhalten, dass die technischen Normen ohne eine staatliche Anordnung erstellt werden, die jeweiligen Rechtstexte und Entscheidungen vielmehr auf die bereits bestehenden Normen Bezug nehmen.

Der Gesetzgeber wird dadurch zwar von der Mühe vielfältiger Detailregelungen entlastet, für weite Teile des deutschen Umweltrechts gilt nun aber eine „umgekehrte Wesentlichkeitstheorie":[131] Das Wesentliche steht nicht im Gesetz, sondern in Verordnungen und technischen Regelwerken.[132] So kann man sagen, dass die Bedeutung der Verwaltungsvorschrift TA-Luft in der praktischen Anwendung die des Bundesimmissionsschutzgesetzes (BImSchG) übersteigt.[133] Diese Regelungstechnik dient einem „dynamisierten" Grundrechtsschutz, da schnell auf aktuelle Entwicklungen und Erkenntniszuwachs reagiert werden kann, ohne erst ein langwieriges Gesetzgebungsverfahren oder - in Bezug auf Rechtsverordnungen - ein Rechtssetzungsverfahren in Gang zu setzen.[134] Auf diese

---

130 So ordnet Brohm die Inbezugnahme technischer Normen als Rückgriff auf externen Sachverstand ein und fasst ihn unter den Oberbegriff der „sachverständigen Beratung des Staates" (ders., Sachverständige Beratung des Staates, in: Isensee/Kirchhoff (Hg.), HdStR II, S. 207).

131 Ein Zitat, das im allgemeinen Salzwedel zugeschrieben wird (vgl. Führ, Technische Normen in demokratischer Gesellschaft, ZUR 1993, 99).

132 DiFabio, Grundfragen der rechtlichen Regulierung wissenschaftlich und technisch erzeugter Risiken, in: Hoffmann-Riem u.a. (Hg.), Reform des Allgemeinen Verwaltungsrechts, S. 142; vgl. hierzu auch z.B. Führ, Technische Normen in demokratischer Gesellschaft, ZUR 1993, 99; Kloepfer, Umweltrecht, § 3, Rdnr. 71 ff.; Sparwasser/Engel/Voßkuhle, Umweltrecht, § 1, Rdnr. 195 f.

133 Ebinger, Der unbestimmte Rechtsbegriff im Recht der Technik, S. 176.

134 In der Praxis erwies sich aber beispielsweise die Verwaltungsvorschrift TA-Luft als äußerst änderungsresistent: Bis zur Novelle im Zusammenhang mit der Umsetzung der IVU-Richtlinie im Jahr 2002 wurde die TA-Luft seit 1986 nicht geändert, während das BImSchG selbst Gegenstand zahlreicher Ände-

Weise trägt die geringe materielle Regelungsdichte der Parlamentsgesetze und der umfangreiche Verweis auf untergesetzliche Normen zur Risikovorsorge bei. Andererseits entstehen durch diese umfassende Formulierung rechtlicher Anforderungen auf den verschiedenen untergesetzlichen Ebenen regelrechte „Normkaskaden".[135] Gerade die beschriebene Offenheit auf der Ebene der mit der höchsten demokratischen Legitimation versehenen Parlamentsgesetze führt in der Praxis zu Akzeptanzproblemen.

Zunächst brachten die formalisierten Verfahren und vielfältigen untergesetzlichen Detailregelungen dem Umweltrecht den Vorwurf der Überregulierung ein,[136] der die Akzeptanz von Adressatenseite (Betreiber bzw. Antragsteller) schmälerte. Aber auch die allgemeine Akzeptanz durch die Drittbetroffenen, seien es Nachbarn oder sonstige Dritte, hat unter dieser Entwicklung gelitten. Die Ursache kann nicht zuletzt in rechtlichen Problemen der Legitimation gesehen werden.[137] Die zu stellenden gesetzlichen Anforderungen werden aufgrund der dargestellten Regelungsstruktur häufig erst in der behördlichen Zulassungsentscheidung selbst konkretisiert.[138] Dabei können die behördlichen Entschei-

---

rungen während dieser Zeit war (vgl. Otting, Der Entwurf der neuen TA-Luft, DVBl. 2001, 1792).

135 Dazu und zu den praktischen Folgen für den Bereich des Wasserrechts vgl. Demmke, Die Implementation von EG-Umweltpolitik in den Mitgliedstaaten, S. 237 f. Im Bereich des Immissionsschutzrechts zählt Schulze-Fielitz 30 Rechtsverordnungen und „mindestens" 6 Verwaltungsvorschriften (ders., Immissionsschutzrecht als Feld bundesstaatlichen Wettbewerbs? NuR 2002, 1 (2)).

136 Wedemeyer, Kooperationen beim Vollzug des Umweltrechts, S. 7; zur Frage der Überregulierung auf dem Gebiet des Immissionsschutzrechtes vgl. Dose, Die verhandelnde Verwaltung, S. 62 ff. Danach scheint das Problem allerdings weniger in der Verabschiedung allzu vieler Neuregelungen zu liegen, sondern vielmehr in der durch die vielfältigen Verweise geschaffenen Unübersichtlichkeit und der häufigen Änderung praxisrelevanter Vorschriften. Dose kommt in seiner empirischen Untersuchung allerdings auch zu dem Ergebnis, dass die Rechtsnormen in der Behördenpraxis im Alltag weniger Probleme aufwerfen als erwartet(ders., a.a.O., S. 218 f.).

137 Dazu DiFabio, Risikoentscheidungen im Rechtsstaat, S. 110; Gusy, Kooperation als staatlicher Steuerungsmodus, ZUR 2001, 1 (5); grundsätzlich zu diesen Legitimationsproblemen Grimm, Der Wandel der Staatsaufgaben und die Zukunft der Verfassung, in: ders. (Hg.), Staatsaufgaben, S. 613 (insb. 636 ff.).

138 Führ, Technische Normen in demokratischer Gesellschaft, ZUR 1993, 99 (99 f.); Breuer, Probabilistische Risikoanalysen und Gentechnikrecht, NuR 1991, 157 (161); Roßnagel, Rechtliche Fassung technischer Risiken, UPR 1986, 46 (48; 55);

dungen auch auf der Grundlage wissenschaftlich-technischen Sachverstandes bei nicht völlig geklärten Zusammenhängen nicht auf Wertungen verzichten.[139] Schon die Identifizierung einer Gefahr stellt sich weniger als objektives Ergebnis naturwissenschaftlicher Betrachtung eines schädigenden Kausalverlaufs dar, sondern vielmehr als soziale Zuschreibung zu einem bestimmten Sachverhalt.[140] Trifft eine Behörde solchermaßen Entscheidungen unter den Bedingungen von Ungewissheit, so gibt es keine im eigentlichen Wortsinne „richtige" Entscheidung, auch wenn dies beispielsweise durch die Form gebundener Entscheidungen ohne Ermessensspielraum der Verwaltung suggeriert wird. Die getroffene Entscheidung hat dennoch den Anspruch, rational zu sein:[141] Zwischen mehreren Alternativen ist stets die „beste", orientiert am nach den gesetzlich vorgegebenen Zwecken zu bestimmenden Gemeinwohl, zu wählen, ohne dass sich der konkrete Maßstab aus dem Gesetz ergäbe. Bei solchen Entscheidungen entstehen die bekannten Konflikte zwischen ökonomischen und ökologischen Zielen, aber auch ökologische Zielkonflikte, wie sie sich aktuell in der Debatte um Off-Shore Windparks abzeichnen.[142]

---

für den Bereich des Gentechnikrechts Eberbach/Lange, Gentechnikrecht, AnhV, Rdnr. 14; Kloepfer, Umweltrecht, § 3, Rdnr. 71. Aus der Rechtsprechung BVerfGE 53, 69 (77) - Sondervotum.

139 Vgl. Brenner/Nehrig, Das Risiko im öffentlichen Recht, DÖV 2003, 1024 (1030) sowie Scherzberg, Risikosteuerung durch Verwaltungsrecht, VVDStRL Bd. 63 (2003), S. 214 (229).

140 Wolf, „Herrschaft kraft Wissen" in der Risikogesellschaft, Soziale Welt 39 (1988), S. 164 (169); Banse, Herkunft und Anspruch der Risikoforschung, in: ders. (Hg.), Risikoforschung zwischen Disziplinarität und Interdisziplinarität, S. 15 (34 und47); Mayntz, Entscheidungsprozesse bei der Entwicklung von Umweltstandards, Die Verwaltung. Bd. 23 (1990), S. 137 (141). Vgl. auch Zöttl, Integrierter Umweltschutz in der neuesten Rechtsentwicklung, 1998, S. 94 f.

141 Priddat, Risiko, Ungewissheit und Neues, in: Banse (Hg.), Risikoforschung zwischen Disziplinarität und Interdisziplinarität, S. 105 (105 f.). Zu den Voraussetzungen Bohne, Langfristige Tendenzen im Umwelt- und Technikrecht, in: Schmidt-Aßmann (Hg.), Strukturen des Europäischen Verwaltungsrechts, S. 218; Schmidt-Aßmann, Das allgemeine Verwaltungsrecht als Ordnungsidee, S. 78.

142 Hier stehen Belange des Umweltschutzes, Gewinnung von Energie aus regenerativen Quellen ohne CO_2-Ausstoß, Belange des Naturschutzes, Beeinträchtigung der Flora und Fauna (z.B. Zugvögel) in sensiblen Gebieten, in Konflikt miteinander. Zu dem politischen Konflikt um die Windparks z.B. DER SPIEGEL Nr. 14 v. 29.3.2004, S. 80: „Warum der weitere Ausbau der Windkraft der Umwelt mehr schadet als nützt".

Neben der Verwendung von Generalklauseln ist das Umweltrecht zunehmend stark von verfahrensrechtlichen Vorschriften geprägt; in der Literatur wird von einer „Prozeduralisierung des Umweltrechts" gesprochen.[143] Zu nennen sind in diesem Zusammenhang die Verfahrensbeteiligung der vom Ausgang des Verfahrens Betroffenen sowie die etwa durch die Umweltverträglichkeitsprüfung[144] vorgegebene Verfahrensschritte innerhalb des behördlichen Entscheidungsverfahrens, z.B. Stellungnahmen anderer Behörden (§ 7 UVPG).[145] Eine weitere Form stellt die oben angesprochene Beteiligung wissenschaftlichen Sachverstands in Form verschiedener Gremien dar.[146] Das förmliche Verfahren dient so der Beschaffung des für die anstehende Entscheidung benötigten Wissens, indem möglichst alle relevanten Quellen für die Entscheidung fruchtbar gemacht werden können.

Nun stellt sich die Frage, ob es sich bei den Verfahrensbeteiligungen jeweils um die bloße Beschaffung von Wissen oder um Information handelt. Kern der Frage ist dabei, ob den am Verfahren Beteiligten der Handlungsbezug des von ihnen für die Entscheidung eingebrachten Wissens zuzurechnen ist oder nicht. Mit anderen Worten ist zu fragen, ob in der Verfahrensbeteiligung eine Teilhabe an der behördlichen Entscheidung in Form eines auch rechtlich anerkannten inhaltlichen Einflusses zu sehen ist. Diese Frage ist für die Verfahrensbeteiligung nicht so einfach zu beantworten wie für die Beratung. In der verfassungsrechtlichen Debatte um den Grundrechtsschutz durch Verfahren ist weitgehend anerkannt, dass die getroffene Entscheidung nicht isoliert von dem zugrunde liegenden Entscheidungsprozess, dem formalen Verfahren, betrachtet werden kann, und dass all' diese Faktoren den Inhalt der Entscheidung mitprägen. Die Aufwertung förmlicher Genehmigungsverfahren durch die Anerkennung der Grundrechtsrelevanz dieser

---

143 Für den Bereich des Gentechnikrechts Breuer, Probabilistische Risikoanalysen und Gentechnikrecht, NuR 1994, 157 (161).

144 Gesetz über die Umweltverträglichkeitsprüfung (UVPG) v. 12. Februar 1990 (BGBl. I, S. 205), zuletzt geändert durch Bau- und Raumordnungsgesetz 1998 v. 18. August 1997 (BGBl. I, S. 2081, 2111).

145 Einen Überblick zur Beteiligung nach dem Abfallgesetz und Bundesimmissionsschutzgesetz sowie Umweltverträglichkeitsprüfung und Bundesnaturschutzgesetz gibt Fisahn, Demokratie und Öffentlichkeitsbeteiligung, S. 176 ff. (190, 195).

146 Ein Beispiel aus dem Gentechnikrecht ist die Zentrale Kommission für die biologische Sicherheit, die sich aus Experten und Vertretern der Interessenverbände zusammensetzt (§ 4 Abs. 1 GenTG) und fachlich weisungsfrei arbeitet.

Verfahren, die unter dem Stichwort „Grundrechtsschutz durch Verfahren" diskutiert und auch in der Rechtsprechung des Bundesverfassungsgerichts Anerkennung gefunden hat, enthält implizit auch die Aussage, dass das in dem Verfahren von den eventuell in ihren Grundrechten betroffenen Dritten gezielt in deren Interesse eingebrachte Wissen einen Einfluss auf das Verfahrensergebnis haben kann.[147] Bezeichnenderweise wird in dieser Diskussion ein Zusammenhang zwischen Verfahren und Entscheidung stets implizit vorausgesetzt, ohne dass dieser näher beschrieben oder dargelegt wird. Einer vom Recht anerkannten, echten Teilhabe an der staatlich zu treffenden und zu verantwortenden Entscheidung stehen jedoch erhebliche verfassungsrechtliche Bedenken gegenüber, da diese der staatlichen Funktionenordnung zuwiderliefe.[148] Die jeweilige Entscheidung ist grundsätzlich von dem dazu vorgesehenen Organ bzw. der Institution umfassend allein zu treffen und zu verantworten, ohne Teilhabe Dritter an der Entscheidung selbst. Andererseits wird die Verfahrensbeteiligung zum Teil als Kompensation für die mangelnde Regelungsdichte auf Gesetzesebene gesehen; die insoweit

---

147 In der Entscheidung „Mülheim-Kärlich" spricht das BVerfG von einer gefestigten Rechtsprechung (BVerfGE 53, 30 (65); vgl auch zuvor BVerfGE 52, 380 (389). Dazu Laubinger, Grundrechtsschutz durch Gestaltung des Verwaltungsverfahrens, VerwArch 73 (1982), S. 60 (62 ff.), m.w.N. Grundlegend für die deutsche Diskussion Häberle, Grundrechte im Leistungsstaat, VVDStRL Bd. 30 (1972), S. 43; Hesse, Bestand und Bedeutung der Grundrechte in der Bundesrepublik Deutschland, EuGRZ 1978, 427 (434). Für einen Rationalitätsgewinn durch formalisierte Verfahren auch Epiney, Rationalitätsgebote im Recht, in: Gawel/Lübbe-Wolff (Hg.), Rationale Umweltpolitik - Rationales Umweltrecht, S. 174; Pöcker sieht das Verfahrensrecht bei Planungsentscheidungen nicht mehr in der Funktion „dienenden Rechts", sondern dem materiellen Recht als gleichwertig an; ders. Irritationen einer Grundlage des Rechtssystems, DÖV 2003, 980 (986f).

148 Ossenbühl, DÖV 1981, 1 (8); vgl. zur Notwendigkeit der „Letztverantwortung" des Staates auch Gusy, Kooperation als staatlicher Steuerungsmodus, ZUR 2001, 1 (5); die Debatte und die Argumente ausführlich darstellend Fisahn, Demokratie und Öffentlichkeitsbeteiligung, S. 236 ff. Krit. zum überkommenen Verständnis der Öffentlichkeitsbeteiligung auch das Umweltgutachten 2002 des Rates von Sachverständigen für Umweltfragen „Für eine neue Vorreiterrolle" (BT-Drs. 14/8792 v. 15.04.2002, S. 121). Das Problem stellt sich ähnlich bei dem sog. informalen Verwaltungshandeln; auch hier kann die Freiheit und das Recht der hoheitlichen Letztentscheidung ein Problem darstellen, wenn die Verwaltung außerhalb der ihr obliegenden Verfahrensweisen inhaltlich Vorentscheidungen trifft (hierzu statt vieler nur Bohne, Informales Verwaltungs- und Regierungshandeln als Instrument des Umweltschutzes, VerwArch. 75 (1984), S. 343).

mangelnde demokratische Legitimation werde durch die Beteiligung an der konkreten Entscheidung zum Teil kompensiert.[149] Hier zeigt sich ein bislang nicht aufgelöster innerer Widerspruch in der verwaltungs- beziehungsweise verfassungsrechtlichen Dogmatik. Dieser lässt sich mit Hilfe des oben entwickelten Informationsbegriffes gut herausarbeiten: Zwar wird die Grundrechtsrelevanz des Verfahrens allgemein anerkannt, eine auch normative Anerkennung der Beteiligung an der Entscheidung selbst im Sinne einer Teilhabe wird aus rechtlichen Gründen von der herrschenden Lehre jedoch abgelehnt.

II. Information als Form der Kooperation: Die Bildung von Akzeptanz

Die beschriebenen förmlichen Beteiligungen Privater oder halbprivater Organisationen wie Normungsinstitute und Interessenverbände beziehen diese in die Entscheidungsprozesse ein. Die darin liegende Abkehr vom allein einseitig hoheitlich entscheidenden Modell ist ebenso Ausdruck des Kooperationsprinzips wie die verfahrensmäßige förmliche Beteiligung möglicher Drittbetroffener.[150] Das Kooperationsprinzip bildet zusammen mit dem Vorsorge- und dem Verursacherprinzip die grundlegende Prinzipientrias, die als Strukturprinzipien den Aufbau des deutschen Umweltrechts bestimmen.[151] Dem Vorsorgeprinzip folgend, sollen mögliche Gefahren und der Eintritt drohender Schäden verhindert oder deren Eintritt auf ein als angemessen empfundenes Maß reduziert werden, obwohl deren Antizipation aufgrund mangelnder Erfahrung

---

149 Pietzcker, Verwaltungsverfahren zwischen Verwaltungseffizienz und Rechtsschutzauftrag, VVDStRL Bd. 42 (1984), S. 193 (202); Wahl, Verwaltungsverfahren zwischen Verwaltungseffizienz und Rechtsschutzauftrag, VVDStRL Bd. 42 (1984), S. 152 (170); Winter, Probleme der atomrechtlichen Anlagenzulassung aus verfassungsrechtlicher Sicht, ZUR 1994, 20 (21); Roßnagel, Rechtliche Fassung technischer Risiken, UPR 1986, 46 (55); BVerfGE 53, 69 (77) „Mülheim-Kärlich" - Sondervotum; grundlegend zu der Debatte Fisahn, Demokratie und Öffentlichkeitsbeteiligung.

150 Kloepfer, Umweltrecht, § 4, Rdnr. 60 f.; vgl. auch Vomhof, Rechtsprobleme der Einbindung von sachverständigen Gremien in das Umwelt- und Technikrecht, S. 19 f.; zum Staatsbild des kooperativen Staates und den Ursachen vgl. auch Würtenberger, Die Akzeptanz von Verwaltungsentscheidungen, S. 56 ff.

151 Kloepfer, Umweltrecht, § 4, Rdnr. 1. In der Literatur werden noch eine Reihe anderer Prinzipien genannt, wie z.B. das Gemeinlastprinzip als Pendant zum Verursacherprinzip, das Vorsichtprinzip, Schutzprinzip, Gebot der Nachhaltigkeit und ökologisches Abwägungsgebot, die jedoch keinen eigenständigen Gehalt aufweisen, sondern sich auf die drei genannten Prinzipien zurückführen lassen (Kloepfer, a.a.O.).

und der den neuen Risiken eigenen Ungewissheit nur schwer möglich ist.[152] Dem Verursacherprinzip zufolge sollen zunächst die unmittelbar für eine Gefahr oder Risiko Verantwortlichen zu deren Vermeidung und Minimierung herangezogen werden. Dem Kooperationsprinzip zufolge ist der Umweltschutz nicht allein eine Aufgabe des Staates, die von diesem gegen Wirtschaft und Gesellschaft hoheitlich durchzusetzen ist. Vielmehr sind alle gesellschaftlichen Kräfte zur Erfüllung dieser Aufgabe gefordert; Umweltschutz soll zusammen mit Gesellschaft und Wirtschaft in gemeinsamer Verantwortung verwirklicht werden.[153]

Der Staat ist also bei der Umsetzung seiner Umweltschutzpolitik auf Private, seien es Unternehmen oder Bürger, angewiesen.[154] Er benötigt deren Akzeptanz. Sowohl Rechtssätze als auch Einzelfallentscheidungen wie beispielsweise individuelle Genehmigungen müssen akzeptiert werden. Diese Akzeptanz ist notwendig, um Recht und Gesetz in der Gesellschaft Geltung zu verschaffen und zu erhalten.[155] Das Kooperationsprinzip lässt sich aus diesem Blickwinkel als empirisch vorgefundenes Strukturprinzip auffassen.[156] Es lässt sich allerdings auch als normatives Prinzip begreifen, dass in den umweltrechtlichen Rechtssätzen nach weiterer Verwirklichung verlangt.[157] Ob empirisch vorgefundenes oder normatives Strukturprinzip: Der Zweck der Kooperation ist letztlich die Bildung von Akzeptanz für das staatliche Handeln - entweder aus der Notwendigkeit heraus, Unterstützung bei der Umsetzung der Umweltschutzpolitik zu bekommen, oder aus dem normativen Anspruch, die Betroffenen inhaltlich stärker einzubinden. Dabei umfasst die Akzeptanz einer Entscheidung durch die Entscheidungsunterworfenen eine Spannbreite der Bewertung der Entscheidung von „richtig" über „vertretbar" bis hin zu „unrichtig, aber hinnehmbar". Bei der Bewertung als „richtig" besteht ein inhaltlicher Konsens als stärkste Form der Akzeptanz. Akzeptiert und hingenommen wird eine Entscheidung aber auch, wenn sie zwar

---

152 Das BVerfG spricht in seiner Kalkar-Entscheidung von einem als sozialadäquat hinzunehmenden Restrisiko der Atomkraft (BverfGE 49, 89 (43)). Zum Verhältnis zwischen Risiko und Vorsorge siehe auch Scherzberg, Risikosteuerung durch Verwaltungsrecht, VVDStRL Bd. 63 (2003), S. 214 (220).

153 Kloepfer, Umweltrecht, § 4, Rdnr. 56.

154 Scherzberg, Risikosteuerung durch Verwaltungsrecht, VVDStRL Bd. 63 (2003), S. 214 (226).

155 Würtenberger, Die Akzeptanz von Verwaltungsentscheidungen, S. 61.

156 Murswiek, Das sogenannte Kooperationsprinzip - ein Prinzip des Umweltschutzes? ZUR 2001, 7.

157 Für ein Rechtsprinzip DiFabio, Das Kooperationsprinzip, NVwZ 1999, 1153.

subjektiv als unrichtige, jedoch anerkennungswürdige und vertretbare Regelung erkannt wird.[158] Schließlich kann die Entscheidung auch als unrichtig und nicht hinnehmbar bewertet werden.

Diese Akzeptanz bildet sich durch die Verfahrensprägung in Form der beschriebenen kooperativen Muster allerdings nicht von allein. Eine weitere Bedingung für die Akzeptanz einer Entscheidung ist deren Bewertung als legitim. Zwar behält auch in der Risikogesellschaft das Wort von der Legalität, welche die Legitimität indiziert, seine Richtigkeit. Die Legalität bemisst sich nun aber nicht mehr allein an der Übereinstimmung des Ergebnisses mit den Vorgaben des materiellen Rechts.[159] Vielmehr sind neben der Einhaltung der materiellen Vorgaben auch die formalen Verfahrensschritte zu beachten. Das Argument, Verfahrensfehler seien jedenfalls dann unbeachtlich, wenn in der Sache keine andere Entscheidung hätte getroffen werden können,[160] verfängt nicht mehr. Lediglich bei überschaubaren Sachverhalten und deren Regelung durch eine konditional strukturierte Norm lässt sich vertreten, dass verfahrensrechtliche Fehler in der Sache unbeachtlich sind. Die getroffene Entscheidung lässt sich aber nicht mehr allein mit der Begründung, sie sei fachlich „richtig", legitimieren, wenn es keine allein richtige Entscheidung mehr gibt. Die Bedeutung der verfahrensrechtlichen Regelungen für die Akzeptanz der in dem Verfahren getroffenen Entscheidung ist daher sehr groß.[161] Da die Beteiligung der Betroffenen auch dazu dient, einen inhaltlichen Konsens zu finden, hat sie zugleich die Funktion, Akzeptanz bei den Betroffenen zu erzeugen.[162] Eine wichtige Rolle in diesem Prozess spielt dabei Information: Indem die Betroffenen über die von ihnen gegebenen Informationen an der inhaltlichen Gestalt der Entscheidung

---

158 Würtenberger, Die Akzeptanz von Verwaltungsentscheidungen, S. 61 f.

159 Diese Verknüpfung von Legalität und Legitimität funktioniert ohne weiteres nur, solange das materielle Recht, das in einem Verfahren zustande gekommen ist, das die Berücksichtigung aller betroffenen Belange hinreichend gewährleistet, die Entscheidung in ausreichendem Maße determiniert - also bei konditionalen Normen.

160 So beispielsweise § 45 VwVfG.

161 Vgl. Würtenberger, Die Akzeptanz von Verwaltungsentscheidungen, S. 71 (98 ff.); Voßkuhle, Der Wandel von Verwaltungsstruktur und Verwaltungsprozessrecht in der Informationsgesellschaft, in: Hoffmann-Riem/Schmidt-Aßmann, Verwaltungsrecht in der Informationsgesellschaft, S. 349 (374).

162 Vgl. Schmidt-Aßmann, Das allgemeine Verwaltungsrecht als Ordnungsidee, S. 95. Skeptisch in Bezug auf den Erfolg Murswiek, Das sogenannte Kooperationsprinzip - ein Prinzip des Umweltrechts? ZUR 2001, 7 (11).

teilhaben, werden sie in diese eingebunden.[163] Es ergibt sich so durch die Einbeziehung zwecks Steigerung der Akzeptanz eine integrative Funktion der Information.[164]

Die durch Beachtung der vorhandenen materiellen und verfahrensrechtlichen Vorgaben gewonnene Legitimität ist jedoch nicht in jedem Falle auch eine hinreichende Bedingung für Akzeptanz. Eine weitere Bedingung für Akzeptanz ist die Rationalität der getroffenen Entscheidung. Die Entscheidung muss anhand ihrer Begründung für die Betroffenen nachvollziehbar sein.[165] Dabei spielt auch die Glaubwürdigkeit des Entscheidungsträgers, der den Wissensinput liefert, eine große Rolle.[166] Auch aus einer solchen fachlich fundierten Begründung kann Akzeptanz für die getroffene Entscheidung erzeugt werden.[167] Dabei liegt der „Geltungsgrund" in der sachlichen Richtigkeit des mit dem Informationsinput gelieferten Wissens, beziehungsweise in dem Vertrauen in die sachliche Richtigkeit. Die Information verfügt - anders als gesetzgeberische Entscheidungen - eben gerade nicht über eine demokratische Legitimation, sondern beansprucht allein aus sich heraus aufgrund der sachlichen und fachlichen Richtigkeit der mitgeteilten Daten und enthaltenen Bewertungen sowie der Zweckmäßigkeit der nahegelegten Handlungsoption Geltung. Aus diesem Grunde ist auch die Unabhängigkeit von Partikularinteressen und ebenso die Transparenz wichtig. Bleiben tragende

---

163 An dieser Stelle wird noch einmal der innere Widerspruch der dogmatischen Einordnung der Verfahrensbeteiligung sichtbar: Es erscheint evident, dass eines der Ziele in der konsensgestützten Akzeptanz der Entscheidung liegt. Dass diese über eine echte Teilhabe an der Entscheidung erreicht wird, unterliegt jedoch starken rechtlichen Zweifeln. Vgl. auch Voßkuhle, „Schlüsselbegriffe" der Verwaltungsrechtsreform, VerwArch. 92 (2001), S. 184 (202 f.).

164 Vgl. Kloepfer, Umweltrecht, § 4, Rdnr. 61.

165 Würtenberger, Die Akzeptanz von Verwaltungsverfahren, S. 70 f.; vgl. auch zur Begründung und Rechtfertigung von Entscheidungen anhand von Information oben, Erstes Kapitel, B. II.

166 Majone, The new European agencies: regulation by information, JEPP 1997, 262 (270).

167 Würtenberger, Die Akzeptanz von Verwaltungsentscheidungen, S. 85; 96. Interessant ist hier auch, dass sozusagen ein umgekehrter Weg der Legitimation gegangen wird: Erst wird die Entscheidung getroffen und hinterher durch die Begründung die Zustimmung gesucht.

Gründe der Entscheidung im Dunkeln, geht der Effekt für die Akzeptanz ins Leere.[168]

Zum Teil liegen allerdings so erhebliche grundlegende Wert- und Meinungsunterschiede vor, dass weder die Einbindung in das Entscheidungsverfahren noch die Mitteilung der fachlichen Begründung geeignet sind, Akzeptanz für die Entscheidung zu erzeugen. So bleiben immer auch Entscheidungen übrig, die letztlich mit hoheitlichen Mitteln durchgesetzt werden müssen.[169] Auch bietet das moderne Umweltrecht mit den beschriebenen Strukturen nicht nur Möglichkeiten, Akzeptanz zu erzeugen, sondern es birgt auch Gefahren: Die Behörden sind trotz der skizzierten Möglichkeiten und Wege, sich im formalen Verfahren zu informieren, oftmals gezwungen, zur Erhaltung ihrer Handlungsfähigkeit über die förmlichen Beteiligungsformen hinaus in informales Verwaltungshandeln jenseits rechtlicher Regelungen und Strukturen auszuweichen. Dieses bietet durch seinen Charakter „tauschförmiger Kooperation" für die Verwaltung die Möglichkeit, ihre Ziele unter Einsatz von weniger Ressourcen, als es die einseitig hoheitliche Durchsetzung ordnungsrechtlicher Vorschriften erfordern würde, umzusetzen.[170] Überspitzt formuliert, wird die Verwaltung so zum „Interessenmakler" abgewertet, während der private Bürger vom „Untertan", der die hoheitliche Anordnung schlicht entgegennimmt, zum Verhandlungspartner aufgewertet wird.[171] So sehr die Akzeptanz beim zum Verhandlungspartner aufgewerteten Antragsteller steigen mag, bedrohen solch' informale Kontakte die Akzeptanz bei den anderen Betroffenen, die von dem informalen Verfahren ausgeschlossen sind. Die Verwaltung sieht sich so leicht dem Vorwurf der Parteilichkeit ausgesetzt. Der Vorwurf, hinter verschlossenen Türen werde die Entscheidung am „grünen Tisch" getroffen und hinterher im formalen Verfahren nur noch „durchgepeitscht", ist, wenn auch sachlich nicht unbedingt begründet, gegenüber den sich übergangen fühlenden Dritten nicht leicht von der Hand zu

---

168 Vgl. Voßkuhle, Der Wandel von Verwaltungsstruktur und Verwaltungsprozessrecht in der Informationsgesellschaft, in: Hoffmann-Riem,/Schmidt-Aßmann, Verwaltungsrecht in der Informationsgesellschaft, S. 349 (376).

169 So zum Beispiel die in der jüngsten Vergangenheit immer wieder umstrittenen Castor-Tranporte nach Gorleben.

170 Voßkuhle, „Schlüsselbegriffe" der Verwaltungsreform, VerwArch. 92 (2001), S. 184 (205 f.).

171 Faber, Verwaltungsrecht, S. 47 f.

weisen.[172] Inwieweit vor diesem Hintergrund informales Handeln noch als Verwirklichung des Kooperationsprinzips angesehen werden kann, erscheint fraglich.[173] Da sich das informale Verwaltungshandeln per definitionem rechtlich nicht abbilden lässt, ist es zweifelhaft, inwieweit hierin überhaupt die Verwirklichung eines politischen oder rechtlichen Prinzips erblickt werden kann. Die beschriebene Offenheit der gesetzlichen umweltschützenden Regelungen, zusammen mit einer nicht zu leugnenden Unübersichtlichkeit,[174] eröffnet dabei Spielräume, die von der Verwaltung unterschiedlich genutzt werden können. Diese lassen sich aber auch durch ein normativ verstandenes Kooperationsprinzip nicht unbedingt rechtfertigen.[175] Die lediglich unvollständige Umsetzung als Folge eines willentlich in Kauf genommenen Vollzugsdefizits ist jedenfalls rechtlich gesehen problematisch, da sich ein „Opportunitätsprinzip" aus dem Kooperationsprinzip nicht herleiten lässt.[176]

Die Bedeutung der Übertragung von Wissen ist aber nicht nur im Verhältnis von Staat und Bürger gewachsen, sondern auch im Verhältnis zwischen unterschiedlichen Ressorts und Behörden. Aufgrund der zunehmenden Spezialisierung verfolgen auch die einzelnen Behörden und Verwaltungsinstitutionen selbst ihre eigenen Ressortinteressen.[177] Dem Konsens innerhalb des staatlichen Apparats kommt auf diese Weise ebenfalls eine immer größere Bedeutung zu.[178] Dabei wird die Trennung zwischen externen Informationen und intern übertragenem Wissen fraglich. Aufgrund der neueren Veränderungen der Verwaltungsorganisa-

---

172 Zu den ungleichen Ausgangspositionen und der daraus resultierenden Verhandlungsmacht vgl. Voßkuhle, Schlüsselbegriffe der Verwaltungsrechtsreform, VerwArch 92 (2001), S.184 (206).

173 Krit. Lübbe-Wolff, Kooperationsprinzip als Deckmantel des Vollzugsdefizits? NuR 1989, 295.

174 Auch wenn man nicht in die Klage derjenigen einstimmen will, die das Umweltrecht als völlig überreguliert ansehen, kommt man nicht umhin anzuerkennen, dass das Rechtsgebiet von einer gewissen Unübersichtlichkeit geprägt ist, die wohl nicht zuletzt auch eine Mitursache des vielfach beklagten Vollzugsdefizits ist.

175 Vgl. Kloepfer, Umweltrecht § 4, Rdnr. 63 (noch deutlicher 2. Aufl. 1998, § 4, Rdnr. 45).

176 Lübbe-Wolff, Vollzugsprobleme der Umweltverwaltung, NuR 1993, 217 (220). Krit. schon in Bezug auf den Inhalt des Kooperationsprinzips: dies., Das Kooperationsprinzip im Umweltrecht, NuR 1989, 295.

177 Faber, Verwaltungsrecht, S. 32.

178 Vgl. Wolf, „Herrschaft kraft Wissen" in der Risikogesellschaft, Soziale Welt 39 (1988), S. 164 (171).

tion, etwa die teilweise Privatisierung von Aufgaben und die zunehmenden Anzahl von Mischformen (wie privatrechtlich organisierte, ganz oder auch nur teilweise im Eigentum des Staates stehende Institutionen bzw. Betriebe), erscheint eine solche Differenzierung schon auf staatlicher Ebene schwierig.[179] Es stellt sich daher die Frage, ob die Unterscheidung insgesamt nicht lediglich eine juristische Fiktion darstellt.

Letztlich erscheint eine solche Differenzierung mit der Annahme, dass interner Austausch von Daten und Nachrichten lediglich unter dem Gesichtspunkt der Effizienz und Effektivität und zu bewerten ist und kein zurechenbarer Einfluss stattfindet, nur dann sinnvoll, wenn man den staatlichen Bereich mit all' seinen Organen als Einheit denkt, deren Entscheidungen durch die rechtlichen Bindungen vorgegeben sind. Aus diesem Grunde wäre es gleichgültig (auch im Sinne von „gleich gültig"), wer die Daten mitteilt und wer auf dieser Grundlage entscheidet. Es wird aber eine Vielfalt von Aufgaben von einer Vielzahl an Institutionen und Organen unter staatlicher Verantwortung erledigt. Dabei gibt es innerhalb dieser Institutionen und Organe vielfach divergierende Interessen und Konflikte, obwohl letztlich alle die Förderung des Gemeinwohls im Auge haben. Zwar sind die staatlichen Institutionen insgesamt verpflichtet, dem Allgemeinwohl zu dienen. Dies geschieht jedoch in der Regel gerade über die Förderung partikularer Interessen und spezieller Kreise. Es erscheint daher zunehmend verfehlt, die Verwaltung als monolithischen Block anzusehen; von einer Einheit der Verwaltung kann nicht mehr unbedingt gesprochen werden. Angesichts zunehmender Privatisierung von Aufgaben, die bislang von der staatlichen Verwaltung selbst übernommen wurden, erscheint auch unter rechtlichen Gesichtspunkten der Sinn und die Grundlage einer juristischen Fiktion einer Einheit der Verwaltung problematisch. Mit der zunehmenden Binnendifferenzierung der Verwaltung einschließlich weitgehend selbständig arbeitender Einheiten[180] klaffen die Interessen der unterschiedlichen Institutionen und ihrer Ressorts immer weiter auseinander.[181] So gewinnen diese

---

179 Zu Fragen der Privatisierung z.B. DiFabio, Privatisierung und Staatsvorbehalt, JZ 1999, 585.

180 Beispiel ist das Umweltbundesamt; zu dessen Aufgaben, Kompetenzen und rechtlichem Status Bruns, Das Umweltbundesamt (UBA) im Spannungsfeld zwischen Wissenschaft und Politik, in: Kotulla/Ristau (Hg.), Umweltrecht und Umweltpolitik, S. 151.

181 Dies dürfte auch der Grund sein für die immer wieder geforderte Beachtung des Querschnittscharakters der Umweltschutzpolitik, vgl. z.B. 5. Umweltaktionsprogramm der Europäischen Gemeinschaft „Ein Programm der Europäi-

Ressortegoismen zunehmende Bedeutung.[182] Die Unterscheidung von Staat und Gesellschaft verliert dabei unter anderem durch die genannte Aufgabenverlagerung auf Private immer mehr an Konturen. Damit wird auch die Unterscheidung zwischen internen und externen Informationen, die auch ohne diesen Befund bereits durch eine breite Zone gleitender Übergänge gekennzeichnet ist,[183] weiter verwischt. Angesichts der zunehmenden Binnendifferenzierung staatlicher Verwaltung und deren Auslagerung in privatrechtlich organisierte Formen erscheint daher im Nationalstaat auch die Betrachtung internen Wissensinputs unter rechtsrationalen Kriterien angebracht.[184] Die „Blindheit" des Rechts für diesen Bereich erscheint dagegen nicht mehr unbedingt zeitgemäß. Zum Teil wird im geltenden Recht dem Abstimmungsbedürfnis der Behörden untereinander auch bereits durch Klauseln wie dem Erfordernis der Entscheidung im Benehmen mit anderen Fachbehörden Rechnung getragen.[185] Mögliche Konflikte werden also durchaus erkannt, und es werden - über das Kriterium der Zweckrationalität mit den alleinigen Maßstäben der Effektivität und Effizienz hinaus - andere Kriterien und Maßstäbe zur Beurteilung, beispielsweise die Beteiligung als verfahrensmäßiges Recht, eingeführt.

D. Zwischenergebnis: Die faktische Verschiebung von Aufgaben im klassischen Gewaltenteilungsmodell

Die Instrumente umweltpolitischer Steuerung lassen sich zwischen den Polen „Regulieren" und „Überzeugen" verorten.[186] Die Ursprünge des Umweltrechts liegen in der polizeirechtlichen Gefahrenabwehr und sind damit dem Ordnungsrecht und dem Pol „Regulieren" zuzuordnen, wäh-

---

schen Gemeinschaft für Umweltpolitik und Maßnahmen im Hinblick auf eine dauerhafte und umweltgerechte Entwicklung", EG-ABl. C 138 v. 17.05.1993, S. 1 (81).

182 Wolf, „Herrschaft kraft Wissen" in der Risikogesellschaft, Soziale Welt 39 (1988), S. 164 (171).

183 Brohm, Sachverständige Beratung des Staates, in: Isensee/Kirchhoff, HdStR II, Rdnr. 9.

184 Vgl. Voßkuhle, Der Wandel von Verwaltungsstruktur und Verwaltungsprozessrecht in der Informationsgesellschaft, in: Hoffmann-Riem/Schmidt-Aßmann, Verwaltungsrecht in der Informationsgesellschaft, S. 349 (394 f.).

185 Z.B. § 1b Abs. 2 WHG; § 17 Abs. 2 und §20 Abs. 2, 3 und § 21 Abs. 3 BNatSchG; § 24 Abs. 3 AtG.

186 Henning, Wissen und Handeln, in: Wolfgang Ritter-Stiftung (Hg.), Globale Umweltveränderungen und ihre Wahrnehmung in der Gesellschaft, S. 73.

rend neuere Ansätze in der Nähe des Pols „Überzeugen" zu finden sind.[187] Anknüpfend an die Mitte der achtziger Jahre aus der Soziologie aufkommenden Debatte über die „Risikogesellschaft",[188] die auch in der Rechtswissenschaft ein großes Echo fand,[189] lassen sich die Gründe für den Wandel des Regulierungsansatzes von einseitig hoheitlicher Regulierung zu kooperativeren Formen in den veränderten Bedingungen staatlicher Steuerung verorten. Der Staat ist angesichts der beschriebenen Entwicklung zunehmend komplexerer Sachverhalte nicht mehr in der Lage, das zur effektiven Risikoregulierung notwendige Wissen selbst zu generieren. Private, insbesondere private Normungsverbände und Antragsteller, verfügen sogar regelmäßig über einen Wissensvorsprung gegenüber den zuständigen Genehmigungs- oder Planungsbehörden. Der Staat ist aus diesen Gründen auf die Kooperation der Privaten, auf Information, angewiesen.

Diese Veränderungen staatlicher Regulierung verschiebt die Aufgabenzuordnung im klassischen Staatsmodell der drei Gewalten. Als Konsequenz der beschriebenen Entwicklung des Umweltrechts vom Gefahrenabwehrrecht hin zur Risikoregulierung, die es unter anderem notwendig macht, externes Fachwissen in Anspruch zu nehmen, und so nichtstaatlichen Akteuren vielfältige Einflussmöglichkeiten verschafft, verschiebt sich faktisch die klassische Aufgabenzuordnung.[190] Das wird exempla-

187 Beispiele sind die verfahrensbezogene Instrumente wie z.B. die Umweltverträglichkeitsprüfung nach dem UVPG (Gesetz über die Umweltverträglichkeitsprüfung), aber auch Instrumente wie das Öko-Audit (Verordnung (EG) Nr. 761/2001 des Europäischen Parlaments und des Rates v. 19. März 2001 über die freiwillige Beteiligung von Organisationen an einem Gemeinschaftssystem für das Umweltmanagement und die Umweltbetriebsprüfung (EMAS), EG-ABl. L 114 v. 24.04.2001, S. 1, vor der Novellierung Verordnung (EWG) Nr. 1836/93 des Rates v. 29. Juni 1993 über die freiwillige Beteiligung gewerblicher Unternehmen an einem Gemeinschaftssystem für das Umweltmanagement und die Umweltbetriebsprüfung EG-ABl. L 168 v. 10.07.1993, S. 1).

188 Am Anfang der Debatte stand 1986 Beck, Risikogesellschaft.

189 So gibt es eine große Fülle von Veröffentlichungen zu diesem Thema, welches, das Strafrecht wohl ausgenommen, nahezu alle Rechtsgebiete erfasste; grundlegend für die öffentlich-rechtliche Perspektive DiFabio, Risikoentscheidungen im Rechtsstaat.

190 Seiler, Aktuelle Tendenzen des Risikorechts, in: Banse (Hg.), Risikoforschung zwischen Disziplinarität und Interdisziplinarität, S. 148; Wolf, „Herrschaft kraft Wissen" in der Risikogesellschaft, Soziale Welt 39 (1988), S. 164. Zum theoretischen Hintergrund Preuß, Risikovorsorge als Staatsaufgabe, in: Grimm (Hg.), Staatsaufgaben, S. 523.

risch deutlich an dem Konflikt zwischen der rechtsdogmatischen Anerkennung einer echten Teilhabe an staatlichen Entscheidungen über die Einbeziehung technischer Normen und der Verfahrensbeteiligung Drittbetroffener auf der einen Seite und der Ablehnung einer solchen Teilhabe aus verfassungsrechtlichen Gründen und dem Beharren auf der Letztentscheidung der Exekutive auf der anderen Seite. Nach dem klassischen Konzept der rechtsstaatlich verfassten Demokratie werden die wesentlichen politischen Entscheidungen vom Parlament in Form von Gesetzen getroffen und anschließend von einer hierarchisch strukturierten, über diese Hierarchie und die Gesetze an das Parlament rückgekoppelten Verwaltung vollzogen. Durch die beschriebene Entwicklung muss sich der Staat jedoch mehr und mehr auf Dritte stützen, um die eigentlich ihm obliegenden Entscheidungen zu treffen[191]. Diese Unterstützung geschieht nun oftmals in Form der Information: Der Staat erhält von Privaten in verantwortlicher Weise weitergegebenes, handlungsleitendes Wissen. Die Verfassung ist für solche Anpassungen an die zeitgemäßen Erfordernisse staatlicher Organisation offen, die grundlegenden Merkmale der staatlichen Organisation und Aufgabenzuordnung dürfen dabei aber nicht verschoben werden.[192]

191 Vgl. auch Würtenberger, Die Akzeptanz von Verwaltungsentscheidungen, S. 56 ff.

192 Vgl. Ebinger, Der unbestimmte Rechtsbegriff im Recht der Technik, S. 34 ff.

Drittes Kapitel:

Der Rahmen gemeinschaftlicher Umweltschutzpolitik

Die Europäische Gemeinschaft steht bei der Gestaltung einer gemeinschaftlichen Umweltschutzpolitik ebenso wie der Nationalstaat vor dem Problem der Regulierung unter den Bedingungen der Ungewissheit.[193] Betrachtet man das Umweltrecht aus europäischer Perspektive, so wird dieses aus den umweltschutzrelevanten Vorschriften des Sekundärrechts der Gemeinschaft und den mitgliedstaatlichen Umsetzungen der gemeinschaftlichen Vorgaben gebildet. Das Umweltrecht der Mitgliedstaaten ist durch das Gemeinschaftsrecht geprägt und besteht in den Kerngebieten mittlerweile zu einem großen Teil aus in nationales Recht umgesetztem Sekundärrecht der Gemeinschaft. Beide Bereiche sind also eng miteinander verzahnt. Diese Verzahnung verkompliziert den Prozess politischer Steuerung im Vergleich zum Nationalstaat, da eine weitere Hierarchieebene zu den im Nationalstaat vorhandenen Ebenen hinzu kommt: Zusätzlich zu der staatlichen Regulierungsebene und dem Verhältnis zwischen Verwaltung und Bürger als der eigentlichen „Arbeitsebene", auf der die Rechtsanwendung geschieht, kommt nun noch das Verhältnis zwischen Europäischer Gemeinschaft und Mitgliedstaat hinzu. Im folgenden Abschnitt werden die Grundzüge der Struktur und umweltpolitischen Kompetenz, die Handlungsformen sowie das Verhältnis zwischen Gemeinschaft und Mitgliedstaaten skizziert.

A. Zu Struktur und umweltschutzpolitischer Kompetenz der Europäischen Gemeinschaft

Die Europäische Gemeinschaft stellt nach allgemeiner Auffassung eine Organisationsform *sui generis* dar und wird gemeinhin als supranationale Organisation bezeichnet, der die Mitgliedstaaten im EG-Vertrag bestimmte Kompetenzen und Hoheitsrechte übertragen haben.[194] Auch wenn sich hinter der Ausgestaltung der Organe und ihrer Kompetenzen im EG-Vertrag „staatliche Vorstellungen von der Legitimation öffentlicher Gewalt, von Gesetz- und Rechtmäßigkeit der Entscheidungsverfahren (und) von *checks and balances*[195] verborgen haben mögen, folgt die

193 Vgl. dazu auch KOM (2000) 1 endg., S. 1 ff. (15 f.).

194 Vgl. zu diesem Begriff z.B. Wichard, in: Callies/Ruffert, EG-Vertrag, Art. 1, Rdnr. 2.

195 Beutler/Bieber/Pipkorn/Streil, Die Europäische Union, S. 137, Rdnr. 189.

Struktur der Gemeinschaft keinem bestimmten Modell einer klassischen nationalstaatlichen Struktur[196] - sie stellt keinen Staat im völkerrechtlichen Sinne dar. Man kann daher auch nicht von einem Rechtsstaat sprechen. Dennoch ist die Europäische Gemeinschaft eine „Rechtsgemeinschaft" und als solche an rechtsstaatliche Grundsätze gebunden.[197] Sie hat ihre eigene Kompetenz- und Rechtsordnung und ist auch den Grundrechten verpflichtet.[198] Das Recht ist aus diesem Grunde auch für die Gemeinschaft eine zentrale Kategorie und die Hauptform der Handlung.[199] Im Gegensatz zum Nationalstaat steht der Gemeinschaft jedoch keine umfassende Regelungskompetenz zu. Nach dem Prinzip der begrenzten Einzelermächtigung bedarf sie vielmehr stets der Verleihung einer entsprechenden Kompetenz durch die Mitgliedstaaten.[200]

Betrachtet man die Struktur der Europäischen Gemeinschaft, so lassen sich im Zusammenhang mit der Wahrnehmung ihrer Kompetenzen unterschiedliche Formationen der Integration unterscheiden, die von Formen intergouvernementaler Verflechtung bis hin zu Formen von Bundesstaatlichkeit reichen.[201] Auch innerhalb der Ebene der Bundesstaatlichkeit sind unterschiedlich dichte Formen der Integration zu erkennen, die sich anhand der unterschiedlichen Rechtssetzungsverfahren unterscheiden lassen. Die loseste Form der Integration ist vom Einstimmigkeitsprinzip im Rat und dem Fehlen substanzieller Mitwirkungsrechte des Parlaments gekennzeichnet, während sich die dichteste Form durch das Mehrheitsprinzip bei der Ratsentscheidung und durch weit reichende Mitwirkungsrechte des Parlamentes auszeichnet. Dabei ist zu beobachten, dass die einzelnen Kompetenzen von den losen Formen zu den

---

196 Vgl. Beutler/Bieber/Pipkorn/Streil, Die Europäische Union, S. 137, Rdnr. 188.

197 Callies/Ruffert, EG-Vertrag, Art. 220 Rdnr. 3; Beutler/Bieber/Pipkorn/Streil, Die Europäische Union, S. 79, Rdnr. 83 ff.; Zuleeg, Die Europäische Gemeinschaft als Rechtsgemeinschaft, NJW 1994, 545 f., m.w.N.

198 Vgl. Callies/Ruffert, EU-Vertrag Art. 1 Rdnr. 17 ff. Zur Grundrechtsbindung z.B. dies., a.a.O., Art. 6 EUV, Rdnr. 6 ff.

199 Zuleeg bezeichnet das Recht als Garant des Zusammenhalts; Integration durch Recht, NJW 1994, 548.

200 Art. 5 Abs. 1 EGV.

201 Winter, Institutionelle Strukturen der Europäischen Union, DÖV 1993, 173 (177). Aktuell wäre die Analyse um die Europäische Union zu erweitern, bis auf die Tatsache, das bestimmte Politikbereiche mittlerweile in eine andere Ebene der Integration angehoben wurden, hat sich aber an dem grundsätzlichen Befund nichts geändert.

dichteren Formen der Integration „hochgereicht" werden.[202] Am Anfang eines gemeinschaftlichen Politikfeldes steht eine lose Form der Integration, die ein großes Maß an Kompetenz bei den Mitgliedstaaten belässt. Mit zunehmender Dauer der gemeinschaftlichen Politik wird die Integration dichter, und die Kompetenzen werden von den Mitgliedstaaten mehr und mehr auf die Europäische Gemeinschaft verlagert.

Der Gründungsvertrag der Europäischen Wirtschaftsgemeinschaft (EWG) von 1957 verlieh der Gemeinschaft anfangs keine spezifisch umweltpolitische Kompetenz. Seit Anfang der siebziger Jahre entwickelte sich sodann, ausgehend von einer Erklärung der Staats- und Regierungschefs und darauf aufbauenden Umweltaktionsprogrammen, eine eigenständige gemeinschaftliche Umweltpolitik. Umweltschutzbezogene Rechtsakte, die sich auch auf die Errichtung des Binnenmarktes auswirken konnten, wurden daher auf Artikel 100 EGV oder auf den hierfür weit ausgelegten Artikel 235 EGV gestützt. Erst 1987 wurde durch die Einheitliche Europäische Akte mit den damaligen Artikeln 130r bis 130t eine ausdrückliche gemeinschaftliche Kompetenz für den Bereich des Umweltschutzes in den EG-Vertrag eingefügt. [203] Der Vertrag über die Europäische Union hat sodann im Jahr 1992 neben Formulierungsveränderungen den Umweltschutz als Zielbestimmung in den Artikel 3 k) EGV aufgenommen. Mit dem Vertrag von Amsterdam änderte sich schließlich 1997 im Zuge der Neugliederung des EG-Vertrags die Artikelnummer.

Die Zuweisung von Handlungskompetenzen von den Mitgliedstaaten an die Europäische Gemeinschaft ist geprägt von unterschiedlichen Motiven. Die ökonomisch relevanten Kompetenzen wurden frühzeitig in die dichteren Formen der Integration geführt. Im Bereich des Umweltschutzes waren die Mitgliedstaaten dagegen zunächst zögerlicher und versuchten, sich über das Einstimmigkeitserfordernis die nationalen Kompetenzen durch ein faktisches Vetorecht zu erhalten. Insgesamt lässt sich aber feststellen, dass die Integration umso weniger dicht ist, je grundsätzlicher sich die zu regelnde Angelegenheit darstellt.[204] Die Er-

---

202 Winter, Institutionelle Strukturen der Europäischen Union, DÖV 1993, 173 (177 ff.).

203 Epiney, Umweltrecht in der Europäischen Union, S. 10; Streinz, Europarecht, Rdnr. 929; Beutler/Bieber/Pipkorn/Streil, Die Europäische Union, S. 669, Rdnr. 1172.

204 Winter, Institutionelle Strukturen der Europäischen Union, DÖV 1993, 173 (184).

fahrungen, welche die Mitgliedstaaten mit der übertragenen Kompetenz auf die gemeinschaftliche Ebene gemacht haben, spielen ebenfalls eine Rolle bei der Frage, ob die Kompetenz einer dichteren Form der Integration übertragen werden soll; neben der ökonomischen Bedeutung der binnenmarktrelevanten Kompetenzen ist dies ein weiterer Grund für die Bereitwilligkeit der Mitgliedstaaten, das Mehrheitsprinzip und Mitwirkungsrechte des Parlaments im Bereich der Wirtschaftspolitik zu akzeptieren, da dies die ältesten Kompetenzbereiche der Europäischen Gemeinschaft sind.[205] Anders als zu den Anfängen der gemeinschaftlichen Umweltschutzpolitik, folgt nun auch die Umweltschutzpolitik der Europäischen Gemeinschaft schon seit längerer Zeit dem Mehrheitsprinzip (Art. 174 EGV, Art. 130r a.F.). Es handelt sich daher mittlerweile um eine dichte Form der Integration, die eine in bundesstaatliche Richtung zielende Prägung aufweist.

B. Zu den Handlungsformen der Europäischen Gemeinschaft und dem Vollzug der gemeinschaftlichen Umweltschutzpolitik

Der EG-Vertrag nennt in Artikel 249 (Art. 189 a.F.) als Handlungsformen der Europäischen Gemeinschaft die Verordnung, die Richtlinie, die Entscheidung, die Empfehlung und die Stellungnahme. Empfehlung und Stellungnahme sind gemäß Artikel 249 EGV unverbindlich; ihnen kommt in der Regel lediglich politische Bedeutung zu.[206] Verordnung, Richtlinie und Entscheidung werden als Sekundärrecht der Gemeinschaft bezeichnet und entfalten gemäß Artikel 249 EGV Rechtswirkungen und rechtliche Verbindlichkeit. Verordnung, Richtlinie und Entscheidung sind daher die vornehmlichen Instrumente der regulativen Umweltpolitik. Die Verordnung beansprucht gemäß Artikel 249 Satz 2 EGV allgemeine unmittelbare Geltung in den Mitgliedstaaten und ist in allen ihren Teilen verbindlich. Die Entscheidung ist gemäß Artikel 249 Satz 4 EGV für diejenigen, die durch sie bezeichnet werden, in allen ihren Teilen verbindlich. Die Richtlinie dagegen ist gemäß Artikel 249 Satz 3 EGV für den Mitgliedstaat, an den sie gerichtet ist, hinsichtlich der zu erreichenden Ziele verbindlich, bezüglich der Formen und Mittel ist der Mitgliedstaat jedoch frei. Verpflichtet ist nur der Mitgliedstaat; Private können zunächst - mögliche Direktwirkungen verspäteter nationaler Umsetzung einmal außen vor gelassen - aus einer

205 Winter, Institutionelle Strukturen der Europäischen Union, DÖV 1993, 173 (177, 183).

206 Adam, Die Mitteilungen der Kommission, S. 69 ff.

Richtlinie weder Rechte herleiten, noch können sie unmittelbar daraus verpflichtet werden. Indem die Richtlinie den Mitgliedstaaten die Wahl der Mittel überlässt, wird diesen ermöglicht, das Gemeinschaftsrecht in ihre unterschiedlichen Rechts- und Verwaltungsstrukturen einzupassen.

Die Umweltschutzpolitik der EG erfolgt im Wesentlichen in der Form regulativer Politik durch Rechtssetzung.[207] Dies liegt zum einen an den begrenzten finanziellen Ressourcen, die der Gemeinschaft und hier insbesondere der Umweltpolitik - im Gegensatz z.B. zur Agrarpolitik - zur Verfügung stehen.[208] Ein weiterer Grund für das Vorantreiben einer in erster Linie regulativen Politik ist aber das institutionelle Eigeninteresse der Kommission an der Ausweitung der Rechtssetzung, durch die ihr eigenes Gewicht innerhalb der Gemeinschaft erhöht wird.[209] Wegen der größeren Flexibilität wird im Bereich der gemeinschaftlichen Umweltschutzpolitik zumeist die Richtlinie als Handlungsform gewählt.[210] An nicht regulativen Instrumenten sind der LIFE-Fonds und der Kohäsions-

---

207 Krämer, Arbeit und Konzeption der EG-Kommission in der Umweltpolitik, in: Calliess/Wegener (Hg.), Europäisches Umweltrecht als Chance, S. 34 f.; Majone, Redistributive und sozialregulative Politik, in: Jachtenfuchs/Kohler-Koch (Hg.), Europäische Integration, S. 225 (228; ausführlich zu den Gründen 229 ff.); Beutler/ Bieber/Pipkorn/Streil, Die Europäische Union, S. 678 Rdnr 1190ff; Streinz, Europarecht, Rdnr. 941. An nicht regulativen Instrumenten sind hier der LIFE-Fonds und der Kohäsionsfonds als Beispiel zu erwähnen (Zu beiden Epiney, Umweltrecht in der Europäischen Union, S. 208 ff.).

208 Majone, Redistributive und sozialregulative Politik, in: Jachtenfuchs/Kohler-Koch (Hg.), Europäische Integration, S. 225 (230).

209 Héritier u.a., Die Veränderung von Staatlichkeit in Europa, S. 177; Héritier, The Accomodation of Diversity in European Policy-Making and its Outcomes: Regulatory Policy as a Patchwork, JEPP 1996, 146 (152); Majone, Redistributive und sozialregulative Politik, in: Jachtenfuchs/Kohler-Koch (Hg.), Europäische Integration, S. 225 (228, 230 f.). Vgl. auch Krämer, Arbeit und Konzeption der EG-Kommission in der Umweltpolitik, in: Calliess/Wegener (Hg.), Europäisches Umweltrecht als Chance, S. 40.

210 Allerdings bedürfen Verordnungen vielfach ebenfalls der Konkretisierung, so dass der Unterschied in der Praxis etwas verschwimmt (Krämer, Defizite im Vollzug des EG-Umweltrechts und ihre Ursachen, in: Lübbe-Wolff, Der Vollzug des europäischen Umweltrechts, S. 9 f.). Eine Beispiel hierfür ist die Öko-Audit Verordnung dar (auch EMAS genannt, VO 1836/93), die allein nicht vollzugsfähig war, sondern der weiteren Konkretisierung und Ausfüllung durch die Mitgliedstaaten bedurfte. Grundlegend hierzu Sellner, Umweltmanagement und Umweltbetriebsprüfung („Umweltaudit") - ein wirksames, nicht ordnungsrechtliches System des betrieblichen Umweltschutzes? NVwZ 1991, 928 ff.

fonds als Beispiel zu erwähnen;[211] hinzuweisen ist in diesem Zusammenhang auch auf die Europäische Umweltagentur, deren Funktion in der Hauptsache in der Aufbereitung und Sammlung von Informationen liegt.[212]

Der Vollzug des Gemeinschaftsrechts erfolgt in unterschiedlichen Formen. Beim direkten Vollzug wird das Gemeinschaftsrecht unmittelbar von den Gemeinschaftsorganen selbst vollzogen. Zu unterscheiden sind bei diesem Vollzugstyp der gemeinschaftsinterne Bereich, zu dem etwa Personalangelegenheiten, die interne Organisation, der Haushaltsvollzug und das Selbstorganisationsrecht zählen,[213] und der externe Vollzug gegenüber Mitgliedstaaten und Individuen. Zu diesem Bereich gehören Teile des Wettbewerbsrechts, der Handelspolitik und der Sozialverwaltung.[214] Diese Art des Vollzugs stellt den Ausnahmefall dar und muss entweder durch das primäre Gemeinschaftsrecht angeordnet oder durch das primäre Gemeinschaftsrecht zugelassen und durch sekundäres Gemeinschaftsrecht festgelegt werden.[215] Hauptsächlich wird das Gemeinschaftsrecht in Form des sogenannten indirekten Vollzugs ausgeführt.[216] Der indirekte Vollzug obliegt im Gegensatz zum direkten Vollzug den Mitgliedstaaten. Auch das Umweltrecht der Europäischen Gemeinschaft wird hauptsächlich indirekt vollzogen.[217] Da hier das Gemeinschafsrecht von den öffentlichen Verwaltungen der Mitgliedstaaten vollzogen wird, wird diese Form auch als mitgliedstaatlicher Vollzug bezeichnet. Auch hier lassen sich wiederum zwei Bereiche unterscheiden, und zwar der unmittelbare und der mittelbare mitgliedstaatliche Vollzug.[218] Im Rahmen des unmittelbaren mitgliedstaatlichen Vollzugs werden die unmittelbar geltenden gemeinschaftsrechtlichen Vorschriften – Verordnungen, unmittelbar wirkende Richtlinien, Primärrecht - vollzogen. Im mittelbaren mitgliedstaatlichen Vollzug werden die ins nationale Recht umge-

---

211 Zu beiden Epiney, Umweltrecht in der Europäischen Union, S. 208 ff.

212 Verordnung (EWG) Nr. 1210/90 des Rates v. 07. Mai 1990 zur Errichtung einer Europäischen Umweltagentur und eines Europäischen Umweltinformations- und Umweltbeobachtungsnetzes, EG-ABl. Nr. L 120 v. 11.05.1990; zu Aufgaben und Kompetenzen der Agentur siehe auch Bailey, The changing role of environmental agencies, EELR 1997, S. 148 (149).

213 Streinz, Europarecht, Rdnr. 465.

214 Beutler/Bieber/Pipkorn/Streil, Die Europäische Union, S. 270, Rdnr. 483.

215 Streinz, Europarecht, Rdnr. 464.

216 Beutler/Bieber/Pipkorn/Streil, Die Europäische Union, S. 272, Rdnr. 491.

217 Vgl. Artikel 175 Abs. 4 EG-Vertrag (Artikel 130s Abs. 4 a.F.).

218 Streinz, Europarecht, Rdnr. 467.

setzten EG-Rechtsakte von den nationalstaatlichen Verwaltungen vollzogen. Die Verwaltungen der Mitgliedstaaten und ihr Verwaltungsrecht haben auf diese Weise einen großen Einfluss auf den Vollzug des gemeinschaftlichen Umweltschutzrechts.

Das Zusammenspiel der unterschiedlichen Beteiligten auf den verschiedenen Ebenen von der Ebene der Gemeinschaftsorgane bis hinunter zu den kommunalen Behörden ist vielschichtig und komplex. So lässt sich bereits die Verwaltung der Gemeinschaft selbst, sozusagen als die europäische „Verwaltung im engeren Sinne", trotz der hierarchisch strukturierten Kommission als „polyzentrisch" bezeichnen, da es eine unüberschaubare Vielzahl von beteiligten Ausschüssen sowie mittlerweile auch ausdifferenzierte nachgeordnete Instanzen gibt. Über diese können die Mitgliedstaaten sich wiederum inhaltlich einbringen.[219] Beachtlich ist dabei, dass insgesamt eine problemlösungsorientierte Haltung der Mitglieder vor einer Verfolgung nationaler Interessen vorzuherrschen scheint.[220] Denn vielfach sind es dieselben Verwaltungsvertreter, die später als Arbeitsgruppe die Entscheidung des Rates, nun gebunden an die jeweiligen Weisungen aus ihrem Mitgliedstaat, vorbereiten.[221] Den Verwaltungen der Mitgliedstaaten fällt bei ihrer Tätigkeit eine Doppelfunktion zu; sie agieren in gemeinschaftlich geregelten Bereichen im Interesse der Europäischen Gemeinschaft und im Übrigen als nationale Verwaltungen im Interesse der Mitgliedstaaten.[222] Die Handlungsform der Richtlinie verwischt diese Doppelfunktion sogar noch, denn die Verwaltung vollzieht vordergründig nationales Recht. Vielfach ist es aus diesem Grunde nicht auf den ersten Blick erkennbar, welche Vorschrift des nationalen Gesetzes auf Gemeinschaftsrecht beruht. In der Politikwissenschaft ist für die Politikgestaltung im Rahmen der Europäischen Gemeinschaft der Begriff

---

219 Schmidt-Aßmann, Strukturen des Europäischen Verwaltungsrechts in ders, Strukturen des Europäischen Verwaltungsrechts, S. 15 f.

220 Héritier, The Accomodation of Diversity in European Policy-Making and its Outcomes, JEPP 1996, S. 146 (155 f.); Héritier u.a., Die Veränderung von Staatlichkeit in Europa, S. 179 f.; kritisch hierzu allerdings Krämer, The Elaboration of EC Environmental Legislation, S. 301.

221 Beutler/Bieber/Pipkorn/Streil, Die Europäische Union, S. 164, Rdnr. 247; Krämer, The Elaboration of EC Environmental Legislation, S. 305; Epiney, Umweltrecht in der Europäischen Union, S. 37.

222 Kadelbach, Allgemeines Verwaltungsrecht unter europäischem Einfluss, S. 16 f.

des „Mehrebenensystems" geprägt worden.[223] Dabei folgt auch im Gemeinschaftsrecht das Zusammenwirken der unterschiedlichen Ebenen und Organe dem Kooperationsprinzip, das seine primärrechtliche Grundlage in Artikel 5 EGV hat. Das Kooperationsprinzip auf der gemeinschaftsrechtlichen Ebene verpflichtet dabei die Mitgliedstaaten nicht nur gegenüber den Organen der Gemeinschaft zur Zusammenarbeit, sondern auch umgekehrt. Gleichzeitig werden die Mitgliedstaaten auch untereinander zur Kooperation verpflichtet.[224]

Da die Rechtswirkung einer Richtlinie für den Bürger grundsätzlich erst durch die Umsetzung in das mitgliedstaatliche Recht vermittelt wird und Adressat der gemeinschaftlichen Normsetzung die Mitgliedstaaten sind, sind die Probleme, die speziell bei der mitgliedstaatlichen Implementation von Richtlinien als Form des sekundären Gemeinschaftsrechts auftauchen können, aber noch vielfältiger. Sie lassen sich in zwei Kategorien einteilen: Entsprechend den beiden Phasen der Implementation gemeinschaftlicher Umweltschutzpolitik durch die Mitgliedstaaten sind zwei Problemfelder zu trennen: Die Umsetzung des Gemeinschaftsrechts in das nationale Recht und dessen Anwendung durch die nationalen Verwaltungen.[225]

Als erstes Problemfeld ist zunächst die Ebene der Umsetzung von Gemeinschaftsrecht in nationales Recht, also die Normsetzungsebene, zu betrachten. Diese kann auch als „normativer Vollzug" bezeichnet werden. Die Mitgliedstaaten sind verpflichtet, die gemeinschaftsrechtlichen Vorgaben der Richtlinien in rechtsverbindlicher Form in das nationale Recht umzusetzen. Eine den Vorgaben entsprechende Verwaltungspraxis genügt den Anforderungen nicht.[226] Prominentes Problembeispiel ist hier die vom Mitgliedstaat verspätete oder unterlassene Umsetzung ge-

---

223 Z.B. Benz, Verwaltungskooperation im Mehrebenensystem der Europäischen Union, in: Schmidt-Aßmann (Hg.), Strukturen des europäischen Verwaltungsrechts, S. 46.

224 Schmidt-Aßmann, Strukturen des Europäischen Verwaltungsrechts, in: ders. (Hg.), Strukturen des Europäischen Verwaltungsrechts, S. 9 (19).

225 Vgl. auch Rengeling, Umsetzungsdefizite der FFH-Richtlinie in Deutschland? UPR 1999, S. 281 (281 f.), der allerdings auch den Vollzug als Umsetzung im weiteren Sinne bezeichnet. Der Unterschied ist jedoch nur terminologisch; s.a. Albin, Die Vollzugskontrolle des europäischen Umweltrechts, S. 73 ff.

226 Z.B. Ruffert, in: Callies/Ruffert, EG-Vertrag, Art. 249, Rdnr. 51 ff. (insb. 55 f.), m.w.N.

meinschaftsrechtlicher Vorgaben in das nationale Recht.[227] Gerade die Einhaltung der vorgegeben Fristen stellt aber einen wichtigen Faktor für eine einheitliche Rechtsdurchsetzung des Gemeinschaftsrecht dar.[228] Eng damit zusammen hängt die unvollständige oder unrichtige Umsetzung der europäischen Vorgaben.[229] Diese „europäische Variante" eines Vollzugsdefizits im Verhältnis der Europäischen Gemeinschaft zu den Mitgliedstaaten trägt zu weiteren Reibungsverlusten gemeinschaftlicher Umweltschutzpolitik bei. Während die verspätete Umsetzung einen offensichtlichen und klaren Verstoß des säumigen Mitgliedstaates gegen Artikel 249 EGV (Art. 189 a.F.) darstellt, liegt der Sachverhalt bei der fehlerhaften Umsetzung komplizierter. Da es oftmals juristisch streitig ist, ob nationale Umsetzungsmaßnahmen genügen oder nicht, bedarf es häufig eines von der Kommission als „Hüterin des Gemeinschaftsrechts" angestrengten Vertragsverletzungsverfahrens. Betroffen sind nicht nur Richtlinien, die für ihre Geltung und Anwendbarkeit zwingend der Umsetzung bedürfen, sondern auch Verordnungen, die häufig Umsetzungsmaßnahmen benötigen.[230] Auch genügt eine rein formale Umsetzung nicht. Vielmehr muss die nationale Regelung vollzugsfähig sein, und es müssen auch die Rahmenbedingungen für einen Vollzug gegeben sein.[231]

Als zweites Problemfeld kann es aber auch auf der Ebene der Normanwendung und Durchsetzung zu Defiziten kommen. Es handelt sich um das bereits oben im Abschnitt über die nationalstaatliche Umweltschutzpolitik angesprochene Vollzugsdefizit.[232] Hier ist die unrichtige, unvollständige oder sogar ganz unterlassene Anwendung - oder der Vollzug -

---

227 Vgl. Krämer, Defizite im Vollzug des EG-Umweltrechts und ihre Ursachen, in: Lübbe-Wolff (Hg.), Der Vollzug des europäischen Umweltrechts, S. 7 (14).

228 Hatje, Europäische Rechtseinheit durch einheitliche Rechtsdurchsetzung, EuR 1998, Beiheft 1, S.7 (19).

229 Krämer, Defizite im Vollzug des EG-Umweltrechts und ihre Ursachen, in: Lübbe-Wolff (Hg.), Der Vollzug des europäischen Umweltrechts, S. 7 (15).

230 Krämer, Defizite im Vollzug des EG-Umweltrechts und ihre Ursachen, in: Lübbe-Wolff Hg.), Der Vollzug des europäischen Umweltrechts, S. 7 (14).

231 Calliess/Ruffert, EG-Vertrag, Art. 249, Rdnr. 46 ff.

232 Aus der Perspektive der Gemeinschaft handelt es sich jedoch schon bei den Problemen der Umsetzung um eine Art Vollzugsdefizit, wobei die Mitgliedstaaten als die nicht vollziehenden Stellen erscheinen; die Anwendungspraxis der Verwaltungen erscheint danach als spezielles Vollzugsdefizit, sozusagen als Vollzugsdefizit im engeren Sinne. Es erscheint daher terminologisch klarer, von unrichtiger Anwendungspraxis durch die Verwaltungen zu reden.

durch die zuständigen nationalstaatlichen Verwaltungen zu nennen.[233] So gibt es Fälle, in denen eine bloß formale Umsetzung in das nationale Recht erfolgt. Während das Gemeinschaftsrecht der Form halber umgesetzt wird, findet es jedoch praktisch keine Anwendung.[234] Kurioserweise scheint dieser Sachverhalt von den Organen der Gemeinschaft zum Teil toleriert zu werden.[235] Insoweit handelt es sich bei nationalen Vollzugsdefiziten vielfach zugleich auch um Vollzugsdefizite des Gemeinschaftsrechts. Beruhen nämlich die im vorigen Kapitel skizzierten Probleme des nationalen Umweltrechts auf gemeinschaftlichen Vorgaben, so stellen diese sich bei einer Betrachtung aus der europäischen Perspektive auch als Probleme des gemeinschaftlichen Umweltrechts dar. Die Schwierigkeiten der dargestellten Instrumente der Risikoregulierung werden von der nationalen Ebene auf die europäische „hochgereicht". Die praktischen Probleme des Vollzugs und der Durchsetzung des Umweltrechts, die aus sich aus den begrenzten Ressourcen der Verwaltung sowie mangelnder Akzeptanz ergeben, lassen sich aus diesem Grunde auch als Probleme gemeinschaftlicher Politik interpretieren.

C. Information im Verhältnis von Europäischer Gemeinschaft und Mitgliedstaaten

Im zweiten Kapitel wurde bei der Untersuchung der Funktion von Information im nationalstaatlichen Kontext zwischen internem und externem Input unterschieden. Dabei wurde interner Input definiert als Input von Wissen, das innerhalb des staatlichen Verantwortungs- und Organisationszusammenhangs generiert und von Behörde zu Behörde weitergegeben wird. Externer Input wurde dagegen als Wissensinput Dritter, nichtstaatlicher Stellen beschrieben. Wenngleich die Bedeutung der Unterscheidung im Schwinden begriffen ist, hat sie im nationalstaatlichen Kontext nach der überkommenden Rechtsdogmatik dennoch Konsequenzen für die begriffliche Einordnung des jeweiligen Inputs und die

---

233 Krämer, Defizite im Vollzug des EG-Umweltrechts und ihre Ursachen, in: Lübbe-Wolff (Hg.), Der Vollzug des europäischen Umweltrechts, S. 7 (17).

234 Joerges, Das Recht im Prozess der europäischen Integration, in: Jachtenfuchs/Kohler-Koch, Europäische Integration, S. 73 (88 f.); die Möglichkeit einer solchen rein formalen, jedoch nicht vollzugsfähigen Umsetzung für die deutsche Umsetzung der IVU-Richtlinie andeutend: Biesecke, Die verfahrensrechtliche Integration durch das novellierte Bundes-Immissionsschutzgesetz, ZUR 2002, 325 (328).

235 Joerges, Das Recht im Prozess der europäischen Integration, in: Jachtenfuchs/Kohler-Koch, Europäische Integration, S. 73 (88 f.).

rechtlichen Maßstäbe der Bewertung.[236] So ist interner Wissensinput eben wegen des als einheitlich verstandenen Organisationszusammenhangs der Verwaltung nicht als Information im hier verwendeten Sinne einzuordnen.

Die Europäische Gemeinschaft nimmt nun im Rahmen der ihr von den Mitgliedstaaten übertragenen Hoheitsrechte ebenfalls Aufgaben wahr, die sich als „öffentlich" bezeichnen lassen: Mittlerweile ist die Integration auf vielen Gebieten gemeinschaftlicher Politik weit vorangeschritten. Aus dem EU-Vertrag sowie dem EG-Vertrag, der durch die Einheitliche Europäische Akte und den Verträgen von Maastricht und Amsterdam zu einer fortschreitenden Verdichtung der Wirtschafts- und Sozialbeziehungen geführt hat und den Raum der Gemeinschaft zusehends zu einem „gemeinsamen Lebensraum der Unionsbürger" formt, lässt sich auf diese Weise ein - im Rahmen gemeinschaftlicher Kompetenzen - umfassender Auftrag zur Verwaltung des Gemeinschaftsraumes ableiten.[237] Es lassen sich auch bereits Konturen und Eckpunkte eines europäischen Verwaltungsrechts ausmachen.[238] Es stellt sich daher die Frage, ob es sich bei dem Verhältnis zwischen Gemeinschaft und Mitgliedstaaten in Bezug auf die gemeinschaftlichen und mitgliedstaatlichen Organe und Institutionen auch um einen einheitlichen Organisations- und Verwaltungszusammenhang handelt, so dass beispielsweise der Wissensinput, welcher der Kommission von den mitgliedstaatlichen Verwaltungen geliefert wird, als intern einzuordnen wäre. Dieser Wissensinput wäre damit nicht als Information im hier verwendeten Sinne zu verstehen.

Das europäische Verwaltungsrecht, dessen Konturen sich bereits zeigen, besteht aus mehreren Schichten und folgt im Grundsatz der bereits beschriebenen Hierarchie, die sich im Verhältnis von Gemeinschaftsrecht und nationalem Recht wiederfindet.[239] Die erste Schicht wird gebildet aus dem Gemeinschaftsrecht für die eigentliche EG-Administration, dem

---

236 Dazu oben, Zweites Kapitel, C.

237 Schmidt-Aßmann, Strukturen des Europäischen Verwaltungsrechts: Einleitende Problemskizze, in: ders. (Hg.), Strukturen des Europäischen Verwaltungsrechts, S. 9 (12 f.).

238 Statt vieler nur aus der neueren Literatur Schmidt-Aßmann, Strukturen des Europäischen Verwaltungsrechts: Einleitende Problemskizze, in: ders. (Hg.), Strukturen des Europäischen Verwaltungsrechts, S. 9 (33 ff.)

239 Schmidt-Aßmann, Strukturen des Europäischen Verwaltungsrechts: Einleitende Problemskizze, in: ders. (Hg.), Strukturen des Europäischen Verwaltungsrechts, S. 9 (32).

Recht des direkten Vollzugs sowie dem - bezogen auf die gemeinschaftseigenen Organe - Eigenverwaltungsrecht. Die zweite Schicht besteht aus dem Gemeinschaftsrecht für die mitgliedstaatlichen Verwaltungen, dem Recht des indirekten Vollzugs in Form des von den Mitgliedstaaten in nationales Recht umzusetzenden Rechts (Richtlinien) sowie dem Gemeinschaftsverwaltungsrecht in Form von unmittelbar anzuwendendem Recht (Verordnungen; direkt wirkende Richtlinien).[240] Als dritte Schicht lässt sich das mitgliedstaatliche Recht ausmachen, das Gemeinschaftsrecht umsetzt, sowie das sonstige Verwaltungsrecht der Mitgliedstaaten, das vielfach gemeinschaftsrechtlichen Einflüssen unterliegt.

In Folge dieser besonderen Struktur, die sich aus dem Verhältnis der mitgliedstaatlichen Verwaltung zur Gemeinschaft ergibt, lässt sich als weiterer Bereich, wenngleich auch noch nicht als eigene Schicht, ein „Verwaltungskooperationsrecht" ausmachen. In diesem finden sich sowohl Akte der beschriebenen Rechtsschichten als auch solche nationalen Rechts wieder. Aufgabe dieses Verwaltungskooperationsrechts ist es, die praktische Zusammenarbeit der in Entwicklung befindlichen gemeinschaftlichen Verwaltungsstrukturen in eine rechtliche Form zu bringen. Dabei handelt es sich nicht um ein internes Organisationsrecht hierarchisch strukturierter staatlicher Verwaltung, sondern um ein Kooperationsrecht mit eigenen Rechtsinstituten - und mit eigenen Problemen. Der Austausch von Daten und Wissen von den mitgliedstaatlichen Verwaltungen und EG-Institutionen und Organen kann diesem Bereich der Verwaltungskooperation zugeordnet werden.[241]

Trotz des Auftrags zur Verwaltung des gemeinschaftlichen Lebensraumes im Rahmen der übertragenden Kompetenz stehen die gemeinschaftlichen und die mitgliedstaatlichen Organe und Institutionen wegen dieser stark rechtlich geprägten Kooperation nicht in einem der nationalstaatlichen Verwaltung vergleichbaren einheitlichen Organisations- und Verantwortungszusammenhang. Anders als im nationalstaatlichen Zusammenhang, wo von einer einheitlichen Verwaltung ausgegangen wird, lässt sich ein Wissensinput von den Mitgliedstaaten in die Gemeinschaft grundsätzlich als Information auffassen. Gemeinschaft und Mitgliedstaaten bilden keinen einheitlichen Bereich der öffentlichen Verwal-

---

240 Zur Direktwirkung von Richtlinien statt vieler Winter, Die Dogmatik der Direktwirkung von EG-Richtlinie und ihre Bedeutung für das EG-Naturschutzrecht, ZUR 2002, 313 ff.

241 Vgl. Schmidt-Aßmann, Strukturen des Europäischen Verwaltungsrechts, in ders. (Hg.), Strukturen des Europäischen Verwaltungsrechts, S. 9 (33).

tung heraus, insoweit kann auch nicht von einem „internen" Bereich gemeinschaftlicher Verwaltung und der internen Weitergabe von Daten und Wissen gesprochen werden. Für die Gemeinschaftsverwaltung im engeren Sinne, die im Wesentlichen aus der Kommission besteht, kann dagegen auch von einer internen Wissensweitergabe gesprochen werden.

Viertes Kapitel:

Das Beispiel Naturschutzpolitik

Bei der Naturschutzpolitik scheint der Zusammenhang zur Risikoregulierung auf den ersten Blick nicht unbedingt zwingend; die Naturschutzpolitik gehört nicht zu den in der Risikodebatte stets erwähnten und behandelten prominenten Beispielen wie die des Atom-, Gentechnik- oder Anlagenzulassungsrechts. Das mag an der Ausrichtung des Naturschutzes, der nicht an menschliche Tätigkeiten, sondern am Schutzobjekt selbst - den Naturgütern - anknüpft, liegen. Dennoch lässt sich auch die Naturschutzpolitik als Risikoregulierung begreifen. Sie dient dem Erhalt der Artenvielfalt als natürlicher Ressource und weist damit einen engen Bezug zur Nachhaltigkeit auf. Der mögliche Verlust der Artenvielfalt und naturnaher Räume stellt sich ebenfalls als Risiko im Sinne der Risikodebatte dar: Die Zusammenhänge sind komplex, die Auswirkungen auf das menschliche Leben schwer vorhersehbar. Es handelt sich um ein Langzeitrisiko, und die Entwicklung ist insofern irreversibel, als ausgestorbene Arten und Lebensräume unwiederbringlich verloren sind. Konkret zeigt sich der Zusammenhang zwischen Naturschutz und Risikoregulierung bei den Hochwasserkatastrophen der jüngsten Vergangenheit. So gibt es wahrscheinlich einen Zusammenhang zwischen Flussausbau und Hochwasser und Überschwemmungsschäden, der wahrscheinlich bislang in der Planung zu wenig Beachtung fand.[242]

Die gemeinschaftliche Naturschutzpolitik beruht im Wesentlichen auf zwei Säulen: einer umweltgerechten Flächenbewirtschaftung und dem

---

242 Vgl. z.B. Pressemitteilung des BMU Nr. 12/03 v. 05.02.2003: „Jürgen Trittin: Konsequenter Klimaschutz ist Hochwasserschutz für übermorgen: Bundesumweltminister Trittin wies darauf hin, dass die Bundesregierung mit ihrem 5-Punkte-Programm verbindliche Maßnahmen zum vorbeugenden Hochwasserschutz beschlossen hat, um sowohl die Gefahrenabwehr als auch die Vermeidung von Risiken schnell und wirksam zu verbessern. ... Trittin sprach sich auch für bundeseinheitliche Regeln gegen die Bebauung in Überschwemmungsgebieten aus: 'Das Hochwasser kommt nicht zu uns, sondern wir sind in die Überschwemmungsflächen gegangen und haben dort gebaut.'" http://www.bmu.de (zuletzt besucht am 18.02.2003).

Schutz der Arten durch Zugriffsbeschränkungen.[243] Herzstück der ersten Säule ist die Errichtung eines vernetzten Systems von besonderen Schutzgebieten, das sogenannte „Natura-2000-Netz". Die zweite Säule wird durch naturschutzrechtliche Regelungen der Naturentnahme und des Handels und von Nutzungsbeschränkungen für die nutzbaren Arten gebildet, etwa Beschränkungen der Fischerei.[244] Die folgende Betrachtung beschränkt sich auf die Darstellung und Analyse der Umsetzung des Natura-2000-Programms. Das Grundgerüst dieses Konzeptes wird von der Vogelschutzrichtlinie (RL 79/409/EWG)[245] und der Fauna-Flora-Habitat-Richtlinie (RL 92/43/EWG)[246] gebildet.

Die Vogelschutzrichtlinie stammt aus dem Jahr 1979, also aus den Anfangsjahren gemeinschaftlicher Umweltschutzpolitik, und wurde mangels ausdrücklicher Umweltschutzkompetenz der Europäischen Gemeinschaft auf den damaligen Artikel 235 EGV (jetzt: Art. 308) in Verbindung mit dem „Aktionsprogramm der Europäischen Gemeinschaften für den Umweltschutz" (das erste Umweltaktionsprogramm der Europäischen Gemeinschaft)[247] gestützt. Die FFH-Richtlinie ist jüngeren Datums; sie stammt aus dem Jahr 1992. Sie wurde bereits auf der Grundlage der originären umweltschutzpolitischen Kompetenz der Gemeinschaft, den damaligen Artikel 130r, 130s EGV (jetzt Art. 174, 175) erlassen. Beide Richtlinien sehen - neben allgemeinen Regelungen zum Schutz der Vogel- bzw. Tier- und Pflanzenwelt durch z.B. Jagdvorschriften - die Ausweisung spezieller Schutzgebiete vor, in denen die geschützten Arten ungestört existieren können. Die FFH-Richtlinie ergänzt die Vogelschutzrichtlinie, indem sie auch für weitere Tierarten und für bestimmte Biotope - „Habitate" - die Ausweisung von Schutzgebieten und die

---

243 Gellermann, Biotop- und Artenschutz, in: Rengeling (Hg.), EUDUR Bd. II, § 78, Rdnr. 3; vgl. KOM (1999) 301 endg. „Umsetzung und Durchführung des Gemeinschaftsrechts", S. 25.

244 Gellermann, Biotop- und Artenschutz, in: Rengeling (Hg.), EUDUR Bd. II, § 78, Rdnr. 4 f.

245 Richtlinie des Rates 79/409/EWG v. 2. April 1979 über die Erhaltung der wildlebenden Vogelarten, EG-ABl. L 103/1 v. 25.04.1979.

246 Richtlinie des Rates 92/43/EWG v. 21. Mai 1992 zur Erhaltung der natürlichen Lebensräume sowie der wildlebenden Tiere und Pflanzen, EG-ABl. L 206 v. 22.07.1992.

247 Erklärung des Rates der Europäischen Gemeinschaften und der im Rat Vereinigten Vertreter der Regierungen der Mitgliedstaaten v. 22. November 1973 über ein Aktionsprogramm der Europäischen Gemeinschaften für den Umweltschutz; EG-ABl. Nr. C 112 v. 20.12.1973, S. 1 f.

Vernetzung der Schutzgebiete zum Natura-2000-Netz vorsieht;[248] beide Richtlinien stehen also in einem engen sachlichen Regelungszusammenhang.[249]

A. Die Vogelschutzrichtlinie RL 79/409/EWG

Die Vogelschutzrichtlinie sieht als eines ihrer Kernelemente die Ausweisung von Schutzgebieten vor.[250] Der abstrakten Verpflichtung der Mitgliedstaaten zur Etablierung eines rechtlich verbindlichen Schutzregimes für die entsprechenden Gebiete - als „normativer Vollzug" - folgt eine konkrete Verpflichtung der mitgliedstaatlichen Verwaltungen zum Verwaltungsvollzug in Form fachlicher Tätigkeit, nämlich der Bezeichnung entsprechender Gebiete sowie der anschließenden tatsächlichen Durchsetzung der vorgesehenen Schutzmaßnahmen in den bezeichneten Gebieten.[251]

I. Die Vorgaben der Vogelschutzrichtlinie

Die Vogelschutzrichtlinie verpflichtet die Mitgliedstaaten, zum Schutz derjenigen wild lebenden Vogelarten, die unter Artikel 1 fallen, ein Vermarktungsverbot zu normieren (Art. 6 Abs. 1). Auch die Haltung solcher Vögel ist zu verbieten (Art. 6 Abs. 1, Art. 5 lit. e), wobei Ausnahmen möglich sind (Art. 6 Abs. 2, 3 und Art. 9). Die Mitgliedstaaten werden durch die Richtlinie weiter verpflichtet, das absichtliche Töten und Fangen grundsätzlich zu verbieten (Art. 5 lit. a). Die Jagd auf Arten des Anhangs II[252] bleibt im Rahmen der mitgliedstaatlichen Rechtsvorschriften zugelassen (Art. 7). Dabei sind die gemeinschaftsrechtlichen Einschrän-

---

248 Dazu Gellermann, Biotop- und Artenschutz, in: Rengeling (Hg.), EUDUR Bd. II, § 78, Rdnr. 10.

249 Rödiger-Vorwerk, Die Fauna-Flora-Habitat-Richtlinie der Europäischen Union und ihre Umsetzung in nationales Recht, S. 18.

250 Die Vogelschutzrichtlinie verwendet den Begriff „Ausweisung" von Schutzgebieten nicht, sondern spricht von „erklären" und „zu treffenden Schutzmaßnahmen"; die FFH-Richtlinie dagegen spricht von „anerkannten" Vogelschutzgebieten (Art. 7 RL 92/43/EWG). In der Sache ist jedoch stets die Ausweisung von Schutzgebieten gemeint, weshalb im Folgenden dieser Begriff verwendet wird; vgl. Jarass, EG-rechtliche Vorgaben zu Ausweisung und Änderung von Vogelschutzgebieten, NuR 1999, 481 (482).

251 Insofern bestehen mehrere „Umsetzungsebenen"; vgl. Jarass, EG-rechtliche Vorgaben zur Ausweisung und Änderung von Vogelschutzgebieten, NuR 1999, 481 ff.

252 Dazu sogleich, Viertes Kapitel, A. II.

kungen zu beachten; so sind bestimmte jagdfreie Zeiträume zum Überleben der Arten zu sichern (Art. 7 Abs. 4 S. 2, 3), und bestimmte Fang- und Tötungsarten sind zu untersagen (Art. 8).

Die Vogelschutzrichtlinie verpflichtet die Mitgliedstaaten außerdem, zum Schutz wild lebender Vogelarten geeignete Gebiete als Schutzgebiete auszuwählen („Special Protection Areas"; SPA's; Art. 3 Abs. 2 lit. a). In einem ersten Schritt verpflichtet die Vogelschutzrichtlinie zum Schutz aller wild lebenden Vogelarten (vgl. Art. 1). In einem zweiten Schritt differenziert die Richtlinie zwischen Vogelarten, die stark gefährdet sind, aufgeführt in Anhang I, sowie Zugvogelarten und den übrigen wild lebenden Vogelarten. Stark gefährdete Arten und Zugvogelarten sind durch besondere Maßnahmen zu schützen (Art. 4 Abs. 1, 2). Der wichtigste Anwendungsfall dieser besonderen Schutzmaßnahmen ist die Ausweisung von Schutzgebieten (Art. 4 Abs. 1 UAbs. 3). Hinsichtlich dieser Arten sind die Mitgliedstaaten verpflichtet, diejenigen Gebiete auszuwählen und unter Schutz zu stellen, die zahlen- und flächenmäßig am „geeignetsten" sind (Art. 4 Abs. 1 UAbs. 4). Für diese Gebiete ist sodann ein Schutzregime zu errichten, das dem Erhaltungs- und Pflegeanspruch der Vogelschutzrichtlinie gemäß Artikel 2 gerecht wird. Dieses Schutzregime muss den Erhalt der zu schützenden Vogelarten effektiv sicherstellen.[253] Ist ein Gebiet unter Schutz gestellt, so sind Eingriffe nur noch unter den strengen Voraussetzung des Artikel 9 zulässig. Zur Rechtfertigung von Eingriffen müssen nach dieser Vorschrift Gründe des Gesundheitsschutzes oder der öffentlichen Sicherheit vorliegen, oder der Eingriff muss zur Abwendung erheblicher Gefahren für andere Rechtsgüter wie Kulturen, Gewässer oder Viehbestände und ähnlichem erfolgen. Eingriffe in die Schutzgebiete der übrigen, als nicht stark gefährdet klassifizierten Arten, unterliegen nicht den genannten strengen Anforderungen.[254]

Neben der Pflicht zur Ausweisung von Schutzgebieten sind die Mitgliedstaaten gemäß Artikel 4 Absatz 3 verpflichtet, der Kommission alle „sachdienlichen Informationen" zu übermitteln, damit diese ihrem Auftrag der Koordinierung nachkommen kann. Dies schließt eine Meldung der Gebietsausweisungen ein. Meldung und Ausweisung sind zunächst zwei selbständige Pflichten, die nebeneinander bestehen. Die Richtlinie

253 Vgl. EuGH, Urt. v. 25.11.1999, Rs. C-96/98 (Kommission./.Französische Republik), Slg. 1999-I, S. 8531 (2. Leitsatz).

254 Jarass, EG-rechtliche Vorgaben zur Ausweisung und Änderung von Vogelschutzgebieten, NuR 1999, 481 (481).

selbst enthält diesbezüglich keine Angaben; der Zweckmäßigkeit halber hat die Meldung aber vor Ausweisung des entsprechenden Gebietes zu erfolgen.[255]

Durch die FFH-Richtlinie erfuhr die aus dem Jahr 1979 datierende Vogelschutzrichtlinie Anfang der neunziger Jahre einige Modifikationen. So wurde das Schutzregime bezüglich der Voraussetzungen für einen Eingriff geändert. Eingriffe in ein „anerkanntes Vogelschutzgebiet" gemäß Artikel 7 der FFH-Richtlinie sind nunmehr unter den erleichterten Bedingungen des Artikel 6 Absatz 2, 3 und 4 der FFH-Richtlinie möglich.[256]

Der Kommission obliegt - als „Hüterin des Gemeinschaftsrechts" - die Kontrolle der mitgliedstaatlichen Umsetzung der Vorgaben der Vogelschutzrichtlinie (Art. 211 EGV, Art. 155 a.F.)[257]. Neben dieser allgemeinen Funktion weist die Vogelschutzrichtlinie der Kommission als Kompetenz die Koordinierung der gemeldeten Schutzgebiete zu (Art. 4 Abs. 3). In der Vogelschutzrichtlinie klingt so bereits der Gedanke eines Verbundes von Schutzgebieten in Form eines Netzes an. Allerdings wird das Konzept nicht näher ausgeführt, die Mitgliedstaaten werden in der genannten Vorschrift lediglich etwas unklar zur Übermittlung „sachdienlicher Informationen" verpflichtet. Den Mitgliedstaaten obliegt schließlich nach der Richtlinie das Monitoring der ausgewiesenen Gebiete (Art. 12). Danach haben die Mitgliedstaaten nach Ablauf der Umsetzungsfrist alle drei Jahre einen Bericht über die nationalen Umsetzungsmaßnahmen und deren Anwendung, also den Vollzug, an die Kommission zu übermitteln (Art. 12 Abs. 1). Auf der Grundlage der nationalen Berichte erstellt die Kommission in Absprache mit den Mitgliedstaaten einen zusammenfassenden Bericht (Art. 12 Abs. 2).

II. Der normative Vollzug der Vogelschutzrichtlinie

Die mitgliedstaatliche Umsetzung der Vogelschutzrichtlinie war in der Vergangenheit vielfach Gegenstand von Vertragsverletzungsverfahren. Die Kommission strengte bereits wegen des fehlerhaften normativen

---

255 Jarass, EG-rechtliche Vorgaben zur Ausweisung und Änderung von Vogelschutzgebieten, NuR 1999, 481 (482).

256 S. dazu unten, Viertes Kapitel, C.

257 Konkret in Bezug auf die Vogelschutzrichtlinie Schladebach, Die Auswahl faktischer Vogelschutzgebiete nach der Novelle des Bundesnaturschutzgesetzes, LKV 1999, 308 (310); vgl. hierzu allgemein z.B. Nicklas, Implementationsprobleme des EG-Umweltrechts, S. 95 ff.

Vollzugs mehrere Vertragsverletzungsverfahren vor dem EuGH an. Diese ab Mitte der achtziger Jahre geführten Verfahren betrafen mehrere Mitgliedstaaten, so die Niederlande, Belgien, Frankreich, Italien und auch Deutschland.[258] In den Verfahren gegen Belgien, Frankreich und Italien hatte die Kommission beanstandet, dass die nationalen Jagdvorschriften nicht den Ansprüchen der Richtlinie genügten. Die Niederlande und Deutschland wurden in Anschlussverfahren vor dem Europäischen Gerichtshof sogar noch einmal verurteilt, da sie den ihnen obliegenden Verpflichtungen aus vorangegangenen Vertragsverletzungsverfahren nicht ausreichend nachgekommen waren.[259] Bemerkenswert ist, dass der EuGH bereits in diesen Verfahren die hohe Bedeutung des Vogelschutzes für die Gemeinschaft betonte. So stellte das Gericht fest, dass

> „... der Genauigkeit der Umsetzung allerdings besondere Bedeutung zu(kommt), in einem Fall wie dem Vorliegenden, in dem die Verwaltung des gemeinsamen Erbes den Mitgliedstaaten für ihr jeweiliges Hoheitsgebiet anvertraut ist." [260]

Die Umsetzung der Vorgaben der Vogelschutzrichtlinie in das nationale Recht erfolgte in der Bundesrepublik in Form naturschutz- und jagdrechtlicher Vorschriften.[261] Der Bund besitzt nach der grundgesetzlichen Kompetenzverteilung für den Naturschutz und die Landschaftspflege gemäß Artikel 75 Absatz 1 Ziffer 3 Grundgesetz lediglich eine Rahmenkompetenz. Diese nahm der Bundesgesetzgeber mit Erlass des Bundesnaturschutzgesetzes (BNatSchG) wahr.[262] Die Länder verfügen über ei-

---

258 EuGH, Urt. v. 13.10.1987, Rs. 236/85 (Kommission./.Königreich Niederlande), Slg. 1987, S. 3989; EuGH, Urt. v. 08.07.1987, Rs. C-247/85 (Kommission./.Königreich Belgien), Slg. 1987, S. 3029; EuGH, Urt. v. 27.4.1988, Rs. 252/85 (Kommission./.Französische Republik), Slg. 1988, S. 2243; EuGH, Urt. v. 08.07.1987, Rs. C-262/85 (Kommission./.Italienische Republik), Slg. 1987, S. 3073; EuGH, Urt. v. 17.09.1987, Rs. C-412/85 (Kommission./. Bundesrepublik Deutschland), Slg. 1987, S. 3503.

259 EuGH, Urt. v. 06.02.1992, Rs. C-75/91 (Kommission./.Königreich Niederlande), Slg. 1992-I, S. 459; EuGH, Urt. v. 23.03.1993, Rs. C-345/92 (Kommission./.Bundesrepublik Deutschland), Slg. 1993-I, S. 1115.

260 EuGH, Urt. v. 13.10.1987, Rs. 236/85 (Kommission./.Königreich Niederlande), Rdnr. 5.

261 Dazu Stüber, Artenschutz und dessen Monitoring in der Vogelschutz- und der FFH-Richtlinie und die Umsetzung in Bundesrecht, NuR 2000, 245.

262 Ursprünglich verabschiedet als „Gesetz über Naturschutz- und Landschaftspflege (Bundesnaturschutzgesetz – BNatSchG)" v. 20.12.1976, BGBl. I (1977) S. 3574, S. 650.

gene Naturschutzgesetze, die den vorgegebenen Rahmen in unterschiedlicher Weise ausfüllen. In ihre Kompetenz fällt die Auswahl der vorzuschlagenden Gebiete und die letztendliche Unterschutzstellung. Die Regelungen dazu sind entsprechend unterschiedlich gestaltet.[263] Eine spezielle bundesrechtliche Regelung, die einheitliche Vorgaben für das Auswahlverfahren vorsehen würde, fand sich auch im Zweiten Änderungsgesetz zum Bundesnaturschutzgesetz aus dem Jahr 1998[264] zur Umsetzung der FFH-Richtlinie nicht. Auch mit der Novellierung des Bundesnaturschutzgesetzes im Jahr 2002 hat sich bezüglich der Kompetenzen und Verfahren zur Ausweisung von Vogelschutzgebieten nichts Grundlegendes geändert. Neu ist indes die flächenmäßige Vorgabe von 10% der Landesfläche in § 3 Absatz 1 BNatSchG, die allerdings als Soll-Vorschrift auch Ausnahmen zulässt.[265]

An dieser Stelle sei auf einen Unterschied zwischen Vogelschutzrichtlinie und deutschem Naturschutzrecht hingewiesen: Das deutsche Naturschutzrecht ist geprägt vom Abwägungsgedanken gerade in Bezug auf die Ausweisung und Auswahl von Schutzgebieten.[266] Natur und Landschaft genießen danach nicht per se Vorrang vor anderen öffentlichen Belangen.[267] Die Ausweisung eines Schutzgebietes hat in Deutschland daher traditionell den Charakter einer Planungsentscheidung. In der Vogelschutzlinie spielt der Abwägungsgedanke dagegen keine vergleichbare Rolle. Die Richtlinie folgt in Hinblick auf die Schutzgebiete vielmehr einem konditionalen Konzept der gebundenen Entscheidung. Auf diese Differenz gingen die rechtlichen Umsetzungsmaßnahmen nicht weiter ein. Aus diesem Gegensatz lässt sich jedoch nicht per se eine insoweit fehlerhafte Umsetzung folgern, da die EG-rechtliche Verpflichtung sich allein auf das Ergebnis, nämlich die Ausweisung der „geeignetsten" Gebiete, bezieht. Allerdings ist mit diesem Gegensatz bereits der Grund-

263 Vgl. Kloepfer, Umweltrecht, § 11, Rdnr. 204 f.

264 Zweites Gesetz zur Änderung des Bundesnaturschutzgesetzes v. 30.04.1998, BGBl. I, S. 823.

265 Dazu Lorz/Müller/Stöckel, Naturschutzrecht, § 3, Rdnr. 6.

266 Vgl. § 1 Abs. 3 BNatSchG a. F. sowie § 2 Abs. 1 BNatSchG n. F.; zu den systematischen Implikationen dieser Änderung Messerschmidt, Wiedervorlage oder Innovation? ZUR 2001, 241 (243). Im Unterschied zur früheren Fassung ist die Abwägungsklausel nun auch kein unmittelbar geltendes Recht mehr, sondern Rahmenvorschrift und bedarf somit der Umsetzung durch die Landesgesetze (Lorz/Müller/Stöckel, Naturschutzrecht, § 2, Rdnr. 1 f.).

267 Kloepfer, Umweltrecht, § 11, Rdnr. 39.

stein für die Akzeptanzprobleme der gemeinschaftlichen Regulierung und damit ein Problem in Bezug auf den nationalen Vollzug gelegt.

Verstärkte Aufmerksamkeit in der juristischen Literatur erlangte die Vogelschutzrichtlinie erst durch Verfahren vor dem Europäischen Gerichtshof im Zusammenhang mit der Ausweisung bzw. dem Schutzregime von Schutzgebieten sowie zu Abgrenzungsfragen zur FFH-Richtlinie. Der normative Vollzug in Form der Umsetzung der jagd- und handelsrechtlichen Vorgaben scheint dagegen trotz der durchgeführten Vertragsverletzungsverfahren vergleichsweise wenig Interesse in der Literatur geweckt zu haben.

III. Der nationale Verwaltungsvollzug: Die Auswahl der Vogelschutzgebiete

Zwar besteht über die genaue Abgrenzung des Begriffs der Verwaltung und der Verwaltungstätigkeit Unklarheit. Jenseits begrifflicher Schwierigkeiten besteht jedoch eine allgemeine Vorstellung von Verwaltung.[268] Die Auswahl der Schutzgebiete ist danach wegen ihrer generellen Nähe zur Verwaltungstätigkeit als solche einzuordnen.[269] Die Kompetenz zur Auswahl und Ausweisung der Gebiete liegt nach den Bestimmungen der Vogelschutzrichtlinie allein bei den Mitgliedstaaten. Diesen obliegt im Wege des indirekten gemeinschaftlichen Vollzugs die Ausweisung von Schutzgebieten und die tatsächliche Durchsetzung des normierten Schutzes.[270] Mit Geltung der FFH-Richtlinie hat sich an diesem grund-

---

268 Zu den unterschiedlichen Versuchen der Eingrenzung des Begriffs z.B. Maurer, Allgemeines Verwaltungsrecht, S. 1 ff.

269 Wichert, Natura 2000, S. 46 f.; vgl. auch Sydow, der im Zusammenhang mit der Errichtung des Natura-2000-Netzes von einem europäischen Planungsverfahren spricht (ders., Strukturen europäischer Planungsverfahren, DÖV, 2003, 610 ff.).

270 Vgl. EuGH, Urt. v. 17.01.1991, Rs. C-334/89 (Kommission./.Italienische Republik), Rdnr. 8 f.: „Wie der Gerichtshof in seinem Urteil v. 8. Juli 1987 in der Rechtssache 262/85 ... ausgeführt hat, kommt der Genauigkeit der Umsetzung in das innerstaatliche Recht besondere Bedeutung zu in einem Fall wie dem der Richtlinie 79/409, in dem die Verwaltung des gemeinsamen Erbes den Mitgliedstaaten für ihr jeweiliges Hoheitsgebiet anvertraut ist. Aus dieser Aufgabenverteilung folgt, dass es Sache der Mitgliedstaaten ist, die Arten zu bestimmen, für welche die in Artikel 4 Absatz 1 der Richtlinie verlangten besonderen Schutzmaßnahmen zu treffen sind. Diese Staaten können zudem besser als die Kommission feststellen, welche der in Anhang I der Richtlinie aufgeführten Arten es in ihrem Gebiet gibt."

sätzlichen Befund nichts geändert, da die Auswahl jedenfalls unabhängig voneinander und allein nach den Voraussetzungen der jeweils einschlägigen Richtlinie zu erfolgen hat.[271] Das gilt auch bezüglich des Verfahrens.[272] Eine Überschneidung von Vogelschutzgebieten und FFH-Schutzgebieten oder gar die „Doppelausweisung" eines Gebietes sowohl als Vogel- als auch als FFH-Schutzgebiet ist dagegen möglich.

1. Die Struktur der Entscheidung: Abwägung, Ermessen oder Beurteilungsspielraum?

Nach dem Wortlaut der Richtlinie haben die Mitgliedstaaten

> „die für die Erhaltung dieser Arten zahlen und flächenmäßig geeignetsten Gebiete"[273]

zu Schutzgebieten zu erklären (Art. 4 Abs. 1). Der Europäische Gerichtshof, der sich seit Anfang der neunziger Jahre mit dieser Vorschrift beschäftigt, gesteht den Mitgliedstaaten in seiner Rechtsprechung bei der Auswahl der Schutzgebiete lediglich einen engen „Ermessensspielraum", bezogen auf ornithologische Kriterien der Auswahl, zu.[274] Eine Abwägung mit wirtschaftlichen oder freizeitbedingten Belangen ist danach nicht möglich; die Auswahl der Gebiete hat sich allein an natur-

---

271 EuGH, Urt. v. 11.07.1996, Rs. C-44/95 (Kommission./.Vereinigtes Königreich) - „Lappelbank", Slg. 1996-I, S. 3805 Rdnr. 25, bestätigt durch EuGH, Urt. v. 18.03.1999, Rs. C-166/97 (Kommission./.Frankreich) - „Seine-Mündung", Slg. 1999-I, S. 1719 = NuR 1999, 501. Vgl. Epiney, Vogel- und Habitatschutz in der EU, UPR 1997, 303 (306); Jarass, EG-rechtliche Vorgaben zur Ausweisung und Änderung von Vogelschutzgebieten, NuR 1999, 481 (483); Maaß, Die Identifizierung faktischer Vogelschutzgebiete, NuR 2000, 120 (125).

272 Jarass, EG-rechtliche Vorgaben zur Ausweisung und Änderung von Vogelschutzgebieten, NuR 1999, 481 (483).

273 In der englischsprachigen Fassung „most suitable territories", in der französischsprachigen Fassung „les territoires les plus appropries".

274 EuGH, Urt. v. 02.08.1993, Rs. C-355/90 (Kommission./.Spanien) - „Santoña", Slg. 1993-I, S. 4221 = NuR 1994, 521 (523); bestätigt durch EuGH, Urt. v. 11.07.1996, Rs. C-44/95 (Kommission./.Vereinigtes Königreich) – „Lappel-Bank", Slg. 1996-I, S. 3805 = ZUR 1996, 251 (253), EuGH, Urt. v. 19.05.1998, Rs. C-3/96 (Kommission./.Niederlande), Slg. 1998-I, S. 3031 = NuR 1998, 538 (541), zu dieser Entscheidung Iven, Zur Praxis der Mitgliedstaaten bei der Ausweisung von Vogelschutzgebieten, NuR 1998, 528; vgl. auch Maaß, Die Identifizierung faktischer Vogelschutzgebiete, NuR 2000, 121; Gellermann, Biotop- und Artenschutz, in: Rengeling (Hg.), EUDUR Bd. II, § 78, Rdnr. 17 f.

schutzfachlichen Belangen zu orientieren.[275] Ein politischer Entscheidungsspielraum wird den Mitgliedstaaten vom EuGH nicht eingeräumt. Allerdings bleibt die Reichweite des Spielraums, der den Mitgliedstaaten eingeräumt wird, etwas unklar. In der „Santoña-Entscheidung" spricht der Gerichtshof von einem „gewissen Ermessensspielraum".[276] In der „Lappel-Bank-Entscheidung" führt er aus, dass sich die Mitgliedstaaten bei der Auswahl

> „... an den in Artikel 4 Abs. 1 und 2 RL 79/409/EWG genannten Kriterien zu orientieren (haben)",

wobei es sich um ornithologische Kriterien handeln müsse.[277] In einem anderen Verfahren („Kommission./.Niederlande") führt der Europäische Gerichtshof etwas kryptisch aus, dass sich

> „... der Ermessensspielraum der Mitgliedstaaten bei der Auswahl der Gebiete, die für die Ausweisung als besondere Schutzgebiete am geeignetsten sind, ... daher nicht darauf (bezieht), diejenigen Gebiete zu besonderen Schutzgebieten zu erklären, die nach ornithologischen Kriterien am geeignetsten erscheinen, sondern nur auf die Anwendung dieser Kriterien für die Bestimmung dieser Gebiete ...".[278]

Worauf sich dieses „Ermessen" konkret bezieht, bleibt in der Entscheidung unklar.[279] Die deutsche Literatur geht zum Teil mit dem EuGH davon aus, dass den Ländern lediglich ein enger Entscheidungsspielraum bezüglich der Anwendung der Kriterien zustehe.[280] Zum Teil wird aber betont, dass grundsätzlich ein Ermessen zur Auswahl der „geeignetsten"

---

275 Vgl. auch KOM (1999) 301, S. 1 ff. (27, m.w.N. zur Rechtsprechung).

276 EuGH, Urt. v. 02.08.1993, Rs. C-355/90 (Kommission./.Spanien) – „Santoña", Slg. 1993-I, S. 4221 = NuR 1994, 521.

277 EuGH, Urt. v. 11.07.1996, Rs. C-44/95 (Kommission./.Vereinigtes Königreich) – „Lappel-Bank", Slg. 1996-I, S. 3805 = ZUR 1996, 251.

278 EuGH, Urt. v. 19.05.1998, Rs. C-3/96 (Kommission./.Niederlande), Slg. 1998-I, S. 3031, Rdnr. 61; vgl. Maaß, Die Identifizierung faktischer Vogelschutzgebiete, NuR 2000, 121 (124).

279 Maaß, Die Identifizierung faktischer Vogelschutzgebiete, NuR 2000, 121 (124); Iven, Zur Praxis bei der Ausweisung von Vogelschutzgebieten, NuR 1998, 528 (529).

280 Statt vieler Gellermann, Biotop- und Artenschutz, in: Rengeling (Hg.), EUDUR Bd. II, § 78, Rdnr. 17, m.w.N.; vgl. auch KOM (1999) 301, S. 1 ff. (27, m.w.N.).

Gebiete (Art. 4 Abs. 1) bestehe, das nur im Einzelfall bei Gebieten von wesentlicher Bedeutung auf „null“ reduziert sein könnte.[281] Letztere Ansicht findet in der Rechtsprechung des Europäischen Gerichtshofs keine Stütze, denn dieser führt explizit aus, der „Ermessensspielraum“ beziehe sich nicht auf den Begriff der „geeignetsten“ Gebiete. In der Terminologie und Dogmatik des deutschen Verwaltungsrechts stellt sich die den Mitgliedstaaten nach der Rechtsprechung des EuGH zugestandene Entscheidungsfreiheit ihrer Struktur und ihrem Wesen nach auch nicht als Ermessen, sondern vielmehr als Beurteilungsspielraum dar.[282] Der Spielraum, welcher der mitgliedstaatlichen Verwaltung nach dieser Rechtsprechung verbleibt, ist nicht auf der Rechtsfolgenseite angesiedelt, sondern bezieht sich auf die tatbestandliche Ebene und räumt hier Freiheiten ein. Der in den Entscheidungen zum Teil verwendete und von der Literatur aufgegriffene Begriff des Ermessens erscheint daher unglücklich gewählt und unpassend.[283] Die missverständliche Verwendung mag daran liegen, dass der EuGH nicht streng zwischen „Ermessen“ und „Beurteilungsspielraum“ im Sinne der deutschen Verwaltungsrechtsdogmatik differenziert.[284] So spricht der Gerichtshof in der „Leybucht“-Entscheidung im Leitsatz von einem „gewissen Beurteilungsspielraum“

---

281 Louis/Engelke, Bundesnaturschutzgesetz, § 19a, Rdnr. 21; wohl auch ein weites Ermessen annehmend Rödiger-Vorwerk, Die Fauna-Flora-Habitat-Richtlinie der Europäischen Union und ihre Umsetzung in nationales Recht, S. 48. Ablehnend Koch, Europäisches Habitatschutzrecht und Rechte von Planungs- sowie Vorhabenträgern, S. 63; 66.

282 Jarass, EG-rechtliche Vorgaben zu Vogelschutzgebieten, NuR 1999, 481 (486). Vgl. Rengeling, Umsetzungsdefizite in Deutschland? UPR 1999, 281 (284). Vgl. BVerwG, Beschluss v. 24.08.2000, DVBl. 2001, 375 (378). Das Gericht stellt in Bezug auf Art. 3 und 4 der FFH-Richtlinie fest, dass deren Normstruktur einem Beurteilungsspielraum entspricht; vgl. auch zuletzt BVerwG, Urt. v. 15.01.2004. NVwZ 2004, 732 (734). Epiney, Vogel- und Habitatschutz in der EU, UPR 1997, 303 (306), spricht ebenfalls von einem Beurteilungsspielraum.

283 Die missverständlichen Verwendung der Begriffe mag daran liegen, dass der EuGH in seiner Rechtsprechung nicht stetig zwischen den Begriffen differenziert; vgl. Erwer, Rechtsschutz gegenüber der Auswahl und Festsetzung von FFH-Gebieten, NuR 2000, 361 (363). Das OVG Schleswig-Holstein z.B. vermeidet die genaue Bezeichnung des Spielraumes und spricht schlicht von einem „Auswahlspielraum“ der Mitgliedstaaten (OVG Schleswig-Holstein, Urt. v. 15.02.2001, ZUR 2001, 282).

284 Erwer, Rechtsschutz gegenüber der Auswahl und Festsetzung von FFH-Gebieten, NuR 2000, 361 (363); Fisahn/Cremer, Ausweisungspflicht und Schutzregime nach der FFH- und der Vogelschutzrichtlinie, NuR 1997, 268 (272 f.); Schwarze, Das Verwaltungsrecht unter europäischem Einfluss, S. 198.

bezüglich der Eignung.[285] In der - allerdings nicht verbindlichen - englischen Fassung wird dieser, wie auch in der englischen Fassung der „Santoña-Entscheidung", als „certain discretion" bezeichnet.

Als Zwischenergebnis lässt sich demnach Folgendes festhalten: Wenn die in Artikel 4 der Vogelschutzrichtlinie festgelegten Tatbestandsvoraussetzungen vorliegen, ist der Mitgliedstaat im Grundsatz zur Ausweisung des Gebietes als besonderes Schutzgebiet und zur Errichtung und Durchsetzung eines effektiven Schutzregmies verpflichtet. Auch wenn den Mitgliedstaaten vom EuGH ein - von Missverständnissen nicht ganz freier - eng gefasster Entscheidungsspielraum in Form eines Beurteilungsspielraums bezüglich der Anwendung fachlicher Auswahlkriterien eingeräumt wird, so wird die eigentliche Entscheidung dennoch über die Konkretisierung der tatbestandlichen Voraussetzungen und die Feststellung des Vorliegens dieser Voraussetzungen getroffen. Die Auswahlentscheidung stellt sich so als konditional strukturierte Entscheidung dar.[286]

2. Die Kriterien der Gebietsauswahl: Die Bedeutung der „IBA-Liste"

Weder die Bestimmungen der Richtlinie selbst, noch die Anhänge enthalten vollzugsfähig ins Detail heruntergebrochene Bestimmungen. Nun liegt der Gedanke nahe, dass eine Richtlinie keine derart detaillierten Vorgaben machen muss, da Normadressat zunächst allein der Mitgliedstaat ist. Der Vollzug durch die Verwaltung folgt erst nach der mitgliedstaatlichen Umsetzung in das nationale Recht. Aus diesem Grunde sind auch offenere Regelungen möglich. Im vorliegenden Fall bereitet aber gerade diese Offenheit Probleme, da die Vogelschutzrichtlinie nach der obigen Analyse in konditional strukturierter Weise die Auswahl und Unterschutzstellung geeigneter Gebiete verlangt, denn der genaue Tatbestand, der zur Unterschutzstellung eines Gebietes verpflichtet, muss zunächst ermittelt werden.

In der „Santoña-Entscheidung" aus dem Jahr 1994, die den Anfang der Rechtsprechung zur Auswahl der Schutzgebiete markiert, stand der or-

---

285 EuGH, Rs. C-57/89 v. 28.02.1991 Kommission./.Bundesrepublik Deutschland, Slg. 1991-I, S. 883.

286 Ebenso Wegener, Gebietsauswahl und -ausweisung für das Schutzgebietsgesetz „Natura-2000", in: Erbguth (Hg.), Neuregelungen im Bundesnaturschutzgesetz, S. 49 (52). Vgl. auch OVG Schleswig-Holstein, Urt. v. 15.2.2001, ZUR 2001, 282 (284).

nithologische Wert der Santoña-Sümpfe außer Frage und wurde auch von der spanischen Regierung nicht bestritten.[287] Auch 1996 in der „Lappel-Bank-Entscheidung" standen aufgrund der Verfahrensart - es handelte sich um eine Vorlage des britischen House of Lords nach dem damaligen Artikel 177 EGV (heute Artikel 234) - lediglich Rechtsfragen bezüglich des mitgliedstaatlichen Entscheidungsspielraums zur Entscheidung an.[288]

Im Jahr 1998 befasste sich der Gerichtshof schließlich auch mit der Frage, welche Voraussetzungen in tatsächlicher Hinsicht vorliegen müssen, um eine Verletzung der Mitgliedstaaten in Bezug auf die Umsetzungspflicht hinsichtlich der Ausweisung von Schutzgebieten festzustellen.[289] Der Entscheidung lag folgender Sachverhalt zugrunde: Die Kommission war der Ansicht, die Niederlande hätten eine zu geringe Anzahl an besonderen Vogelschutzgebieten im Sinne des Artikel 4 Absatz 1 ausgewiesen und dadurch gegen ihre Verpflichtung aus den damaligen Artikeln 5 und 189 EGV (heute Artikel 10 und 249 EGV) verstoßen. Zur Beurteilung der Frage, ob die Ausweisung von 23 Gebieten mit einer Gesamtfläche von ca. 320.000 Hektar den Ansprüchen des Artikel 4 der Vogelschutzrichtlinie genügt, zog der Gerichtshof die sog. IBA-Liste heran.[290] Diese Liste wurde von Sachverständigen der Kommission in Zusammenarbeit mit zwei Umweltschutzverbänden, der „Europäischen Gruppe für die Erhaltung der Vögel und Lebensräume" und dem „Internationalen Rat für Vogelschutz", erarbeitet. In der IBA-Liste wird ein Gesamtverzeichnis von Gebieten aufgestellt, die zur Erhaltung der wild lebenden Vogelarten für notwendig erachtet werden. Nach den in der IBA-Liste aufgestellten und ornithologisch begründeten Kriterien sind in den Niederlanden 70 Gebiete mit einer Gesamtfläche von knapp 800.000 Hektar als schützenswert anzusehen.[291] Der EuGH stellte in seiner Entscheidung

---

287 EuGH, Urt. v. 02.08.1993, Rs. C-355/90 (Kommission./.Spanien) - „Santoña", Slg. 1993-I, S. 4221 = NuR 1994, 521 (523).

288 EuGH, Urt. v. 11.07.1996, Rs. C-44/95 (Kommission./.Vereinigtes Königreich) - „Lappel-Bank", Slg. 1996-I, S. 3805 = ZUR 1996, 251.

289 EuGH, Urt. v. 19.05.1998, Rs. C-3/96 (Kommission./.Niederlande) Slg. 1998-I, S. 3031 = NuR 1998, 538 (539).

290 International Council for Bird Preservation, European Continental Section (Hg.), Important Bird Areas in Europe, 1989; Birdlife International (Hg.), Important Bird Areas in Europe - Priority sites for conservation, 2000 (http://www.birdlife.net, zuletzt besucht am 01.05.2002).

291 EuGH, Urt. v. 19.05.1998, Rs. C-3/96 (Kommission./.Niederlande), Slg. 1998-I, S. 3031, Rdnr. 40, 41 = NuR 1998, 538 (539).

fest, dass die IBA-Liste zum Zeitpunkt der Entscheidung das einzige vorhandene wissenschaftlich fundierte Dokument zur Beurteilung der ausreichenden Schutzgebietsausweisung gewesen sei[292] und wies das von der niederländischen Regierung angeführte Dokument mit dem Argument, die Auswahlkriterien seien fachlich nicht genügend begründet dargelegt und unfundiert, ab.[293] Der Gerichtshof stellte einen Verstoß der Niederlande gegen die ihnen obliegenden Verpflichtungen aus Artikel 4 Absatz 1 der Vogelschutzrichtlinie jedoch nur deshalb fest, weil die Niederlande eine Anzahl von Gebieten unter Schutz gestellt hatten, die sowohl rein mengen- als auch flächenmäßig mehr als 50% unter den in der IBA-Liste aufgeführten Gebieten lag.[294] Genauere Kriterien zur Beurteilung der Geeignetheit möglicher Schutzgebiete stellte der Gerichtshof nicht auf, sondern merkte mehrfach an, dass ein Verstoß der Niederlande wegen des offensichtlichen Missverhältnisses vorliege.[295]

Die genaue Grenze, ab wann ein Verstoß gegen die Vogelschutzrichtlinie wegen Abweichung von der IBA-Liste vorliegt, lässt der Europäische Gerichtshof auch in zwei Folgeentscheidungen offen. In beiden Verfahren klagte die Kommission gegen Frankreich.[296] In seiner Entscheidung zur Seine-Mündung[297] relativiert der Gerichtshof sogar die Bedeutung der IBA-Liste. Gegenstand des Verfahrens war ein Bereich in der Seine-Mündung, in dem ein Gipswerk errichtet werden sollte. Die Umgebung des Gipswerks war unstreitig als schützenswert anzusehen. Der Streit drehte sich um die Frage, ob das Gebiet des Gipswerks selbst ebenfalls schützenswert sei, oder ob das umgebende Gebiet genügen würde. In

---

292 EuGH, Urt. v. 19.05.1998, Rs. C-3/96 (Kommission./.Niederlande), Slg. 1998-I, S. 3031, Rdnr. 69 = NuR 1998, 538 (541).

293 EuGH, Urt. v. 19.05.1998, Rs. C-3/96 (Kommission./.Niederlande), Slg. 1998-I, S. 3031, Rdnr. 66, 65 = NuR 1998, S. 538 (541); so erklärt sich auch zwanglos der oben zitierte Hinweis des EuGH auf den Spielraum der Mitgliedstaaten bei der Anwendung der fachlichen Kriterien auf die Gebietsauswahl.

294 EuGH, Urt. v. 19.05.1998, Rs. C-3/96 (Kommission./.Niederlande), Slg. 1998-I, S. 3031, Rdnr. 43= NuR 1998, 538 (540).

295 EuGH, Urt. v. 19.05.1998, Rs. C-3/96 (Kommission./.Niederlande), Slg. 1998-I, S. 3031, Rdnr. 63, 72 = NuR 1998, 538 (541).

296 EuGH, Urt. v. 18.03.1999, Rs. C-166/97 (Kommission./.Frankreich) = „Seine-Mündung“, Slg. 1999-I, S. 1719, Rdnr. 11 und 14 = NuR 1999, 501; EuGH, Urt. v. 25.11.1999, Rs. C-96/98 (Kommission./.Frankreich), NuR 2000, 206 (206), Rdnr. 15 und 16.

297 EuGH, Urt. v. 18.03.1999, Rs. C-166/97 (Kommission./.Frankreich) - „Seine-Mündung“, Slg. 1999-I, S. 1719 = NuR 1999, 501.

der IBA-Liste war das Gebiet insgesamt als schützenswert aufgeführt.[298] Das Gericht entschied, dass die Kommission für die Feststellung einer Vertragsverletzung wegen der Nichtausweisung eines konkret bezeichneten Gebietes den fachlichen Nachweis der Geeignetheit des Gebietes als Schutzgebiet zu führen habe und dies nicht ausreichend getan habe. Er sah es als nicht ausreichend an, dass sich die Kommission lediglich auf die IBA-Liste bezog, da die französische Regierung ein fachlich fundiertes Gutachten vorlegte, das sich konkret auf das streitbefangene Gebiet bezog.[299]

In der Literatur wird kritisiert, dass die Frage nach genaueren abstrakten Kriterien vom Gerichtshof bislang nicht abschließend beantwortet wurde.[300] Als Möglichkeit der weiteren Präzisierung wird eine parallele Anwendung der FFH-Kriterien und eine verfahrensmäßige Annäherung an das Auswahlverfahren der FFH-Richtlinie vorgeschlagen.[301] Gegen diese Ansicht lässt sich allerdings der Wortlaut der FFH-Richtlinie anführen, nach dem die *ausgewiesenen* Vogelschutzgebiete den Schutz des Artikel 6 Absätze 2 bis 4 der FFH-Richtlinie genießen und wie FFH-Schutzgebiete zu behandeln sind.[302] Im Jahr 1996 entschied so auch der EuGH, dass sich auch nach Erlass der FFH-Richtlinie die Voraussetzungen für die Ausweisung eines Vogelschutzgebietes einzig nach den Anforderungen der Vogelschutzrichtlinie richten. Erst nach Ausweisung als FFH-Gebiet ist demnach das Schutzregime der FFH-Richtlinie – nament-

---

298 EuGH, Urt. v. 18.03.1999, Rs. C-166/97 (Kommission./.Frankreich) - „Seine-Mündung", Slg. 1999-I, S. 1719, Rdnr. 27 = NuR 1999, 501.

299 EuGH, Urt. v. 18.03.1999, Rs. C-166/97 (Kommission./.Frankreich) - „Seine-Mündung", Slg. 1999-I, S. 1719, Rdnr. 42 ff = NuR 1999, 501.

300 Maaß, Die Identifizierung faktischer Vogelschutzgebiete, NuR 2000, 121 (121), Fisahn/Cremer, Ausweisungspflicht und Schutzregime nach der FFH- und der Vogelschutzrichtlinie, NuR 1997, 268 (270); Füßer, Die „zahlen- und flächenmäßig geeignetsten Gebiete" i.S. des Art. 4 Abs. 1 S. 4 der Vogelschutzrichtlinie, NuR 2004, 701 (704). Der EuGH selbst stellte fest, dass „dieses Verzeichnis ... für die betreffenden Mitgliedstaaten rechtlich nicht verbindlich ist ...", EuGH, Urt. v. 19.05.1998, Rs. C-3/96 (Kommission./.Niederlande), Slg. 1998-I, S. 3031, Rdnr. 70.

301 Maaß, Die Identifizierung faktischer Vogelschutzgebiete, NuR 2000, 121 (126 ff.); Schladebach, Die Auswahl Europäischer Vogelschutzgebiete nach der Novelle des Bundesnaturschutzgesetzes, LKV 1999, 308 (310 f.).

302 Gellermann, Biotop- und Artenschutz, in: Rengeling (Hg.), EUDUR Bd. II, § 78, Rdnr. 14.

lich die geringeren Voraussetzungen für einen Eingriff - anzuwenden.[303] Ein Rückgriff auf die FFH-Kriterien der Gebietsauswahl ist damit allerdings auch nicht völlig ausgeschlossen, da der Gerichtshof in der Entscheidung allein die Berücksichtigung fachfremder Kriterien rügte. Bei den Kriterien der FFH-Richtlinie handelt es sich jedoch um solche fachlicher Art.[304] Zwar lässt sich das Kriterium der „Geeignetheit“ ein wenig durch die weiteren in der Richtlinie genannten Voraussetzungen einschränken.[305] Insgesamt bleiben die Vorgaben der Vogelschutzrichtlinie dennoch unpräzise.[306]

In der deutschen Gerichtspraxis haben sich bislang das VG Schleswig und in der zweiten Instanz das OVG Schleswig-Holstein mit der Aussagekraft der IBA-Liste beschäftigt. Beide messen der IBA-Liste in Anlehnung an den EuGH zwar eine gewisse Bedeutung in Form einer Indizwirkung zu, vermochten aber auf der Grundlage der IBA-Liste einen Verstoß gegen die Vogelschutzrichtlinie in Form der Verschlechterung eines faktischen Vogelschutzgebietes nicht festzustellen. Sie begründeten ihre Entscheidung jeweils damit, dass die IBA-Liste die schützenswerten Gebiete zu unscharf umgrenze. Soweit eine mögliche Verschlechterung sich lediglich auf bereits vorbelastete Teile der in der Liste enthaltenen Gebiete beziehe, ließen sich große, heterogen geprägte Gebiete daher nicht in ihrem gesamten Umfang anhand der Liste zwingend als faktische Vogelschutzgebiete feststellen.[307] Auch das Bundesverwaltungsgericht betont in seiner Rechtsprechung - unter Hinweis auf die Rechtsprechung des EuGH - die rechtliche Unverbindlichkeit der IBA-Liste, der lediglich eine Indizwirkung zukomme.[308]

---

303 EuGH, Urt. v. 11.07.1996, Rs. C-44/95 (Kommission./.Vereinigtes Königreich) - „Lappel-Bank“, Slg. 1996-I, S. 3805 = ZUR 1996, 25. Zu dem Problem auch Fisahn/ Cremer, Ausweisungspflicht und Schutzregime nach der FFH- und der Vogelschutzrichtlinie, NuR 1997, 269 (273).

304 Maaß, Die Identifizierung faktischer Vogelschutzgebiete, NuR 2000, 121 (126).

305 Dazu Jarass, EG-rechtliche Vorgaben zur Ausweisung und Änderung von Vogelschutzgebieten, NuR 1999, 481 (484 ff.).

306 Die Literatur bemüht sich dennoch weiter um Präzisierung, zuletzt Schillhorn u.a., Rechtliche Anforderungen an die Auswahl besonderer Vogelschutzgebiete (Teil 1), NordÖR 2004, 465 ff.; vgl. auch BVerwG, Beschluss v. 12.06.2004 , NuR 2004, 522 ff.

307 VG Schleswig, Urt. v. 24.3.1999, NuR 1999, 714 (716); OVG Schleswig-Holstein, Urt. v. 15.2.2001, ZUR 2001, 282 (284 f.).

308 BVerwG, Urt. v. 15.01.2004, NVwZ 2004, 732 (735).

Soweit die IBA-Liste nicht weiterhilft, verbleibt zur Bestimmung der Geeignetheit als letztes Mittel eben der Rückgriff auf Sachverständigengutachten, wie ihn die französische Regierung praktizierte. Insoweit ist die Frage, ob die Voraussetzungen der Vogelschutzrichtlinie vorliegen, als Tatsachenfrage anzusehen.[309] Es bleibt dann allerdings immer bei widerstreitenden fachlichen Ansichten eine Art „Prozessrisiko" für das betreffende Gebiet und für die geplante, mit dem Vogelschutz konfligierende Nutzung. In der Praxis wird von den Mitgliedstaaten für die Meldung der Vogelschutzgebiete der gleiche Datenbogen wie für die Meldung der FFH-Schutzgebiete verwendet.[310] Die Verwendung des Fragebogens mag zwar faktisch bereits bei der Auswahl von Vogelschutzgebieten Einfluss haben, auch wird das Konfliktpotenzial mit der Kommission gering gehalten; trotzdem können die Kriterien in Bezug auf die Vogelschutzrichtlinie nicht schon allein deswegen Rechtsgeltung beanspruchen, da es insoweit an einer Rechtsgrundlage fehlt.

3. Nationale Ausweisung von Schutzgebieten

Konflikte bei der Ausweisung nationaler Vogelschutzgebiete ergaben sich in erster Linie im Zusammenhang mit der Ausweisung von Schutzgebieten für Arten des Anhangs I der Vogelschutzrichtlinie sowie für die Zugvögel. Das erste Verfahren, das ein Vogelschutzgebiet zum Gegenstand hatte, war das „Leybucht"-Verfahren (RS C-57/89), das die Kommission im Jahre 1989 gegen die Bundesrepublik Deutschland einleitete.[311] Das Verfahren betraf ein bereits ausgewiesenes Schutzgebiet im deutschen Wattenmeer, dessen grundsätzliche Bedeutung für den Vogelschutz unbestritten war. Die Kommission wandte sich gegen eine Verkleinerung des Schutzgebietes, welche die Bundesrepublik aus Gründen des Küstenschutzes anstrebte.[312] Dass es bis zu diesem Zeitpunkt keine

---

309 So auch Maaß, Die Identifizierung faktischer Vogelschutzgebiete, NuR 2000, 121 (130).

310 Schladebach, Die Auswahl Europäischer Vogelschutzgebiete nach der Novelle des Bundesnaturschutzgesetzes, LKV 1999, 309 (310).

311 EuGH, Rs. C-57/89, Urt. v. 28.02.1991 (Kommission./.Bundesrepublik Deutschland) Slg. 1991-I, S. 883.

312 Das Urteil fand vor allem Beachtung in der allgemeinen umweltrechtlichen Literatur wegen der darin ausgeurteilten Voraussetzungen; die Bedeutung zeigt sich auch daran, dass die FFH-Richtlinie in der Eingriffsregelung die Kriterien des EuGH aufnimmt und sich weitgehend nach diesen richtet; zum „Leybucht"-Urteil auch Winter, Der Säbelschnäbler als Teil des Ganzen, NuR 1992, 21; Zuleeg, Umweltschutz in der Rechtsprechung des Europäischen Gerichtshofes, NJW 1993, 31.

Vertragsverletzungsverfahren wegen mangelhafter Ausweisung von Schutzgebieten und auch nicht wegen unterbliebener Meldung von Schutzgebieten gegeben hatte, bedeutet aber keineswegs, dass von den Mitgliedstaaten bereits zu diesem Zeitpunkt ausreichend Vogelschutzgebiete ausgewiesen worden waren. Die ab Anfang der neunziger Jahre von der Kommission eingeleiteten Vertragsverletzungsverfahren und die vom EuGH in seinen Entscheidungen angenommene direkte Anwendung der Vogelschutzrichtlinie über die Rechtsfigur der faktischen Vogelschutzgebiete zeigen vielmehr, dass die Mitgliedstaaten ihren diesbezüglichen Verpflichtungen von Anfang an nicht in ausreichendem Maße nachgekommen sind.[313] Auch die Tatsache, dass im Rahmen des Natura-2000-Programms noch immer nicht genügend Vogelschutzgebiete gemeldet - geschweige denn ausgewiesen - wurden, zeigt die mangelhafte Implementierung der Vogelschutzrichtlinie.[314] So ist beispielsweise gegen Finnland gegenwärtig noch ein Verfahren vor dem EuGH wegen unzureichender Ausweisung von Schutzgebieten anhängig.[315] Auch aus Deutschland ist noch immer keine als vollständig zu bezeichnende Meldung relevanter Gebiete erfolgt. Zwar hat sich die gemeldete Fläche seit 1996 von ca. 8.500 km^2 auf gut 27.000 km^2 mehr als verdreifacht.[316] Nach Ansicht der Kommission genügt diese 7,6% der Landesfläche umfassende Gebietsmeldung allerdings noch nicht.[317]

---

313 Seinen Anfang nahm diese Rechtsprechung mit der „Santoña´"-Entscheidung des EuGH, Urt. v. 02.08.1993, Rs. C-355/90 (Kommission./.Spanien), Slg. 1993-I, S. 4221 = NuR 1994, 521 ff.

314 Für die mangelhafte Ausweisung in Deutschland vgl. Bundesamt für Naturschutz http://www.bfn.de/03/030303.htm (zuletzt besucht am 29.07.2004).

315 EuGH, Urt. v.25.042003, Rs. C-240/00 (Kommission./.Republik Finnland), Slg. 2003-I, S. 2187.

316 Die absolute Zahl der Gebiete hat sich dabei allerdings verringert, was mit der Rücknahme zahlreicher Gebiete in Baden-Württemberg zusammenhängt, denen nach Ansicht der Kommission keine gemeinschaftsweite Bedeutung zukommt. 1996 waren 494 Gebiete gemeldet (Natura-2000 Newsletter „Natur" der Europäischen Kommission, GD XI, 5/96; nach einem kontinuierlichen Anstieg der Anzahl bis 2001 auf eine Zahl von 617 Gebieten (Natura-2000 Newsletter „Natur" der Europäischen Kommission, GD XI, 4/2001, S. 6, fiel die Zahl im Jahr 2002 auf 448, nach Ansicht der Kommission genügt die 7,6% der Landesfläche umfassende Gebietsmeldung noch nicht (vgl. zu der gesunkenen Gesamtzahl auch Natura-2000 Newsletter „Natur" der Europäischen Kommission DG XI 15/2002, S. 9; http://nature.eionet.eu.int/activities /Natura_2000/n2000assessment, zuletzt besucht am 29.07.2004).

317 Vgl. „Natura-2000" Barometer, a.a.O.

Von der Umsetzungsfrist mit erfasst ist auch die Verpflichtung zur Meldung der ausgewiesenen Schutzgebiete und zur Meldung der geplanten Gebietsausweisungen.[318] Allerdings wurde der Anhang I bereits mehrmals - mit entsprechenden Umsetzungsfristen - den aktuellen Verhältnissen angepasst.[319]

IV. Die Direktwirkung der Vogelschutzrichtlinie: Faktische Vogelschutzgebiete

Nach den vom Europäischen Gerichtshof in seinen Entscheidungen herausgearbeiteten, auch in der Literatur allgemein anerkannten Kriterien sind Richtlinien nach Ablauf der Umsetzungsfrist direkt anzuwenden, wenn sie unbedingte Regelungen treffen, die den Mitgliedstaaten kein Ermessen in Bezug auf die Umsetzung einräumen, und sie inhaltlich hinreichend bestimmt sind.[320] Eine Direktwirkung wird vom EuGH allerdings abgelehnt, wenn die Richtlinie eine belastende Wirkung für einen Privaten entfaltet bzw. die rechtliche Inpflichtnahme eines Privaten vorsieht, oder wenn sie die Verhältnisse Privater untereinander gestaltet.[321]

Bei der Vogelschutzrichtlinie liegt der Fall nicht völlig eindeutig. Durch die Unterschutzstellung eines Gebietes können mittelbar auch Private betroffen und belastet werden.[322] Der EuGH hat dennoch die direkte An-

---

318 A.A. Schladebach, Die Auswahl Europäischer Vogelschutzgebiete nach der Novelle des Bundesnaturschutzgesetzes, LKV 1999, 309 (311), der für eine analoge Anwendung der FFH-Fristen plädiert, da die Vogelschutzrichtlinie eine eindeutige Regelung nicht treffe. Dieses Argument überzeugt indes nicht, da Richtlinien stets insgesamt zu der generell bestimmten Frist umzusetzen sind. Die Pflicht zur Umsetzung in der gesetzten Frist umfasst daher auch die Meldung der Gebiete. Vgl. auch Jarass, EG-rechtliche Vorgaben zur Ausweisung und Änderung von Vogelschutzgebieten, NuR 1999, 481 (482); ebenso OVG Münster, Beschluss v. 11.05.1999, NuR 2000, 165 (168).

319 RL 85/411/EWG der Kommission v. 25.07.1995 (EG-ABl. Nr. L 233 v. 30.08.1985, S. 33); RL 91/244/EWG der Kommission v. 06.03.1991 (EG-ABl. Nr. L 115 v. 08.05.1991, S. 41); RL 97/49/EG der Kommission v. 29.07.1997 (EG-ABl. Nr. L 223 v. 13.08.1997, S. 9).

320 Rengeling, Die Ausführung von Gemeinschaftsrecht, in: ders., (Hg.), EUDUR Bd. I, § 28, Rdnr. 70 ff.

321 Rengeling, Die Ausführung von Gemeinschaftsrecht, in: ders., (Hg.), EUDUR Bd. I, § 28, Rdnr. 75 ff. Zu den Voraussetzungen und dogmatischen Grundlagen auch Winter, Die Dogmatik der Direktwirkung von EG-Richtlinie und ihre Bedeutung für das EG-Naturschutzrecht, ZUR 2002, 313 ff.

322 Dazu OVG Schleswig-Holstein, Urt. v. 15.02.2001, ZUR 2001, 282 (283). Von der Unterschutzstellung eines Gebiets können private Grundstückseigentümer

wendung der Vogelschutz-Richtlinie bejaht und wendet die Richtlinie auf Gebiete, welche die fachlichen Voraussetzungen für die Unterschutzstellung erfüllen, direkt an; das entsprechende Gebiet wird dann als „faktisches Schutzgebiet" behandelt. Dies hat zur Folge, dass es dem Schutzregime der Vogelschutzrichtlinie untersteht, obwohl es an einer formalen Unterschutzstellung des Mitgliedstaates mangelt.[323] Als Konsequenz ist ein solches faktisches Vogelschutzgebiet für die Landes- und Kommunalplanung nicht mehr frei verfügbar;[324] bestimmte Nutzungen sind unzulässig, oder sie müssen den besonderen Anforderungen der Vogelschutzrichtlinie genügen. Die ungenügende Ausweisung von Schutzgebieten stellt sich damit wegen der daraus resultierenden Planungsunsicherheit als besonders misslich im Hinblick auf formal nicht als Schutzgebiet ausgewiesene Flächen dar: Beherbergen solche Gebiete Arten des Anhangs I und entsprechen sie auch ansonsten den fachlichen Anforderungen, sind diese den „geeignetsten Gebieten" im Sinne des Artikel 4 Absatz 1 der Vogelschutzrichtlinie fachlich zuzurechnen. Wäre ein solches Gebiet aber bereits als Vogelschutzgebiet ausgewiesen, würde es zum Bestandteil des Natura-2000-Netzes. Eingriffe unterlägen dann unstreitig nicht mehr den strengen Anforderungen der Vogelschutzrichtlinie, sondern bemäßen sich nach Artikel 6 der FFH-Richtlinie.[325]

B. Die Fauna-Flora-Habitat-Richtlinie RL 92/43/EWG

Die Fauna-Flora-Habitat-Richtlinie, auch kurz FFH-Richtlinie genannt, datiert aus dem Jahr 1992 und ergänzt die Vogelschutzrichtlinie insoweit, als mit ihr nicht allein bestimmte Vogelarten sondern auch andere Tier- und Pflanzenarten und ganze Biotope als Lebensräume der Tier- und Pflanzenwelt geschützt werden sollen. Die Implementation der FFH-Richtlinie erfordert ebenso wie die Vogelschutzrichtlinie den Erlass

---

sogar in ihrem Grundrecht aus Art. 14 GG betroffen werden; vgl. Kloepfer, Umweltrecht, § 11, Rdnr. 197 ff.

323 EuGH, Urt. v. 18.03.1999, Rs. C-166/97 (Kommission./.Frankreich), NuR 1999, 501 (502), Rdnr. 38. Die Literatur folgte dem EuGH; statt vieler. Gellermann, Biotop- und Artenschutz, in: Rengeling (Hg.), EUDUR Bd. II, § 78, Rdnr. 42, m.w.N. Zur Diskussion auch die Vorauflage unter § 79, Rdnr. 39.

324 Gellermann, Biotop- und Artenschutz, in: Rengeling (Hg.), EUDUR Bd. II, § 78, Rdnr. 43; vgl. auch Stüer/Spreen, Rechtsschutz der Gemeinden bei der Ausweisung von Habitaten und Vogelschutzgebieten, NordÖR 2003, 221 (222, 226).

325 Dazu unten, Viertes Kapitel, C.

gesetzlicher Regelungen zum Schutz der Tier- und Pflanzenwelt und darüber hinaus - ähnlich wie die Vogelschutzrichtlinie - die Auswahl spezieller Schutzgebiete.

I. Die Vorgaben der FFH-Richtlinie

Die FFH-Richtlinie stellt noch stärker als die Vogelschutzrichtlinie auf die Ausweisung von Schutzgebieten als Maßnahme des Naturschutzes ab. Neben artenschutzrechtlichen Bestimmungen im zweiten Teil der Richtlinie sind die Vorgaben zur Errichtung des Biotopverbundes „Natura 2000" im ersten Teil wesentlicher Bestandteil der Richtlinie.[326] Die FFH-Richtlinie unterscheidet, ebenso wie die Vogelschutzrichtlinie, in der Wertigkeit der zu schützenden Gebiete. Sie trennt zwischen Habitaten, in denen prioritäre Arten vorkommen, und Habitaten, in denen diese nicht vorkommen (Art. 1 lit. h), sowie prioritären Lebensraumtypen (Art. 1 lit. d). Die Auswahl der Gebiete, die in diesen Biotopverbund einzugliedern sind, erfolgt nach einem in der Richtlinie festgelegten, dreistufigen Verfahren. Ebenfalls in das Gebietsnetz „Natura 2000" aufzunehmen sind Vogelschutzgebiete, die dem Schutz besonders gefährdeter Arten dienen (vgl. Art. 3 Abs. 1 UAbs. 2 FFH-Richtlinie und Art. 4 Abs. 1, 2 Vogelschutzrichtlinie). Die materiellen Vorgaben der FFH-Richtlinie sind dabei im Anhang III der Richtlinie als rein naturschutzfachliche Kriterien ausgestaltet und vergleichsweise fein ausdifferenziert und präzise.[327]

Für Schutzgebiete, die unter das Schutzregime der FFH-Richtlinie fallen, besteht ein Verschlechterungs- und Störungsverbot (Art. 6 Abs. 2). Pläne und Projekte, die diesen Verboten zuwider laufen könnten, sind nur nach einer vorherigen Verträglichkeitsprüfung (Art. 6 Abs. 3, 4) möglich. Diese Verträglichkeitsprüfung ist formale Voraussetzung und notwendige Grundlage eines Eingriffs und auch einer Verkleinerung des Schutzgebiets. Materielle Voraussetzung ist, dass die jeweiligen Erhal-

---

326 Die artenschutzrechtlichen Bestimmungen sind ausführlich dargestellt bei Rödiger-Vorwerk, Die Fauna-Flora-Habitat-Richtlinie der Europäischen Union und ihre Umsetzung in nationales Recht, S. 147 ff. Explizit auch zu der Verpflichtung zum Monitoring der Arten durch die Mitgliedstaaten und der Umsetzung in das deutsche Recht: Stüber, Artenschutz und dessen Monitoring in der Vogelschutz- und FFH-Richtlinie und die Umsetzung in Bundesrecht, NuR 2000, 245.

327 Wichert, Natura 2000, S. 28; Kues, Lebensraumschutz nach der Fauna-Flora-Habitat-Richtlinie, S. 12 ff. Vgl. dazu auch unten Viertes Kapitel, B. I.

tungsziele nicht beeinträchtigt werden. Ist dies nicht möglich, so können Beeinträchtigungen hingenommen werden, wenn „zwingende Gründe des überwiegenden öffentlichen Interesses einschließlich sozialer und wirtschaftlicher Art" dies erfordern (Art. 6 Abs. 4 UAbs. 1). Ist ein prioritäres Gebiet betroffen, so werden diese Voraussetzungen noch verschärft, indem nur noch Gründe des Gesundheitsschutzes und der öffentlichen Sicherheit für ein Projekt geltend gemacht werden können (Art. 6 Abs. 4 UAbs. 2). Diese Kriterien orientieren sich an den vom EuGH in seiner „Leybucht"-Entscheidung entwickelten Kriterien,[328] wobei die Kommission im Rahmen einer Stellungnahme zu beteiligen ist (Art. 6 Abs. 4 UAbs. 2). Der Schutz eines Gebiets beginnt gemäß Artikel 4 Absatz 2, 5 mit dessen Aufnahme in die Liste der Gebiete von gemeinschaftsweiter Bedeutung oder gemäß Artikel 5 Absatz 1, 4 mit der Einleitung eines Konzertierungsverfahrens.[329] Für Gebiete, die in die nationale Vorschlagsliste aufgenommen wurden, besteht allerdings eine „Stillhalteverpflichtung", welche die freie Verfügbarkeit des Gebietes einschränkt. Damit die Ziele der Richtlinie nicht unterlaufen werden, sind für Änderungen der Beplanung, welche die naturschutzfachliche Wertigkeit der Gebiete betreffen könnten, Verträglichkeitsprüfungen nach Artikel 6 Absatz 3 der FFH-Richtlinie durchzuführen.[330]

Den Mitgliedstaaten obliegt außerdem das Monitoring der besonderen Schutzgebiete (Art. 11 i.V.m. Art. 2).[331] Der Kommission ist regelmäßig darüber Bericht zu erstatten (Art. 11; Art. 17). Über die Beobachtung der Schutzgebiete hinaus werden die Mitgliedstaaten auch verpflichtet, den Erhaltungszustand der Arten des Anhangs II insgesamt zu überwachen und auch darüber zu berichten (Art. 17). Diese Verpflichtung zielt auf

---

328 Gellermann, Biotop- und Artenschutz, in: Rengeling (Hg.), EUDUR Bd. II, § 78, Rdnr. 36.

329 Art. 5 der FFH-Richtlinie; vgl. auch Viertes Kapitel, B. III. 2. a) sowie c) ; Sechstes Kapitel, B. I. 2.

330 BVerwG, Urt. v. 19.05.1998, BVerwGE 107, 1 (22); Wirths, Naturschutz durch europäisches Gemeinschaftsrecht, S. 182 f.; Schink, Die Verträglichkeitsprüfung nach der FFH-Richtlinie, UPR 1999, 417 (420). Weniger streng vertritt Berg, dass lediglich gewährleistet werden müsse, dass das Gebiet noch für eine spätere Unterschutzstellung in Betracht kommt (Europäisches Naturschutzrecht und Raumordnung, S. 270). Differenzierend auch Wichert (Natura 2000, S. 168) der aus dem Gedanken der Kooperation und aus kompetenzrechtlichen Erwägungen den Mitgliedstaaten insgesamt mehr Ermessen bei der Gebietsauswahl einräumen möchte.

331 Vgl. Mecklenburg, Anmerkungen zur Rechtsfigur des potenziellen FFH-Gebietes, UPR 2002, 124 (126).

einen umfassenden Schutz der Arten, der nicht allein auf besondere Schutzgebiete beschränkt ist.

Da die FFH-Richtlinie - anders als die Vogelschutzrichtlinie - zur Festlegung der Schutzgebiete ein mehrstufiges Verfahren unter Beteiligung der Mitgliedstaaten vorsieht, enthält die Richtlinie keine generelle Frist für die Umsetzung, sondern abgestufte Fristen für die einzelnen Verfahrensschritte der Gebietsausweisung. So waren die Artenschutzvorschriften in Form der Jagd- und Störungsverbote bis Juni 1994 in nationales Recht umzusetzen (Art. 23 Abs. 1). Eine nationale Liste mit Vorschlägen für FFH-Schutzgebiete war der Kommission sodann bis 1995 vorzulegen (Art. 4 Abs. 1 UAbs. 2). Bis Juni 1998 sollte die Kommission aus diesen Vorschlägen eine Liste von Gebieten mit gemeinschaftlicher Bedeutung erstellen (Art. 4 Abs. 3). Die Unterschutzstellung der ausgewählten Gebiete sollte schließlich bis spätestens Juni 2004 erfolgen (Art. 4 Abs. 4).

II. Der normative Vollzug der FFH-Richtlinie

Die Kommission leitete bislang drei Vertragsverletzungsverfahren wegen Verstoßes gegen die Pflicht zur Umsetzung der Vorgaben der FFH-Richtlinie in das nationale Recht ein. Griechenland, Deutschland und Frankreich wurden vom EuGH verurteilt; Griechenland und Deutschland wegen vollständig unterlassener Umsetzung, Frankreich wegen unvollständiger Umsetzung der Vorgaben zur Verträglichkeitsprüfung.[332] Deutschland verteidigte sich lediglich mit dem Vorbringen, die FFH-Richtlinie werde von der Verwaltung direkt angewandt, bestritt im übrigen jedoch nicht, keinerlei gesetzgeberische Maßnahmen zur Umsetzung ergriffen zu haben.[333]

Die Umsetzungsfrist von zwei Jahren war bereits seit vier Jahren verstrichen, als die Bundesrepublik 1998 die FFH-Richtlinie mit einer Ände-

---

332 EuGH, Urt. v. 26.06.1997, Rs. C-329, (Kommission./.Republik Griechenland), Slg. 1997-I, S. 3749; EuGH, Urt. v. 06.04.2000, Rs. C-256/98 (Kommission./. Französische Republik), Slg. 2000-I, S. 2487; EuGH, Urt. v. 11.12.1997, Rs. C-83/97, (Kommission./.Bundesrepublik Deutschland), Slg. 1997-I, S. 7191. Zur zögerlichen Umsetzung in Deutschland Wegener, Gebietsauswahl und -ausweisung für das Schutzgebietsgesetz „Natura-2000“, in: Erbguth (Hg.), Neuregelungen im Bundesnaturschutzgesetz, S. 49 (55 f.) (m. Zahlenmaterial). Zur Umsetzung in Großbritannien, die als „minimalistisch“ und lediglich den Worttext der Richtlinie wiederholend kritisiert wird, Steffen, Habitatschutz in Deutschland und im Vereinigten Königreich, S. 178 f.

333 EuGH, Urt. v. 01.10.1998, Rs. C-38/97, Slg. 1998-I, S. 5955 = NuR 1998, 194.

rung des Bundesnaturschutzgesetzes in das nationale Recht umsetzte.[334] Die Verschleppung wird in der Literatur als „fast vorsätzlich" bezeichnet.[335] Ebenso wie im Falle der Vogelschutzrichtlinie verfügt der Bund bezüglich der naturschutzrechtlichen Regelungen lediglich über eine Rahmenkompetenz (Art. 75 Abs.1 Ziff. 3 GG).[336] Bereits die Änderung des Bundesnaturschutzgesetzes von 1998 wurde in der Literatur als den Anforderungen der FFH-Richtlinie ungenügend gerügt. Bemängelt wurden insbesondere eine unzureichende Umsetzung der Verträglichkeitsprüfung sowie die Definition der Erhaltungsziele.[337] Eine vollständige

---

334 Eine erste Umsetzung erfolgte mit dem „Zweiten Gesetz zur Änderung des Bundesnaturschutzgesetzes" v. 30.04.1998 (BGBl. I, S. 823), kurz darauf folgte die Neubekanntmachung des BNatSchG mit dem „Dritten Gesetz zur Änderung des Bundesnaturschutzgesetzes" v. 26.08.1998, BGBl. I, S. 2481. Die CELEX-Datenbank zum Gemeinschaftsrecht (http://europa.eu.int/celex) führt weiter das Gesetz zur Änderung des Baugesetzbuchs und zur Neuregelung des Rechts der Raumordnung (Bau- und Raumordnungsgesetz 1998-BauROG) v. 18.08.1997 (BGBl. I v. 25.08.1997, S. 2081) auf; Bek. d. Neufassung d. BauGB v. 27.08.1997, BGBl. I v. 3.9.1997, S. 2141. An landesrechtlichen Umsetzungsmaßnahmen werden lediglich zwei Verordnungen genannt (Verordnung über das Naturschutzgebiet Duvenstedter Brook v. 29.07.1958, Hamburgisches Gesetz- und Verordnungsblatt S. 317; Verordnung über das Naturschutzgebiet „Karwendel und Karwendelvorgebirge" v. 29.12.1982, ABl. d. Regierung v. Oberbayern Nr. 1/1983, S. 10). Zur richtlinienkonformen Umsetzung der jagdrechtlichen Vorschriften in das deutsche Recht: Stüber, Artenschutz und dessen Monitoring in der Vogelschutz- und der FFH-Richtlinie und die Umsetzung in Bundesrecht, NuR 2000, 245.

335 Wegener, Gebietsauswahl und -ausweisung für das Schutzgebiet „Natura-2000", in: Erbguth, Neuregelungen im Bundesnaturschutzgesetz, S. 49 (49 und 54).

336 Vgl. dazu Schrader/Hellenbroich, Die Umsetzung der FFH-Richtlinie durch die Landesgesetzgeber, UTR Bd. 58 (2001), S. 283 (287 f.).

337 Z.B. Rödiger-Vorwerk, Die Fauna-Flora-Habitat-Richtlinie der Europäischen Union und ihre Umsetzung in nationales Recht, S. 187 (162 ff.); Niederstadt, Die Umsetzung der Flora-Fauna-Habitat-Richtlinie durch das Zweite Gesetz zur Änderung des Bundesnaturschutzgesetzes, NuR 1998, 515 (516); zu Art. 6 etwa Louis, Die Änderung des Bundesnaturschutzgesetzes, in: Erbguth (Hg.), Neuregelungen im Bundesnaturschutzgesetz, S. 29; zuletzt Schink, Die Verträglichkeitsprüfung nach der Fauna-Flora-Habitat-Richtlinie der EG, DÖV 2002, 45 ff.; zuletzt Wirths, Defizite bei der Umsetzung der FFH-Verträglichkeitsprüfung im neuen BNatSchG und ihre Konsequenzen, NuR 2003, 150 (153). Zu den Vorstellungen der Kommission vgl. auch das Papier der Europäischen Kommission „Natura-2000 – Gebietsmanagement: Die Vorgaben des Artikels 6 der Habitat-Richtlinie 92/43/EWG" (http://europa.eu.int/

und richtliniengetreue Umsetzung der FFH-Richtlinie soll sodann im Jahr 2002 mit der umfassenden Novellierung des Bundesnaturschutzgesetzes erfolgt sein.[338] Kritik wird allerdings noch immer an der Umsetzung der Verträglichkeitsprüfung geübt.[339] Als Ursache wird auf einen Zielkonflikt zwischen deutschem und europäischem Naturschutzrecht hingewiesen: Das deutsche Naturschutzrecht sei durch seine Eingriffsregelung in der jüngeren Vergangenheit zunehmend vom Gedanken der Kompensation geprägt. Hierin liege die Tendenz, den Bestandsschutz als Maßstab zugunsten eines Ressourcenmanagements auszuhöhlen. Demgegenüber sei der europäische Ansatz des Biotopverbundes in seiner verbindlichen Ausgestaltung eher vom „Reservatedenken" geprägt.[340] Ein weiterer grundsätzlicher Unterschied und potenziell aufbrechender Konflikt liegt auch - wie bereits bei der Vogelschutzrichtlinie - in dem Charakter der Entscheidung über die Schutzgebietsauswahl. Während das deutsche Recht diese traditionell als planerische Entscheidung versteht, sieht die FFH-Richtlinie sie als eine fachlich geprägte Entscheidung an.[341] Auch wird der Projektbegriff des novellierten Bundesnaturschutzgesetzes sowie die Vorschrift zur stofflichen Belastung als unzureichend kritisiert.[342]

Das von der FFH-Richtlinie vorgeschriebene Monitoring der Arten außerhalb der Schutzgebiete war in Deutschland bis zur Novelle des Bundesnaturschutzgesetzes rechtlich nicht festgeschrieben. Da insoweit keine individuellen Rechte begründet werden, dürfte grundsätzlich eine richtlinienkonforme Verwaltungspraxis zur Umsetzung genügen. Ob allerdings eine solche Praxis ein effektives Monitoring in Deutschland

comm/environment/nature/nature_conservation.htm, zuletzt besucht am 29.07.2004).

338 Gesetz zur Neuregelung des Rechts des Naturschutzes und der Landschaftspflege und zur Anpassung anderer Rechtsvorschriften, BNatSchNeuregG v. 25.3.2002 (BGBl. I, Nr. 22 v. 03.04.2002, S. 1193).

339 Z.B. Fisahn, Defizite bei der Umsetzung der FFH-RL durch das BNatSchG, ZUR, 2001, 252 ff. (insb. 256). Zu weiteren Kritikpunkten m.w.N. Steffen, Habitatschutz in Deutschland und im Vereinigten Königreich, S. 105 f.; vgl. auch Wrase, Ausnahmen vom FFH-Schutzregime, NuR 2004, 356 (358).

340 Meßerschmidt spricht von einem Ressourcenmanagement im Sinne einer bloßen „Landschaftsarchitektur ohne vorgegebenes Maß und ohne vorgefundene und erhaltene Natur"(Wiedervorlage oder Innovation? ZUR 2001, 241 (246)).

341 Vgl. oben, Viertes Kapitel, B. III., 1. a).

342 Fisahn, Defizite bei der Umsetzung der FFH-RL durch das BNatSchG, ZUR 2001, 252 (256).

sicherstellt, darf bezweifelt werden.[343] Nach der Novellierung enthält das Bundesnaturschutzgesetz nun mit § 12 eine eigene Vorschrift zur Umweltbeobachtung; danach ist der Zweck der Umweltbeobachtung, den Zustand des Naturhaushaltes und dessen Veränderungen zu ermitteln und zu bewerten (§ 12 Abs. 2). Diese Aufgabe obliegt Bund und Ländern jeweils im Rahmen ihrer Kompetenzen.[344] Damit wird - den Verwaltungsvollzug dieser Vorschrift vorausgesetzt - den gemeinschaftsrechtlichen Anforderungen Rechnung getragen. Bis zur Novelle aber bestand eine Diskrepanz zwischen deutschem und europäischem Ansatz des Artenschutzes: Während die FFH-Richtlinie, vermittelt über die Monitoring-Vorschriften, auf einen räumlich umfassenden Schutz angelegt ist, war dieser in Deutschland nach Rechtslage und angewandter Praxis de facto nur in ausgewiesenen Schutzgebieten gewährleistet.

III. Die Auswahl und Ausweisung der Schutzgebiete in der Praxis

Wie im Falle der Vogelschutzrichtlinie stellt sich auch bei der Implementation der FFH-Richtlinie die Auswahl der Schutzgebiete als Verwaltungstätigkeit dar.[345] Anders als bei der Vogelschutzrichtlinie, die zur Auswahl und Ausweisung ein einstufiges Verfahren allein in den Händen der mitgliedstaatlichen Verwaltungen vorsieht, ist in der FFH-Richtlinie ein dreistufiges Verfahren zur Auswahl und Ausweisung von Schutzgebieten unter Beteiligung von gemeinschaftlichen und mitgliedstaatlichen Stellen vorgesehen. In einer ersten Phase werden von den Mitgliedstaaten nationale Vorschlagslisten von schutzwürdigen Gebieten *(proposed sites of community interest; pSCI)* erstellt. In der zweiten Phase werden auf Gemeinschaftsebene aus den Vorschlagslisten diejenigen Gebiete ausgesucht, die gemeinschaftsweite Bedeutung besitzen *(sites of community interest; SCI)*. In der dritten Phase schließlich weisen die Mitgliedstaaten die Schutzgebiete formal als solche aus und unterstellen sie einem zur Erhaltung und Entwicklung dienenden rechtlichen Schutzregime *(special areas of conservation; SAC)*. Meldet ein Mit-

---

343 Chr. Stüber, Artenschutz und dessen Monitoring in der Vogelschutz- und der FFH-Richtlinie und die Umsetzung in Bundesrecht, NuR 2000, 245 (249). Die Kommission weist darauf hin, dass die Monitoring-Vorgaben in der Mehrzahl der Mitgliedstaaten bislang unzureichend umgesetzt wurden, bzw. dass von den Mitgliedstaaten unzureichende Angaben über die bestehenden Systeme gemacht wurden (KOM (2003) 845 endg., S. 23 f.

344 Koch, Naturschutz und Landschaftspflege in der Reform der bundesstaatlichen Ordnung, NuR 2004, 277 (280 f.).

345 S.o., Viertes Kapitel, A. III.; vgl. auch Wichert, Natura 2000, S. 46 f.

gliedstaat ein Gebiet nicht, von dem die Kommission überzeugt ist, dass es in die Liste der prioritären Gebiete aufzunehmen ist, so sieht die FFH-Richtlinie ein bilaterales Konzertierungsverfahren vor (Art. 5 Abs. 1). Kann kein Konsens erzielt werden, so entscheidet der Rat einstimmig.[346] Dieses Verfahren ist dem Wortlaut nach allerdings nur für prioritäre Gebiete vorgesehen.

Der ursprüngliche Kommissionsentwurf von 1988 sah noch vor, dass Schutzgebiete - ähnlich wie im Falle der Vogelschutzrichtlinie - von den Mitgliedstaaten benannt werden. Im Unterschied zur Vogelschutzrichtlinie sollten allerdings Fristen zur Ausweisung der Schutzgebiete gesetzt werden, nach deren Ablauf die Kommission berechtigt werden sollte, fehlende Gebiete zu benennen.[347] Das Parlament regte für die Gebietsauswahl ein arbeitsteiliges Zusammenwirken von Kommission und Mitgliedstaaten und eine Straffung der vorgesehenen Fristen an.[348]

1. Phase 1: Die vorgeschlagenen Gebiete von Gemeinschaftsinteresse (pSCI's)

a) Die Vorgaben der FFH-Richtlinie: Auswahlermessen oder Beurteilungsspielraum?

Die Meldung der in Frage kommenden Gebiete an die Kommission erfolgt anhand standardisierter Datenbögen.[349] Der Verwendung dieser Standardformulare in Verbindung mit den dazugehörigen Erläuterungen kommt eine große Bedeutung für den einheitlichen Vollzug in den Mitgliedstaaten zu. Grund hierfür ist, dass die unklare und uneinheitliche Begriffsverwendung sowohl für die Umsetzung als auch für den Vollzug des Gemeinschaftsrechts ein großes Problem darstellt.[350] Um Missverständnisse zu vermeiden oder zumindest zu reduzieren, ist es

---

346 Zu den Einzelheiten siehe Gellermann, Biotop- und Artenschutz, in: Rengeling (Hg.), EUDUR Bd. II, § 78, Rdnr. 24.

347 Wirths, Naturschutz durch europäisches Gemeinschaftsrecht, S. 34 f.

348 Wirths, Naturschutz durch europäisches Gemeinschaftsrecht, S. 37.

349 Entscheidung der Kommission Nr. 97/266/EG v. 18.12.1996 über das Formular für die Übermittlung von Informationen zu den im Rahmen von Natura 2000 vorgeschlagenen Gebieten; ein Abdruck findet sich z.B. bei Rödiger-Vorwerk, Die Fauna-Flora-Habitat-Richtlinie, S. 249 ff. Im Internet ist das Formular unter http://europa.eu.int (zuletzt besucht am 29.07.2004) zu finden. Rechtsgrundlage für diese Kommissionsentscheidung ist Art. 4 Abs. 1 UAbs. 2 RL 92/43/EWG.

350 Vgl. Nicklas, Implementationsprobleme des EG-Umweltrechts, S. 51.

deshalb unzulässig, andere Bögen und Bezeichnungen zu verwenden.[351] Die Folge ist, dass durch die in diesen Standardbögen vorgegebenen Kriterien in Zusammenhang mit den Bestimmungen der FFH-Richtlinie die Auswahlkriterien der FFH-Richtlinie - im Unterschied zur Vogelschutzrichtlinie - sehr stark „durchnormiert" sind.[352] So wird der Datenbogen in der Praxis zur näheren Bestimmung der materiellen Anforderungen herangezogen. Dies ist insoweit praktisch berechtigt, als der Datenbogen die Ansicht der Kommission wiedergibt. Da die Einleitung eines Vertragsverletzungsverfahrens der Kommission als „Hüterin des Gemeinschaftsrechts" obliegt, ist ein solches Verfahren jedenfalls dann nicht zu erwarten, wenn ein Mitgliedstaat sich an die Interpretation der Kommission hält.

Ähnlich wie bei der Vogelschutzrichtlinie stellt sich auch bei der FFH-Richtlinie die Frage nach den zulässigen Kriterien der Gebietsauswahl und nach den möglichen mitgliedstaatlichen Entscheidungsspielräumen. Die Kriterien gibt Artikel 4 Absatz 1 in Verbindung mit dem Anhang III (Phase 1) vor. Nach der Rechtsprechung des EuGH dürfen bei der Gebietsauswahl - ähnlich wie bei der Auswahl der Vogelschutzgebiete - allein naturfachliche Kriterien, nicht aber Kriterien wie die wirtschaftliche Entwicklung oder zukünftige Fachplanungen berücksichtigt werden.[353] Danach müssen alle in Frage kommenden Gebiete von den Mitgliedstaaten gemeldet werden.[354] Das Bundesverwaltungsgericht folgt dieser Ansicht unter Verweis auf die „Lappel-Bank-Entscheidung" des EuGH,[355] räumt allerdings der Verwaltung bei der Auswahl einen fachlichen Beurteilungsspielraum ein. Das Gericht begründet dies mit der Normstruktur der FFH-Richtlinie, die im deutschen Verwaltungsrecht in der Figur des Beurteilungsspielraumes seine Entsprechung habe.[356] In einem obiter dictum stellt das Gericht aber fest, dass es höchst zweifel-

351 Kolodziejok, „Natura-2000" und Gehör für die Grundstückseigentümer, NuR 2000, 674 (676).

352 Wichert, Natura 2000, S. 77; Kues, Lebensraumschutz nach der Fauna-Flora-Habitat-Richtlinie, S. 33 f.

353 EuGH, Vorlagebeschluss v. 07.11.2000, Rs. C-371/98 - „Mündungsgebiet Severn", Slg. 2000-I, S. 9235; Rdnr. 16 ff. (insb. 25); EuGH, Urt. v. 11.07.1996, Rs. C-44/95 (Kommission./.Vereinigtes Königreich) - „Lappel-Bank", Slg. 1996-I, S. 3805 = ZUR 1996, 251.

354 EuGH, Vorlagebeschluss v. 07.11.2000, Rs. C-371/98 - „Mündungsgebiet Severn", Slg. 2000-I, S. 9235, Rdnr. 16 ff. (insb. Rdnr. 25).

355 BVerwGE 107, 1 (24); diese Entscheidung bestätigend BVerwGE 110, 302 (308).

356 BVerwG, Beschluss v. 24.08.2000, DVBl. 2001, 375 (376).

haft sei, ob dieser Spielraum ein politisches „Auswahlermessen" eröffne.[357] Die deutsche Literatur stimmt dieser Rechtsprechung überwiegend zu.[358] Allerdings werden auch differenzierende Ansichten vertreten: Zum Teil wird verlangt, es müsse aufgrund des Verhältnismäßigkeitsprinzips und der Kompetenzverteilung zwischen Gemeinschaft und Mitgliedstaaten möglich sein, auch anderen raumplanerischen Belangen Geltung zu verschaffen.[359]

b) Der nationale Verwaltungsvollzug

Auch bei der FFH-Richtlinie stellt die Auswahl der Gebiete für die nationale Vorschlagsliste neben dem normativen Vollzug einen wesentlichen Bestandteil der Implementation dar. Von einer vollständigen Implementation der FFH-Richtlinie - wie auch der Vogelschutzrichtlinie - kann erst gesprochen werden, wenn der Kommission alle relevanten Gebiete gemeldet wurden.[360] Die Meldung schutzwürdiger Gebiete seitens der Mitgliedstaaten war lange Zeit unzureichend.[361] Die Frist für die Einreichung der nationalen Listen lief im Juni 1995 ab (Art. 4 Abs. 1 UAbs. 2) - zu diesem Zeitpunkt hatten überhaupt erst sieben Mitgliedstaaten Gebietslisten eingereicht.[362] Die übrigen Mitgliedstaaten, darunter auch Deutschland, hatten zu diesem Zeitpunkt weder Gebietslisten noch Daten an die Kommission übermittelt.[363] Die säumigsten Mitglied-

---

357 BVerwG, Beschluss v. 24.08.2000, DVBl. 2001, 375 (377).

358 Berner, Der Habitatschutz im europäischen und deutschen Recht, S. 71 ff.; Apfelbacher/Adenauer/Iven, Das zweite Gesetz zur Änderung des BNatSchG, NuR 1999, 63 (72); Niederstadt, Die Umsetzung der Flora-Fauna-Habitat-Richtlinie durch das Zweite Gesetz zur Änderung des Bundesnaturschutzgesetzes, NuR 1998, 515 (520 f.); Biester, Der Rechtsschutz des Einzelnen bei der Umsetzung der Fauna-Flora-Habitat-Richtlinie, S. 23; Berg, Europäisches Naturschutzrecht und Raumordnung, S. 71; Wirths, Naturschutz durch europäisches Gemeinschaftsrecht, S. 143 ff.; Rödiger-Vorwerk, Die Fauna-Flora-Habitat-Richtlinie der Europäischen Union und ihre Umsetzung in nationales Recht, S. 40 ff. Vgl. auch Kues (Lebensraumschutz nach der Fauna-Flora-Habitat-Richtlinie, S. 30 ff.), der allerdings als Hilfskriterien auch nicht naturschutzfachliche Belange berücksichtigen will.

359 Wichert (Natura 2000, S. 104) folgert einen Spielraum der Mitgliedstaaten bei der Auswahl der Gebiete für die Vorschlagslisten auch aus dem der FFH-Richtlinie zugrunde liegenden Kooperationsprinzip, a.a.O., S. 130 f. Dieses leitet er allerdings aus einer umfassenden Bewertung der FFH-Richtlinie ab, indem er entscheidend auch auf die Phase 2 abstellt, weswegen dieses Konzept nicht überzeugt. Gegen die Rechtsfigur des „potenziellen FFH-Gebietes" Stüber, Gibt es „potentielle Schutzgebiete" i.S.d. FFH-Richtlinie? NuR 1998, 531(534).

staaten waren Irland, Deutschland und Frankreich. Hier leitete die Kommission Vertragsverletzungsverfahren vor dem EuGH ein,[364] der die drei Staaten in der Folge wegen nicht ausreichender Meldung und Verstoßes gegen die Verpflichtung aus Artikel 4 Absatz 4 Unterabsatz 1 verurteilte.[365] Gegen Spanien, Luxemburg, Schweden, die Niederlande, Großbritannien, Italien, Österreich und Dänemark leitete die Kommission ebenfalls zunächst Verfahren ein, die dann jedoch ausgesetzt wurden, nachdem die betreffenden Staaten zwischenzeitlich umfangreiche Listen eingereicht hatten.[366] Ausweislich des Natura-2000-Barometers vom April 2002 waren zu diesem Zeitpunkt aus vier Mitgliedstaaten immer noch keine vollständigen Listen bei der Kommission eingegangen; zu den immer noch säumigen Staaten zählten neben Deutschland auch Spanien, Irland und Schweden.[367] Mittlerweile sind Fortschritte zu verzeichnen.[368] Bemängelt wurde von Gemeinschaftsseite auch, dass die Mitgliedstaaten, die ihrer Meldungsverpflichtung relativ zügig nachkamen, ihre Daten zunächst lediglich in Papierform bei der Kommission einreichten. Für die weitere Bearbeitung durch das Themenzentrum

---

360 Vgl. BVerwG, Urt. v. 19.5.1988, NuR 1998, 544 (549).

361 KOM (1999) 301 endg. , S. 25 f., m. Beispielen.

362 Natura-2000 Newsletter „Natur" der Europäischen Kommission GD XI, 1. Ausgabe Mai 1996 unter http://europa.eu.int (zuletzt besucht am 29.07.2004).

363 In Bezug auf Deutschland http://www.bfn.de (zuletzt besucht am 29.07.2004).

364 KOM (1999) 301 endg., S. 29.

365 EuGH, Urt. v. v. 11.09.2001, Rs. C-220/99 (Kommission./.Französische Republik), Slg. 2001-I, S. 5831; EuGH, Urt. v. v. 11.09.2001, Rs. C-67/99 (Kommission./. Republik Irland), Slg. 2001-I, S. 5757; EuGH, Urt. v. 11.09.2001, Rs. C-71/99 (Kommission./.Bundesrepublik Deutschland), Slg. 2001-I, S. 5811. Das BMU weist in einer Presseerklärung ausdrücklich darauf hin, dass dem Verfahren der Stand des Jahres 1998 zugrunde lag (Presseerklärung Nr. 176/01 v. 11.09.2001: „Urteil des Europäischen Gerichts ist gerechtfertigt, beruht aber auf dem Sachstand von 1998".

366 Zu den bereits beendeten und der großen Anzahl noch laufender Verfahren siehe KOM (1999) 301 endg., S. 1 ff. (25 ff.).

367 So das *„Natura-2000" Barometer* noch im Januar 2003; http://europa.eu.int (zuletzt besucht am 28.01.2003). Der WWF zählt in einem Bericht zur Umsetzung des Natura-2000-Netzes neben Deutschland und Spanien Portugal und Irland zu den Schlusslichtern bei der Schutzgebietsausweisung (auch WWF European Policy Office A Race to Protect Europe's Natural Heritage - European snapshot report on the status of implementation of the Habitats Directive, 2001, S. 7).

368 Vgl. Natura 2000 - Newsletter „Natur" der Europäischen Kommission GD XI 17/2004 S. 9.

„Nature Protection and Biodiversity" war jedoch eine digitalisierte Form der Daten erforderlich.[369]

In Deutschland ist es nach der Kompetenzverteilung zwischen Bund und Ländern Aufgabe der Länder, die Gebiete, die für den Biotopverbund geeignet sind, für die nationale Vorschlagsliste zu bezeichnen und auszuweisen.[370] Die Übermittlung der Vorschlagsliste an die Kommission obliegt dagegen dem Bund.[371] Mit der ersten Umsetzung der Änderung des Bundesnaturschutzgesetzes im Jahr 1998 wurden auch Vorschriften bezüglich der Erstellung der nationalen Vorschlagsliste in das Gesetz eingefügt. Gemäß § 19 Absatz 1 BNatSchG a.F. (§ 33 Abs. 1 n.F.) sind hierbei die in Artikel 4 Absatz 1 Unterabsatz 1, Anhang III (Phase 1) der FFH-Richtlinie aufgestellten Kriterien zu berücksichtigen. Die Benennung schützenswerter Gebiete durch die Länder erfolgt im Benehmen mit dem Bundesminister für Umwelt (§ 19 Abs. 1 S. 2 a.F. BNatSchG, § 33 Abs. 1 S. 2 der Neufassung), damit liegt aber die letzte Entscheidung beim Land.[372] Dem Bund bleibt jedoch die Möglichkeit der Stellungnahme, und mit dieser Stellungnahme muss sich das Land auch ausein-

---

369 Nature Conservation - Annual Topic Update 2000, European Environmental Agency 2002, S. 11.

370 Hinsichtlich der Umsetzung der FFH-Richtlinie in Deutschland ist hierin bereits das erste Problem angelegt, da Ansprechpartner der Kommission das BMU ist, welches selbst jedoch keinerlei Kompetenz im Hinblick auf den Inhalt der von den Ländern übersandten Listen hat. Überdies werden die Länderlisten unabhängig voneinander erstellt und untereinander nicht unbedingt abgestimmt und (vgl. etwa Wichert, Natura 2000, S. 33). Zu den unterschiedlichen länderrechtlichen Regelungen ausführlich: Schrader/Hellenbroich, Die Umsetzung der FFH-Richtlinie durch die Landesgesetzgeber, UTR 58 (2001), 283 (301 ff.). Die Autoren weisen auch daraufhin, dass die überwiegende Zahl der Länder bislang ihren Verpflichtungen zur Umsetzung der FFH-Richtlinie nicht in ausreichendem Maße nachgekommen sind (a.a.O., S. 313). Zur Rollenverteilung im Naturschutzrecht und zum bedeutsamen Gewicht der Kompetenzen der Länder und Kommunen auch Koch, Naturschutz und Landschaftspflege in der Reform der bundesstaatlichen Ordnung, NuR 2004, 277 (280).

371 Naturschutz fällt lediglich in die Rahmenkompetenz des Bundes (Art. 75 GG); vgl. auch Apfelbacher/Adenauer/Iven, Das zweite Gesetz zur Änderung des BNatSchG, NuR 1999, 63 (65).

372 Apfelbacher/Adenauer/Iven, Das zweite Gesetz zur Änderung des BNatSchG, NuR 1999, 63, 65 f.; Lorz/Müller/Stöckel, Naturschutzrecht, § 33, Rdnr. 4.

andersetzen.[373] Der Beteiligung des Bundes kommt für die Gebietsauswahl deshalb eine große Bedeutung zu, weil auf der Länderebene die überregionale Bedeutung von Gebieten mangels Vergleichsmöglichkeiten vielfach nicht beurteilt werden kann. Unterstützt wird das Bundesumweltministerium vom Bundesamt für Naturschutz (BfN), das auch bereits die Bundesländer bei der Gebietsauswahl fachlich berät und eine erste nationale Vorbewertung vornimmt. Das Amt übernimmt dabei auch eine koordinierende Funktion und bringt die von den Bundesländern übermittelten Daten in das von der Kommission geforderte gemeinschaftliche Datenformat.[374] Im Vorfeld der zweiten Phase der Gebietsauswahl auf Gemeinschaftsebene wurde beispielsweise vom BfN ein Vorseminar für die atlantisch geprägte biogeographische Region unter Beteiligung der betroffenen Bundesländer Hamburg, Bremen, Niedersachsen, Nordrhein-Westfalen, Sachsen-Anhalt und Schleswig-Holstein veranstaltet, um eventuelle Meldedefizite und den Stand der Meldungen zu analysieren.[375] Bereits im Zuge der Benehmenserstellung zwischen Bund und Ländern konnte auf diese Weise eine Auswahl der vom Land vorgeschlagenen Gebiete erfolgen. So schlug etwa Niedersachsen dem Bund zunächst 84 Gebiete vor, aufgenommen in die Vorschlagsliste wurden jedoch letztlich nur 71 Gebiete.[376]

Die einzige gesetzlich normierte Verfahrensregelung im Bundesnaturschutzgesetz der alten Fassung war § 3 Abs. 3. In dieser Vorschrift war lediglich festgelegt, dass andere Behörden, durch deren Planung und deren Aufgabenbereich Belange des Naturschutzes betroffen sein könnten, die Naturschutzbehörden zu unterrichten und anzuhören haben.[377] Eine verfahrensmäßige Beteiligung der Öffentlichkeit oder Betroffener dagegen ist bundesgesetzlich nicht vorgeschrieben, obwohl wegen der möglicherweise betroffenen Eigentumsrechte an Grundstücken vieles für ein

---

373 Lorz/Müller/Stöckel, Naturschutzrecht, § 33, Rdnr. 3. Zum Zustandekommen dieser Voraussetzung vgl. Steffen, Habitatschutz in Deutschland und im Vereinigten Königreich, S. 59 f.

374 Bundesamt für Naturschutz, http://www.bfn.de/03/030302.htm (zuletzt besucht am 29.07.2004). Das BfN hat auch ein Handbuch zur Umsetzung der FFH- und der Vogelschutzrichtlinie erstellt: Ssymank, Das europäische Schutzgebietssystem Natura 2000. BfN-Handbuch zur Umsetzung der Fauna-Flora-Habitat-Richtlinie und der Vogelschutz-Richtlinie.

375 Bundesamt für Naturschutz, http://www.bfn.de/03/030300.htm (zuletzt besucht am 29.07.2004).

376 Schrödter, Aktuelle Fragen der Fauna-Flora-Habitat-Richtlinie und der Vogelschutzrichtlinie, NdsVbl. 1999, 173 (175).

377 Vgl. hierzu Louis/Engelke Bundesnaturschutzgesetz, § 19b, Rdnr. 7 ff.

verfassungsrechtliches Gebot der Beteiligung spricht.[378] Auch die Novellierung des Bundesnaturschutzgesetzes bringt hier nichts entscheidend Neues; die nun in § 6 enthaltene Verfahrensregelung entspricht im Wesentlichen der bisherigen Fassung und gleicht diese lediglich sprachlich an und fasst sie klarer. Insgesamt zeichnen sich die Verfahren zur Gebietsauswahl in den Bundesländern denn auch durch eine gewisse Intransparenz und Informalität aus. Lediglich drei Bundesländer - Bayern,[379] Mecklenburg-Vorpommern[380] und Nordrhein-Westfalen[381] - verfügen über spezielle landesgesetzliche Regelungen hinsichtlich der Umsetzung der FFH-Richtlinie,[382] und nur Nordrhein-Westfalen verfügt über eine verfahrensrechtliche Regelung zur Erstellung der Auswahlliste, in der den betroffenen Kommunen und privaten Dritten ein Beteiligungsrecht in Form der Anhörung gewährt wird (§ 48a LG[383]). Betrachtet man die Erstellung der Listen in den Ländern, so gewinnt man den Eindruck eines rein internen Verwaltungsvorgangs, der, in verwaltungsrechtlichen Kategorien gesprochen, nicht auf eine Außenwirkung über den behördlichen Kreis hinaus gerichtet ist.[384]

---

378 Kolodziejcok, „Natura-2000" und die Gewährung des rechtlichen Gehörs für die betroffenen privaten Grundeigentümer und -besitzer, NuR 2000, 674 (676 f.); Apfelbacher/Adenauer/Iven, Das zweite Gesetz zur Änderung des BNatSchG, NuR 1999, 63 (65); vgl. auch VG Schleswig NVwZ 2001, 348; Biester (Der Rechtsschutz des Einzelnen bei der Umsetzung der Flora-Fauna-Habitat-Richtlinie, S. 23 ff.) sieht zwar bei der Erstellung der nationalen Listen an sich noch keine Notwendigkeit der Beteiligung, weder aus der FFH-Richtlinie noch aus dem BNatSchG, leitet das Erfordernis der Beteiligung aber daraus ab, dass auf den späteren Verfahrensstufen der Gebietsauswahl keine Möglichkeit der Beteiligung mehr besteht. Ähnliches gilt auch für ein Beteiligungsrecht der Kommunen (Stüer/Spreen, Rechtsschutz der Gemeinden bei der Ausweisung von Habitaten und Vogelschutzgebieten, NordÖR 2003, 221 (222)).

379 §§ 13b, 13c BayNatSchG.

380 § 28 LNatSChG M-V.

381 §§ 48a und 48e LNatSchG NW.

382 Kolodziejcok, „Natura-2000" und die Gewährung des rechtlichen Gehörs für die betroffenen privaten Grundeigentümer und -besitzer, NuR 2000, 674 (675).

383 Gesetz zur Sicherung des Naturhaushalts und zur Entwicklung der Landschaft (Landschaftsgesetz - LG) i. d. Fassung d. Bekanntmachung v. 21.07.2000.

384 Krit. zum Verfahren in den Ländern Kolodziejcok, „Natura-2000" und Gehör für private Grundeigentümer, NuR 2000, 674 (677), vgl. zur Transparenz des Verfahrens in Schleswig-Holstein VG Schleswig NVwZ 2001, 348. Zum Verfahren in Nordrhein-Westfalen Wichert, Natura 2000, S. 32 ff.

So zeigten sich auch die Verwaltungsgerichte bei der Gewährung vorläufigen Rechtsschutzes gegen die Aufnahme von Gebieten in die Vorschlagsliste eines Bundeslandes bislang zurückhaltend.[385] Eine Vorentscheidung könne selbst in der Aufnahme eines Gebietes in die nationale Vorschlagsliste nicht gesehen werden. Erst bei der Auswahl der endgültigen Schutzgebiete aus den nationalen Vorschlagslisten auf EG-Ebene werde formal festgelegt, ob das betreffende Gebiet unter Schutz zu stellen sei. Die Aufnahme in die Vorschlagsliste stelle eine rein verwaltungsinterne Maßnahme dar.[386] Das Ergebnis dieses Verfahrens sei jedenfalls nicht im Voraus derart festgelegt, dass schon mit der Aufnahme in die Vorschlagsliste eine Beschwer angenommen werden könne, insoweit fehle es an dem notwendigen Rechtsschutzinteresse. Es sei den Betroffenen zuzumuten, das Ergebnis des Verfahrens und die nationale Unterschutzstellung oder eine sie tatsächlich beschwerende Entscheidung der Verwaltung, die im Hinblick auf den möglichen späteren Status des Gebietes als FFH-Gebiet ergeht, abzuwarten. Betont wird in den Entscheidungen allerdings auch, dass die Aufnahme von Gebieten in die Vorschlagsliste nicht im Ermessen der Verwaltung stehe, sondern bei Vorliegen der Voraussetzungen des Artikel 4 Absatz 1 der FFH-Richtlinie automatisch zu erfolgen habe, die Antragsteller also insofern nicht durch eine Maßnahme der Verwaltung beschwert würden, sondern durch die Richtlinie selbst.[387]

---

385 OVG Lüneburg, Beschluss v. 12.07.2000, NuR 2000, 711; VG Gießen, Beschluss v. 02.05.2000, NuR 2000, 712; VG Oldenburg, Beschluss v. 02.02.2000, NVwZ 2001, 349 und Beschluss v. 29.06.2000, NuR 2000, 713; VG Freiburg, Beschluss v. 26.04.2000, NuR 2000, 537. Differenzierter und die Komplexität der Materie betonend VG Schleswig, Beschluss v. 13.01.2000, NVwZ 2001, 348. In der Literatur sind die (spärlichen) Stimmen geteilt: Für einen vorläufigen Rechtsschutz: Biester, Der Rechtsschutz des Einzelnen bei der Umsetzung der Flora-Fauna-Habitat-Richtlinie, S. 112. Dagegen Ewer, Rechtsschutz gegenüber der Auswahl und Festsetzung von FFH-Gebieten, NuR 2000, 361 (366).

386 VG Oldenburg, Beschluss v. 02.02.2000, NVwZ 2001, 349 (350); VG Oldenburg, Beschluss v. 29.06.2000, NuR 2000, 713 (714). Ebenso Biester, Der Rechtsschutz des Einzelnen bei der Umsetzung der Flora-Fauna-Habitat-Richtlinie, S. 91; Ewer, Rechtsschutz gegenüber der Auswahl und Festsetzung von FFH-Gebieten, NuR 2000, 361 (364); vgl. auch Wirths, Naturschutz durch europäisches Gemeinschaftsrecht, S. 255; a.A.: Kolodziejok, „Natura-2000" und die Gewährung des rechtlichen Gehörs für die betroffenen privaten Grundeigentümer und -besitzer, NuR 2000, 674 (676 f.).

387 VG Oldenburg, Beschluss v. 02.02.2000, NVwZ 2001, 349 (350); VG Oldenburg, Beschluss v. 29.06.2000, NuR 2000, 713 (713); OVG Lüneburg, Beschluss v. 12.07.2000, NuR 2000, 711 (711 f.).

Die Länder meldeten dem Bund die ausgewählten Gebiete über einen längeren Zeitraum verteilt in sogenannten Tranchen, obwohl die Meldung in mehreren Abschnitten an sich nicht zulässig ist.[388] Die Auswahl der Gebiete der ersten Tranchen erfolgte noch recht ungeordnet und mit oftmals wenig Beteiligungsmöglichkeiten, teils sogar ohne Beteiligungen von Kommunen, Verbänden oder Dritten. In diesem ersten Schritt wurden diejenigen Gebiete zur Aufnahme in das Natura-2000-Netz vorgeschlagen, die landesrechtlich bereits als Schutzgebiete ausgewiesen waren oder zumindest dem Land zur Verfügung standen und frei zu beplanen waren. Das Konfliktpotenzial der Meldungen war aus diesem Grunde auch noch gering. Dies änderte sich aber - nicht zuletzt bedingt durch eine stärkere Aufmerksamkeit der Öffentlichkeit und unter dem Eindruck von Gerichtsentscheidungen und dem Druck der Kommission - mit den nachfolgenden Tranchen.[389] Die weitere Auswahl der Gebiete sah sich auf der regionalen Ebene zum Teil erheblichen Vorbehalten ausgesetzt.[390]

Die Verfahren, mit denen die Gebiete der nachfolgenden Tranchen für die nationale Liste der Bundesrepublik auf Landesebene ausgewählt werden, unterscheiden sich in den Bundesländer teilweise erheblich voneinander. In Nordrhein-Westfalen wurde im Anschluss an die erste Tranche, die als Tranche 1a bezeichnet wurde, eine Tranche 1b erarbeitet. Dabei handelte es sich um die großflächige Ausweisung neuer Gebiete, die bislang nicht als Schutzgebiete ausgewiesen waren. Die Ausweisung dieser zweiten Tranche führte bereits zu erheblichen Protesten betroffener Grundstückseigentümer, zumeist Landwirte, was zu einer Verfahrensdauer von zwei Jahren beitrug.[391] Die dritte Tranche - formal als Tranche 2 bezeichnet - wurde dann im Auftrag des Landesministeriums von den Bezirksregierungen in einem förmlichen Verfahren durchgeführt;[392] das Land verfügt mit § 48 a LG[393] über eine entsprechende

388 Mit einer Übersicht zum Stand April 1999: Wegener, Gebietsauswahl und -ausweisung für das Schutzgebietsgesetz „Natura-2000", in: Erbguth (Hg.), Neuregelungen im Bundesnaturschutzgesetz, S. 49 (56 f.).

389 Schrödter, Aktuelle Fragen der Fauna-Flora-Habitat-Richtlinie und der Vogelschutzrichtlinie, NdsVBl. 1999, 173, speziell in Bezug auf Niedersachsen S. 178; Berg, Europäisches Naturschutzrecht und Raumordnung, S. 40.

390 Dazu unten, Sechstes Kapitel, B. I. 2. a) und b).

391 Berg, Europäisches Naturschutzrecht und Raumordnung, S. 40.

392 Berg, Europäische Naturschutzrecht und Raumordnung, S. 40 f.

Verfahrensregelung. Das Verfahren bestand aus einem zweistufigen Beteiligungsverfahren. In einem ersten Schritt wurden die kommunalen Spitzenverbände, die Verbände der Land- und Forstwirtschaft, die anerkannten Naturschutzverbände und die höheren Landschaftsbehörden angehört. Im zweiten Schritt folgte die Anhörung betroffener Behörden und Stellen, Eigentümer und sonstiger Betroffener. Das Verfahren ergab, dass für den überwiegenden Teil der vorgesehenen Gebiete Bedenken bestanden. Zum Teil konnten durch Verhandlungen Kompromisse gefunden werden, indem etwa Pufferzonen gestrichen wurden.[394] Flächenmäßig machen die in der Landesliste gemeldeten Gebiete, inklusive der gemeldeten Vogelschutzgebiete, ca. 6% der Landesfläche aus, wovon 0,5% prioritäre Arten oder Lebensräume bilden.[395] Die Schattenliste der Naturschutzverbände listet demgegenüber mit 13,7% der nordrhein-westfälischen Landesfläche mehr als die doppelte Fläche als schützenswert im Sinne der FFH- und der Vogelschutzrichtlinie auf.[396]

In Mecklenburg-Vorpommern lag dem Kabinettsbeschluss, mit dem die Gebiete einer zweiten Tranche dem Bund gemeldet wurden, folgendes Verfahren zugrunde: Im Februar/März 1999 erfolgte eine Abstimmung mit den anerkannten Naturschutzverbänden, von April bis September folgte sodann die Ressortabstimmung innerhalb der Landesregierung, und von September bis November wurden die Träger öffentlicher Belange und die Kommunen beteiligt. Nach der Auswertung des Beteiligungsverfahrens folgte dann im Dezember 1999 der Kabinettsbeschluss der Landesregierung.[397]

In Bayern sollen die Gebiete einer zweiten Tranche erst nach umfangreichen Konsultationen und einer - allerdings als freiwillig bezeichneten - Beteiligung der Öffentlichkeit und Betroffener gemeldet werden.[398] Ebenso erfolgen in Hessen Beteiligungen auf informaler Basis.[399] In Niedersachsen erfolgte die Meldung einer zweiten Tranche ebenfalls nach

---

393 Gesetz zur Sicherung des Naturhaushalts und zur Entwicklung der Landschaft (Landschaftsgestz - LG), in der Fassung v. Juli 2000 (GV. NRW S. 568), zuletzt geändert am 04.05.2004 (GV. NRW S. 248).

394 Berg, Europäische Naturschutzrecht und Raumordnung, S. 41.

395 Berg, Europäische Naturschutzrecht und Raumordnung, S. 42.

396 Berg, Europäische Naturschutzrecht und Raumordnung, S. 42.

397 http://www.um.mv-regierung.de (zuletzt besucht am 29.07.2004).

398 http://www.umweltministerium.bayern.de (zuletzt besucht am 29.07.2004).

399 http://www.mulf.hessen.de (zuletzt besucht am 26.07.2001); aktuell http://www.hmulv.hessen.de (zuletzt besucht am 29.07.2004).

Anhörung der Städte und Gemeinden auf der Grundlage von verbessertem Informationsmaterial in Form verbesserter Datenblätter.[400]

Nachdem die so erstellten Gebietslisten der Länder beim Bundesumweltministerium eingegangen waren, wurde im Jahr 2001 eine deutsche Vorschlagsliste an die Kommission übersandt, die aus deutscher Sicht den Anspruch auf Vollständigkeit erhebt.[401] Im Rahmen des weiteren Verfahrens auf Gemeinschaftsebene wurden jedoch bereits Defizite der deutschen Meldeliste festgestellt, so dass die Auswahl weiterer Gebiete unumgänglich erschien.[402] Entsprechend wurde vom BfN als aktueller Terminplan für die Fertigstellung der deutschen Gebietsliste das Ende des Jahres 2003 angegeben - zu diesem Zeitpunkt hätte auch die Gemeinschaftsliste abschließend erstellt worden sein sollen.[403] Dieser Termin wurde allerdings auch nicht gehalten, und die politische Debatte vor Ort um die Auswahl weiterer Gebiete hält unvermindert an.[404]

---

400 Schrödter, Aktuelle Fragen der Fauna-Flora-Habitat-Richtlinie und der Vogelschutzrichtlinie, NdsVBl. 1999, 173 (178).

401 Berg, Europäisches Naturschutzrecht und Raumordnung, S. 38; Bundesamt für Naturschutz, http://www.bfn.de (zuletzt besucht am 29.07.2004). Während Berg als Datum Ende März 2001 nennt, spricht das BfN allgemein vom Jahr 2001, in dessen Verlauf die Listen übersandt wurden („Im Laufe des Jahres 2001 wurden schließlich von fast allen Bundesländern Gebietskulissen mit vollständigen Meldeunterlagen an die EU übersandt, die als abschließend betrachtet werden").

402 Bundesamt für Naturschutz, http://www.bfn.de (zuletzt besucht am 29.07.2004); Ssymank/Balzer, Bewertung der deutschen FFH-Gebietsvorschläge für Natura 2000, Natur und Landschaft 2003, 268 (271). Der Autor Ssymank ist als Mitarbeiter des BfN Mitglied in der wissenschaftlichen Arbeitsgruppe des Habitatausschusses und vertritt mit den weiteren Vertretern die Bundesrepublik in dem Auswahlverfahren der Phase 2.

403 Bundesamt für Naturschutz http://www.bfn.de/03/030303_termine.htm (zuletzt besucht am 29.07.2004); Ssymank/Balzer gaben allerdings 2003 als aktuellen Terminplan der Länder an, dass Ende 2004 die Liste bei der Kommission vorliegen soll (dies., Bewertung der deutschen FFH-Gebietsvorschläge für Natura 2000, Natur und Landschaft 78. Jahrg. (2003), 268 (271)).

404 Aktuell ist beispielsweise in Schleswig-Holstein die Meldung der Eider-Halbinsel durch die Landesregierung bei den betroffenen Landwirten stark in der Kritik; vgl. Bauernblatt v. 26.06.2004 S. 4 ff. „Natura 2000: Demonstration vor dem Kieler Landeshaus mit über 1000 Teilnehmern. Eiderstedt: Eine Prozesslawine ist vorprogrammiert"), sowie Bauernblatt v. 03.07.2004, S. 2 „Kabinett beschließt weitere FFH-Gebiete. Willkürentscheidung" und S. 9 „Kiel hinterlässt verbrannte Erde".

2. Phase 2: Die Gebiete gemeinschaftsweiter Bedeutung (SCI's)

a) *Die Vorgaben der FFH-Richtlinie*

In der zweiten Phase der Gebietsfestlegung wird auf der Grundlage der mitgliedstaatlichen Meldungen eine Liste von Gebieten von Gemeinschaftsinteresse, *Sites of Community Interest (SCI)*, entworfen. Dabei gibt Anhang III (Phase 2) zur FFH-Richtlinie die Entscheidungskriterien vor. Dazu zählen der nationale Wert des Gebiets, die geographische Lage – etwa die Zugehörigkeit zu einem Ökosystem -, die Anzahl der vorkommenden Habitate und Arten sowie der ökologische Gesamtwert für die biogeographische Region und den Mitgliedstaat. Die Habitattypen des Anhangs I zur FFH-Richtlinie werden zur Auswahl der Schutzgebiete sechs biogeographischen Regionen zugeordnet, die sich nicht an den Staatsgrenzen orientieren, sondern diese überschreiten. Die Richtlinie differenziert zwischen alpinen, atlantischen, borealen, kontinentalen, makaronesischen und mediterranen Regionen (Art. 1 c Ziff. iii).[405] Da das Netz eine gemeinschaftsweite Kohärenz (Art. 3 Abs. 1) aufweisen soll, ist die Aufteilung des Gemeinschaftsgebietes in Regionen - ohne Rücksicht auf nationale Staatsgrenzen - konsequent. Die vorgeschlagenen Gebiete werden, um die angestrebte Kohärenz zu erreichen, nicht nur im nationalen Rahmen in Bezug gebracht und bewertet, sondern notwendigerweise auch im europäischen Rahmen.[406]

Zuständig für die Auswahl der Gebiete von gemeinschaftsweitem Interesse aus den nationalen Vorschlagslisten ist die Kommission (Art. 4 Abs. 2 UAbs. 1 i.V.m. Art. 20, 21). Die Auswahl hat im Einvernehmen mit dem jeweils betroffenen Mitgliedstaat zu geschehen (Art. 4 Abs. 2 UAbs. 1).[407] Das formale Verfahren zur endgültigen Aufnahme in die Ge-

---

405 Nach dem Beitritt der östlichen Beitrittsländer ist eine biogeographische Region hinzugekommen (die pannonische Region http://europa.eu.int, zuletzt besucht am 29.07.2004). Bei der Erweiterung der Anhänge wurde nach Art. 19 FFH-Richtlinie vorgegangen, grundlegende Änderungen wurden nicht vorgenommen. Im Wesentlichen wurden nur Habitate und Arten neu aufgenommen, die in den bisherigen Mitgliedstaaten gar nicht vorkommen (Balzer/ Schröder/Ssymank, Ergänzung der Anhänge zur FFH-Richtlinie auf Grund der EU-Osterweiterung, Natur und Landschaft 2004, 145).

406 Wichert (Natura 2000, S. 25) weist darauf hin, dass theoretisch der europäische Rahmen für die notwendige Einordnung und Bewertung genüge, eine solche allein gemeinschaftsweite Bewertung überfordere die Gemeinschaft jedoch.

407 Vgl. dazu Gellermann, Biotop- und Artenschutz, in Rengeling (Hg.) EUDUR Bd. II, § 78, Rdnr. 23.

meinschaftsliste ist als Regelausschussverfahrenen im Wege der Komitologie ausgestaltet (Art. 4 Abs. 2 UAbs. 3 i.V.m. Art. 21 Abs. 2 UAbs. 2).[408] Der Ausschuss setzt sich gemäß Artikel 20 aus Vertretern der Mitgliedstaaten zusammen, wobei ein nicht stimmberechtigter Vertreter der Kommission den Vorsitz führt.[409] Die Stimmen der Mitglieder werden im gleichen Verhältnis wie im Rat gewichtet. Erforderlich ist also die qualifizierte Mehrheit (Art. 205 Abs. 2 EGV, Art. 148 Abs. 2 a.F.). Nach der Zustimmung des Ausschusses wird die Liste der SCI-Gebiete in Form der Entscheidung der Kommission den Mitgliedstaaten mitgeteilt (Art. 4 Abs. 2 UAbs. 3 i.V.m. Art. 21 Abs. 1) und erhält so seine formale Rechtskraft (Art. 249 UAbs. 4 EGV, Art. 189 a.F.). Stimmt der Ausschuss nicht zu, so obliegt dem Rat die Entscheidung, wobei mit qualifizierter Mehrheit zu entscheiden ist.

Auf eine Besonderheit bei der Auswahl der Gebiete ist dabei noch einzugehen. Nach Anhang III Phase 2 Ziff. 1 der FFH-Richtlinie sind Gebiete, die prioritäre Arten beherbergen oder die prioritäre Lebensräume darstellen, direkt von der Vorschlagsliste der Mitgliedstaaten in die Gemeinschaftsliste zu übernehmen. Zwar ist insoweit fachlich kein gesondertes Auswahlverfahren mehr notwendig, sondern die gemeinschaftsweite Bedeutung dieser Gebiete wird auf diese Weise von der Richtlinie vermutet. Dennoch macht Artikel 4 Absatz 5 die Geltung des Schutzregimes der Richtlinie für diese Gebiete von der formalen Aufnahme in die Gemeinschaftsliste, also der Entscheidung der Kommission, abhängig.[410] Für Unstimmigkeiten zwischen Mitgliedstaaten und Kommission ist das Konzertierungsverfahren des Artikel 5 vorgesehen. Allerdings wird über die Hintertür der 5%-Klausel des Artikel 4 Absatz 2 Unterabsatz 1 auch in Bezug auf die prioritären Gebiete eine verfahrensrechtliches Element bei der Auswahl prioritärer Gebiete eingeführt. So können bei einer Überschreitung von 5% der Landesfläche an Schutzgebietsfläche prioritärer Arten oder Lebensraumtypen im Einvernehmen mit der Kommission auch bei prioritären Gebieten Einschränkungen gemacht werden. Insofern kann die Vermutung der Richtlinie für die Bedeutung prioritärer Gebiete auch widerlegt werden. Auch in diesen Fällen muss also, wie

---

408 Rödiger-Vorwerk, Die Fauna-Flora-Habitat-Richtlinie der Europäischen Union und ihre Umsetzung in nationales Recht, S. 63.

409 Zur Zusammensetzung des Ausschusses vgl. http://europa.eu.int (zuletzt besucht am 29.07.2004).

410 Dazu auch Apfelbacher/Adenauer/Iven, Das zweite Gesetz zur Änderung des BNatSchG, NuR 1999, 63 (65).

bei den übrigen nicht prioritären Gebieten, im Ergebnis eine einvernehmliche Regelung getroffen werden.

b) *Exkurs: Die Europäische Umweltagentur und das European Topic Centre Nature Protection and Biodiversity ETC/NPB*

Bei der Auswahl der FFH-Gebiete und der Durchführung des beschriebenen Verfahrens lässt sich die Kommission von der Europäischen Umweltagentur unterstützen. Die Umweltagentur bedient sich ihrerseits des Europäischen Themenzentrums „Nature Protection and Biodiversity". Dieses Themenzentrum ist als eines von derzeit acht Themenzentren Bestandteil des von der Umweltagentur betreuten „Umweltinformations- und -beobachtungsnetzes" *EIONET* (European Environmental Information and Observation Network).[411]

Die Europäische Umweltagentur (European Environmental Agency; EEA) wurde durch die Verordnung des Rates Nr. 1210/90 vom 7. 5. 1990 (EUA-VO) gegründet.[412] Die Verordnung trat jedoch erst im Oktober 1993 in Kraft, da die Mitgliedstaaten sich zunächst nicht auf einen Ort für den Sitz der Agentur einigen konnten, was nach der Verordnung jedoch Voraussetzung für das Inkrafttreten war (Art. 21 EUA-VO). Ihre Arbeit nahm die Umweltagentur dann im April 1994 auf, wobei die Anfangszeit stark vom Aufbau der behördlichen Infrastruktur geprägt war.[413] Lenkungsorgan der Agentur ist der Verwaltungsrat, der gemäß Artikel 8 Absatz 1 aus je einem Vertreter der Mitgliedstaaten, zwei Vertretern der Kommission und zwei vom Europäischen Parlament benannten, auf dem Gebiet des Umweltschutzes besonders qualifizierten wissenschaftlichen Persönlichkeiten besteht. Seine Aufgabe ist die Gestaltung der Arbeitsprogramme (Art. 8 Abs. 4, 5 EUA-VO). Außerdem wirkt er bei der Aufstellung, Ausführung und Kontrolle des Haushalts mit (Art. 12 Abs. 3; 13 Abs. 2, 4 EUA-VO).[414] Ziel der Agentur ist es ge-

---

411 Zu Aufgaben und Tätigkeiten unter http://nature.eionet.eu.int (zuletzt besucht am 29.07.2004).

412 Verordnung (EWG) Nr. 1210/90 des Rates v. 07. Mai 1990 zur Errichtung einer Europäischen Umweltagentur und eines Europaeischen Umweltinformations- und Umweltbeobachtungsnetzes, EG-ABl. Nr. L 120 v. 11.05.1990.

413 Vgl. Kahl, Stellung und Funktion von Umweltagenturen, UTR 36 (1996), S. 119 (128).

414 Der Verwaltungsrat gibt sich eine Geschäftsordnung, in der u.a. der Ablauf der Sitzungen und das Verfahren der Abstimmungen geregelt werden (Art. 8 Abs. 2 VO 1220/90). Beschlüsse werden mit Zweidrittelmehrheit gefasst (Art. 8 Abs. 3 VO 1220/90). Vom Verwaltungsrat wird gemäß Art. 9 Abs. 1 auf

mäß Artikel 1 der Gründungsverordnung, der Gemeinschaft und den Mitgliedstaaten objektive, zuverlässige und auf europäischer Ebene vergleichbare Informationen zur Verfügung zu stellen. Anhand dieser Informationen sollen die notwendigen Umweltmaßnahmen ergriffen und deren Ergebnisse bewertet sowie die Öffentlichkeit angemessen informiert werden. Außerdem soll der Gemeinschaft und den Mitgliedstaaten die für die Erreichung der eben genannten Ziele die technische und wissenschaftliche Unterstützung gegeben werden. Die Kommission legt dabei Wert auf die organisatorische Unabhängigkeit der Agentur; diese Unabhängigkeit soll die Effizienz und die Glaubwürdigkeit sichern.[415]

In Artikel 2 werden die konkreten Aufgaben der Agentur beschrieben.[416] Aufgabe der Umweltagentur im Rahmen des Umweltbeobachtungs und Koordinationsnetzes EIONET ist es, die Sammlung, Aufbereitung und Analyse der Daten unter den Gesichtspunkten der Umweltqualität, Umweltbelastung und Umweltempfindlichkeit (Art. 2 i i.V.m. Art. 3 Abs. 1 EUA-VO) zu gewährleisten (Art. 2 i EUA-VO). Neben der Erfassung, Zusammenstellung und Bewertung von Daten über den Zustand der Umwelt sollen außerdem Sachverständigengutachten erstellt werden (Art. 2 iii EUA-VO). Die als Information aufbereiteten Daten sollen als Grundlage für die gemeinschaftliche Umweltpolitik dienen (Art. 1 Abs. 2 EUA-VO). Die Informationen sind insbesondere als Grundlage für die Ausarbeitung und Durchführung der Umweltpolitik durch die Kommission gedacht (Art. 2 ii und iii EUA-VO) und sollen so weit aufbereitet sein, dass sie für die Durchführung der gemeinschaftlichen Umweltpoli-

---

Vorschlag der Kommission der Exekutivdirektor ernannt. Er wirkt ebenfalls bei der Aufstellung und Durchführung des Haushaltes mit und erfüllt verwaltende bzw. „geschäftsführende“ Funktionen (vgl. Art. 9; 12 Abs. 1; 13 Abs. 1 VO 1220/90). Weiteres Organ ist der wissenschaftliche Beirat, der gemäß Art. 10 Abs. 2 EUA-VO aus neun im Umweltbereich besonders qualifizierten Mitgliedern besteht und vom Verwaltungsrat für einen Zeitraum von vier Jahren ernannt wird. Seine Aufgabe ist es, den Verwaltungsrat und den Exekutivdirektor in den von der Verordnung vorgesehenen Fällen zu unterstützen und Stellungnahmen zu Fragen des Verwaltungsrates oder Exekutivdirektors abzugeben (Art. 10 Abs. 1).

415 Vgl. KOM (2002) 718 endg. v. 11.12.2002 „Rahmenbedingungen für die europäischen Regulierungsagenturen“, S. 6.

416 Sie lassen sich grob in vier Kategorien unterteilen: Errichtung und Koordinierung des Umweltbeobachtungs- und -koordinationsnetzes EIONET, Verbreitung von Information, Harmonisierung und Förderung der Harmonisierung bestimmter Bereiche sowie der Förderung umweltrelevanter Forschungsbereiche.

tik unmittelbar verwendet werden können (Art. 3 Abs. 2 EUA-VO). Auch die Mitgliedstaaten können für ihre nationale Umweltpolitik auf die Informationen zurückgreifen (Art. 2 ii EUA-VO). Daneben gehört die „sachgerechte Unterrichtung" der Öffentlichkeit über den Zustand der Umwelt (Art. 1 Abs. 2 EUA-VO) zu den Aufgaben der Agentur.[417] Dies geschieht in erster Linie über die Internetseite der Umweltagentur.[418]

Die Struktur und Zusammensetzung des Umweltinformations- und -beobachtungsnetzes *EIONET* ist in Artikel 4 der Gründungsverordnung geregelt. Danach soll das Netz die „wichtigsten Bestandteile der einzelstaatlichen Informationsnetze" (*Main Component Centres, MCE*) innerstaatliche Anlaufstellen (*National Focal Points, NFP*) und themenspezifische Ansprechstellen (*European Topic Centres, ETC*) umfassen (Art. 4 Nr. 1 EUA-VO). Als weitere, in der Verordnung indes nicht genannte Elemente kommen die *National Reference Centres (NRC)* hinzu. Die *Main Component Centres* sind Institutionen, die auf nationaler Ebene für die Erhebung und Sammlung von Umweltdaten zuständig sind und die von den Mitgliedstaaten benannt und finanziert werden. Für die Bundesrepublik ist dies das Umweltbundesamt. Die *National Focal Points* können von den Mitgliedstaaten für spezielle Aufgaben benannt werden. Sie sind gewissermaßen eine Unterorganisation der *Main Component Centres* und werden ebenfalls mitgliedstaatlich finanziert. Ihnen obliegt die Kooperation mit der Umweltagentur mit deren Arbeitsprogrammen; sie werden gleichfalls von den Mitgliedstaaten benannt und finanziert. Die Themenzentren sind Vertragspartner der Umweltagentur, die spezielle, im Arbeitsprogramm der Agentur benannte Aufgaben erfüllen sollen. Sie werden nach wettbewerbsmäßigen Gesichtspunkten ausgesucht; ihre Auswahl bedarf der einstimmigen Zustimmung des Verwaltungsrats (Art. 4 Nr. 5 Abs. 2). Ein *European Topic Centre* besteht aus einer leitenden Institution, die auf vertraglicher Ebene weitere Institutionen als „Nachunternehmer" - *ETC-Partners* - beauftragen kann. Kontaktpunkte der Themenzentren in den Mitgliedstaaten sind die *National Focal Points* oder *National Reference Centres* in den Mitgliedstaaten, so dass eine flächendeckende Arbeit der Themenzentren gewährleistet wird.

---

417 Zur Erfüllung dieses Zieles soll alle drei Jahre ein Bericht über den Zustand der Umwelt veröffentlicht werden (Art. 2 vi). Außerdem sind alle von der Agentur verbreiteten und übermittelten Daten der Öffentlichkeit zugänglich und können weiter veröffentlicht werden (Art. 6).

418 http://www.eea.eu.int. Krit. zum Informationsgehalt der Webseite, der sich seitdem allerdings signifikant verbessert hat, Bailey, The changing role of environmental agencies, EELR 1997, 148 (154)

Das Themenzentrum *„Nature Protection and Biodiversity"* wird gebildet aus einem Konsortium von neun Instituten, das vom französischen *Muséum National d'Histoire Naturelle (MNHN)* geleitetet wird.[419] Das *MNHN* ist auch der Vertragspartner der Umweltagentur. Ihm ging das Themenzentrum *„Nature Conservation"* voran, dieses bestand aus dem *MNHN* allein. Das Themenzentrum *„Nature Protection and Biodiversity"* betreibt auch die EUNIS-Datenbank *(„European Nature Information System"),* in der europaweit Biotope mit dazugehörigen Daten gespeichert werden.[420] Diese Datenbank ist ein Harmonisierungsinstrument für die gemeinschaftsweite einheitliche Beschreibung und ein einheitliches Monitoring der Schutzgebiete.[421] Außerdem unterhält das Themenzentrum eine spezielle Datenbank für Vogelschutzgebiete. Auf dieser Basis wird der jährliche Bericht der Generaldirektion Umwelt der Kommission über die besonderen Vogelschutzgebiete *(special protected areas)* erstellt. Begonnen wurde mit der Arbeit an der Datenbank im Jahre 1997. Grundlage sind die von den Mitgliedstaaten übermittelten Daten über die gemeldeten Vogelschutzgebiete.[422] Die von den Mitgliedstaaten an das Themenzentrum weitergegebenen Daten werden dort bis zur endgültigen Veröffentlichung der Gemeinschaftsliste vertraulich behandelt und grundsätzlich nicht der Öffentlichkeit zugänglich gemacht.[423] Außerdem wirkt das Themenzentrum bei der Erstellung von Berichten über den Zustand der Umwelt mit und erfüllt Aufgaben in direktem Zusammenhang mit dem Auswahlverfahren der FFH-Gebiete und der Errichtung des Natura-2000-Netzes. So werden die mitgliedstaatlichen Daten zu den Ge-

---

419 European Centre for Nature Conservation (ECNC), Wetlands International - Africa, Europe, Middle-East, (WI-AEME) (beide in den Niederlanden); Instituto Superior de Estatística e Gestão de Informação (ISEGI), Portugal; Museo Nacional de Ciencias Naturales (MNCN), Spanien; Centre for Ecology and Hydrology (CEH), Großbritannien; European Forest Institute (EFI), Finnland und aus den Beitrittsländern das Institute of Landscape Ecology (ILE), Slowakei sowie das Estonian Environmental Information Centre (EEIC), Estland; weitere Informationen zum Konsortium unter http://nature.eionet.eu.int (zuletzt besucht am 29.07.2004).

420 Im Internet unter http://eunis.eea.eu.int (zuletzt besucht am 29.07.2004).

421 European Topic Centre on Nature Conservation Nature Conservation Annual Topic Update 1997, Office for Official Publications of the European Communities, 1998, S. 14

422 Nature Conservation - Annual Topic Update 2000, European Environmental Agency 2002, S. 11.

423 Nature Conservation - Annual Topic Update 2000, European Environmental Agency 2002, S. 20.

bietsvorschlägen aufbereitet und kontrolliert.[424] Die im Rahmen der Phase 2 der Gebietsauswahl der FFH-Richtlinie von den Mitgliedstaaten übersandten Daten werden über die reine Verwendung im Auswahlverfahren der FFH-Schutzgebiete hinaus auch für die EUNIS-Datenbank verwendet sowie für die Arbeit an einem Bericht über Biodiversität in Europa;[425] für die Entwicklung von Indikatoren zur Beurteilung des Zustandes der Umwelt in Europa und für den Bericht „Environmental Signals"[426] über Signale zur frühzeitigen Warnung vor Umweltgefahren und zur Identifizierung von Risiken.

c) *Die Praxis der einvernehmlichen Gebietsauswahl*

Für die einvernehmliche Erstellung der Gebietslisten ist das folgende Verfahren vorgesehen: Die Kommission leitet die von den Mitgliedstaaten übersandten Gebietslisten mit Vorschlägen von Gebieten mit gemeinschaftlicher Bedeutung (*pSCI-Liste, proposed Sites of Community Interest*) mit den anhand des vorgegebenen Datenbogens erstellten Daten direkt an das Themenzentrum *„Nature Protection and Biodiversity"* der Europäischen Umweltagentur weiter. Hier werden die Daten in einem ersten Schritt inhaltlich auf nicht angegebene, leere Datenfelder, nicht berücksichtigte Arten oder Habitattypen, die technische Richtigkeit (offensichtlich falsch ausgefüllte Datenfelder) und ihre Stimmigkeit (widersprüchliche Daten) geprüft.[427] In einem zweiten Schritt erfolgt sodann eine inhaltliche Analyse zur Bewertung der Repräsentativität, zum Umfang und zur Kohärenz der vorgeschlagenen Gebiete.[428] Dabei werden auch inhaltliche Entscheidungen getroffen, die für das Auswahlverfahren bedeutsam sind. Für die Beurteilung, ob die mitgliedstaatlichen Listen eine quantitativ ausreichende Meldung an Gebieten vorsehen, wendet das Themenzentrum beispielsweise Schwellenwerte an. Danach werden in der Regel solche nationalen Listen als ungenügend zurück-

---

424 Vgl. http://nature.eionet.eu.int/activities (zuletzt besucht am 29.07.2004).

425 Der Bericht ist in Vorbereitung. Zu den Beteiligten und dem Inhalt: Nature Conservation - Annual Topic Update 2000, European Environmental Agency 2002, S. 29.

426 Nature Conservation - Annual Topic Update 2000, European Environmental Agency 2002, S. 20.

427 Nature Conservation - Annual Topic Update 1998, S. 19 f.

428 Nature Conservation - Annual Topic Update 1998, S. 20, für die biogeographische Region Mittelmeerraum. Zu den fachlichen Kriterien, die das Themenzentrums zugrunde legt, s- Ssymank/Balzer u.a., Die gemeinschaftliche Bewertung der deutschen FFH-Gebietsvorschläge für Natura 2000, Natur und Landschaft 78 (2003), S. 268 (268 f.).

gewiesen, die weniger als 20% des in einem Mitgliedstaat vorkommenden Gesamtbestandes eines Habitats oder einer bedrohten Art umfassen.[429] Bei Bedarf bereitet das Themenzentrum Rückfragen der Kommission zu fachlichen Unstimmigkeiten vor.[430]

Im anschließenden Auswahlverfahren soll das Themenzentrum *„Nature Protection and Biodiversity"* helfen, aus den nationalen Vorschlagslisten die Gebiete von gemeinschaftlicher Bedeutung auszuwählen, indem es die Kommission mit wissenschaftlichem Sachverstand unterstützt. Auf der Grundlage dieser aufbereiteten nationalen Daten werden für jede der biogeographischen Regionen „biogeographische Seminare" veranstaltet. Diese Seminare dienen der weiteren Festlegung der Gebiete von Gemeinschaftsinteresse. Grundsätzlich sind für jede biogeographische Region zwei Seminare vorgesehen.[431] Beteiligt an diesen Seminaren sind die Kommission, die jeweils betroffenen Mitgliedstaaten (Vertreter des Habitatausschusses sowie der wissenschaftlichen Arbeitsgruppe des Ausschusses), einzelne Experten, die vom Themenzentrum *„Nature Protection and Biodiversity"* eingeladen werden, sowie NGO-Vertreter des europäischen Habitatforums.[432] Die Bundesrepublik wird vertreten durch einen Vertreter des Habitatausschusses (ein Mitarbeiter des Bundesumweltministeriums), der zugleich der deutsche Delegationsleiter ist, einem Ländervertreter (der formal ebenfalls als Vertreter des Habitatausschusses gilt), einem Vertreter der wissenschaftlichen Arbeitsgruppe des Habitatausschusses (ein Mitarbeiter des Bundesamtes für Naturschutz), sowie weiteren Vertretern der Länder. Dabei stehen insgesamt jedoch

---

429 Ssymank/Balzer, Bewertung der deutschen FFH-Gebietsvorschläge für Natura 2000, Natur und Landschaft 78 (2003), S. 268 (268 f.).

430 Nature Conservation - Annual Topic Update 2000, European Environmental Agency 2002, S. 16 f.

431 Nature Conservation - Annual Topic Update 1997, European Environmental Agency 2002, S. 22.

432 Nature Conservation - Annual Topic Update 1997, European Environmental Agency 2002, S. 22; vgl. dazu auch „natura 2000", Naturschutz-Infoblatt der Europäischen Kommission, GD XI 6. Ausgabe (Juni 1998), S. 2 f. Das Europäische Habitatforum wird gebildet aus einem Netzwerk europäischer Umweltschutzverbände als Nichtregierungsorganisationen, und es wurde als zentrale Anlaufstelle für die Kommission eingerichtet. Es wird bei der „Central and East European Working Group for the Enhancement of Biodiversity" geführt und hat z. Zt. 13 Mitglieder (Stand: Juli 2004).

maximal sechs Plätze zur Verfügung, es können also höchstens drei weitere Vertreter der Länder mitwirken.[433]

Das erste Seminar soll jeweils der einvernehmlichen Erstellung einer sogenannten Referenzliste der im Anhang I aufgeführten Habitate und der in Anhang II aufgezählten Arten der FFH-Richtlinie in der jeweiligen biogeographischen Region und der Bewertung von deren Repräsentativität dienen.[434] Diese Liste dient im weiteren Verfahren als wissenschaftliche Basis; die in diesem ersten Seminar festgestellten Defizite werden dem Mitgliedstaat anschließend mit der Aufforderung um Nachmeldung übermittelt. Grundlage des Seminars sind die eingegangenen digitalen Gebietsmeldungen der Mitgliedstaaten; berücksichtigt werden Meldungen, die bis spätestens drei Monate vor dem Seminartermin eingegangen sind.[435]

Das zweite Seminar soll auf den Ergebnissen des ersten aufbauen und der einvernehmlichen Auswahl von Gebieten von gemeinschaftlichem Interesse aus der zuvor erstellten Liste anhand eines vom Themenzentrum *„Nature Protection and Biodiversity"* erstellten Kriterienkatalogs dienen. Der Kriterienkatalog wiederum wird auf der Grundlage einer vom Habitat-Ausschuss bewilligten Methode erarbeitet.[436] Weil sich die biogeographischen Regionen über das Staatsgebiet mehrerer Staaten erstrecken können, werden die Seminartreffen gegebenenfalls auch für jeweils mehrere Mitgliedstaaten gemeinsam veranstaltet.[437] Werden im zweiten Seminar verbleibende Defizite bei den Gebietsmeldungen festgestellt, werden daraufhin erfolgende Nachmeldungen in einem bilate-

---

433 Ssymank/Balzer u.a., Die gemeinschaftliche Bewertung der deutschen FFH-Gebietsvorschläge für Natura 2000, Natur und Landschaft 78 (2003), S. 268 (268).

434 Nature Conservation - Annual Topic Update 1997, European Environmental Agency 2002, S. 22; s. auch Natura-2000 Newsletter „Natur" der Europäischen Kommission GD XI 6/1998, S. 2. S. auch unter http://nature.eionet.eu.int (zuletzt besucht am 29.07.2004).

435 Ssymank/Balzer u.a. Die gemeinschaftliche Bewertung der deutschen FFH-Gebietsvorschläge für Natura 2000, Natur und Landschaft 78 (2003), S. 268 (268).

436 Nature Conservation - Annual Topic Update 1997, S. 22; siehe dazu auch Ssymank/Balzer u.a. Die gemeinschaftliche Bewertung der deutschen FFH-Gebietsvorschläge für Natura 2000, Natur und Landschaft 78 (2003), S. 268 (269).

437 Vgl. z.B. Nature Conservation - Annual Topic Update 1997, European Environmental Agency, S. 22.

ralen Treffen zwischen der Kommission und dem betroffenen Mitgliedstaat bewertet.[438] Sobald im zweiten biogeographischen Seminar eine Einigung erzielt wird, ist das erreichte Ergebnis dem Habitatausschuss zur Stellungnahme vorzulegen. Anschließend erfolgt das formale Verfahren im Habitatausschuss; dieser muss der endgültigen Gemeinschaftsliste nach Artikel 4 Absatz 2 der FFH-Richtlinie der Liste zustimmen. Abschließend obliegt es dem Themenzentrum *„Nature Protection and Biodiversity"*, fachlich zu prüfen, ob die Gemeinschaftsliste eine ausreichende Anzahl repräsentativer Gebiete von Gemeinschaftsinteresse für jede der biogeographischen Regionen beinhaltet, und die ökologische Kohärenz des Netzes zu bewerten.[439] Zur Erfüllung dieser Aufgaben im Zusammenhang mit der Umsetzung der FFH-Richtlinie bedient sich das Themenzentrum wiederum der von ihm betreuten EUNIS-Datenbank.

Da die Mitgliedstaaten die nationalen Vorschlagslisten nicht fristgerecht einreichten, konnte auch die Erstellung der Gemeinschaftsliste durch die Kommission nicht fristgerecht zum Juni 1998 fertiggestellt werden.[440] Für die makaronesische Region (Azoren, Kanarische Inseln und Madeira) liegt seit Ende 2001, also fast vier Jahre nach Ablauf der vorgesehenen Frist, die erste Entscheidung der Kommission über Gebiete von gemeinschaftsweiter Bedeutung vor.[441] Dabei fällt auf, dass zwischen dem zweiten biogeographischen Seminar, das für die Feststellung der Einigung für die abschließende Gemeinschaftsliste vorgesehen war, im Jahre 1997, und der Kommissionsentscheidung im Jahre 2001 der beträchtliche Zeitraum von vier Jahren liegt.[442] Mittlerweile sind auch für die anderen biogeographischen Regionen Fortschritte zu verzeichnen. Abweichend vom ursprünglichen Konzept, zwei Seminare durchzuführen, wurden für die

---

438 Ssymank/Balzer u.a. Die gemeinschaftliche Bewertung der deutschen FFH-Gebietsvorschläge für Natura 2000, Natur und Landschaft 78 (2003), S. 268 (270).

439 Nature Conservation - Annual Topic Update 2000, European Environmental Agency 2002, S. 16.

440 Apfelbacher u.a., Das zweite Gesetz zur Änderung des BNatSchG, NuR 1999, 63 (65). Ebenfalls mit ernüchternder Bilanz, aus dem Jahr 1999 (em Jahr nach Ablauf der Umsetzungsfrist) „Natura-2000. Naturschutz-Infoblatt der Europäischen Kommission GD XI", Ausg. 10/1999.

441 Entscheidung der Kommission (2002/11/EG) v. 28.12.2001 zur Verabschiedung der Liste der Gebiete von gemeinschaftlicher Bedeutung in der biogeographischen Region Makaronesien gemäß der Richtlinie 92/43/EWG des Rates.

442 Zu den Terminen der Seminare European Topic Centre on Nature Protection and Biodiversity http://nature.eionet.eu.int (zuletzt besucht am 29.07.2004).

alpine Region zusätzliche Seminare nach dem ersten biogeographischen Seminar, gegliedert nach den unterschiedlichen Gebirgen (Apennin, Pyrenäen, Alpen, skandinavische Alpen), durchgeführt. Für die alpine Region liegt nun seit Dezember 2003 eine Entscheidung vor.[443] Auch für die atlantische Region wurde ein zusätzliches Seminar veranstaltet.[444] Das Themenzentrum *„Nature Protection and Biodiversity"* hat die Analyse der von den Mitgliedstaaten übermittelten Daten für alle Regionen mit Ausnahme der borealen und mediterranen Regionen mittlerweile abgeschlossen.[445] Das Bundesamt für Naturschutz erwartete für Ende 2003 eine Einigung mit der Kommission auf die Gemeinschaftsliste.[446] Bei den im Jahr 2002 abgehaltenen Seminaren, die Deutschland betreffen - alpin, kontinental und atlantisch - wurden jedoch erhebliche Mängel festgestellt, so dass Deutschland zur Auswahl und Meldung weiterer Gebiete verpflichtet wurde.[447]

3. „Phase 3": Die besonderen Schutzgebiete (SAC's)

Die mit der Entscheidung der Kommission veröffentlichten Gebiete (bzw. die nach dem Konzertierungsverfahren festgelegten Gebiete) müssen in der dritten Phase der Umsetzung der FFH-Richtlinie von den Mitgliedstaaten entsprechend den inhaltlichen Anforderungen des Artikels 6 der FFH-Richtlinie als besondere Schutzgebiete, sogenannte *Special Areas of Conservation (SAC's)*, ausgewiesen werden. Diese müssen unter

---

443 Entscheidung der Kommission v. 22.Dezember 2003 zur Verabschiedung der Liste von Gebieten von gemeinschaftlicher Bedeutung für die alpine biogeografische Region gemäß der Richtlinie 92/43/EWG des Rates, EG-ABl. L 14/21 v. 21.01.2004.

444 So für die alpine, die mediterrane und die kontinentale Region European Topic Centre on Nature Protection and Biodiversity (http://nature.eionet.eu.int/activities/Natura_2000/StatusN2000, zuletzt besucht am 29.07.2004).

445 European Topic Centre on Nature Protection and Biodiversity, http://nature.eionet. eu.int (zuletzt besucht am 29.07.2004).

446 Bundesamt für Naturschutz, http://www.bfn.de (zuletzt besucht am 29.07.2004); es gibt aber auch skeptischere Stimmen, die eine vollständige Liste bis spätestens Ende 2004 erwarteten (Ssymank/Balzer u.a., Die gemeinschaftliche Bewertung der deutschen FFH-Gebietsvorschläge für Natura 2000, Natur und Landschaft 78 (2003), S. 268 (271)).

447 Ssymank/Balzer u.a. Die gemeinschaftliche Bewertung der deutschen FFH-Gebietsvorschläge für Natura 2000, Natur und Landschaft 78 (2003), S. 268 (271); Bundesamt für Naturschutz, http://www.bfn.de (zuletzt besucht am 29.07.2004).

ein rechtliches Schutzregime gestellt werden, das die in dem Auswahlverfahren festgeschriebenen Erhaltungsziele sicherstellt.[448]

In Deutschland wird der Schutz der in der Gemeinschaftsliste aufgeführten Gebiete bereits bundesgesetzlich angeordnet: Auch wenn die letztendliche Unterschutzstellung und die Einzelheiten des konkreten Schutzes den Ländern obliegen, sah die alte Fassung des Bundesnaturschutzgesetzes vor, dass der Schutz eines FFH-Gebiets bereits mit dessen Bekanntmachung im Bundesanzeiger begann (§ 19b Abs. 5 S. 1 i.V.m. 19a Abs. 4 BNatSchG a.F.). Mit dieser Regelung sollte bewirkt werden, dass der rechtliche Schutz bereits vor der formalen Unterschutzstellung durch die Länder bewirkt wurde.[449] In der Neufassung des Bundesnaturschutzgesetzes wird der frühzeitige Schutzbeginn über § 32 i.V.m. § 10 Absatz 6 BNatSchG sichergestellt.[450] Als Zeitpunkt für die nationale Ausweisung in Deutschland blieb zunächst das Jahr 2004 anvisiert.[451] Mit diesem ehrgeizigen Ziel hätte sich Deutschland zu guter Letzt wieder im Zeitplan der FFH-Richtlinie befunden, die vorsieht, dass die FFH-Gebiete bis Juni 2004 unter Schutz zu stellen waren (Art. 4 Abs. 4). Nach bilateralen Gesprächen zwischen der Bundesrepublik und der Kommission sollten die letzten Gebiete für die nationale Vorschlagsliste allerdings erst Anfang 2005 an die Kommission gemeldet werden.[452] Um die bereits eingetretenen Verzögerungen aufzufangen und durch die verspätete Meldung der Gebietsliste bei der Implementation des Natura-

---

448 Auch in dieser Phase können noch Schwierigkeiten auftreten, wie die jüngere Entscheidungen des EuGH zeigen. Die Kommission verklagte Belgien und Griechenland wegen jeweils unzureichender rechtlicher Schutzmaßnahmen für Meeresschildkröten bzw. unzureichender Verbindlichkeit von Schutzgebietsgrenzen (EuGH, Urt. v. 30.01.2002, Rs. C-103/00, Kommission./.Hellenische Republik, NuR 2004, 596 sowie Urt. v. 27.02.2003, Rs. C-415/01, Kommission./.Königreich, NuR 2004, 516).

449 Niederstadt, Beginn und Umfang des Schutzes der FFH- und Vogelschutzgebiete nach dem Bundesnaturschutzgesetz und das Europarecht, in: Erbguth (Hg.), Neuregelungen im Bundesnaturschutzgesetz, S. 65 ff.

450 Die neue Regelung verpflichtet die Länder zur Unterschutzstellung, ohne dass ein konkreter Schutzbeginn durch das Bundesgesetz selbst festgelegt wird. Diese Konstruktion scheint unter einem föderalen Blickwinkel nur konsequent. Vgl. zu den im Wesentlichen gleich gebliebenen Regelungsgehalt bezüglich der Vorschriften zur Umsetzung des Natura-2000-Netzes auch Stich, Das neue Bundesnaturschutzgesetz, UPR 2002, 161 (167).

451 Bundesamt für Naturschutz, http://www.bfn.de (zuletzt besucht am 29.07.2004).

452 http://www.bfn.de (zuletzt besucht am 27.06.2005).

2000-Netzes nicht noch weiter in Verzug zu geraten, arbeitet beispielsweise Nordrhein-Westfalen parallel zur Erstellung der Gemeinschaftsliste bereits an der planungsrechtlichen Sicherung der vorgeschlagenen Gebiete. Die in der Vorschlagsliste zur Zeit enthaltenen Gebiete werden planungsrechtlich in die Gebietsentwicklungspläne und Landschaftspläne eingearbeitet - sozusagen in „vorauseilendem Gehorsam", obwohl eine rechtliche Verpflichtung vor endgültiger Festlegung der Gemeinschaftsliste weder nach dem Bundesnaturschutzgesetz (§ 33 Abs. 2 BNatSchG), noch nach dem ursprünglichen Plan der FFH-Richtlinie besteht.[453]

IV. Die Direktwirkung der FFH-Richtlinie: Potenzielle FFH-Schutzgebiete?

Ähnlich wie schon früher bei der Vogelschutzrichtlinie, stellt sich auch bei der FFH-Richtlinie die Frage nach den Folgen einer unvollständigen oder verspäteten Umsetzung durch die Mitgliedstaaten. Entscheidungen des EuGH zum Thema einer möglichen Direktwirkung der FFH-Richtlinie liegen bislang nicht vor. Das Bundesverwaltungsgericht allerdings bezog bereits in einem Urteil aus dem Jahr 1998 Stellung zur verspäteten Erstellung der deutschen Vorschlagsliste und erwog die Möglichkeit eines „potenziellen FFH-Gebietes" in Anlehnung an den Begriff des „faktischen Vogelschutzgebietes".[454] In dem Rechtsstreit klagte ein anerkannter Naturschutzverband gegen den Planfeststellungsbeschluss eines Streckenabschnitts der Autobahn A 20, die entlang der Ostseeküste durch Schleswig-Holstein und Mecklenburg-Vorpommern weiter nach Osten führen soll. Der Verband wandte sich unter anderem mit dem Argument gegen das Projekt, die Streckenführung beeinträchtige in der Wakenitzniederung ein Gebiet, das als faktisches Vogelschutzgebiet zu betrachten sei und im Übrigen auch die Anforderungen an ein FFH-Schutzgebiet erfülle.[455] Das Gericht führte aus, dass es dazu

> „... neige ..., von der rechtlichen Möglichkeit eines potenziellen Schutzgebietes im Sinne des Artikel 4 Absatz 1 FFH-Richtlinie auszugehen",[456]

---

453 Berg, Europäische Naturschutzrecht und Raumordnung, S. 43 f.
454 BVerwGE 107, 1.
455 BVerwGE 107, 1 (15 ff.).
456 BVerwGE 107, 1 (21).

und beruft sich dabei auf die Rechtsprechung des EuGH, die eine solche Annahme nahe lege.[457] In einem Urteil aus dem Jahr 2001 bestätigt das Bundesverwaltungsgericht dann diese rechtliche Konstruktion des potenziellen FFH-Gebietes.[458] In diesem Rechtsstreit, dem ebenfalls die Klage eines Naturschutzverbandes gegen den Planfeststellungsbeschluss einer Straße zugrunde lag, stellte das Gericht fest, dass

> „... ein Gebiet, das die Merkmale des Artikel 4 Absatz 1 FFH-Richtlinie erfüllt und dessen Meldung für die Aufnahme in das kohärente Netz „Natura-2000" sich aufdrängt, ... vor vollständiger Umsetzung der Richtlinie als potenzielles FFH-Gebiet zu behandeln (ist)".[459]

Inhaltlich begründet das Gericht seine Entscheidungen beide Male mit dem gemeinschaftsrechtlichen Verbot, die Ziele einer Richtlinie dadurch zu unterlaufen, dass vor deren Umsetzung Tatsachen geschaffen werden, die geeignet sind, die Erfüllung der vertraglichen Pflichten anschließend unmöglich zu machen.[460] Auch in der nationalen Rechtsprechung anderer Mitgliedstaaten wird grundsätzlich von der Möglichkeit einer Direktwirkung der FFH-Richtlinie ausgegangen, ohne dass bislang allerdings detaillierte Voraussetzungen aufgestellt wurden.[461] Das Bundesverwaltungsgericht begründet seine Entscheidung mit einer Vorwirkung der FFH-Richtlinie.[462] Diese verbiete es den Mitgliedstaaten, die Aufnahme eines relevanten Gebietes in die nationale Vorschlagsliste beispielsweise durch ein der Erhaltung des Gebietes entgegenstehendes Vorhaben oder Planung zu vereiteln.[463] Ergänzend wird der Sanktionsgedanke herangezogen: Ein Mitgliedstaat dürfe keine Vorteile durch die verspätete oder gar nicht erfolgte Umsetzung haben. In späteren Entscheidungen

---

457 BVerwGE 107, 1 (22).

458 BVerwGE 110, 302.

459 BVerwGE 110, 302.

460 BVerwGE 110, 302 (308); BVerwGE 107, 1 (2; 22).

461 Befasst mit der Problematik haben sich die Rechtsprechung in Großbritannien (England und Schottland), Irland und der Niederlande: Winter, Die Dogmatik der Direktwirkung von EG-Richtlinien und ihre Bedeutung für das EG-Naturschutzrecht, ZUR 2002, 313 (316).

462 Gellermann, Was sind faktische bzw. potenzielle Natura 2000-Gebiete? NVwZ 2002, 1202 (1203).

463 Winter, Die Dogmatik der Direktwirkung von EG-Richtlinien und ihre Bedeutung für das EG-Naturschutzrecht, ZUR 2002, 313 (317).

stellt das Gericht auf diesen Gesichtspunkt allerdings nicht mehr ab.[464] Schließlich äußert sich das Bundesverwaltungsgericht auch noch zum Umfang des Schutzregimes potenzieller FFH-Gebiete. Hier verfolgte es zunächst die Linie, den Gebieten den Schutz des Artikel 6 Absatz 3 und 4 vollumfänglich zukommen zu lassen[465]. In den jüngsten Entscheidungen rückt das Gericht sodann allerdings von dieser strengen Linie wieder ab und lockert den Schutz, indem es nur noch fordert, dass die Gebiete nicht „zerstört oder anderweitig so nachhaltig beeinträchtigt werden, dass sie für eine Meldung nicht mehr in Betracht kommen".[466]

In der Literatur werden die Entscheidungen kontrovers diskutiert.[467] In erster Linie wird dem Gericht entgegengehalten, es habe den Verfahrenscharakter der Gebietsfestlegung nach den Vorschriften der FFH-Richtlinie nicht hinreichend berücksichtigt. Die letztendliche Aufnahme eines potenziellen FFH-Gebietes sei aufgrund des Auswahlverfahrens in

---

464 So bezieht sich das BVerwG in seinem Urt. v. 27.10.2000 (Az. 4 A 18.99, UPR 2001, 145 „Münnerstadt") allein auf das nationale Bundes- und Landesrecht; vgl. auch Mecklenburg, Anmerkungen zur Rechtsfigur des potentiellen FFH-Gebietes, UPR 2002, 124 (127); vgl. auch Winter, Die Dogmatik der Direktwirkung von EG-Richtlinien und ihre Bedeutung für das EG-Naturschutzrecht, ZUR 2002, 313 (317), m.w.N.

465 BVerwGE 110, 302 (308).

466 BVerwG, Urt. v. 27.10.2000, DVBl. 2001, 386 (390); auch eher restriktiv, den Beurteilungsspielraum betonend und auf naturschutzfachliche Gutachten abstellend BVerwG, Urt. v. 31.01.2002, NVwZ 2002, 1103, krit. Gellermann, Was sind faktische bzw. potentielle Natura 2000-Gebiete? NVwZ 2003, 1202 (1203 f.); vgl. auch BVerwG, Urt. v.27.2.2003, NuR 2003, 686 (688 f.); dazu auch Winter, Die Dogmatik der Direktwirkung von EG-Richtlinien und ihre Bedeutung für das EG-Naturschutzrecht, ZUR 2002, 313 (316); in seiner jüngsten Entscheidung (Urt. v. 15.01.2004 , NVwZ 2004, 732) nimmt das Gericht an, dass ein - zugunsten der Kläger unterstellter - Eingriff in ein potenzielles FFH-Gebiet gemäß Art. 6 Abs. 4 UAbs. 1 der FFH-Richtlinie gerechtfertigt werden kann (a.a.O., S. 736 f.).

467 Für eine Direktwirkung z.B. Mecklenburg, Anmerkungen zur Rechtsfigur des potenziellen FFH-Gebietes, UPR 2002, 124; Winter, Die Dogmatik der Direktwirkung von EG-Richtlinien und ihre Bedeutung für das EG-Naturschutzrecht, ZUR 2002, 313; Rojahn, Planfeststellung von Straßen und europäisches Naturschutzrecht in der neuesten Rechtsprechung des Bundesverwaltungsgerichts, NordÖR 2003, 1. Dagegen z.B. Biester, Der Rechtsschutz des Einzelnen bei der Umsetzung der Flora-Fauna-Habitat-Richtlinie, S. 54; Stüber, Gibt es „potentielle Schutzgebiete" im Sinne der FFH-Richtlinie? NuR 1998, 531 ff.

der Phase 2 keineswegs sicher.[468] Der FFH-Richtlinie fehle es an der erforderlichen Unbedingtheit, da sie hinsichtlich der Auswahl der Schutzgebiete auf einen Konsens zwischen Gemeinschaft und Mitgliedstaat gerichtet sei.[469] So könne die Gemeinschaft die Aufnahme eines bestimmten Gebietes nicht erzwingen, da das Konzertierungsverfahren ein faktisches Vetorecht beinhalte.[470] Kritisiert wird auch die dogmatische Begründung der Direktwirkung mittels einer Vorwirkung; diese trage nur für den Zeitraum bis Ablauf der Meldefrist. Danach werde nicht mehr gegen eine aus dem Grundsatz der Gemeinschaftstreue folgende Verpflichtung verstoßen, sondern es werde eine bestehende, „fällige" Pflicht verletzt.[471] Insoweit sei es überzeugender, zur Begründung auf den Sanktionsgedanken abzustellen.[472]

Das Argument des faktischen Vetorechtes vermag bereits aus systematischen Gründen nicht zu überzeugen, denn eine ersichtlich von sachfremden Erwägungen getragene ablehnende Haltung eines Mitgliedstaates liefe der aus der FFH-Richtlinie entspringenden Verpflichtung zur Meldung geeigneter Gebiete zuwider. Dies ergibt sich aus den Erwägungsgründen der FFH-Richtlinie, in denen es ausdrücklich heißt, dass ein Verfahren vorzusehen ist, „wonach in Ausnahmefällen auch oh-

---

468 Rengeling, Umsetzungsdefizite der FFH-Richtlinie in Deutschland? UPR 1999, 281 (282 f.); krit. aus der Verwaltung wegen der fehlenden Planungssicherheit auch Zeichner, FFH und Planung von Verkehrsstraßen, NVwZ 1999, 32 (33, 35); vgl. auch zur Ergebnisoffenheit aufgrund der Verfahrensprägung Ewer, Rechtsschutz gegenüber der Auswahl und Festsetzung von FFH-Gebieten, NuR 2000, 361 (363). Krit. auch Wichert, Natura 2000, S. 173 ff., der allerdings dem Sanktionsgedanken als Instrument zustimmt und eine - wenig überzeugende - Alternative anbietet, indem er die Mitgliedstaaten verpflichten möchte, im Konfliktfall andere, gleichwertige Gebiete zu benennen, ders., S. 176 f.).

469 Gellermann, Biotop- und Artenschutz, in: Rengeling (Hg.), EUDUR Bd. II, § 78, Rdnr. 42; a.A. Mecklenburg, Anmerkungen zur Rechtsfigur des potentiellen FFH-Gebietes, UPR 2002, 124 (128 f.). Krit. zu dem in der Richtlinie angelegten Konsensgedanken Fisahn/Cremer, Ausweisungspflicht und Schutzregime nach der FFH- und Vogelschutzrichtlinie, NuR 1997, 268 (274).

470 Z.B. Stüber, Gibt es „potentielle Schutzgebiete" i.S.d. FFH-Richtlinie? NuR 1998, 531 (533).

471 Winter, Die Dogmatik der Direktwirkung von EG-Richtlinien und ihre Bedeutung für das EG-Naturschutzrecht, ZUR 2002, 313 (317); Mecklenburg, Anmerkungen zur Rechtsfigur des potentiellen FFH-Gebietes, UPR 2002, 124 (127).

472 Winter, Die Dogmatik der Direktwirkung von EG-Richtlinien und ihre Bedeutung für das EG-Naturschutzrecht, ZUR 2002, 313 (317 f.).

ne Vorschlag eines Mitgliedstaats die Ausweisung eines Gebietes möglich ist, wenn die Gemeinschaft dies für die Erhaltung eines prioritären natürlichen Lebensraumtyps oder für das Überleben einer prioritären Art für unbedingt erforderlich hält." Das Konzertierungsverfahren beinhaltet somit kein umfassendes Vetorecht, sondern lediglich das Recht, aus fachlichen Erwägungen gegen die Aufnahme eines Gebietes zu stimmen.

Zuzugeben ist allerdings, dass - wegen der Verfahrensprägung - auf den ersten Blick die Gebietsauswahl in der Tat die notwendige Unbedingtheit für die Annahme einer Direktwirkung aufzuweisen scheint. Differenziert man aber - wie hier - zwischen den einzelnen Phasen der Gebietsauswahl und -ausweisung, so spricht vieles dafür, eine Direktwirkung bezüglich der ersten Phase anzunehmen. In dieser Phase sind die Vorgaben der Richtlinien, wie gezeigt,[473] hinreichend unbedingt. Die Struktur entspricht in dieser Phase - ebenso wie bei der Vogelschutzrichtlinie, der die Möglichkeit der Direktwirkung zugesprochen wird - einem konditionalen Konzept. Bei einer nach den von der Richtlinie vorgegebenen Phasen differenzierten Betrachtung ist das in der EuGH-Rechtsprechung entwickelte und vom Bundesverwaltungsgericht angeführte Argument des „effet utile" in seiner Wendung als Verstoß gegen das allgemeine Rechtsprinzip von Treu und Glauben stichhaltig. Über die Direktwirkung der Richtlinie in der Figur potenzieller Schutzgebiete ist es möglich, die umfassende Erstellung der nationalen Listen mit einer vollständigen Gebietsauswahl sicherzustellen. Ohne den über die Direktwirkung der Richtlinie gewährten vorläufigen Schutz würden ansonsten fachlich geeignete Gebiete wegen unverträglicher Planungen und Nutzungen für den gemeinschaftsweiten Biotopverbund verloren gehen, da sie für das weitere Auswahlverfahren nicht mehr zur Verfügung stünden. Das Argument, es bestünde die Gefahr, dass ein Gebiet von der Qualität eines faktischen Schutzgebietes zunächst einen strengeren Schutz genieße als zu einem späteren Zeitpunkt, wenn sich im weiteren Verfahren herausstellen sollte, dass es nicht in das Natura-2000-Netz aufzunehmen ist, und der betreffende Mitgliedstaat erleide durch die verspätete Beplanbarkeit und Nutzbarkeit des betreffenden Gebietes Nachteile, verfängt nicht. Dagegen spricht der bei der Annahme einer

473 S.o., Viertes Kapitel, B III 1 a).

Direktwirkung mitschwingende Strafgedanke.[474] So sprechen beachtliche Argumente für die Annahme von potenziellen FFH-Gebieten.

C. Das Verhältnis von Vogelschutz- und FFH-Richtlinie

Die zum Natura-2000-Netz gehörenden FFH- und Vogelschutzgebiete unterstehen einem einheitlichen Schutzregime, das die Schaffung und den Erhalt eines „kohärenten europäischen ökologischen Netzes besonderer Schutzgebiete" (Art. 3 Abs. 1 UAbs. 2 FFH-Richtlinie) gewährleisten soll.[475] Das Verhältnis einzelner Regelungen zueinander ist jedoch nach wie vor nicht ganz klar. Unklar ist beispielsweise, ob die Kommission bei einer Änderung eines Schutzgebiets zu beteiligen ist. Mit deren Geltung muss gemäß Artikel 6 Absatz 4 Unterabsatz 2 der FFH-Richtlinie die Kommission bei der geplanten Änderung eines prioritären Schutzgebiets - diese werden gemäß Art. 1 lit. d) in Anhang I festgelegt – beteiligt werden, bei der Änderung eines Schutzgebiets nichtprioritärer Arten dagegen nicht. Die Vogelschutzrichtlinie unterscheidet aber nicht zwischen prioritären und nichtprioritären Arten. Die Kommission vertritt hierzu die Ansicht, dass Artikel 6 Absatz 4 der FFH-Richtlinie auf die nach der Vogelschutzrichtlinie ausgewiesenen besonderen Schutzgebiete anzuwenden sei.[476] Diese Frage ist jedoch in der Literatur umstritten.[477]

---

474 Der Gedanke eines „Moratoriums" ist der Regelung ohnehin nicht fremd. Auch nach dem normalen Verfahren müssen Gebiete zunächst vorgeschlagen werden - mit der Folge eingeschränkter Beplanbarkeit (vgl. dazu Viertes Kapitel, B. IV.) -, um dann womöglich doch nicht in die endgültige Liste der Schutzgebiete aufgenommen zu werden.

475 Zum Schutzregime und dem Verhältnis der beiden Richtlinien aus Sicht der Kommission vgl. Europäischen Kommission „Natura-2000 - Gebietsmanagement: Die Vorgaben des Artikels 6 der Habitat-Richtlinie 92/43/EWG", 2000.

476 Informationspapier der Kommission „Natura-2000 - Gebietsmanagement. Die Vorgaben des Artikels 6 der Habitat-Richtlinie 92/43/EWG", 2000, S. 12. Ebenso Wrase, der aus systematischen und historischen Gründen eine Anwendung des Art. 6 ablehnt (Ausnahmen vom FFH-Schutzregime, NuR 2004, 356 (358 f.)).

477 Gegen eine Anwendung des Art. 6 Abs. 4 RL 92/43/EWG Jarass, EG-rechtliche Folgen ausgewiesener und potentieller Vogelschutzgebiete, ZUR 2000, 183 (188 f.); Hösch, Die Rechtsprechung des Bundesverwaltungsgerichts zu Natura-2000-Gebieten, NuR 2004, 348 (349). Offen Fisahn/Cremer, Ausweisungspflicht und Schutzregime nach Fauna-Flora-Habitat- und der Vogelschutzrichtlinie, NuR 1997, 268 (273). Für eine Anwendung auf die „besonde-

Streit entzündete sich auch an der Frage, welchem Schutzregime faktische Vogelschutzgebiete unterstehen, da die Voraussetzungen für Eingriffe unter dem Regime der Vogelschutzrichtlinie etwas enger gefasst sind als unter dem Regime der FFH-Richtlinie.[478] Nach Inkrafttreten der FFH-Richtlinie stellte sich die Rechtslage im Hinblick auf Möglichkeiten eines Eingriffs in den bestehenden Schutz bzw. einer Veränderung des Gebietsstatus' eines Vogelschutzgebiets lange als rechtlich unsicher dar.[479] Artikel 7 der FFH-Richtlinie schreibt die Anwendung des Artikel 6 Absatz 2, 3 und 4 FFH-Richtlinie nur für „anerkannte" Vogelschutzgebiete vor. Faktischen Vogelschutzgebieten fehlt jedoch gerade diese Anerkennung als gemeinschaftsweit bedeutendes Gebiet im Sinne der FFH-Richtlinie. Der VGH München entschied in einem Urteil im Jahre 1996, dass nach dem klaren Wortlaut der Richtlinie mit Inkrafttreten der FFH-Richtlinie das Schutzregime nach Artikel 4 Absatz 1 und 2 der Vogelschutzrichtlinie durch das der FFH-Richtlinie nach Artikel 6 Absatz 2, 3 und 4 FFH-Richtlinie ersetzt würde.[480] Dies hätte eine Verringerung des Schutzniveaus solcher Gebiete zur Folge gehabt, da Eingriffe in FFH-Schutzgebiete unter geringeren Voraussetzungen möglich sind als nach dem Regime der Vogelschutzrichtlinie.[481] Das Bundesverwaltungsgericht hielt dagegen an der Rechtsfigur des faktischen Vogelschutzgebiets fest und hob das Urteil in der Revision insoweit auf.[482] In der Literatur wird zum Teil die Anwendung des Artikel 7 der FFH-Richtlinie auch für faktische Vogelschutzgebiete aus systematischen Erwägungen und Gründen der Zweckmäßigkeit befürwortet. Danach würde auch für faktische Vogelschutzgebiete das Schutzregime der FFH-

---

ren Schutzgebiete" Epiney, Vogel- und Habitatschutz in der EU, UPR 1997, 303 (307).

478 Vgl. zum Schutzregime der beiden Richtlinien oben, Viertes Kapitel, A. I. und B. I.

479 Rengeling, Umsetzungsdefizite der FFH-Richtlinie in Deutschland? UPR 1999, 281 (285).

480 VGH München, Urt. v. 14.06.1996, NuR 1997, 45 (48). Das Gericht führt aus, dass ein Widerspruch zum Santoña-Urteil v. 02.08.1993, Rs. C-355/90 (Kommission./. Spanien), Slg. 1993-I, S. 4221 = NuR 1994, 521, nicht vorliege, da zum Zeitpunkt der Entscheidung des EuGH die FFH-Richtlinie noch nicht in Kraft getreten gewesen sei; a.a.O., S. 48 (mit In-Kraft-Treten ist vermutlich der Ablauf der Umsetzungsfrist gemeint).

481 Hösch, Die Rechtsprechung des Bundesverwaltungsgerichts zu Natura-2000-Gebieten, NuR 2004, 348 (353).

482 BVerwG, Urt. v. 19.05., NuR 1998, 649 (651); ebenso und der Literatur folgend OVG Münster, NuR 2000, 165 (169); BVerwG, Urt. v. 19.05.1998, NuR 1998, 649 (651).

Richtlinie gelten.[483] Gemeinschaftsrechtlich ist dieser Schluss jedoch nicht zwingend: Der Europäische Gerichtshof entschied, dass - dem Wortlaut entsprechend - das Schutzregime der FFH-Richtlinie auf nicht gemeldete Gebiete keine Anwendung finde. Vielmehr gelte das Schutzregime der Vogelschutzrichtlinie weiter. Dies begründete das Gericht mit dem Sanktionsgedanken, wonach ein Mitgliedstaat aus der Missachtung einer gemeinschaftsrechtlichen Pflicht keinen Vorteil ziehen dürfe. In seiner neueren Rechtsprechung folgt auch das Bundesverwaltungsgericht nun dieser vom EuGH vorgegebenen Linie.[484]

D. Zwischenergebnis: Implementationsdefizite in der gemeinschaftlichen Naturschutzpolitik

Im Wesentlichen beruhen die weiterhin bestehenden Mängel bei der Implementation der Vogelschutz- und der FFH-Richtlinie auf der noch immer nicht ausreichenden Ausweisung von Vogelschutzgebieten (SPA's) und der nicht den Ansprüchen genügenden Meldung relevanter Gebiete von Gemeinschaftsinteresse (pSCI's).[485] Dies soll allerdings nicht darüber hinwegtäuschen, dass auch bezüglich materieller Vorgaben - etwa im

---

483 Jarass, EG-rechtliche Folgen ausgewiesener und potentieller Vogelschutzgebiete, ZUR 2000, 183 (189 f.); Gellermann, Biotop- und Artenschutz, in: Rengeling (Hg.), EUDUR Bd. II, Rdnr. 37; Apfelbacher/Adenauer/Iven, Das zweite Gesetz zur Änderung des BNatSchG, NuR 1999, 63 (71), m.w.N.; Hösch, Die Rechtsprechung des Bundesverwaltungsgerichts zu Natura-2000-Gebieten, NuR 2004, 348 (349) mit weiteren Nachweisen zur Rechtsprechung.

484 EuGH, Urt. v. 07.12.2000, Rs. C-374/98 (Kommission./.Frankreich) – „Basse Corbières", DVBl. 2001, 359 (360), Rdnr. 47; BVerwG, Beschluss v. 21.11.2001, NuR 2002, 153 (154) sowie Urt. v. 27.10.2000, DVBl. 2000, 387; Urt. v. 01.04.2004, NuR 2004, 524 (das Gericht fordert hier sogar die endgültige rechtsverbindliche außenwirksame Erklärung; nicht ausreichend wäre also die schlichte Meldung an die Kommission); ebenso Schumacher/Fischer-Hüftle, Bundesnaturschutzgesetz, § 34, Rdnr. 14; Gassner/Bendomir-Kahlo/Schmidt-Räntsch, Bundesnaturschutzgesetz, § 34, Rdnr. 5a.

485 Vgl. KOM (1999) 301 endg., „Umsetzung und Durchführung des Gemeinschaftsrechts", S. 25; Krämer (Defizite im Vollzug des EG-Umweltrechts und ihre Ursachen, in: Lübbe Wolff (Hg.), Der Vollzug des Europäischen Umweltrechts, S. 7) identifiziert den Habitatschutz als eines der größten Implementationsdefizite in der gemeinschaftlichen Umweltschutzpolitik. Aktuell bestehen immer noch Defizite in einigen Mitgliedstaaten. So erwägt die Kommission, gegen Belgien wegen fehlender rechtsverbindlicher Maßnahmen zum Schutz besonderer Schutzgebiete, gegen Italien, Irland und Österreich wegen mangelnder Ausweisung rechtlich vorzugehen (Pressemitteilung v. 29.01.2004).

Falle der Vogelschutzrichtlinie bei der Umsetzung jagdrechtlicher Vorschriften, im Falle der FFH-Richtlinie bezüglich verfahrensrechtlicher Vorgaben - erhebliche Verzögerungen auftraten. In den beschriebenen Fällen erfolgte erst nach Verurteilung durch den EuGH wegen Vertragsverletzung eine pflichtgemäße Umsetzung durch die Mitgliedstaaten.[486] Diese zunächst vorhandenen Defizite im Bereich des normativen Vollzugs, die nun auch im Wesentlichen als beseitigt angesehen werden können, erscheinen allerdings im Vergleich zu den Mängeln im Bereich der Schutzgebietsausweisung als weniger schwerwiegend.[487]

Die Bedeutung der Vogelschutzrichtlinie für die Ausweisung und Meldung von Schutzgebieten wurde insgesamt lange, man kann sagen, bis zum Erlass der FFH-Richtlinie, verkannt. So fristete das, die Ausweisung besonderer Schutzgebiete, lange Zeit ein Schattendasein. Erst in Folge des Erlasses der FFH-Richtlinie und nach Erstellung und Verwendung der IBA-Liste erlangte die Vogelschutzrichtlinie eine größere Aufmerksamkeit. Es wurde klar, in welchem Ausmaß die Mitgliedstaaten von einer vollständigen Implementation bezüglich der Schutzgebietsausweisung entfernt waren, obwohl gerade auch diesem Aspekt, wie vom EuGH recht früh in einer Entscheidung angedeutet, größte Bedeutung zukommt.[488] Allein in dieser verzögerten Umsetzung liegt bereits ein Effektivitätsverlust in Bezug auf die selbst gesteckten Ziele. Die Frist zur Umsetzung der aus dem Jahre 1979 datierenden Vogelschutzrichtlinie lief bereits im April 1981 ab. Von einer vollständigen Implementation kann indes bis heute nicht gesprochen werden. Es fehlt an ausreichender Schutzgebietsausweisung durch die Mitgliedstaaten und Meldung geschützter Gebiete an die Kommission.[489] Dies gilt besonders im Hinblick auf das mit dem Inkrafttreten der FFH-Richtlinie im Jahre 1992 aufgestellten Ziels eines gemeinschaftsweiten Biotopverbundes, zu dem auch die Vogelschutzgebiete der Vogelschutzrichtlinie rechnen sollen. So behält aber auch die Figur des faktischen Vogelschutzgebietes als Direkt-

---

486 S.o.; Viertes Kapitel, A. II.

487 Schrader/Hellenbroich (Die Umsetzung der FFH-Richtlinie durch die Landesgesetzgeber, UTR 58 (2001), 283 (313)) wiesen allerdings auch 2001 noch auf eine unzureichende Umsetzung der FFH-Richtlinie in die Landesgesetzgebung in vielen Bundesländern hin.

488 EuGH, Urt. v. 13.10.1987, Rs. 236/85 (Kommission./.Königreich Niederlande), Slg. 1987-I, S. 3989, Rdnr. 5.

489 Bis April 2002 waren lediglich Belgien, Dänemark und die Niederlande vollständig ihren Verpflichtungen nachgekommen; http://europa.eu.int (zuletzt besucht am 09.04.2002).

wirkung der Vogelschutzrichtlinie weiterhin ihre Aktualität.[490] Dabei behält auch die IBA-Liste[491] ihre Bedeutung als „wissenschaftliches Erkenntnismittel von hohem Beweiswert".[492]

Die mitgliedstaatliche Implementation der FFH-Richtlinie begegnete ebenfalls erheblichen Schwierigkeiten, insbesondere im Hinblick auf die Ausweisung von Schutzgebieten, so dass auch in diesem Fall gemeinschaftsweit von einer erheblich verspäteten Umsetzung gesprochen werden kann. Der ursprüngliche Zeitplan, der innerhalb von sechs Jahren nach Erlass der FFH-Richtlinie die Bekanntgabe des Natura-2000-Netzes vorsah, konnte nicht eingehalten werden.[493] Hauptgrund war bislang die nicht ausreichende Meldung von schutzwürdigen Gebieten seitens der Mitgliedstaaten.[494] Vollständig ist die FFH-Richtlinie - wenn auch mittlerweile große Fortschritte zu verzeichnen sind - wegen der zögerlichen Meldung von Gebieten bislang noch in keinem Mitgliedstaat umgesetzt.[495] Zu einer vollständigen Umsetzung gehört aber außerdem der bislang wenig beachtetet Bereich des Monitoring - auch hier bestehen nicht nur in Deutschland weiterhin Defizite.[496]

490 Zuletzt BVerwG Urt. v. 15.01.2004 Az. 4 A 11/02 NVwZ 2004, 732 (734).

491 In einer aktualisierten Fassung aus dem Jahr 2000: Heath, M.F./Evans M.I. et al. (Hg.), Important Bird Areas in Europe: Priority Sites for Conservation Vol. 2, 2000.

492 So das BVerwG, Beschluss v. 21.11.2001, NuR 2002, 153 (154).

493 Apfelbacher u.a., Das zweite Gesetz zur Änderung des BNatSchG, NuR 1999, 63 (65), mit ernüchternder Bilanz auch „Natura-2000. Naturschutz-Infoblatt der Europäischen Kommission GD XI" Nr. 10/1999; KOM endg. (1999) 301; KOM (2003) 845 endg., S. 30.

494 Mit Beispielen auch KOM (1999) 301 endg., S. 25 f.

495 Vgl. dazu KOM (2003) 845 endg., S. 17.

496 Für Deutschland vgl. Mecklenburg, Anmerkungen zur Rechtsfigur des potentiellen FFH-Gebietes, UPR 2002, 124 (126). Allerdings enthält das neugefasste BNatSchG nun auch Bestimmungen über die Beobachtung der Arten außerhalb von Schutzgebieten. Abzuwarten bleibt die Umsetzung in den Ländern; vgl. Stich, Das neue Bundesnaturschutzgesetz, UPR 2002, 161 (164); zur Umsetzung in den Mitgliedstaaten s. auch KOM (2003) 845 endg., S. 23 f.

Fünftes Kapitel:

Das Beispiel Luftreinhaltepolitik

Die gemeinschaftliche Luftreinhaltepolitik lässt sich in drei Kategorien unterteilen: immissionsbezogene bzw. qualitätsorientierte Regelungen, emissionsbezogene Regelungen und produktbezogene Regelungen. Zu letzterer Kategorie gehört im Wesentlichen die Regulierung des zulässigen Schadstoffausstoßes von Kraftwagen. Hierbei handelt es sich vielfach um Sachverhalte, die einen starken Bezug zum Binnenmarkt haben, so dass sie in der Literatur zumeist unter diesem Gesichtspunkt behandelt werden.[497] Aus Gründen notwendiger Beschränkung werden im Folgenden die produktbezogenen Regelungen ausgeblendet; der Fokus liegt vielmehr im klassisch umweltrechtlichen Bereich der emissionsbezogenen Regelungen.

Die emissionsbezogenen Rechtsvorschriften der Europäischen Gemeinschaft lassen sich wiederum nach ihrem Regelungsgegenstand einteilen in Vorschriften, die sich auf bewegliche Quellen beziehen und solche, die auf unbewegliche Quellen - wie z.B. Industrieanlagen - Bezug nehmen. Die Regulierung nicht ortsfester Emittenten fällt zum großen Teil in die Kategorie der produktbezogenen Regulierung. Die gemeinschaftlichen Emissionsregelungen über ortsfeste Anlagen betreffen dagegen fast ausschließlich Industrieanlagen und gehören damit zum klassischen Kernbestand jeder Umweltschutzpolitik.[498] Diese bilden den Gegenstand der folgenden Darstellung und Untersuchung.

---

497 Ebenfalls in diese Kategorie gehört z.B. die Aufstellung von Qualitätsanforderungen an den Bleigehalt von Benzin (Richtlinie 85/210/EWG des Rates v. 20. März 1985 zur Angleichung der Rechtsvorschriften der Mitgliedstaaten über den Bleigehalt von Benzin, EG-ABl. Nr. L 96 v. 03.04.1985, S. 25 ff.). Hierzu z.B. Epiney, Umweltrecht in der Europäischen Union, S. 236.

498 Epiney, Umweltrecht in der Europäischen Union, S. 239; Ausnahmen bestätigen die Regel, so betrifft etwa eine andere Richtlinie die Emissionen flüchtiger Verbindungen bei der Lagerung, Verteilung und Auslieferung von Kraftstoffen (Richtlinie 94/63/EG des Europäischen Parlaments und des Rates v. 20. Dezember 1994 zur Begrenzung der Emissionen flüchtiger organischer Verbindungen (VOC- Emissionen) bei der Lagerung von Ottokraftstoff und seiner Verteilung von den Auslieferungslagern bis zu den Tankstellen EG-ABl. Nr. L 365 v. 31.12.1994, S. 24 ff.)

Der Ansatz der europäischen Luftreinhaltepolitik bezogen auf ortsfeste Quellen war in der Vergangenheit ausschließlich regulativ geprägt.[499] Als Beispiele regulativer Luftreinhaltepolitik werden im folgenden Abschnitt zwei Richtlinien vorgestellt: Beispiel für eine ältere Richtlinie ist die „Richtlinie zur Bekämpfung der Luftverschmutzung durch Industrieanlagen" (RL 84/360/EWG, kurz Industrieanlagen-Richtlinie)[500]; als jüngeres Beispiel wird die „Richtlinie über die integrierte Vermeidung und Verminderung der Umweltverschmutzung" (RL 96/61/EG,[501] kurz: IVU-Richtlinie; *IPPC Directive*) untersucht.

A. Die Industrieanlagen-Richtlinie RL 84/360/EWG

Im gemeinschaftlichen Sekundärrecht stellte die Industrieanlagen-Richtlinie in der Vergangenheit die zentrale Vorschrift für ortsfeste Emissionsquellen dar. Da die Industrieanlagen-Richtlinie durch die IVU-Richtlinie abgelöst werden wird, verliert sie nun allerdings diese zentrale Stellung.[502] Es handelt sich hierbei um eine Rahmenrichtlinie, die für die in ihren Anwendungsbereich fallende Anlagen bestimmte Grundanforderungen festlegt.[503] Diese Grundanforderungen werden durch speziellere Regelungen, sogenannte Tochterrichtlinien, konkretisiert.

I. Die Vorgaben der Industrieanlagen- und der Großfeuerungsanlagen-Richtlinie

Die Industrieanlagen-Richtlinie stellt eine Genehmigungspflicht für den Betrieb und für die wesentliche Veränderung der von ihrem Anwendungsbereich erfassten Anlagen auf. Neben den materiellrechtlichen An-

---

499 Krämer, Arbeit und Konzeption der EG-Kommission in der Umweltpolitik, in: Calliess/Wegener (Hg.), Europäisches Umweltrecht als Chance, S. 34 f.; Epiney, Umweltrecht in der Europäischen Union, S. 28; Majone, Redistributive und sozialregulative Politik, in: Jachtenfuchs/Kohler-Koch (Hg.), Europäische Integration, S. 225, (228 ff.).

500 Richtlinie 84/360/EWG des Rates v. 28. Juni 1984 zur Bekämpfung der Luftverunreinigung durch Industrieanlagen, EG-ABl. Nr. L 188 v. 16.07.1984, S. 0 ff.

501 Richtlinie 96/61/EG des Rates v. 24. September 1996 über die integrierte Vermeidung und Verminderung der Umweltverschmutzung, EG-ABl. Nr. L 257 v. 10.10.1996, S. 26 ff.

502 Zum Verhältnis von IVU-Richtlinie und Industrieanlagen-Richtlinie s.u., Fünftes Kapitel, B. I. 3.

503 Epiney, Umweltrecht in der Europäischen Union, S. 240.

forderungen werden verfahrensbezogene Anforderungen wie die Information und Beteiligung der Öffentlichkeit aufgestellt (Art. 9).[504]

In der Richtlinie selbst wird zwischen Neuanlagen, die einer Genehmigungspflicht unterworfen werden (Art. 3) und Altanlagen (Art. 2 Nr. 3) unterschieden, die schrittweise dem aktuellen Standard angepasst werden sollen (Art. 13); die folgende Darstellung beschränkt sich auf die Neuanlagen. Die Genehmigung von Neuanlagen darf von der zuständigen Behörde des Mitgliedstaates nur erteilt werden, wenn eine Reihe von Voraussetzungen erfüllt sind. Zu diesen Voraussetzungen gehören die Vermeidung signifikanter Luftverunreinigungen (Art. 4 Nr. 2), die Einhaltung geltender Emissionsgrenzwerte (Art. 4 Nr. 3), die Berücksichtigung geltender Luftqualitätsgrenzwerte (Art. 4 Nr. 4) sowie die Verwendung geeigneter Vorsorgemaßnahmen gegen Luftverschmutzung unter Berücksichtigung der besten verfügbaren Technik, soweit diese wirtschaftlich vertretbar erscheinen (Art. 8 Abs. 1).[505] Dieser Begriff der „besten verfügbaren Technik" ist ein zentraler Begriff der materiellen Genehmigungsanforderungen.[506] Dem Wortlaut des Art. 8 nach kann die Verwendung der „besten verfügbaren Techniken" allerdings nur gefordert werden, wenn sie keine unverhältnismäßig hohen Kosten verursacht. Nach dieser einschränkenden Klausel ist bei der Umsetzung der Richtlinie durch die Mitgliedstaaten auch eine Berücksichtigung der individuellen wirtschaftlichen Situation der Betreiber möglich.[507] Ein solcher individueller Zuschnitt der materiellen Genehmigungsanforderungen entspricht dem britischen Konzept der verfahrensorientierten und flexiblen Anlagenzulassung; daher auch die Bezeichnung als *BATNEEC*, eine Abkürzung für den Terminus *best available technology not entailing excessive costs*.[508] Mit diesem wenig präzisen Begriff eröffnete die Industrieanlagen-Richtlinie den Mitgliedstaaten einen breiten inhaltlichen

504 Dazu Sellner, Anlagenbezogene Regelungen im Luftreinhalterecht, in: Rengeling (Hg.), EUDUR Bd. II, § 49, Rdnr. 16.

505 Sellner, Anlagenbezogene Regelungen im Luftreinhalterecht, in: Rengeling (Hg.), EUDUR Bd. II, § 49, Rdnr. 15.

506 Sellner, Anlagenbezogene Regelungen im Luftreinhalterecht, in: Rengeling (Hg.), EUDUR Bd. II, § 49, Rdnr. 18.

507 Sellner, Anlagenbezogene Regelungen im Luftreinhalterecht, in: Rengeling (Hg.), EUDUR Bd. II, § 49, Rdnr. 21.

508 Zum britischen Regelungsmodell und dessen Historie Meinken, Emissions- versus Immissionsorientierung, S. 88 ff.

Umsetzungsspielraum.[509] In der Literatur wird diese Genehmigungsanforderung gerne als Paradebeispiel unpräziser und umsetzungs- und vollzugsunfreundlicher gemeinschaftlicher Rechtssetzung angeführt.[510] Dennoch wird mit dieser Richtlinie ein erster Schritt in die Richtung einer Rechtsvereinheitlichung der in den verschiedenen Mitgliedstaaten traditionell sehr unterschiedlich geregelten Materie unternommen.

Die Industrieanlagen-Richtlinie legt mit Artikel 8 gleichzeitig den Grundstein für Tochterrichtlinien, in denen Emissionsgrenzwerte für bestimmte Schadstoffe festgelegt werden können. Für die Festlegung solcher Grenzwerte war weiterhin eine Einstimmigkeit im Rat erforderlich; die Grenzwerte sollten unter Berücksichtigung der besten verfügbaren Techniken unter Berücksichtigung der dadurch verursachten Kosten erfolgen.[511] So wird die Industrieanlagen-Richtlinie in Bezug auf Industrieanlagen durch die „Richtlinie des Rates zur Begrenzung von Schadstoffemissionen von Großfeuerungsanlagen in der Luft", (RL 88/609/EWG, kurz: Großfeuerungsanlagen-Richtlinie), die auf Drängen Deutschlands verabschiedet wurde, konkretisiert.[512] Zur Verabschiedung der Großfeuerungsanlagen-Richtlinie bedurfte es jedoch vierjähriger Verhandlungen. Grund hierfür war die unterschiedliche wirtschaftliche Belastung der betroffenen Betreiber in den Mitgliedstaaten durch das von der Kommission geplante und von Deutschland forcierte Regelungsmodell, dem die Großfeuerungsanlagen-Richtlinie insgesamt folgt.[513] Die Richtlinie stellt Emissionsgrenzwerte für Schwefeldioxid und Stickoxide für Feuerungsanlagen auf, deren Wärmeleistung mehr als 50 MW beträgt (Art. 1). Die Mitgliedstaaten werden verpflichtet, für den Betrieb dieser Anlagen die verbindlichen Grenzwerte der Anhänge III bis VII vorzuschreiben (Art. 4 Abs. 1). Dabei verbleiben den Mitgliedstaaten wegen des begrenzten Anwendungsbereichs und der Beschränkung auf Schwefeldioxid und Stickoxide dennoch Spielräume, die Anforderungen an die Großfeuerungsanlagen unterschiedlich auszugestalten. Auch gestattet die Richtlinie den Mitgliedstaaten mithilfe von Ausnahmeklauseln, von den ver-

509 Sellner, Anlagenbezogene Regelungen im Luftreinhalterecht, in: Rengeling (Hg.), EUDUR Bd. II, § 49, Rdnr. 19.

510 Nicklas, Implementationsprobleme des EG-Umweltrechts, S. 51.

511 Zu den Hintergründen der Verhandlungen im Rat Meinken, Emissions- versus Immissionsorientierung, S. 133.

512 Sellner, Anlagenbezogene Regelungen im Luftreinhalterecht, in: Rengeling (Hg.), EUDUR Bd. II, § 49, Rdnr. 22.

513 Sellner, Anlagenbezogene Regelungen im Luftreinhalterecht, in: Rengeling (Hg.), EUDUR Bd. II, § 49, Rdnr. 22 f.; Vorbild war die 13. BImSchV.

bindlichen Grenzwerten abzuweichen, sofern bei Einhaltung der Grenzwerte in konkreten Fällen unverhältnismäßige Kosten entstehen würden.[514] Hier findet der Begriff der BATNEEC der Rahmenrichtlinie (Art. 8 Abs. 1 Industrieanlagen-Richtlinie) in der als Tochterrichtlinie seine Entsprechung. Die Richtlinie verpflichtet die Mitgliedstaaten außerdem, Programme zur schrittweisen Verminderung der Emissionen aus bestehenden Anlagen aufzustellen (Art. 2). Neben der Großfeuerungsanlagen-Richtlinie gibt es zwei weitere Richtlinien, welche die Verbrennung von Siedlungsmüll regeln.[515] Durch diese Richtlinien wurde bis Ende der achtziger Jahre ein umfangreiches medienspezifisches Anlagenzulassungsrecht auf der Ebene des Gemeinschaftsrechts geschaffen.[516] Das Konzept folgt so dem Muster konditionaler Programmierung, bleibt aber dennoch „weitmaschig".[517]

II. Der normative Vollzug

Zwar strengte die Kommission im Fall der Industrieanlagen-Richtlinie keine umfangreichen Vertragsverletzungsverfahren vor dem Europäischen Gerichtshof an.[518] Es wäre jedoch voreilig, daraus den Schluss zu ziehen, die Implementation der Industrieanlagen-Richtlinie sei vollständig und zufriedenstellend erfolgt. Dies zeigte sich in vergleichbarer Weise am Beispiel der Vogelschutzrichtlinie. Auch dort gab es zunächst keine Vertragsverletzungsverfahren wegen unzureichender Ausweisung von Schutzgebieten, obwohl sich später zeigte, dass die Mitgliedstaaten ihren diesbezüglichen Verpflichtungen nur unzureichend nachgekommen waren. Probleme bei der Umsetzung der Industrieanlagen-Richtli-

---

514 Sellner, Anlagenbezogene Regelungen im Luftreinhalterecht, in: Rengeling (Hg.), EUDUR Bd. II, § 49, Rdnr. 26.

515 Richtlinie 89/429/EWG des Rates v. 21. Juni 1989 über die Verringerung der Luftverunreinigung durch bestehende Verbrennungsanlagen für Siedlungsmüll EG-ABl. Nr. L 203 v. 15.07.1989, S. 50; Richtlinie 89/369/EWG des Rates v. 8. Juni 1989 über die Verhütung der Luftverunreinigung durch neue Verbrennungsanlagen für Siedlungsmüll, EG-ABl. Nr. L 63 v. 14.06.1989, S. 32.

516 Sellner, Anlagenbezogene Regelungen im Luftreinhalterecht, in: Rengeling (Hg.), EUDUR Bd. II, § 49, Rdnr. 9.

517 Sellner, Anlagenbezogene Regelungen im Luftreinhalterecht, in: Rengeling (Hg.), EUDUR Bd. II, § 49, Rdnr. 19.

518 In dem Verfahren Rs. C-230/00 (Kommission./.Königreich Belgien), Slg. 2001-I, S. 4591, hat der EuGH Belgien mit Urt. v. 14.06.2001 antragsgemäß verurteilt, weil nach belgischem Recht eine beantragte Genehmigung in der zweiten behördlichen Instanz als erteilt gilt, wenn nicht innerhalb einer bestimmten Frist eine andere Entscheidung ergeht

nie bereitete vor allem der generalklauselartige Begriff der „besten verfügbaren Techniken". Die unbestimmte Fassung dieses Begriffes in der Richtlinie erlaubte es den Mitgliedstaaten, der Umsetzungspflicht oftmals ohne substanzielle Veränderungen ihrer überkommenden Regulierungsstruktur und materiellen Genehmigungsanforderungen nachzukommen.[519] So blieben erhebliche Unterschiede in der Struktur und auch in den materiellen Zulassungsanforderungen in den Mitgliedstaaten bestehen.[520]

In Deutschland erfolgten keine konkreten Umsetzungsmaßnahmen, denn die bestehenden Rechtsvorschriften des Immissionsschutzrechts genügten den Anforderungen der Richtlinie bereits.[521] Das Bundesimmissionsschutzgesetz und die dazugehörigen Verordnungen und Verwaltungsvorschriften enthielten bereits eine behördliche Genehmigungspflicht, die insgesamt sogar ein höheres Schutzniveau verwirklichte, als es die Industrieanlagen-Richtlinie forderte. Unter anderem war der Katalog genehmigungspflichtiger Anlagen umfangreicher, aber auch die materiellen Anforderungen strenger, insbesondere waren diese abstrakt festgelegt und duldeten keine individuellen Abstriche.[522] In anderen Mitgliedstaaten war die Richtlinie dagegen 1992, acht Jahre nach Erlass der Richtlinie und fünf Jahre nach Ablauf der Umsetzungsfrist im Juni 1987 (Art. 16 Abs. 1) noch nicht umgesetzt.[523] Dass eine Vereinheitlichung des rechtlichen Rahmens durch die Industrieanlagen-Richtlinie und deren Tochterrichtlinien nicht in allzu großem Maße stattgefunden hat, zeigt sich auch darin, dass dem ersten Kommissionsvorschlag zur IVU-Richtlinie als Folgeregelung zwei Jahre Expertendiskussionen vorausgingen und die Richtlinie selbst Gegenstand großer Kontroversen war.[524] Offensichtlich waren die Regelungen der Mitgliedstaaten noch so

519 Nicklas, Implementationsprobleme des EG-Umweltrechts, S. 51 und 89 ff.

520 Nicklas, Implementationsprobleme des EG-Umweltrechts, S. 89 ff.; Sellner, in: Rengeling (Hg.), EUDUR II, Rdnr. 18.

521 Sellner, Anlagenbezogene Regelungen im Luftreinhalterecht, in: Rengeling (Hg.), EUDUR Bd. II, § 49, Rdnr. 28.

522 Sellner, Anlagenbezogene Regelungen im Luftreinhalterecht, in: Rengeling (Hg.), EUDUR Bd. II, § 49, Rdnr. 20 f.

523 Sellner, Anlagenbezogene Regelungen im Luftreinhalterecht, in: Rengeling (Hg.), EUDUR Bd. II, § 49, Rdnr. 34; hierzu auch Mentzinis, Die Durchführbarkeit des Europäischen Umweltrechts, S. 147 f.

524 Die IVU-Richtlinie ist auch in Bezug auf die Langwierigkeit des Verfahrens ein gutes Beispiel, dauerte doch allein die Diskussion auf Kommissionsebene mit den mitgliedstaatlichen Verwaltungen und Interessenverbänden über zwei Jahre; vgl. Demmke, Umweltpolitik im Europa der Verwaltungen, Die Ver-

unterschiedlich, dass es trotz der Industrieanlagen-Richtlinie schwierig war, sich auf ein eng gefasstes gemeinsames Regulierungsmodell zu einigen. Die Kommission war dabei bereits über die gesetzliche Umsetzung der Industrieanlagen-Richtlinie in das nationale Recht der Mitgliedstaaten schlecht unterrichtet. Dies zeigt sich deutlich in den Kommissionsberichten zur Umsetzung und Anwendung des Gemeinschaftsrechts. Im Jahre 1991 wurde von der Kommission im 8. Anwendungsbericht über das Gemeinschaftsrecht an das Europäische Parlament bemängelt, dass es auf Gemeinschaftsebene keine kohärenten und zuverlässigen Informationen über die Anwendung des Grundsatzes der Verwendung der besten verfügbaren Techniken gebe. Auch im 10. Anwendungsbericht von 1993 wird eine unzureichende Implementation dieses Grundsatzes festgestellt, dieser Befund wird im 11. Anwendungsbericht wiederholt.[525]

III. Der Verwaltungsvollzug

Auch die weiterhin bestehende unterschiedliche Vollzugspraxis in den Mitgliedstaaten sowie unterschiedliche Verfahren der Messung und Kontrolle trugen zu den unterschiedlichen Rahmenbedingungen der Industrie in den Mitgliedstaaten bei.[526] So bemängelt die Kommission die unterschiedliche Auslegungspraxis der Mitgliedstaaten.[527] Zwar gibt es letztendlich keine Daten, welche die Form und das Ausmaß des Vollzugsdefizits in diesem Politikbereich belegen. Im Arbeitsprogramm der Generaldirektion Umwelt für die Jahre 2001/2002 wird jedoch immer noch ein Anwendungsdefizit des Gemeinschaftsrechts beklagt, obgleich zwischenzeitlich die IVU-Richtlinie erlassen wurde. Man kann daher davon ausgehen, dass bezüglich der Industrieanlagen-Richtlinie bis zum Schluss Implementationsdefizite bestanden, wobei die Kommission ins-

---

waltung 27 (1994), S. 49 (66); ders. Die Implementation von EG-Umweltpolitik in den Mitgliedstaaten, S. 46, m.w.N.

525 In den folgenden Berichten werden hierzu keine Ausführungen mehr gemacht. Mentzinis, Die Durchführbarkeit des Europäischen Umweltrechts, S. 144 f. m.w.N.

526 Sellner, Anlagenbezogene Regelungen im Luftreinhalterecht, in: Rengeling (Hg.), EUDUR Bd. II, § 49, Rdnr. 34; Mentzinis, Die Durchführbarkeit des europäischen Umweltrechts, S. 144; Nicklas, Implementationsprobleme des EG-Umweltrechts, S. 90.

527 Mentzinis, Die Durchführbarkeit des Europäischen Umweltrechts, 146, m.w.N..

besondere die gleichmäßige Rechtsdurchsetzung als Problemfeld anspricht.[528]

B. Die IVU-Richtlinie RL 96/61/EG

Eine der jüngeren Regelungen des gemeinschaftlichen Sekundärrechts auf dem Gebiet der emissionsorientierten Luftreinhaltepolitik ist IVU-Richtlinie, auch IPPC-Richtlinie (von *Integrated Pollution Prevention Control*). Die IVU-Richtlinie regelt - ebenso wie bereits die Industrieanlagen-Richtlinie - die Umweltauswirkungen von Industrieanlagen und wird diese im Jahr 2007 vollständig ablösen.[529] Die IVU-Richtlinie zielt nicht allein auf die Luftreinhaltung ab, sondern auf die integrierte Verminderung und Vermeidung von Umweltschädigungen allgemein. Die Luftreinhaltung stellt jedoch einen wesentlichen Aspekt der Richtlinie dar. Gegenstand der Richtlinie ist eine medienübergreifende Anlagenzulassungsregelung, welche die bisherigen Zulassungsregelungen zusammenführen und ergänzen soll.[530]

I. Die Vorgaben der IVU-Richtlinie

Die Gliederung der Richtlinie folgt zwar keinem stringenten Aufbau, es lassen sich aber dennoch materielle Regelungen (Art. 1, 2, 3, 8 sowie Art. 9, soweit dieser Genehmigungsvoraussetzungen enthält) sowie die besondere Regelung des Artikel 10 von den verfahrensrechtlichen Regelungen (etwa Art. 6, 7, das Verfahren des Art. 9 selbst, Art. 17, 15, aber auch 13 und 14) unterscheiden.[531]

1. Die materiellen Anforderungen

Als völlig neu an der IVU-Richtlinie - zumindest was das deutsche Recht angeht - wurde anfangs der integrative Ansatz angesehen. Im Mittelpunkt der Regelungen steht nicht mehr der Schutz eines Umweltmediums, sondern die Optimierung der Auswirkungen einer Anlage auf die Umwelt insgesamt. Das Leitbild der Richtlinie, der Gedanke der inte-

---

528 DG Environment Management Plan 2001-2002 (External Version), S. 22 ff.

529 Zum Verhältnis der Industrieanlagen-Richtlinie zur Großfeuerungsanlagen-Richtlinie siehe unten Fünftes Kapitel, B. I. 3.

530 Kracht/Wasielewski, Integrierte Vermeidung und Verminderung der Umweltverschmutzung, in: Rengeling (Hg.), EUDUR Bd. I, § 35, Rdnr. 11.

531 Becker, Integrierte Vermeidung und Verminderung der Umweltverschmutzung, Vorbemerkungen, Rdnr. 2.3, S. 60 f.

grierten Betrachtung und Bewertung, ist jedoch nicht als weitgefasste, grenzenlose Einbeziehung aller möglichen und relevant erscheinenden Gesichtspunkte zu verstehen. Die IVU-Richtlinie geht vielmehr von einem engem Integrationsbegriff aus.[532] So bleiben auch mögliche Gesichtspunkte genereller Art; wie beispielsweise ein schonender Umgang mit Ressourcen, die grundsätzliche Frage nach dem Sinn der Errichtung der Anlage oder auch die Eigenschaften der hergestellten Produkte außer Betracht.[533]

Die IVU-Richtlinie unterwirft die im Anhang I bestimmten Anlagen einer staatlichen Genehmigungspflicht (Art. 4). Der Katalog der genehmigungspflichtigen Anlagen in Anhang I ist abschließend.[534] Für die genehmigungsbedürftigen Anlagen werden materielle Anforderungen in Form von Grundpflichten, Genehmigungsvoraussetzungen und -auflagen aufgestellt (Art. 3, Art. 8 bis 10). Die Auflistung der Grundpflichten in Artikel 3 orientiert sich an den Betreiberpflichten des Bundesimmissionsschutzgesetzes (§ 5 Abs. 1).[535] Es müssen geeignete Maßnahmen der Vorsorge durch den Einsatz der besten verfügbaren Techniken gegen Umweltverschmutzungen getroffen und erhebliche Umweltverschmutzungen und Abfall vermieden werden, Energie effizient genutzt und Unfälle verhindert werden. Schließlich muss die Anlage bei Stilllegung ohne Umweltbelastungen zurückgebaut werden. Außerdem muss sichergestellt werden, dass die erteilte Genehmigung mit den einzuhaltenden Umweltqualitätszielen konform geht (Art. 10).[536]

In der allgemeinen Diskussion um den integrierten Umweltschutz wurden vor allem Fragen nach der Struktur der von der IVU-Richtlinie vorgeschriebenen Zulassungsentscheidung und der anzulegenden Maßstäbe diskutiert. Mit Blick auf das deutsche Anlagenzulassungsrecht nach dem Bundesimmissionsschutzgesetz ist dabei vor allem die Frage interessant, ob der integrierte Ansatz der IVU-Richtlinie die Anlagenzu-

---

532 Feldhaus, Integriertes Anlagenzulassungsrecht, ZUR 2002, 1 (2); Zöttl, Integrierter Umweltschutz in der neuesten Rechtsentwicklung, 1998, S. 91 f.

533 Buchholz, Integrative Grenzwerte im Umweltrecht, S. 117; ausführlich zum weiten Integrationsbegriff Schreiber, Das Regelungsmodell der Genehmigung im integrierten Umweltschutz, S. 49 ff.

534 Kracht/Wasielewski, Integrierte Vermeidung und Verminderung der Umweltverschmutzung, in: Rengeling (Hg.), EUDUR Bd. I, § 35, Rdnr. 15.

535 Kracht/Wasielewski, Integrierte Vermeidung und Verminderung der Umweltverschmutzung, in: Rengeling (Hg.), EUDUR Bd. I, § 35, Rdnr. 26.

536 Zu den Umweltqualitätszielen Beyer, Die integrierte Anlagenzulassung, S. 105 ff.

lassung nach generell-abstrakten oder nach konkret-individuellen Maßstäben vorschreibt. Als weitere Frage ist zu klären, ob im nationalen Recht weiterhin eine gebundene Entscheidung möglich ist, oder ob die IVU-Richtlinie ein Versagungsermessen vorschreibt. Schließlich ist von großem Interesse, worin konkret der von der IVU-Richtlinie vorgeschriebene Zulassungsmaßstab besteht. Von der Beantwortung dieser Fragen hängt ab, ob - und wenn ja, welche - der in der IVU-Richtlinie vorgesehene „Informationsaustausch" eine Rolle im nationalen Vollzug der Anlagengenehmigung spielen wird.

a) Die Struktur der Genehmigungsentscheidung

Die behördliche Genehmigungsentscheidung ist Gegenstand des Artikel 8 der IVU-Richtlinie. Dem Wortlaut nach lässt diese Vorschrift sowohl eine Ermessensentscheidung als auch eine gebundene Entscheidung der Behörde zu.[537] Gerade im Zusammenhang mit der von der Richtlinie geforderten Optimierung ist die Zulassung einer gebundenen behördlichen Entscheidung keine Selbstverständlichkeit. So sah der Kommissionsvorschlag ursprünglich ausdrücklich die Möglichkeit der Versagung einer Genehmigung aus Gründen übermäßiger Belastung der Umwelt vor. Aus einer solchen Versagungsbefugnis hätte sich ein zwingender Gestaltungsspielraum der Entscheidungsbehörde ergeben.[538] Aber auch die letztendlich verabschiedete Fassung der IVU-Richtlinie verlangt einen gewissen Spielraum bei der Entscheidung. Dies ergibt sich historisch aus dem Ansatz der IVU-Richtlinie, welcher der britischen Regelungstradition – der Festsetzung individueller Grenzwerte in der Genehmigung - folgt.[539] Auch bei einer systematischen Auslegung gelangt man zu diesem Ergebnis: Artikel 8 verweist als Genehmigungsvoraussetzung auf die Erfüllung der materiellen Anforderungen der IVU-Richtlinie, die gemäß Artikel 9 Absatz 1 in Artikel 3 und Artikel 10

537 Becker, Integrierte Vermeidung und Verminderung der Umweltverschmutzung, Art. 8, Rdnr. 2, S. 2; Günter, Zur Europarechtskonformität der Umsetzung der IVU-Richtlinie nach dem Artikelgesetz, NuR 2002, 394 (397); Böhm, Umsetzungsdefizite und Direktwirkung der IVU- und UVP-Änderungsrichtlinie ZUR 2002, 6 (9). Zum Wortlaut auch Beyer, Die integrierte Anlagenzulassung, S. 150; Schreiber, Das Regelungsmodell der Genehmigung im integrierten Umweltschutz, S. 168.

538 Beyer, Die integrierte Anlagenzulassung, S. 149, m.w.N.

539 Beyer, Die integrierte Anlagenzulassung, S. 150. Zur britischen Herkunft der IVU-Richtlinie Schnutenhaus, Die IPPC-Richtlinie, ZUR 1994, 299 (304); vgl. auch Quinn, The UK approach to use the BREFs at national and installation level, in: Umweltbundesamt (Hg.), The Sevilla Process, S. 157 (160).

normiert sind. Zwar könnte beim Lesen der Eindruck entstehen, es handele sich bei diesen Anforderungen um materielle Voraussetzungen, bei deren Vorliegen eine Genehmigung erteilt werden muss. Gefordert ist aber nur die Berücksichtigung dieser Voraussetzungen; daneben sind auch die Ergebnisse der Umweltverträglichkeitsprüfung (Art. 9 Abs. 2) sowie die Umstände des Einzelfalles (Art. 9 Abs. 4) zu berücksichtigen. Diese Pflicht zur Berücksichtigung der genannten unterschiedlichen Anforderungen und Gesichtspunkte setzt methodisch eine Abwägung, also einen Entscheidungsspielraum der Behörde, voraus.[540] Zum gleichen Ergebnis gelangt man bei einer teleologischen Auslegung des Artikel 8: Das Ziel der Richtlinie ist es, mit der Genehmigung ein hohes Schutzniveau für die Umwelt insgesamt zu erreichen.[541] Für jedes Vorhaben hat die Genehmigungsbehörde die für die Umwelt günstigste Option zu ermitteln und durchzusetzen. Artikel 13 Absatz 1 legt zu diesem Zweck sogar eine regelmäßige Überprüfung und gegebenenfalls die Aktualisierung der Genehmigungsauflagen fest. Diese Zielsetzung setzt eine Abwägung der Umweltauswirkungen des Vorhabens voraus. Eine Abwägung kann sich aber unmöglich nach strikten Vorgaben richten, sondern setzt eine eigene Einschätzung der Behörde voraus.[542] So sind unter dem Regime der IVU-Richtlinie beispielsweise auch alternative Ausgestaltungen des Vorhabens zu untersuchen.[543] Entscheidungsspielräume sind dabei vor allem auf der Ebene der Vorsorge gefordert. Die Struktur der Genehmigungsentscheidung nach der IVU-Richtlinie bekommt auf diese

---

540 Schreiber sieht aus systematischen Gründen die Notwendigkeit von Gestaltungsspielräumen dagegen nicht für alle Vorhaben, sondern lediglich für UVP-pflichtige Vorhaben und für den Mindestanwendungsbereich der individuell-konkreten Grenzwertfestlegung, ders. , Das Regelungsmodell der Genehmigung im integrierten Umweltschutz, S. 172.

541 Das betont die IVU-Richtlinie mehrfach (Art. 1, Art. 2, Ziff. 11, Art. 9 Abs. 1 und IV, Erwägungsgründe Ziff. 7, 8, 9, 14, 16 und 17). Krit. zur Erreichung dieses Ziels im Vergleich mit dem deutschen Ansatz der Anlagenzulassung aus der Perspektive des Vorsorgeprinzips Lübbe-Wolff, IVU-Richtlinie und europäisches Vorsorgeprinzip, NVwZ 1998, 777 (784 f.)

542 Beyer, Die integrierte Anlagenzulassung, S. 152 f.; Schreiber, Das Regelungsmodell der Genehmigung im integrierten Umweltschutz, S. 173.

543 Beyer, Die integrierte Anlagenzulassung, S. 154 ff. Diese beziehen sich allerdings nicht auf die in der Literatur so umstrittene Prüfung von Standortalternativen, sondern auf alternative betriebstechnische Verfahren. Winter plädiert für eine Bedarfsprüfung Umweltrecht, um den Risiken individueller Projekte besser gerecht werden zu können (ders., Brauchen wir das? KJ 1992, 389).

Weise mehr den Charakter einer vorsorgenden planerischen Entscheidung als den einer gebundenen Entscheidung zur Gefahrenabwehr.[544]

Gemäß Artikel 8 hat die zuständige Genehmigungsbehörde in der Genehmigung Auflagen anzugeben, durch welche die Einhaltung der genannten materiellen Anforderungen sichergestellt wird. Der näheren Bestimmung dieser Auflagen dient Artikel 9. Der Begriff „Auflage" in der deutschen Fassung ist unglücklich gewählt, da es sich hierbei zugleich um einen feststehenden Begriff der deutschen Verwaltungsrechtsdogmatik handelt. Dies kann Missverständnisse provozieren, denn im Kontext der IVU-Richtlinie ist der Begriff der Nebenbestimmungen gemeint.[545] Nach Artikel 9 Absatz 3 müssen in der Genehmigung Grenzwerte festgelegt werden. Diese Grenzwerte haben sich nach Absatz 4 an den „besten verfügbaren Techniken" als Maßstab zu orientieren. Die IVU-Richtlinie sieht damit als Grundkonzept die Festsetzung von Emissionsgrenzwerten in der konkreten, individuellen Genehmigung vor. Die Verwendung bestimmter Techniken und Verfahren darf dabei jedoch nach dem Wortlaut der Vorschrift nicht vorgeschrieben werden. Den Mitgliedstaaten bleibt über Artikel 9 Absatz 8 jedoch auch die Möglichkeit, in „allgemein bindenden Rechtsvorschriften" Grenzwerte für bestimmte Kategorien von Anlagen festzulegen.[546] Der integrative Charakter der IVU-Richtlinie verlangt indes keine isolierten Emissionsgrenzwerte für einzelne Schadstoffe, sondern eher branchen- oder anlagenbezogen Kriterien. Auf diese Weise soll die IVU-Richtlinie verhindern, dass durch die Emission bestimmter Schadstoffe eine Verlagerung von einem Umweltmedium in ein anderes stattfindet.[547] Insgesamt soll in der Gesamtbewertung eine möglichst geringe Belastung der Umwelt, eine Art positiver „Öko-Gesamt-Bilanz", erreicht werden.[548] Auch wenn die Richtlinie vorsieht, Grenzwerte in der individuellen Genehmigung einer Anlage festzusetzen, sind Grundlage der individuellen Genehmigung

---

544 Beyer, Die integrierte Anlagenzulassung, S. 169 f.

545 Becker, Integrierte Vermeidung und Verminderung der Umweltverschmutzung, Art. 8. Ausf. auch zu der englischen und französischen Sprachfassung Art. 9.

546 Feldhaus, Beste verfügbare Techniken und Stand der Technik, NVwZ 2001, 1 (6 f.).

547 Beispiele für solche allfälligen Verlagerungen finden sich bei Zöttl, Integrierter Umweltschutz in der neuesten Rechtsentwicklung, S. 87 f.

548 Statt vieler Aertker, Europäisches Zulassungsrecht für Industrieanlagen, S. 9 f.

abstrakt-generelle Maßstäbe.[549] Diese abstrakt-generellen Maßstäbe können in einem zweiten Schritt individuell eingeschränkt werden.[550] Eine völlige Loslösung von abstrakt-generellen Maßstäben erfolgt durch die IVU-Richtlinie daher nicht.

b) Die „besten verfügbaren Techniken" als zentraler Begriff

Voraussetzung für die Erteilung einer Genehmigung ist die Einhaltung der Betreiberpflichten (Art. 3). Hierzu gehört die Verwendung der „besten verfügbaren Techniken". Der Einsatz dieser Techniken ist eine zentrale Anforderung an den Anlagenbetreiber. Der unbestimmte Rechtsbegriff der „besten verfügbaren Techniken" stellt so einen Schlüsselbegriff für die materiellrechtlichen Zulassungsanforderungen der IVU-Richtlinie dar und nimmt im Gefüge der IVU-Richtlinie eine ähnlich zentrale Rolle bei den Genehmigungsvoraussetzungen ein wie der Begriff der „BATNEEC" *(best available technology not entailing excessive costs)* in der Industrieanlagen-Richtlinie.[551]

Artikel 2 Nr. 11 der IVU-Richtlinie enthält eine Legaldefinition dieses Begriffs. Dem Wortlaut der Vorschrift folgend, steht die Verpflichtung zur Verwendung der besten verfügbaren Techniken - wie bereits in der Industrieanlagen-Richtlinie - unter einem ökonomischen Vorbehalt: „Verfügbar" im Sinne der IVU-Richtlinie ist eine Technik, wenn ihre Anwendung wirtschaftlich vertretbar ist. Den „BATNEEC-Standard" der Industrieanlagen-Richtlinie im Hinterkopf, stellt sich nun die Frage, ob der ökonomische Vorbehalt der IVU-Richtlinie dem der Industrieanlagen-Richtlinie gleicht. Des weiteren ist zu fragen, ob er ebenso wie dieser für verschiedene Modelle der Umsetzung offen oder inhaltlich bestimmter gefasst ist.

---

549 Feldhaus, Beste verfügbare Techniken und Stand der Technik, NVwZ 2001, 1 (5).

550 Diese individuelle „Befreiung" von strengen Anforderungen unterliegt jedoch wiederum Grenzen. Als äußerste Grenze gilt die Einhaltung der gemeinschaftlich vorgeschriebenen Umweltqualitätsnormen. Dazu Beyer, Die integrierte Anlagenzulassung, S. 130 f.

551 Tausch, Die Bedeutung der BVT-Merkblätter im Umweltrecht, NVwZ 2002, 677; Kracht/Wasielewski, Integrierte Vermeidung und Verminderung der Umweltverschmutzung, in: Rengeling (Hg.), EUDUR Bd. I, § 35, Rdnr. 28; Feldhaus, Beste verfügbare Techniken und der Stand der Technik, NVwZ 2001, 1 (4).

Historisch ist die IVU-Richtlinie vom englischen Ansatz der Anlagenzulassung geprägt, lässt aber auch Elemente der deutschen Regulierungstradition erkennen.[552] So wurden in der Vergangenheit im britischen Recht die Maßstäbe - sowohl die Emissionsgrenzwerte als auch das Niveau der zu verwendenden „besten verfügbaren Techniken" - erst im Genehmigungsverfahren für die konkrete Anlage festgelegt. Die Behörden, die auf der lokalen Ebene für die Zulassung zuständig waren, wurden von zentraler, nationaler Ebene unterstützt durch Dokumente, die „benchmarks" enthielten. Von britischer Seite wird daher betont, dass die Vorschrift die Berücksichtigung lokaler und individueller Besonderheiten bei der Genehmigung vorsehe.[553] Die Aufnahme dieser Klausel über die wirtschaftliche Vertretbarkeit in die Richtlinie war anfangs umstritten und wurde etwa von Deutschland, aber auch vom Europäischen Parlament, abgelehnt, weil eine Öffnung der Richtlinie für einzelfallbezogene Beurteilungen und damit eine Aufweichung der abstrakten Anforderungen durch die individuelle wirtschaftliche Situation des Betreibers und damit ein geringeres Schutzniveau befürchtet wurde.[554]

Artikel 2 Nr. 11 der IVU-Richtlinie nimmt nun in zweifacher Weise Bezug auf ökonomische Einschränkungen: Unter dem 2. Spiegelstrich wird das Kriterium der Verfügbarkeit einer Technik an dem Erfordernis der wirtschaftlichen Vertretbarkeit und zusätzlich an der Entsprechung eines Kosten-Nutzen-Verhältnisses der jeweiligen Technik gemessen. Mit dem Kriterium der wirtschaftlichen Vertretbarkeit wird ein abstrakter Maßstab, der sich an einem durchschnittlichen Betrieb im Raum der Europäischen Gemeinschaft orientiert, aufgestellt. Dies lässt sich aus dem Wortlaut und der Systematik der Richtlinie folgern, die in Artikel 2 Nr. 11 für die Beurteilung der wirtschaftlichen Vertretbarkeit auf jeweils einen industriellen Sektor abstellt.[555] Unterschiedlich wird dagegen bislang die

552 Hey, Balancing participation in Technical Working Groups: the case of the information exchange of the IPPC Directive, in: Umweltbundesamt (Hg.), The Sevilla Process, S. 67 (71). Zum Ablauf der Rechtssetzungsverfahrens der IVU-Richtlinie Zöttl, Integrierter Umweltschutz in der neuesten Rechtsentwicklung, S. 145 ff.; krit. und differenzierend in Bezug auf die sonst in der Literatur gängige Trennung zwischen deutscher und britischer Regelungstradition Meinken, Emissions- versus Immissionsorientierung, S. 297.

553 Quinn, The UK approach to use the BREFsat national and installation level, in: Umweltbundesamt (Hg.),The Sevilla Process, S. 157 (160).

554 Mentzinis, Die Durchführbarkeit des europäischen Umweltrechts, S. 97.

555 Kracht/Wasielewski, Integrierte Vermeidung und Verminderung der Umweltverschmutzung, in: Rengeling (Hg.), EUDUR Bd. I, § 35, Rdnr. 32; Mentzinis, Die Durchführbarkeit des Europäischen Umweltrechts, S. 98; Buschbaum/

Frage nach der Einordnung des Kriteriums des Kosten-Nutzen-Verhältnisses beantwortet. So lässt sich auf der einen Seite argumentieren, dass es nach dem Wortlaut der Richtlinie bezüglich des Kosten-Nutzen-Verhältnisses an einem Hinweis auf die Bezugsgröße, wie er noch bei dem Begriff der wirtschaftlichen Vertretbarkeit ausdrücklich erfolgt ist, fehlt, und insoweit als möglicher Bezugspunkt nur noch die individuelle ökonomische Situation des Anlagenbetreibers übrig bliebe.[556] Dem Wortlaut nach lässt sich das Kosten-Nutzen-Verhältnis aber auch in gleicher Weise wie die wirtschaftliche Vertretbarkeit auf die industriellen Sektoren beziehen.[557] Auf der anderen Seite spricht die Systematik der Richtlinie dafür, dass es sich auch bei dem Kriterium des Kosten-Nutzen-Verhältnisses um einen abstrakten Maßstab handelt.[558] So gewendet, enthält nämlich bereits Artikel 9 Absatz 4 eine für die Berücksichtigung individueller Verhältnisse zugeschnittene Regelung, die anderenfalls leer liefe.[559] Nach dieser Vorschrift können individuelle Faktoren bei der Festsetzung berücksichtigt werden. Es ließe sich allerdings auch vertreten, dass es sich überhaupt nicht um zwei selbständige Kriterien, sondern lediglich um eine ergänzende Erläuterung des Prinzips der wirtschaftlichen Vertretbarkeit handelt, so dass für diesen Fall ebenfalls außer Frage stünde, dass sich die Einschränkung jedenfalls nicht auf den einzelnen Betrieb beziehen lässt.[560] Zwar heißt es in Anhang IV der IVU-Richtlinie, der die

---

Schulz, Europäisierung des deutschen Umweltrechts am Beispiel des Technikstandards „Beste verfügbare Techniken", NuR 2001, 181 (183); Feldhaus, Beste verfügbare Techniken und Stand der Technik, NVwZ 2001, 1 (3); insgesamt die Frage nach der Möglichkeit individueller Berücksichtigungen ökonomischer Aspekte offenlassend Sellner, Anlagenbezogene Regelungen im Luftreinhaltrecht, in: Rengeling (Hg.), EUDUR Bd. II, § 49, Rdnr. 127.

556 So Mentzinis, Die Durchführbarkeit des Europäischen Umweltrechts, S. 98 f.

557 Ähnlich Becker, der darauf abstellt, dass in der Richtlinie explizit nicht der Begriff der Kosten-Nutzen-Rechnung verwendet wurde (ders., Integrierte Vermeidung und Verminderung der Umweltverschmutzung, Art. 2, Ziff. 67, S. 75).

558 Buschbaum/Schulz, Europäisierung des deutschen Umweltrechts am Beispiel des Technikstandards „Beste verfügbare Techniken", NuR 2001, 181 (183); im Ergebnis ebenso, allerdings ohne zwischen den beiden Kriterien der wirtschaftlichen Vertretbarkeit und dem Kosten/Nutzen-Verhältnis zu differenzieren, Kracht/Wasielewski, Integrierte Vermeidung und Verminderung der Umweltverschmutzung, in: Rengeling (Hg.), EUDUR Bd. II, § 35, Rdnr. 32.

559 Buschbaum/Schulz, Europäisierung des deutschen Umweltrechts am Beispiel des Technikstandards „Beste verfügbare Techniken", NuR 2001, 181 (183).

560 So wohl Sellner, Anlagenbezogene Regelungen im Luftreinhaltrecht, in: Rengeling (Hg.), EUDUR Bd. II, § 49, Rdnr. 127.

zu berücksichtigenden Gesichtspunkte bei der Festlegung der besten verfügbaren Techniken näher beschreibt, dass die dort aufgeführten Gesichtspunkte „im allgemeinen wie auch im Einzelfall" zu berücksichtigen sind. Dies spricht jedoch nicht unbedingt für eine Berücksichtigung individueller ökonomischer Verhältnisse, denn von einer Festlegung für den Einzelfall spricht der Anhang ausdrücklich nicht.[561] Von Wortlaut und Systematik her liegt jedoch die Interpretation näher, dass mit dieser Klausel die abstrakte Festlegung von besten verfügbaren Techniken durch die zuständige Behörde oder in allgemein bindenden Vorschriften gemäß Artikel 9 Absatz 8 gemeint ist. Das spricht aus systematischer Sicht wiederum für die abstrakte Geltung des Kosten-Nutzen-Verhältnisses.[562] Für die Auslegung der besten verfügbaren Techniken als abstrakter Maßstab spricht schließlich auch, dass die IVU-Richtlinie in Artikel 16 selbst ein Verfahren zum „Informationsaustausch" über diese Techniken zu deren - wenngleich auch unverbindlichen - Festschreibung vorsieht. Individuelle Kriterien können somit problemlos auf einer zweiten Stufe, der Festlegung der individuellen Genehmigungsanforderungen, berücksichtigt werden.[563]

Die überzeugenderen Argumente sprechen demnach dafür, dass mit den „besten verfügbaren Techniken" im Sinne des Artikel 2 Nr. 11 der IVU-Richtlinie ein abstrakter Maßstab aufgestellt wird. Rechtlich zwingend ist diese Interpretation indes nicht. Rechtsprechung des EuGH zur Auslegung dieser unbestimmten Rechtsbegriffe liegt noch nicht vor. Es verbleibt damit ein Spielraum für unterschiedliche mitgliedstaatliche Interpretationen gerade auch vor dem Hintergrund der unterschiedlichen Regulierungstraditionen und den daraus resultierenden unterschiedlichen Vorverständnissen nicht zuletzt begrifflicher Art. Grund dafür ist - ähnlich wie im Falle der Industrieanlagen-Richtlinie bei der Bestimmung des BATNEEC-Kriteriums - die sprachlich und systematisch nicht ganz präzise Fassung der Richtlinie. Es entsteht insgesamt der Eindruck eines nicht völlig ausgeräumten inneren Widerspruchs der Richtlinie ge-

---

561 Buschbaum/Schulz, Europäisierung des deutschen Umweltrechts am Beispiel des Technikstandards „Beste verfügbare Techniken", NuR 2001, 181 (183).

562 Buschbaum/Schulz, Europäisierung des deutschen Umweltrechts am Beispiel des Technikstandards „Beste verfügbare Techniken", NuR 2001, 181 (183); Buchholz, Integrative Grenzwerte im Umweltrecht, S. 131; Tausch, Die Bedeutung der BVT-Merkblätter im Umweltrecht, NVwZ 2002, 676 (677); Kracht/Wasielewski, Integrierte Vermeidung und Verminderung der Umweltverschmutzung, in: Rengeling (Hg.), EUDUR Bd. II, § 35, Rdnr. 32.

563 Buchholz, Integrative Grenzwerte im Umweltrecht, S. 131.

rade auch in Bezug auf die Frage nach abstrakt-generellen oder konkret-individuellen Zulassungsanforderungen.[564]

2. Die verfahrensrechtlichen Regelungen

a) Das nationale behördliche Genehmigungsverfahrens

Artikel 7 der IVU-Richtlinie sieht zur Sicherung der Wirksamkeit des integrierten Konzepts eine „vollständige Koordinierung des Genehmigungsverfahrens und der Genehmigungsauflagen" zwischen den beteiligten Behörden vor.[565] Diese verfahrensrechtliche Integration ist das Pendant zur materiellrechtlichen Integration der Richtlinie und wesentlicher Bestandteil ihres umweltpolitischen Konzepts.[566] Die Richtlinie enthält allerdings keine exakten Vorgaben bezüglich der verfahrensrechtlichen Anforderungen; in Artikel 7 wird lediglich das Ziel der „vollständigen Koordinierung" genannt, ohne dass nähere verfahrensrechtliche Vorgaben gemacht werden. Dadurch bleibt Raum für unterschiedliche Interpretationen des Begriffs der vollständigen Koordinierung und den notwendigen Umfang. Als weitestgehende Auslegungsalternative ließe sich die Forderung nach einer Einheitsbehörde als Umweltfachbehörde aufstellen. Dies war im ursprünglichen Kommissionsvorschlag der Richtlinie vorgesehen, wurde aber in der Diskussion um die endgültige Fassung verworfen.[567] Nach historischer Auslegung lässt sich aus diesem Grunde die zwingende Forderung nach einer Einheitsbehörde gerade nicht herleiten.[568] Als weniger weitgehende Möglichkeit könnte Artikel 7

---

564 Hey, Balancing participation in Technical Workgroups, in: Umweltbundesamt (Hg.), The Sevilla Process, 2000, S. 67 (71); Feldhaus bezeichnet die Definition der besten verfügbaren Techniken in der IVU-Richtlinie gar als „in hohem Maße verunglückt", ders. , Beste verfügbare Techniken und der Stand der Technik, NVwZ 2001, 1 (2).

565 Staupe, Die vollständige Koordination des Behördenhandelns gemäß IVU-Richtlinie, ZUR 2000, 368 (368).

566 Tausch, Die Bedeutung der BVT-Merkblätter im Umweltrecht, NVwZ 2002, 676 (677); Staupe, Die vollständige Koordination des Behördenhandelns gemäß IVU-Richtlinie, ZUR 2000, 368 (368).

567 Staupe, Die vollständige Koordination des Behördenhandelns gemäß IVU-Richtlinie, ZUR 2000, 368 (369).

568 Staupe, Die vollständige Koordination des Behördenhandelns gemäß IVU-Richtlinie, ZUR 2000, 368 (369); im Ergebnis ebenso Günter, Zur Europarechtskonformität der Umsetzung der IVU-Richtlinie nach dem Artikelgesetz, NuR 2002, 394 (394); Wahl, Die Normierung der materiell-integrativen (medienübergreifenden) Genehmigungsanforderungen, ZUR 2000, 360 (367).

eine vollständige Verfahrenskonzentration und -integration vorschreiben. Betrachtet man den Wortlaut des Artikel 7, so lässt sich daraus ein Ausschluss paralleler Verfahren jedoch nicht entnehmen, wenngleich eine Vollkonzentration nicht ausgeschlossen wird. Indem es heißt, dass „ein wirksames integriertes Konzept aller für diese Verfahren zuständigen Behörden" sichergestellt werden soll, setzt die Vorschrift dem Wortlaut nach durch den verwendeten Plural gerade die Existenz paralleler Verfahren voraus.[569]

Nachdem der Wortlaut bei der Ergründung der inhaltlichen Bedeutung der Verfahrenskoordinierung nicht weiterhilft, ist die Intention und Zielrichtung der IVU-Richtlinie insgesamt in den Blick zu nehmen. Aus dem integrierten Ansatz der Richtlinie ergibt sich ein materiell komplexes Genehmigungsprogramm.[570] Das Verfahrensrecht hat die Aufgabe, diesem Programm effektiv zur Durchsetzung zu verhelfen. Die IVU-Richtlinie erfordert daher mehr als ein bloßes Nebeneinander der unterschiedlichen Verfahren; Artikel 7 verlangt mit einer vollständigen Koordination vielmehr eine auf das Ziel der Richtlinie gerichtete effektive Koordination im Hinblick auf die möglichen Wechselwirkungen und Problemverlagerungen der geplanten Anlagenart.[571] Viel gewonnen ist mit dieser weiteren Konkretisierung allerdings auch nicht, es bleibt bei dem vagen Begriff der Verfahrenskoordination, der sich so als unbestimmter Rechtsbegriff darstellt.[572]

Schließlich sei auf Artikel 11 hingewiesen, der als weitere verfahrensgeprägte Bestimmung der effektiven Durchsetzung der Ziele der IVU-Richtlinie dient. Diese Vorschrift verpflichtet die Mitgliedstaaten, ihre Behörden über die besten verfügbaren Techniken zu unterrichten beziehungsweise die Behörden selbst zu verpflichten, sich zu unterrichten.

---

569 Staupe weist richtigerweise auch darauf hin, dass sich die beiden Varianten der Einheitsbehörde und der vollständigen Verfahrenskonzentration in der Praxis kaum unterscheiden dürften (ders., Die vollständige Koordination des Behördenhandelns gemäß IVU-Richtlinie, ZUR 2000, 368 (369); vgl. auch Günter, Zur Europarechtskonformität der Umsetzung der IVU-Richtlinie nach dem Artikelgesetz, NuR 2002, 394 (394).

570 Beyer, Die integrierte Anlagenzulassung, S. 211.

571 Staupe, Die vollständige Koordination des Behördenhandelns gemäß IVU-Richtlinie, ZUR 2000, 368 (370).

572 Staupe, Die vollständige Koordination des Behördenhandelns gemäß IVU-Richtlinie, ZUR 2000, 368 (369); zustimmend auch Biesecke, Die verfahrensrechtliche Integration durch das novellierte Bundesimmissionsschutzgesetz, ZUR 2002, 325 (328).

b) Die „besten verfügbaren Techniken": BVT-Merkblätter und das European Integrated Pollution Prevention and Control Bureau (EIPPCB)

Artikel 16 Absatz 2 der IVU-Richtlinie verpflichtet die Kommission, zwischen den Mitgliedstaaten und der betroffenen Industrie einen Austausch von „Information" über die besten verfügbaren Techniken, Überwachungsmaßnahmen und deren Entwicklungen zu organisieren.[573] Über diesen „Informationsaustausch" soll der gemeinschaftsweit einheitliche Vollzug organisiert werden. Die Ergebnisse des „Informationsaustausches" finden gemäß Nr. 12 des Anhangs IV über den Verweis des Artikel 2 Nr. 11 Berücksichtigung bei der Bestimmung der besten verfügbaren Techniken. Den Ergebnissen des „Informationsaustauschs" und der Art und Weise, mit der die mitgliedstaatlichen Verwaltungen diese in ihrer Praxis verwenden, wird daher eine entscheidende Bedeutung für den Erfolg der IVU-Richtlinie zukommen. Gerade vor dem Hintergrund der eben diskutierten Frage, ob die besten verfügbaren Techniken einen abstrakten Maßstab aufstellen, kann die Bedeutung des „Informationsaustauschs" nicht hoch genug eingeschätzt werden.

Hierfür werden zu den verschiedenen im Anhang I der IVU-Richtlinie angegebenen Unternehmensfeldern sogenannte BVT-Merkblätter („Beste-verfügbare-Techniken-Merkblätter", *Best Available Techniques Reference Documents, kurz* BREF's) erarbeitet. Diese BVT-Merkblätter sollen den Stand der Technik darstellen. Das Verfahren zur Erstellung eines BVT-Merkblattes ist durch die IVU-Richtlinie selbst nicht geregelt. In Artikel 16 Absatz 2 heißt es lediglich:

> „Die Kommission führt einen 'Informationsaustausch' zwischen den Mitgliedstaaten und der betroffenen Industrie über die besten verfügbaren Techniken, die damit verbundenen Überwachungsmaßnahmen und die Entwicklung auf diesem Gebiet durch. Alle drei Jahre veröffentlicht die Kommission die Ergebnisse des Informationsaustausches."

---

573 Nach dem hier vorgeschlagenen Begriffsverständnis handelt es sich dabei um den Austausch von Wissen in Form von Daten, als unbewertete Fakten, und Nachrichten, als bewertete Daten. Der besseren Lesbarkeit und der Verständlichkeit wegen wird im Folgenden an den in der IVU-Richtlinie verwendeten Begriffen festgehalten und diese lediglich in Anführungszeichen gesetzt. Eine differenzierte Auseinandersetzung erfolgt später bei der Betrachtung der Rolle von Information und Kooperation bei der Implementation (Sechstes Kapitel, B. und hier insb. Ziff. II).

Die Richtlinie selbst verlangt daher auch nicht die Erstellung von BVT-Merkblättern als besonderes Dokument, sondern lediglich einen Austausch von „Informationen". Den Mitgliedstaaten wird gemäß Artikel 16 Absatz 4 lediglich die Benennung einer für den „Informationsaustausch" zuständigen Behörde aufgegeben, der Kommission wird die nicht näher definierte Rolle eines Moderators übertragen. Die Kommission bedient sich dabei einer eigens dafür geschaffenen Institution, dem *European Integrated Pollution Prevention and Control Bureau* (*EIPPCB*), im Folgenden als Technikbüro bezeichnet. Das Technikbüro gehört formal zum *Institute for Prospective Technical Studies*, einem der acht Institute der Gemeinsamen Forschungsstelle der Kommission. Das Technikbüro hat die Aufgabe, die Implementation und den Vollzug der IVU-Richtlinie zu unterstützen, indem es die der Kommission übertragene Aufgabe der Organisation und Strukturierung des „Informationsaustauschs" über die besten verfügbaren Techniken übernimmt.

Das Büro bearbeitet die verschiedenen Unternehmensfelder nach einem Arbeitsprogramm, das von *Information Exchange Forum (IEF)* festgelegt wird.[574] Den Vorsitz in diesem Gremium führt die Generaldirektion Umwelt der Kommission. Mitglieder sind außerdem Vertreter der Mitgliedstaaten, der Industrieverbände und von Umweltschutzorganisationen. Unter dem Dach dieses Forums erarbeiten verschiedene aus Experten bestehende technische Arbeitsgruppen (*Technical Working Groups*) den Inhalt der BVT-Merkblätter. Diese Arbeitsgruppen setzen sich zusammen aus von den Mitgliedstaaten benannten Experten sowie Vertretern der Industrie und der Umweltschutzverbände. In Deutschland ist das Umweltbundesamt in seiner Rolle als *„National Focal Point"* des Umweltbeobachtungs- und Informationsnetzwerkes EIONET der Europäischen Umweltagentur in den „Informationsaustausch" eingebunden.[575] Beim Umweltbundesamt werden für die verschiedenen Bereiche, für die BVT-Merkblätter erstellt werden, Abstimmungsgruppen eingerichtet, in welche die Länder ihre Erfahrungen aus der Genehmigungs- und Überwachungspraxis einbringen, und in der auch Interessenverbände – Indu-

---

574 Hey, Zukunftsfähigkeit und Komplexität, in: v. Prittwitz (hg.), Institutionelle Arrangements in der Umweltpolitik, S. 85 (93).

575 Davids, Die Konkretisierung der besten verfügbaren Technik in der Anlagenzulassungspraxis, UPR 2000, 349 (441); Lange /Landgrebe, The German Approach to the Use of BREFs at the national Level, in: Umweltbundesamt (Hg.), The Sevilla process, S. 195 (201).

strie- und Umweltschutzverbände - mitwirken können.[576] Die Besetzung der technischen Arbeitsgruppen variiert. In der Arbeitsgruppe „Iron and Steel", die eines der ersten BVT-Merkblätter erstellte, stehen zum Beispiel einem NGO-Vertreter der Umweltschutzverbände 16 NGO-Vertreter aus Industrie und Industrieverbänden gegenüber. Die Mitgliedstaaten sind jeweils mit ein bis drei Vertretern repräsentiert. Die Kommission wird von jeweils zwei Mitarbeitern der Generaldirektionen Umwelt und Industrie vertreten. Deutschland wird in dieser Arbeitsgruppe durch einen Mitarbeiter des UBA, einen Mitarbeiter an einem Institut der Universität Karlsruhe und einen Mitarbeiter des Senators für Bau und Umwelt des Landes Bremen vertreten. In der Arbeitsgruppe „Cement and Lime" stehen wiederum einem Vertreter der Umweltschutzverbände zwölf Industrievertreter gegenüber, die Mitgliedstaaten sind jeweils durch einen bis vier Mitglieder vertreten, die Kommission ist mit jeweils zwei Mitarbeitern der Generaldirektionen Umwelt und Industrie vertreten.[577] Umweltschutzverbände als Nichtregierungsorganisationen und Lobbygruppe für ökologische Belange sind also im Ergebnis zahlenmäßig stark unterrepräsentiert. Sie werden in der Regel im Auftrag des *European Environmental Bureau (EEB)* - ein Zusammenschluss verschiedener nationaler Umweltorganisationen - wahrgenommen. Das *EEB* wiederum lässt sich von einem privatwirtschaftlich geführten Institut vertreten.[578]

Die Arbeit der technischen Arbeitsgruppen bei der Erstellung der BVT-Merkblätter folgt keinem bestimmten Schema. Es gibt keine niedergelegten Verfahrensregelungen oder ähnliches. Es werden daher weder die Ergebnisse formal abgestimmt, noch gibt es formale Rechte, auf die sich die Beteiligten zurückziehen könnten. Das Technikbüro *EIPPCB* veröffentlicht die ersten Entwürfe der Arbeitsgruppen samt Hintergrundinformationen bereits im Entwurfsstadium im Internet.[579] Der Beitrag des Technikbüros geht dabei über bloße Sekretariatstätigkeiten hinaus, da es die Entwurfsfassungen der BVT-Merkblätter auch erstellt. Dabei bewer-

---

576 UBA Jahresbericht 2000, S. 158; Davids, Die Konkretisierung der besten verfügbaren Technik in der Anlagenzulassungspraxis, UPR 2000, 349 (441).

577 Information über die Besetzung der Arbeitsgruppe sind jeweils im Internet erhältlich unter http://eippcb.jrc.es (zuletzt besucht am 29.07.2004).

578 Das *EEB* wird von einem Mitarbeiter des *ökopol, Institut für Ökologie und Politik*, vertreten. Zur Vertretung der Umweltverbände Lohse/Sander, Is the BREF process a success or a failure? in: Umweltbundesamt (Hg.), The Sevilla Process, S. 61 (62).

579 Vgl. http://eippcb.jrc.es (zuletzt besucht am 29.07.2004).

tet und gewichtet das Büro die aus den Arbeitsgruppen mitgeteilten Daten und fasst diese auch zusammen, versucht aber, sich politischer Inhalte zu enthalten.[580] Die Entwürfe der technischen Referenzdokumente werden in den Arbeitsgruppen beraten und anschließend im *Information Exchange Forum (IEF)* diskutiert. Eine förmliche Abstimmung findet auch in diesem Gremium nicht statt; es obliegt der Kommission, unter Würdigung der Diskussionsergebnisse, das endgültige BVT-Merkblatt in alleiniger Verantwortung bekannt zu machen (Art. 16 Abs. 2).[581]

Als Handicap des „Informationsaustauschs" über die besten verfügbaren Techniken ist anzuführen, dass lediglich eine Zusammenfassung der BVT-Merkblätter in alle Amtssprachen übersetzt wird, im Übrigen aber nur eine englische Version im Amtsblatt veröffentlicht wird. Nun ließe sich wegen Artikel 11 vertreten, dass es den Mitgliedstaaten im Rahmen ihrer Unterrichtungsverpflichtung obliege, die Übersetzung für ihre Verwaltungen anzufertigen. Dennoch wäre es unter dem Gesichtspunkt der Einheitlichkeit der Genehmigungsanforderungen zu begrüßen, wenn vollständige amtliche Übersetzungen angefertigt würden. Gerade wenn über den Inhalt der BVT-Merkblätter bei der Erarbeitung im Detail gestritten wird, wäre eine amtliche Übersetzung hilfreich, zumal den BVT-Merkblättern im nationalen Kontext des Verwaltungsvollzugs eine hohe Relevanz zukommen soll und sie daher auch Maßstab gerichtlicher Entscheidungen werden könnten.[582] Insoweit wäre eine verbindliche textliche Fassung in allen Amtssprachen der EG wünschenswert; eine – allerdings nichtamtliche - Übersetzung ins Deutsche wird derzeit erarbeitet.[583]

Ein weiterer Kritikpunkt bezieht sich auf die Verwirklichung des integrativen Ansatzes der IVU-Richtlinie durch die BVT-Merkblätter.[584]

---

580 Sörup, The European IPPC Bureau in: Umweltbundesamt (Hg.), The Sevilla Process, S. 83 (85).

581 Davids, Die Konkretisierung der besten verfügbaren Technik in der Anlagenzulassungspraxis, UPR 2000, 349 (441).

582 Vgl. dazu unten Fünftes Kapitel, B. III.

583 Die Übersetzung wird vom Umweltbundesamt betreut und ist im Internet unter http://www.umweltbundesamt.de abzurufen (Presseinformation des UBA vom 15. 03.2004 Nr. 27/04 - Merkblätter zu „Besten verfügbaren Techniken" - jetzt auf Deutsch).

584 Vgl. Bohne, Langfristige Entwicklungstendenzen im Umwelt- und Technikrecht, in: Schmidt-Aßmann, Strukturen des Europäischen Verwaltungsrechts, S. 237 ff.; Hofmann, ZUR 2002, 11 (14 ff.); F. Schreiber, Das Regelungsmodell der Genehmigung im integrierten Umweltschutz, S. 53 ff.

Auch die BVT-Merkblätter verfolgen bislang eher medienspezifische Belastungspfade; eine Überwindung der grundsätzlichen methodischen Probleme bezüglich einer integrativen Betrachtung und Bewertung ist auch hier noch nicht gelungen. Ein „horizontal" ausgerichtetes BVT-Merkblatt wird zwar erarbeitet.[585] Dieses wird aber voraussichtlich sehr umfangreich sein, und es stellt sich die Frage, ob es angesichts seines Umfangs und der erforderlichen komplexen Abwägungen in der Praxis überhaupt handhabbar sein wird.[586] Allerdings spricht einiges für die Vermutung, dass bei entsprechend dem Vorsorgegrundsatz aufgestellten Schadstoffgrenzwerten für die einzelnen Medien auch vom integrativen Standpunkt aus gesehen keine groben Fehler gemacht werden.[587] Auch ist festzuhalten, dass bislang nur wenig Erkenntnisse darüber vorliegen, ob die befürchtete Verlagerung schädlicher Auswirkungen von einem Medium in ein anderes eine lediglich akademische Fragestellung darstellt, oder ob es sich um einen „weißen Fleck" auf der wissenschaftlichen Landkarte handelt, hinter dem sich noch schwierige Probleme verbergen.[588]

Bemerkenswert ist, dass sich die Gemeinschaft in Artikel 18 der IVU-Richtlinie ausdrücklich vorbehalten hat, selbst Grenzwerte festzusetzen, falls sich aufgrund des „Informationsaustauschs" eine Handlungsbedarf auf der Ebene der Gemeinschaft herausstellen sollte. Solchermaßen festgesetzte Grenzwerte wären notwendigerweise - entsprechend dem deutschen Regulierungsmodell - abstrakt und generell. Artikel 18 der IVU-Richtlinie besagt dabei nicht nur, dass die Kommission berechtigt ist, Grenzwerte unter den genannten Bedingungen vorzuschlagen und das entsprechende Rechtssetzungsverfahren in die Wege zu leiten. Aufgrund des ihr im EG-Vertrag zugewiesenen Initiativrechtes wäre die Kommission allerdings dazu ohnehin berechtigt.[589] Die Vorschrift enthält also einen schlichten an Kommission und Rat gerichteten Prüf- und Regelungsauftrag.[590]

585 Zu dem Inhalt Pschera/Koepfer, Die neue TA-Luft, NuR 2003, 517 (521).
586 Vgl. Pschera/Koepfer, Die neue TA-Luft, NuR 2003, 517 (524 und 525).
587 Dazu Beyer, Die integrierte Anlagenzulassung, S. 207.
588 Dazu Pschera/Koepfer, Die neue TA-Luft, NuR 2003, 517 (525).
589 Vgl. Art. 250, Art. 251 Abs. 2, Art. 252 EGV.
590 Kracht/Wasielewski, Integrierte Vermeidung und Verminderung der Umweltverschmutzung, in: Rengeling (Hg.), EUDUR Bd. I, § 35, Rdnr. 100.

3. Das Verhältnis von Industrieanlagen- und IVU-Richtlinie

Die Anwendungsbereiche von IVU- und Industrieanlagen-Richtlinie überschneiden sich, da beide Regelwerke Anforderungen an Industrieanlagen stellen. Aus diesem Grunde enthält die IVU-Richtlinie in Artikel 20 Übergangsbestimmungen. Die Vorschrift regelt sowohl den Übergang bezüglich bestehender als auch neuer Anlagen. Es werden außerdem bestimmte Ausnahmen außer Kraft gesetzt, und es wird bestimmt, dass die Industrieanlagen-Richtlinie 11 Jahre nach Inkrafttreten der IVU-Richtlinie, also im Jahr 2007, aufgehoben wird. Für bestehende Anlagen werden Übergangsregelungen und Fristen festgelegt. Für neue Anlagen gelten die in Artikel 20 Absatz 1 der IVU-Richtlinie aufgeführten Richtlinien und Bestimmungen dagegen nicht mehr; diese unterliegen vielmehr dem alleinigen Regime der IVU-Richtlinie. Voraussetzung dafür ist nach Absatz 2 dieser Vorschrift die „Anwendung" der IVU-Richtlinie, geregelt im Artikel 21. Hat ein Mitgliedstaat die IVU-Richtlinie vor Ablauf der Umsetzungsfrist in das nationale Recht umgesetzt, so gelten für Neuanlagen also die Regelungen der IVU-Richtlinie. Hat ein Mitgliedstaat die IVU-Richtlinie jedoch nicht fristgerecht umgesetzt, so stellt sich die Frage, ob die IVU-Richtlinie direkt anzuwenden ist. Für Deutschland, das die Richtlinie verspätet umgesetzt hat, bleibt dieses Problem noch für die streitigen Fälle in der Zeit zwischen Ablauf der Umsetzungsfrist und Inkrafttreten des Artikelgesetzes interessant.[591]

II. Der normative Vollzug

Den Mitgliedstaaten wird durch die IVU-Richtlinie keine bestimmte Regelungsstruktur vorgegeben. Die Richtlinie ist, wie gezeigt, offen für unterschiedliche Modelle der staatlichen Umsetzung.[592] Insofern sind Befürchtungen, auch die IVU-Richtlinie werde nicht zur gewünschten Vereinheitlichung der Zulassungspraxis im Raum der Gemeinschaft führen, nicht von vorneherein von der Hand zu weisen.[593]

---

591 Zu entstehenden Übergangsproblemen im Zusammenhang mit der novellierten TA-Luft: Otting, Der Entwurf einer neuen TA-Luft, DVBl. 2001, 1792 (1797).

592 Beyer, Die integrierte Anlagenzulassung, S. 156 f.; vgl. zu den in der Richtlinie enthaltenen Öffnungsklauseln für die Genehmigungsentscheidung und den Möglichkeiten mitgliedstaatlicher Umsetzung auch Schreiber, Das Regelungsmodell der Genehmigung im integrierten Umweltschutz, S. 160 ff.

593 Vgl. Kracht/Wasielewski, Integrierte Vermeidung und Verminderung der Umweltverschmutzung, in: Rengeling (Hg.), EUDUR Bd. I, § 35, Rdnr. 40.

Gegen Spanien, Griechenland und Großbritannien[594] leitete die Kommission Vertragsverletzungsverfahren wegen verspäteter Umsetzung der IVU-Richtlinie in das nationale Recht ein; alle drei wurden antragsgemäß verurteilt.[595] Die drei Staaten bestritten nicht, mit der Umsetzung im Verzug zu sein, und machten lediglich geltend, das Verfahren zur Umsetzung laufe bereits. Luxemburg und die Republik Irland hatten der Kommission bis Oktober 2002 noch gar keine Umsetzungsmaßnahmen gemeldet.[596] Auch in Deutschland erfolgte die Umsetzung der IVU-Richtlinie verspätet (dazu im Folgenden). Bereits die Umsetzung der Richtlinie in das nationale Recht erfolgte daher bei mehr als einem Drittel der (damaligen) Mitgliedstaaten mit erheblicher Verzögerung.

Von britischer Seite wird Artikel 9, der die Berücksichtigung lokaler und individueller Besonderheiten bei der Genehmigung vorsieht, stark betont.[597] In jüngster Vergangenheit wurde in Großbritannien das System der Anlagenzulassung und die behördliche Organisation umstrukturiert und modernisiert.[598] Neben einigen weniger bedeutenden Anpassungen im Zulassungsrecht gibt es Überlegungen, abstrakt-generelle Regelungen zu treffen, die in bestimmten Fällen einer individuellen Betrachtung weichen können. Nach diesem Modell könnte entweder der Betreiber oder aber die Behörde von diesen Regeln abweichend die Erteilung einer individuell zugeschnittenen Zulassung verlangen, wenn ihnen dies erforderlich erscheint. Auf diese Weise erhofft man sich Rationalisierungs- und Transparenzgewinne im Zulassungsverfahren.[599] Die BVT-Merkblätter selbst können in das britische System fast direkt eingespeist

---

594 Dass Großbritannien zu den Säumigen gehört, erscheint zunächst merkwürdig, da die Richtlinie maßgeblich auf britische Initiative zurückgeht. Die Umsetzungsdefizite bezogen sich aber lediglich auf Nordirland, Gibraltar und einige Kanalinseln, waren regional also stark begrenzt.

595 EuGH, Urt. v. 07.03 2002, Rs. C-29/01 (Kommission./.Königreich Spanien), Slg. 2002-I, S. 2503; EuGH, Urt. v. 10.01.2002 Rs. C-39/01 (Kommission./. Vereinigtes Königreich und Nordirland), Slg. 2002-I, S. 2513; EuGH, Urt. v. 07.03.2002, Rs. C-64/01 (Kommission./.Republik Griechenland), Slg. 2002-I, S. 2523.

596 Vgl. http://www.europa.eu.int (zuletzt besucht am 29.07.2004).

597 Vgl. dazu Quinn, The UK approach to use the BREFs at national and installation level, in: Umweltbundesamt (Hg.), The Sevilla Process, S. 157 (160).

598 Dazu ausführlich Jankowski, Die Neustrukturierung der britischen Umweltverwaltung, ZUR 1998, 237; Bailey, The changing role of environmental agencies, EELR 1997, 148.

599 Quinn, The UK approach to use the BREFs at national and installation level, in: Umweltbundesamt (Hg.), The Sevilla Process, S. 157 (161).

werden, indem sie an die zuständigen Behörden weitergegeben und so von diesen als Entscheidungsgrundlage mit herangezogen werden können. Sie sollen in ein nutzerfreundliches Anleitungssystem auch für die Betreiber eingebunden werden.[600]

Von deutscher Seite wird gegenüber diesem eher individuell geprägten englischen Ansatz die Möglichkeit bevorzugt, generell-abstrakte Grenzwerte zu setzen.[601] In Deutschland wurde die IVU-Richtlinie durch ein Artikelgesetz, das „Gesetz zur Umsetzung der UVP-Änderungsrichtlinie, der IVU-Richtlinie und weiterer EG-Richtlinien zum Umweltschutz", im Jahr 2001, also zwei Jahre nach Ablauf der Umsetzungsfrist, in das nationale Recht umgesetzt.[602] Wie der Name des Gesetzes bereits zeigt, dient es der Umsetzung zahlreicher europarechtlicher Vorgaben in das deutsche Umweltschutzrecht, dazu zählt die sogenannte UVP-Änderungsrichtlinie.[603] Anfangs herrschte Unsicherheit in der deutschen Literatur darüber, ob das deutsche Anlagenzulassungsrecht zu stark medienbezogen sei und ob sich der integrative Ansatz der IVU-Richtlinie aus diesem Grunde in die bestehenden Regelungen überhaupt würde umsetzen lassen.[604] So war auch zunächst geplant, die Umsetzung der IVU-Richtlinie mit dem schon lange in Arbeit befindlichen Umweltgesetzbuch zu verbinden.[605] Im Zuge der Diskussion setzte sich sodann aber die Ansicht durch, das deutsche Recht sei bereits hinreichend integrativ angelegt, so dass die Umsetzung ohne grundlegende Änderungen

---

600 Quinn, The UK approach to use the BREFs at national and installation level, in: Umweltbundesamt (Hg.), The Sevilla Process, S. 157 (162).

601 Hey bezeichnet den Informationsaustausch und die BVT-Merkblätter als „Restelement" des von Deutschland vertretenen Modells einer harmonisierten Emissionskontrolle, ders., Zukunftsfähigkeit und Komplexität, in: v. Prittwitz (Hg.), Institutionelle Arrangements in der Umweltpolitik, S. 65 (92).

602 Gesetz zur Umsetzung der UVP-Änderungsrichtlinie, der IVU-Richtlinie und weiterer EG-Richtlinien zum Umweltschutz v. 27.07.2001, BGBl. Teil I, Nr. 40 v. 02.08.2001, S. 1950.

603 Richtlinie 97/11/EG des Rates v. 03. März 1997 zur Änderung der Richtlinie 85/337/EWG über die Umweltverträglichkeitsprüfung bei bestimmten öffentlichen und privaten Projekten, EG-ABl. Nr. L 073 v. 14.03.1997 S. 5 ff.

604 Z.B. Böhm, Umsetzungsdefizite und Direktwirkung der IVU- und UVP-Änderungsrichtlinien? ZUR 2002, 6 (9).

605 Feldhaus, Integriertes Anlagenzulassungsrecht, ZUR 2002, 1 (1); Böhm, Umsetzungsdefizite und Direktwirkung der IVU- und UVP-Änderungsrichtlinie? ZUR 2002, 6.

im System möglich sei.[606] Dieser Sinneswandel mag auch damit zusammenhängen, dass bislang noch keine überzeugende Methode für eine Abwägung gefunden wurde, die dem Anspruch integrierten Umweltschutzes umfassend gerecht wird.[607] Insgesamt zeigt sich in der Diskussion ein gewisse Ernüchterung; die anfängliche Euphorie, das anlagenbezogene Umweltschutzrecht durch eine vollständig integrierte Umweltschutzpolitik zu optimieren, ist Pragmatismus gewichen.[608] Als sich die Verabschiedung des Umweltgesetzbuches mehr und mehr verzögerte und schließlich 1999 endgültig an der mangelnden Gesetzgebungskompetenz des Bundes scheiterte,[609] war es aus Zeitgründen notwendig, die IVU-Richtlinie durch Anpassung der relevanten Rechtsvorschriften in den einzelnen Fachgesetzen umzusetzen. Der sektorale Ansatz des deutschen Umweltschutzrechts ist so grundsätzlich erhalten geblieben. Darin bereits ein Umsetzungsdefizit zu sehen, erscheint allerdings übertrieben.[610] Der enge Integrationsbegriff der IVU-Richtlinie lässt auch weiterhin sektorale Grenzwerte zu, so sie insgesamt ein hohes Schutzniveau ergeben.[611]

Da die Umsetzung der IVU-Richtlinie sodann vor allem im Rahmen des Bundesimmissionsschutzgesetzes erfolgte, konzentriert sich die vorliegende Untersuchung auf dieses Gesetz. Die wesentlichen Anpassungen des Bundesimmissionsschutzgesetzes erfolgten durch die Aufnahme der

---

606 Z.B. Wahl, Materiell-integrative Anforderungen an die Vorhabenzulassung, NVwZ 2000, 502 (503).

607 Wasielewski, Die versuchte Umsetzung der IVU-Richtlinie in das deutsche Recht, in: Dolde (Hg.), Umweltrecht im Wandel, S. 213 (228).

608 Wasielewski spricht gar von einem „Scherbenhaufen", ders., Stand der Umsetzung der UVP-Änderungs- und der IVU-Richtlinie, NVwZ 2000, 15 (20); ders., Die versuchte Umsetzung der IVU-Richtlinie in das deutsche Recht, in: Dolde (Hg.) Umweltrecht im Wandel, S. 213; Beyer, Die integrierte Anlagenzulassung, S. 183, Feldhaus, Integriertes Anlagenzulassungsrecht, ZUR 2002, 1; Böhm, Umsetzungsdefizite und Direktwirkung der IVU- und UVP-Änderungsrichtlinien? ZUR 2002, 6 (8).

609 Böhm, Umsetzungsdefizite und Direktwirkung der IVU- und UVP-Änderungsrichtlinie?, ZUR 2002, 6 (6).

610 Böhm, Umsetzungsdefizite und Direktwirkung der IVU- und UVP-Änderungsrichtlinien? ZUR 2002, 6 (9).

611 Feldhaus, Integriertes Anlagenzulassungsrecht, ZUR 2002, 1 (2); Buchholz, Integrative Grenzwerte im Umweltrecht, S. 196; aus rechtspolitischer Perspektive aus Gründen der Transparenz und Systematik kritisch zu dem fortgeführten medialen Ansatz Kracht/Wasielewski, Vermeidung und Verminderung der Umweltverschmutzung, in: Rengeling (Hg.), EUDUR Bd. I, § 35, Rdnr. 62.

integrativen Perspektive in den Gesetzeszweck des § 1 BImSchG, die Anpassung der Grundpflichten mit der Neudefinition des „Standes der Technik" (§§ 5, 3 Abs. 6 BImSchG), der Ermächtigungsnormen zum Erlass des untergesetzlichen Regelwerkes sowie der untergesetzlichen Regelungen (§§ 7, 48 BImSchG sowie der 9. BImSchV und der TA-Luft) und der Umsetzung des verfahrensrechtlichen Koordinierungsgebotes in die Vorschrift über das immissionsschutzrechtliche Genehmigungsverfahren (§ 10 BImSchG).

1. „Stand der Technik" statt „beste verfügbare Techniken"

Der Begriff „Stand der Technik" wurde mit der Neufassung des § 3 Absatz 6 BImSchG ausreichend an die Anforderungen der IVU-Richtlinie angepasst.[612] Ausdrücklich einbezogen werden nun medienübergreifende Aspekte sowie die im Anhang IV der IVU-Richtlinie genannten Kriterien, also die im Anhang vorgesehene Berücksichtigung des „Informationsaustauschs" (also die BVT-Merkblätter). Der integrative Gedanke wurde in § 3 Absatz 6 BImSchG aufgenommen, und dem Gesetz wurde ein dem Anhang IV der IVU-Richtlinie gleichlautender Anhang, der „Anhang (zu § 3 Abs. 6)", angefügt. Zwar wird der Begriff „Stand der Technik" beibehalten, anstatt den von der IVU-Richtlinie verwendeten Begriff der „besten verfügbaren Techniken" zu übernehmen. Diese Begriffswahl ist jedoch eine rechtspolitische Frage:[613] Es galt abzuwägen zwischen einer wortgleichen Übernahme des zentralen Begriffs der Richtlinie und der Beibehaltung des jahrzehntelang geprägten Begriffs des deutschen Immissionsschutzrechts; sachlich erschien beides möglich.[614] Gleiches gilt für die nach der IVU-Richtlinie erforderliche Einbeziehung wirtschaftlicher Belange. Dieser Begriff findet sich auch nach Erlass des Artikelgesetzes nicht im Wortlaut Bundesimmissions-

612 Buschbaum/Schulz, Europäisierung des deutschen Umweltrechts am Beispiel des Technikstandards „Beste verfügbare Techniken", NuR 2001, 182 (187). Der „Stand der Technik" war der strengere Maßstab, aus diesem Grunde dürfte die Anpassung im Wesentlichen unproblematisch gewesen sein; vgl. auch Kloepfer, Umweltrecht, § 14, Rdnr. 23; § 3, Rdnr. 79.

613 Zu der Berücksichtigung wirtschaftlicher Belange sowohl im nationalen als auch im Gemeinschaftsrecht äußert sich Heimlich (ders., Der Begriff „Stand der Technik im deutschen und europäischen Umweltrecht, NuR 1998, 582 (568)); a.A. Becker, der die beiden Begriffe nicht gleichsetzen möchte (ders., Integrierte Vermeidung und Verminderung der Umweltverschmutzung, Art. 2, Rdnr. 60 S. 68 f.).

614 Feldhaus, Beste verfügbare Techniken und der Stand der Technik, NVwZ 2001, 1 (4).

schutzgesetz wieder. Auch hierin ist kein Umsetzungsdefizit zu sehen, da bei der Bestimmung des konkreten Standes der Technik nach ganz allgemeiner Ansicht bereits vor Erlass der IVU-Richtlinie der Grundsatz der Verhältnismäßigkeit zu berücksichtigen war und dieser wirtschaftliche Aspekte einschließt.[615] Soweit die Verhältnismäßigkeit es erlaubt, strengere Kriterien anzulegen als der ist dies als weitergehende nationale Maßnahme durch Artikel 176 EGV gedeckt. Im praktischen Vollzug dürften die Unterschiede allerdings gering sein.[616]

2. Gebundene Entscheidung statt Entscheidungsspielraum

Am Anfang der Diskussion um die Umsetzung der IVU-Richtlinie wurde eine Öffnung der Bindung der immissionsschutzrechtlichen Genehmigungsentscheidung zu einem Versagungsermessen diskutiert, teilweise wurde dies sogar für erforderlich gehalten und im Zusammenhang mit der Diskussion um das Umweltgesetzbuch auch rechtspolitisch begrüßt.[617] Begründet wurde diese Ansicht mit dem integrativen Ansatz der IVU-Richtlinie, der eine optimale Lösung unter Berücksichtigung aller Schutzgüter als Ergebnis einer Abwägung der verschiedenen Belastungen unter Berücksichtigung der Umstände des konkreten Einzelfalles fordert. Eine solche optimale Lösung lasse sich nur durch eine Integrations- oder Öffnungsklausel im Bundesimmissionsschutzgesetz umsetzen.[618] Dies hätte einen der Kernpunkte des deutschen Immissionsschutzrechts, den Anspruch auf Erteilung einer Genehmigung bei Vor-

---

615 Feldhaus, Beste verfügbare Techniken und der Stand der Technik, NVwZ 2001, 1 (5); Jarass, Bundesimmissionsschutzgesetz - Kommentar, § 5, Rdnr. 60 ff.; vgl. zur Rechtslage nach dem BImSchG der letzten Fassung z.B. Kloepfer, Umweltrecht, § 14, Rdnr. 103.

616 Feldhaus, Beste verfügbare Techniken und der Stand der Technik, NVwZ 2001, 1 (5).

617 Feldhaus, Integriertes Anlagenzulassungsrecht, ZUR 2002, 1 (5). Für eine Öffnung aus rechtspolitischen und funktionalen Erwägungen trat zum Beispiel Ladeur ein, ders., Integrierter Umweltschutz im Genehmigungsverfahren, ZUR 1998, 245 ff. Ausf. dazu auch zum nun überholten Entwurf des UGB Beyer, Die integrierte Anlagenzulassung, S. 157 ff.; die Diskussion zusammenfassend Pschera/Koepfer, Die neue TA-Luft, NuR 2003, 517 (522).

618 Vgl. Wahl, Materiell-integrative Anforderungen an die Vorhabenzulassung, NVwZ 2000, 502 (508); ders., Die Normierung der materiell-integrativen (medienübergreifenden) Genehmigungsanforderungen, ZUR 2000, 360 (367). Vgl. auch zu den insoweit recht offenen Voraussetzungen der IVU-Richtlinie Schreiber, Das Regelungsmodell der Genehmigung im integrierten Umweltschutz, S. 160 ff.

liegen der Genehmigungsvoraussetzungen, betroffen. Gerade an diesem Punkt zeigt sich der unterschiedliche Ansatz der IVU-Richtlinie und des Bundesimmissionsschutzgesetzes. Gegen eine Öffnung der gebundenen Entscheidung für Abwägungs- und Ermessenselemente wird vor allem ins Feld geführt, dass gerade die Gebundenheit der Entscheidung Rechts- und damit auch Planungssicherheit gewährleiste und gleichzeitig die Genehmigungsbehörden von der Erarbeitung eigener Beurteilungsmaßstäbe entlaste.[619] Der Widerstand gegen die Öffnung ist – kurioserweise sowohl von Seiten der Industrie als auch seitens der Umweltverbände – geprägt vom Misstrauen gegenüber den örtlichen Verwaltungen. Fürchtet die eine Seite einen von „grünen" Behörden vor Ort initiierten Überbietungswettbewerb, der sich insgesamt in allzu strengen Umweltschutzauflagen niederschlagen könnte, so fürchtet die andere Seite eine allzu starke Einflussnahme der Betreiber, der die Behörde ohne Rückzugsmöglichkeit auf die Bindung an materielle (Mindest-)Standards nicht würde standhalten können.[620] Aus beiden Standpunkten lässt sich schwerlich ein rechtsdogmatisches Argument formen. Das befürchtete „freie Spiel der Kräfte"[621] lässt die IVU-Richtlinie eben gerade nicht zu: Normativ sind die Mitgliedstaaten verpflichtet, ihre Vollzugsbehörden mit entsprechenden personellen Ressourcen und hinreichender Durchsetzungsmacht auszustatten. Das Instrument der Einzelfallprüfung mit der Berücksichtigung der konkreten Umweltbedingungen soll nach der IVU-Richtlinie gerade der Verbesserung der Umwelt dienen. Auf der anderen Seite sind den Behörden spätestens durch das Verhältnismäßigkeitsprinzip auch rechtliche Grenzen beim Bemühen um eine Minimierung der Umweltbelastung gesetzt. Das Argument der Entlastung der

---

619 Z.B. Feldhaus, Integriertes Anlagenzulassungsrecht, ZUR 2002, 1 (5); Bundesregierung, Kabinettsbeschluss v. 12.12.2001, S. 12. In einem Workshop-Bericht des IMPEL-Netzwerkes werden ebenfalls diese Vorteile einer abstrakt-generellen Grenzwertsetzung hervorgehoben, Deutschland beteiligte sich allerdings nicht in dem Projektteam, das den Bericht erstellte (IMPEL Network, The Application of General Binding Rules in the Implementation of the IPPC Directive May - October 2000, S. 21). Rechtspolitischer Hintergrund der Debatte ist auch die gerichtliche Kontrolldichte, vgl. dazu auch Buchholz, Integrative Grenzwerte im Umweltrecht, S. 86.

620 Vgl. Wahl, Die Normierung der materiell-integrativen (medienübergreifenden) Genehmigungsanforderungen, ZUR 2000, 360 (364), dazu auch Ladeur, Integrierter Umweltschutz im Genehmigungsverfahren, ZUR 1998, 245 (249); Davids, Die Konkretisierung der besten verfügbaren Technik in der Anlagenzulassungspraxis, UPR 2000, 439 (444).

621 Davids, Die Konkretisierung der besten verfügbaren Technik in der Anlagenzulassungspraxis, UPR 2000, 439 (444).

Genehmigungsbehörden durch generelle Standards vermag angesichts der BVT-Merkblätter nicht so recht überzeugen. Gerade die BVT-Merkblätter werden aufgrund des branchen- und anlagenbezogenen Ansatzes sehr praxisnahe Inhalte haben.[622] Aus rechtspolitischer Perspektive stellt sich weiterhin die Frage, ob das gegenwärtige System der gebundenen Entscheidung mit bindenden Standards nicht angesichts des viel beklagten Vollzugsdefizits auch im Immissionsschutzrecht eine nur trügerische Sicherheit bietet. Ist die Vorstellung, alle hielten sich an die verbindlichen Standards und es fände eine effektive und umfassende Kontrolle statt, ohnehin illusorisch, so fragt man sich, worin denn nun der wirkliche Vorteil der gebundenen Entscheidung gegenüber einer Ermessensentscheidung liegt.[623]

Der Gesetzgeber hat sich mit dem Artikelgesetz dafür entschieden, das Regelungssystem des deutschen Immissionsschutzrechts, wie es im Bundesimmissionsschutzgesetz zuvor niedergelegt war, in seinen Grundzügen zu erhalten. Insbesondere wird am Wortlaut des § 6 Absatz 1 BImSchG festgehalten, wonach die behördliche Entscheidung über die Genehmigung grundsätzlich eine gebundene Entscheidung ist. Der rechtspolitischen Forderung nach einer ausdrücklichen Aufnahme der integrativen Zielsetzung der IVU-Richtlinie in die Pflichten des Betreibers wurde durch das Artikelgesetz allerdings entsprochen: Die Betreiberpflichten dienen nunmehr dem Ziel der „Gewährleistung eines hohen Schutzniveaus für die Umwelt insgesamt".

Es stellt sich nun die Frage, ob die dogmatische Struktur der Genehmigungsentscheidung trotz dieser Ergänzung der Betreiberpflichten erhalten bleibt. In der Literatur wird vertreten, § 6 enthalte eben gerade keine öffnende Klausel. Die hinzugefügte Bestimmung lasse sich lediglich als Sicherungsklausel für die Einhaltung der Anforderungen der IVU-Richtlinie verstehen. Enthalten andere Fachgesetze Lücken bezüglich des integrierten Ansatzes, wird das immissionsschutzrechtliche Genehmigungsverfahren auf diese Weise quasi als Auffangverfahren begriffen, um eine integrierte Genehmigung im Sinne der IVU-Richtlinie sicherzustellen.[624] Unbeschadet des Beibehaltens der gebundenen Entscheidung

---

622 Beyer, Die integrierte Anlagenzulassung, S. 137 f.

623 Aus ökonomischer Perspektive wird in der Literatur darauf hingewiesen, generell abstrakte Standards seien ineffizienter als individuelle Entscheidungen, dazu Pschera/Koepfer, Die neue TA-Luft, NuR 2003, 517 (522) und Meinken, Emissions- versus Immissionsorientierung S. 204 und 298f

624 Z.B. Feldhaus, Integriertes Anlagenzulassungsrecht, ZUR 2002, 1 (4).

setzt der integrierte Ansatz der IVU-Richtlinie aber, untechnisch gesprochen, Abwägungsspielräume für die geforderte Optimierung voraus.[625] Das europäische Recht kennt die deutsche Unterscheidung zwischen Ermessen auf der Rechtsfolgen- und Beurteilungsspielraum auf der Tatbestandsseite nicht.[626] Bei der Umsetzung ist es daher zulässig, den notwendigen Spielraum dogmatisch als Beurteilungsspielraum auszugestalten und die Genehmigungsentscheidung selbst weiterhin als gebundene Entscheidung ohne Ermessen zu belassen. Das Immissionsschutzrecht bedient sich bereits seit langem unbestimmter Rechtsbegriffe; an zentraler Stelle steht der „Stand der Technik". Die geforderte Optimierung ist nun – da der Behörde auf der Rechtsfolgenseite kein Ermessen eingeräumt wurde - rechtstechnisch bei der konkreten Ausfüllung dieses unbestimmten Rechtsbegriffs auf der Tatbestandsseite zu leisten. Dabei ist anzumerken, dass sich die Optimierung nur im Bereich der Vorsorge abspielen kann, während die staatliche Schutzpflicht eine Abwägung im Bereich der Gefahrenabwehr verbietet.[627]

Ob sich die Bedeutung des geänderten § 5 Absatz 1 Satz 1 BImSchG aber tatsächlich in einer solchen Sicherungsfunktion erschöpft, erscheint zweifelhaft. Es lässt sich auch vertreten, dass die Genehmigungsentscheidung wenigstens für den Bereich der Vorsorge im Lichte der IVU-Richtlinie betrachtet, rechtsdogmatisch für Elemente mit planerischem Charakter zu öffnen ist.[628] Seine textliche Stütze findet diese Interpretation in der Vorschrift des § 5 selbst, eben weil nun der Schutz der gesamten Umwelt in die immissionsschutzrechtliche Genehmigung hineingezogen wird.[629] Für eine solche Öffnung der immissionsschutzrechtlichen Genehmigung bedürfte es dabei nicht einmal weiterer Gesetzesänderungen. Denn über die dogmatisch anerkannten unbestimmten Rechtsbegriffe und deren Konkretisierung in Verwaltungsvorschriften und Rechtsverordnungen hinaus enthält das Bundesimmissionsschutzgesetz weitere faktische Spielräume. Betrachtet man die Voraussetzungen der gebundenen Genehmigungsentscheidung nach § 6 BImSchG genauer, so ist festzustellen, dass die Entscheidungsvoraussetzungen tatsächlich nicht vollständig durchnormiert sind und beträchtliche Spielräume verbleiben. Die Vorstellung eines durchgängig konditional struk-

---

625 S.o. Fünftes Kapitel, B. I. 1. a).
626 Streinz, Europarecht, Rdnr. 525.
627 Davids, Die Konkretisierung der besten verfügbaren Technik in der Anlagenzulassungspraxis, UPR 2000, 439 (442).
628 Vgl. oben Fünftes Kapitel, B. I. a).
629 Beyer, Die integrierte Anlagenzulassung, S. 169 f. und 196.

turierten deutschen Anlagenzulassungsrechts, in dessen Zentrum der Genehmigungsanspruch auf der Grundlage durchnormierter fachlicher Voraussetzungen steht, ist danach mehr eine „sprachliche Äußerlichkeit" und „dogmatisches Wunschdenken" denn Realität.[630] Die von der IVU-Richtlinie geforderte Flexibilität und Öffnung gegenüber konkreten Umständen des Einzelfalls im deutschen Immissionsschutzrecht könnte auch durch die dogmatische Anerkennung und Aufarbeitung dieser bislang als „systemwidrig" begriffenen faktischen behördlichen Spielräume erreicht werden. Der IVU-Richtlinie käme auf diese Weise das Verdienst zu, dass über den Umweg des Gemeinschaftsrechts zu einer dogmatischen Grundlage für die Anerkennung der faktisch vorhandenen Entscheidungsspielräume im deutschen Immissionsschutzrecht beigetragen würde.[631] Durch den veränderten Charakter der Genehmigungsentscheidung im Bereich der Vorsorge würde sich zugleich die Rolle der Verwaltung ändern, da die Entscheidung aufgrund der vorhandenen Bewertungsunsicherheiten notwendig den Charakter einer Prognoseentscheidung bekommt. Der Exekutive, und hier der zuständigen Genehmigungsbehörde, würde so im Bereich der Vorsorge die Letztentscheidungskompetenz in Form eines gerichtsfesten Beurteilungsspielraums eingeräumt.[632] Wie sich nun das Immissionsschutzrecht dogmatisch entwickeln wird, wird angesichts der minimalen Gesetzesänderungen nicht zuletzt von der Rezeption der mit der Implementation der IVU-Richtlinie einhergehenden Änderungen durch die Gerichte abhängen.[633]

3. Abstrakt-generelle Standards statt Einzelfallprüfung

Die von der IVU-Richtlinie geforderte Optimierung bei der Ausfüllung des unbestimmten Rechtsbegriffs „Stand der Technik" leistet das Artikelgesetz, indem nun die integrierte Bewertung auf der Grundlage der

---

630 Bohne, Langfristige Tendenzen im Umwelt- und Technikrecht, in: Schmidt-Aßmann (Hg.), Strukturen des europäischen Verwaltungsrechts, S. 249 f.

631 Die normative Anerkennung dieser unvermeidlich vorhandenen Spielräume bereitet vielen Unbehagen und stößt in der juristischen Literatur auch auf Widerstand; statt vieler Wahl, Die Normierung der materiell-integrativen (medienübergreifenden) Genehmigungsanforderungen, ZUR 2000, 360 (364); skeptisch Pschera/Koepfer, die allerdings einen möglicherweise geschaffenen Entscheidungsspielraum der Genehmigungsbehörde auch nicht mit letzter Bestimmtheit ablehnen (dies. , Die neue TA-Luft, NuR 2003, 527 (523)).

632 Beyer, Die integrierte Anlagenzulassung, S. 169 f. und 204 f.; vgl. dazu auch Ladeur, Integrierter Umweltschutz im Genehmigungsverfahren, ZUR 1998, 245 (248).

633 Dazu sogleich, Fünftes Kapitel, B. III.

Abwägung der unterschiedlichen Belastungspfade an das untergesetzliche Regelwerk übertragen wird. Die Ermächtigungsnorm des § 48 BImSchG schreibt nach dieser Änderung die Berücksichtigung einer integrierten Betrachtung beim Erlass von Verwaltungsvorschriften vor.[634] Diese Vorschrift wurde um einen Satz 2 erweitert, wonach bei der Festlegung der Anforderungen die mögliche Verlagerung von nachteiligen Auswirkungen auf andere Umweltmedien zu berücksichtigen und ein hohes Schutzniveau *insgesamt* zu verwirklichen ist. Der von der IVU-Richtlinie geforderte Beurteilungsspielraum wird auf diese Weise im deutschen Immissionsschutzrecht auch weiterhin durch abstrakt-generelle Regelungen, insbesondere die Verwaltungsvorschrift der TA-Luft, ausgefüllt. Der deutsche Gesetzgeber hält so nicht nur an der strikten Bindung der Genehmigungsentscheidung, sondern auch an der generellen und abstrakten Festlegung von Genehmigungsstandards in Verwaltungsvorschriften weiter fest.[635] Diese Regelungstechnik soll einerseits Rechtssicherheit für die Antragsteller und Gleichbehandlung von Anlagenbetreibern und Nachbarn leisten und andererseits die Genehmigungsbehörden von der Erarbeitung eigener Beurteilungsmaßstäbe entlasten.[636] Auf diese Weise soll die Verwaltungsvorschrift TA-Luft auch zur Verfahrensbeschleunigung beitragen. Der deutsche Gesetzgeber folgt damit weiterhin den eben dargestellten Argumenten der Literatur.[637]

Die IVU-Richtlinie lässt in Artikel 9 Absatz 8 ausdrücklich die Möglichkeit zu, die Genehmigungsentscheidung auf der Grundlage abstrakt-genereller Kriterien zu treffen. Dennoch stellt sich grundsätzlich die methodische Frage, ob dem materiell integrativen Anspruch der IVU-Richtlinie durch abstrakt-generelle Kriterien überhaupt hinreichend Rechnung getragen werden kann.[638] Es erscheint zweifelhaft, ob es metho-

---

634 Wahl, Die Normierung der materiell-integrativen (medienübergreifenden) Genehmigungsanforderungen, ZUR 2000, 360 (363).

635 Lübbe-Wolff hält diesen Ansatz unter den Gesichtspunkt der Vorsorge auch für den weitergehenden Ansatz, dies., UVP-Richtlinie und europäisches Vorsorgeprinzip, NVwZ 1998, 777 (784 f.).

636 Bundesregierung, Kabinettsbeschluss v. 12.12.2001, S. 12; dazu auch Feldhaus, Integriertes Anlagenzulassungsrecht, ZUR 2002, 1 (5).

637 Fünftes Kapitel, B. II. 2.

638 Ladeur hält das Ordnungsrecht als Steuerungsinstrument zur Umsetzung des integrativen Konzeptes der IVU-Richtlinie nur für begrenzt tauglich, ders., Integrierter Umweltschutz im Genehmigungsverfahren, ZUR 1998, 245 (250). Krit. zur IVU-Richtlinie im Hinblick auf das Vorsorgeprinzip wegen der ein-

disch überhaupt möglich ist, Kriterien generell und abstrakt festzulegen und gleichzeitig die Umstände des Einzelfalls zu berücksichtigen.[639] Dieser Widerspruch zeigt sich auch bei einem inhaltlichen Vergleich der TA-Luft zur Ausfüllung des unbestimmten Rechtsbegriffs einerseits und den BVT-Merkblättern als Vollzugshilfe andererseits. Die BVT-Merkblätter enthalten oftmals detailliertere Angaben als die TA-Luft.[640] Der Grund dafür ist im methodischen Ansatz zu finden: Da Gegenstand der BVT-Merkblätter die konkreten Techniken sind, ist es einfacher, diese auch im Detail zu beschreiben. Die TA-Luft dagegen legt auf abstrakt-genereller Ebene Anforderungen fest. Dass dabei nicht alle Konstellationen vorweggedacht werden können, liegt nahe. Wegen der ausdrücklichen Regelung des Artikel 9 Absatz 8 können diese grundsätzlichen methodischen Bedenken zwar überwunden werden.[641] Ist der Maßstab der behördlichen Zulassungsentscheidung solchermaßen durch abstrakt-generelle Kriterien festgelegt, so steht aber gerade das deutsche immissionsschutzrechtliche Konzept der gebundenen Entscheidung zu dem in der IVU-Richtlinie enthaltenen Optimierungsgedanken in einem Spannungsverhältnis. Eine Öffnungsklausel oder der Abschied von der gebundenen Genehmigungsentscheidung zu Gunsten eines Versagungsermessens hätte dagegen den erforderlichen Spielraum schaffen und die reibungslose Umsetzung der gemeinschaftsrechtlichen Vorgaben gewährleisten können. Bei dem deutschen Konzept ist nun aber für die richtlinienkonforme Umsetzung von entscheidender Bedeutung, dass die Gesichtspunkte integrativer Betrachtung und Abwägung bereits bei der Erarbeitung und Festlegung der abstrakt-generellen Kriterien hinreichend berücksichtigt werden.[642] Diese müssen nach integrativen Kriterien und in Verfahren, die dem integrierten Ansatz entsprechend den Anforderungen der IVU-Richtlinie genügen, erarbeitet werden.[643]

---

zelfallbezogenen Ausnahmemöglichkeiten Lübbe-Wolff, IVU-Richtlinie und Europäische Vorsorgeprinzip, NVwZ 1998, 777 ff.

639 Wahl, Die Normierung der materiell-integrativen (medienübergreifenden) Genehmigungsanforderungen, ZUR 2000, 360 (366). Zu den methodischen Problemen und möglichen Lösungsansätzen und im Ergebnis die Möglichkeit integrierten Umweltschutzes durch abstrakt-generelle Grenzwerte bejahend Buchholz, Integrative Grenzwerte im Umweltrecht, S. 87 ff.

640 Beyer, Die integrierte Anlagenzulassung, S. 137.

641 Buchholz, Integrative Grenzwerte im Umweltrecht, S. 99 und 208.

642 Wahl, Die Normierung der materiell-integrativen (medienübergreifenden) Genehmigungsanforderungen, ZUR 2000, 360 (365). Vgl. auch Feldhaus, Beste verfügbare Techniken und Stand der Technik, NVwZ 2001, 1 (5).

643 Buchholz, Integrative Grenzwerte im Umweltrecht, S. 139 ff.

Die TA-Luft selbst wurde im Juni 2002 novelliert.[644] Der Novelle lag ein Kabinettsbeschluss vom Dezember 2001 zugrunde,[645] wonach die novellierte TA-Luft sowohl der fortschreitenden rechtlichen, aber auch der technischen Entwicklung Rechnung trage.[646] Mit der novellierten TA-Luft soll der von der IVU-Richtlinie geforderte integrierte Ansatz auf der Ebene der Verwaltungsvorschrift erfolgen.[647] Die Novelle dient außerdem der Angleichung an die Grenzwerte der Luftqualitätsrahmenrichtlinie der Europäischen Gemeinschaft sowie der Angleichung an das Bundes-Bodenschutzgesetz.[648] In der TA-Luft wird nun unter der Ziffer 5.1.3. unter der Überschrift „Grundsätzliche Anforderungen zur integrierten Vermeidung und Verminderung von Umweltverschmutzungen" vom Anlagenbetreiber gefordert, Techniken und Maßnahmen anzuwenden mit dem Ziel, die Emissionen in die drei Elemente Boden, Wasser und Luft zu vermeiden oder zu minimieren und ein hohes Schutzniveau für die „Umwelt insgesamt" zu erreichen. Die emissionsbegrenzenden Maßnahmen müssen dem Stand der Technik entsprechen. Die TA-Luft verbietet, Umweltbelastungen in andere Medien zu verlagern, wenn dies nach dem Stand der Technik nicht notwendig ist. Außerdem sind bei der Festlegung der Anforderungen Gesichtspunkte integrierten Umweltschutzes „zu berücksichtigen". Für außergewöhnliche Fälle sah bereits die alte Fassung der TA-Luft die Möglichkeit einer Sonderprüfung vor, die es grundsätzlich ermöglichte, trotz Abweichung von den Werten der TA-Luft eine Genehmigung zu erteilen.[649] Diese Regelung findet sich auch in der novellierten Fassung wieder.[650] Es ist allerdings zweifelhaft, ob diese Sonderprüfung als Öffnungsmöglichkeit den Anforderungen

---

644 Bundesministerium für Umwelt, Naturschutz und Reaktorsicherheit, Erste Allgemeine Verwaltungsvorschrift zum Bundes-Immissionsschutzgesetz (Technische Anleitung zur Reinhaltung der Luft - TA Luft) v. 24. Juli 2002; GMBl. 2002, Heft 25 - 29, S. 511 - 605; zu den Änderungen Otting, Der Entwurf einer neuen TA-Luft, DVBl. 2001, 1792.

645 Kabinettsbeschluss v. 12.12.2001; erhältlich unter http://www.bmu.de (zuletzt besucht am 25.3.2003).

646 Kabinettsbeschluss v. 12.12.2001, a.a.O., S. 1.

647 Einen Überblick über die technischen Details der Novelle gibt Gerhold, Anwendungsfragen der neuen TA-Luft, UPR 2003, 44 ff.

648 Kabinettsbeschluss v. 12.12.2001, S. 1 f.; Gesetz zum Schutz vor schädlichen Bodenveränderungen und zur Sanierung von Altlasten v. 17.03.1998 (BGBl. I, 1998, 502).

649 Günter, Zur Europarechtskonformität der Umsetzung der IVU-Richtlinie nach dem Artikelgesetz, NuR , 394 (396).

650 Vormals unter Ziff. 2.2.1.3., nun unter Ziff. 4.8 bzw. Ziff. 4.5.2.

der IVU-Richtlinie genügt.[651] Im Ergebnis bleibt die dargestellte praktische Umsetzung des integrierten Ansatzes sehr abstrakt und für eine konkrete Handlungsanweisung wenig präzise, obwohl der Konkretisierung des Bundesimmissionsschutzgesetzes durch die untergesetzlichen Regelwerke bei der Umsetzung der IVU-Richtlinie eine entscheidende Bedeutung zukommt. So bleiben Zweifel, ob diese Bestimmungen mit der TA-Luft für die Praxis überhaupt vollzugsfähig ausgestaltet wurden.[652]

Ob bei der fachlichen Erarbeitung der Grenzwerte der TA-Luft integrative Kriterien hinreichende Berücksichtigung fanden, wird sich in der Praxis erweisen müssen.[653] Dabei ist dem deutschen Ansatz zuzugestehen, dass auch die bislang erarbeiteten BVT-Merkblätter medienbezogen sind. Die anfänglichen Erwartungen an den mit der IVU-Richtlinie verbundenen integrierten Ansatz waren insofern überzogen, als dass noch keine überzeugende Lösung der methodischen Probleme einer umfassenden integrierten Bewertung und Abwägung gefunden wurden.[654] Auch die bisher erarbeiteten BVT-Merkblätter konnten den hohen Anspruch einer vollständigen und umfassenden integrierten Betrachtung

---

651 Beyer, Die integrierte Anlagenzulassung, S. 209; vgl. auch Wahl, Die Normierung der materiell-integrativen (medienübergreifenden) Genehmigungsanforderungen, ZUR 2000, 360 (367).

652 Otting erblickt beim deutschen Vorschriftengeber immerhin das „Bestreben", den integrativen Ansatz der IVU-Richtlinie in der Luftreinhaltepolitik Geltung zu verschaffen, ders., Der Entwurf der neuen TA-Luft, DVBl. 2001, 1792 (1798). Günter hält dagegen die TA-Luft aufgrund der genannten integrierten Elemente für hinreichend, ders., Zur Europarechtskonformität der Umsetzung der IVU-Richtlinie nach dem Artikelgesetz, NuR 2002, 394 (396). Hansmann hält die novellierte TA-Luft für einen „vielversprechenden Anfang", ders., Integrierter Umweltschutz durch untergesetzliche Normsetzung, ZUR 2002, 19 (24).

653 Vgl. Wahl, Die Normierung der materiell-integrativen (medienübergreifenden) Genehmigungsanforderungen ZUR 2000, 360 (366 f.).

654 Zu den methodischen Problemen integrierter Betrachtung und Bewertung Bohne, Langfristige Entwicklungstendenzen im Umwelt- und Technikrecht, in: Schmidt-Aßmann, Strukturen des Europäischen Verwaltungsrechts, S. 237 ff.; Hofmann schlägt ein numerisches Verfahren als Lösung vor; um die Abwägung rational und vor allem nachvollziehbar zugestalten, wird den unterschiedlichen Gütern eine Verrechnungseinheit zugewiesen, so dass am Ende eine quantitative Bewertung erfolgen kann, ders., ZUR 2002, 11 (14 ff.). Zur Kritik am integrativen Ansatz aus methodischer Sicht siehe auch ausführlich m.w.N. Schreiber, Das Regelungsmodell der Genehmigung im integrierten Umweltschutz, S. 53 ff.

nicht einlösen. Angesichts dieser Tatsache ist in der pragmatischen Herangehensweise der novellierten TA-Luft jedenfalls kein Widerspruch zu den Anforderungen der IVU-Richtlinie zu sehen.[655] Die methodischen Probleme sind zur Zeit anscheinend nicht zu überwindenden, und es ist überzogen, fachlich von der TA-Luft mehr zu verlangen, als die gemeinschaftliche Ebene mit den BVT-Merkblättern selbst anbieten kann.

Neben den grundsätzlichen methodischen Bedenken und den Kritikpunkten an der konkreten Umsetzung wird in der Literatur auch Kritik an der Rechtsform der Verwaltungsvorschrift geäußert, mit der die abstrakt-generellen Maßstäbe aufgestellt werden. So ist mit der Umsetzung der IVU-Richtlinie durch das Artikelgesetz auch die Kontroverse um die Konkretisierung immissionsschutzrechtlicher Anforderungen durch Verwaltungsvorschriften, insbesondere die TA-Luft, wieder aufgeflammt.[656] Die eine Seite vertritt die Ansicht, dass sich die Vorgaben der IVU-Richtlinie gerade durch das Regelungsinstrument der Verwaltungsvorschrift als im Grundsatz lediglich verwaltungsintern bindendes Recht zur Umsetzung eigne, da einerseits abstrakt-generelle Anforderungen festgelegt werden, andererseits aber im Einzelfall die Möglichkeit bestünde, von diesen abzuweichen.[657] Auf diese Weise seien individuelle Lösungen bei gleichzeitiger Festlegung genereller Standards möglich.[658] Auch lasse die IVU-Richtlinie Verwaltungsvorschriften ausdrücklich zu, da der Wortlaut des Artikel 9 Absatz 8 gerade auch Verwaltungsvor-

---

655 Davids, Die Konkretisierung der besten verfügbaren Technik, in: der Anlagenzulassungspraxis; UPR 2000, 439 (443); Feldhaus, Integriertes Anlagenzulassungsrecht, ZUR 2002, 1 (2).

656 Statt vieler nur Otting, Der Entwurf der neuen TA-Luft, DVBl. 2001, 1792 (1793 f.); Gusy, Probleme der Verrechtlichung technischer Standards, NVwZ 1995, 105.

657 Zum Regelungsinstrument der Verwaltungsvorschrift allgemein Gusy, Probleme der Verrechtlichung technischer Standards, NVwZ 1995, 105.

658 Hansmann, Integrierter Umweltschutz durch untergesetzliche Normung, ZUR 2002, 19 (20); Feldhaus, Integriertes Anlagenzulassungsrecht, ZUR 2002, 1 (5); ders., Beste verfügbare Techniken und Stand der Technik, NVwZ 2001, 1 (6). Für die grundsätzliche Zulässigkeit der Grenzwertfestsetzung durch eine Verwaltungsvorschrift ebenfalls Buchholz, Integrative Grenzwerte im Umweltrecht, S. 198 ff.; Tausch sieht die deutsche Praxis, vorbehaltlich des nun erforderlichen integrierten Konzeptes, bestätigt, ders., Die Bedeutung der BVT-Merkblätter im Umweltrecht, NVwZ 2002, 676 (677).

schriften mit umfasse.[659] Dem wird entgegengehalten, dass der EuGH bereits im Jahre 1991 die Umsetzung von Richtlinien durch Verwaltungsvorschriften für unzulässig erklärt hat.[660] Werde zur Umsetzung der IVU-Richtlinie nun der Weg der Festlegung abstrakt-genereller Grenzwerte in einer Rechtsnorm als Form der Regulierung gewählt, so genüge eine Verwaltungsvorschrift nicht den Anforderungen der insoweit eindeutigen Rechtsprechung des Europäischen Gerichtshofs.[661] Dies leuchtet jedenfalls für den Fall, dass die in der Verwaltungsvorschrift festgelegten Grenzwerte abstrakt, ohne neuerliche Aufnahme und Festsetzung im Genehmigungsbescheid, gelten sollten, unmittelbar ein, da es insoweit in der Tat an der erforderlichen Außenwirkung fehlt.[662] Dagegen lässt sich aber einwenden, dass es die allein intern bindende Verwaltungsvorschrift notwendig macht, die Anforderungen in der Genehmigung zu verankern, so dass es sich im Ergebnis bei dem deutschen Modell gar nicht um einen Fall des Artikel 9 Absatz 8 der IVU-Richtlinie handelt, sondern um den Fall des Absatz 3.[663] Die immer wieder von den Befürwortern betonte besondere Flexibilität der TA-Luft hat sich in der Praxis bislang nicht bewahrheitet; weder ist die TA-Luft besonders häufig dem aktuellen Kenntnisstand angepasst und novelliert worden, noch ist es in der Praxis möglich, die Bindungswirkung der TA-Luft so

---

659 Ausf. Buchholz, Integrative Grenzwerte im Umweltrecht, S. 198 ff.; zustimmend auch Günter, Zur Europarechtskonformität der Umsetzung der IVU-Richtlinie, NuR 2002, 394 (396).

660 EuGH, Urt. v. 30.5.1991, Rs. C-361/88 (Kommission./.Bundesrepublik Deutschland), Slg. 1991-I, S. 2567; EuGH, Urt. v. 30.5.1991 Rs. C-59/89 (Kommission./.Bundesrepublik Deutschland), Slg. 1991-I, S. 2607; die europäischen Luftqualitätsrichtlinien (Rahmenrichtlinie RL 96/62/EG sowie Tochterrichtlinien) wurden in Folge dieser Rechtsprechung durch die 22. BImSchV in Form der Rechtsverordnung umgesetzt.

661 Böhm, Umsetzungsdefizite und Direktwirkung der IVU- und UVP-Änderungsrichtlinien? ZUR 2002, 6 (9); Biesecke, Die verfahrensrechtliche Integration durch das novellierte Bundesimmissionsschutzgesetz ZUR 2002, 325 (329); Wasielewski, Die versuchte Umsetzung der IVU-Richtlinie in das deutsche Recht, in: Dolde (Hg.), Umweltrecht im Wandel, S. 213 (229); Schreiber, Das Regelungsmodell der Genehmigung im integrierten Umweltschutz, S. 154 f.; Aertker, Europäische Zulassungsrecht für Industrieanlagen, S. 126.

662 Schreiber, Das Regelungsmodell der Genehmigung im integrierten Umweltschutz, S. 154 f.; Beyer sieht die Festlegung von abstrakt-generellem Standards wegen deren Starrheit insgesamt als wenig geeignet an, um den integrierten Ansatz der IVU-Richtlinie zu verwirklichen, und schlägt vor, solche Festlegungen lediglich als Mindeststandards anzusehen, ders., Die integrierte Anlagenzulassung, S. 131 ff.

663 Pochera/Koepfer, Die neue TA-Luft, NuR 2003, 517 (520).

einfach im Einzelfall einzuschränken, wie behauptet wird.[664] Dem Einwand, dass gemeinschaftsrechtlich festgelegte Anforderungen nach der Rechtsprechung des EuGH auf mitgliedstaatlicher Ebene in verbindliche Rechtsnormen umzusetzen sind, welche die Verwaltung auch im Außenverhältnis binden, trägt der Gesetzgeber durch § 48 a BImSchG Rechnung. Diese Vorschrift ermächtigt zum Erlass von Emissions- und Immissionsgrenzwerten durch Rechtsverordnung, so dass die gemeinschaftsrechtlich vorgegebenen Grenzwerte in Form von Rechtsverordnungen ergehen können. Beide Regelungsarten, die Verwaltungsvorschrift und die Rechtsverordnung, verlangen verfahrensmäßig die Beteiligung des Bundesrates; auch insoweit überzeugt das Flexibilitätsargument wenig.

Im Ergebnis folgt die Berücksichtigung der BVT-Merkblätter im deutschen Immissionsschutzrecht keiner überzeugenden Strategie, und die Merkblätter werden nur unzureichend in das bestehende Regelwerk eingebunden.[665]

4. Das Genehmigungsverfahren

Die IVU-Richtlinie verstärkt den Druck in Richtung Einrichtung einer zentralen Genehmigungsbehörde.[666] Mit dem Scheitern des Umweltgesetzbuchs scheint eine solche Entwicklung für den deutschen Raum jedoch zunächst in weite Ferne gerückt. Die verfahrensrechtlichen Anforderungen der IVU-Richtlinie hat der Bundesgesetzgeber durch die Einfügung des Satz 2 in § 10 Absatz 5 BImSchG und des Satz 4 in § 11

---

664 Biesecke, Die verfahrensrechtliche Integration durch das novellierte Bundesimmissionsschutzgesetz, ZUR 2002, 325 (329); ebenso Gusy, Probleme der Verrechtlichung technischer Standards, NVwZ 1995, 105 (111 f.) sowie ders. Die untergesetzliche Rechtsetzung aus verfassungsrechtlicher Sicht, in: Koch/ Lechelt (Hg.), Zwanzig Jahre Bundes-Immissionsschutzgesetz, 1994, S. 185 (196); aktuell dagegen sieht Otting die alte TA-Luft von 1986 wegen teilweiser nicht mehr aktueller Inhalte bereits mit ersten Legitimationsschwierigkeiten und in Folge auch mit Verlusten an Verbindlichkeit kämpfen (ders., Der Entwurf einer neuen TA-Luft, DVBl. 2001, 1792 (1793), er bezieht sich dabei allerdings auf eine Entscheidung des VGH Mannheim, die durch das BVerwG in ihrer Tragweite mittlerweile reduziert wurde (vgl. zu den beiden Entscheidungen Fünftes Kapitel, B. III.); krit. zu der „differenzierten" Bindungswirkung von umweltrechtlichen Verwaltungsvorschriften Gusy, Probleme der Verrechtlichung technischer Standards, NVwZ 1995, 105 (111).

665 Beyer, Die integrierte Anlagenzulassung, S. 213.

666 Beyer, Die integrierte Anlagenzulassung, S. 211.

9. BImSchV umgesetzt. Für § 10 wurde eine fast wortgleiche Formulierung des Artikel 7 der IVU-Richtlinie gewählt, nach § 11 9. BImSchV hat die Genehmigungsbehörde sich über parallel stattfindende Verfahren Kenntnis zu verschaffen und mit den Parallelbehörden frühzeitig den beabsichtigten Genehmigungsinhalt zu erörtern und abzustimmen. Andere umweltschutzrelevante Gesetze wurden allerdings nicht entsprechend ergänzt.[667] Formal betrachtet, mag Deutschland durch diese Änderungen zwar seiner Pflicht zur Umsetzung des Artikel 7 der IVU-Richtlinie Genüge getan haben, insbesondere da eine Einheitsbehörde oder völlige Verfahrenskonzentration von der IVU-Richtlinie nicht verlangt wird.[668] Das integrierte Konzept stört aber die nach Medien geordnete Zuständigkeitsverteilung der deutschen Umweltverwaltungen, da die Behörden nun qua Gesetz gezwungen werden, die Zuständigkeitsbereiche anderer Behörde zu berücksichtigen.[669] Angesichts der materiellen „Minimalumsetzung" des integrierten Ansatzes hätte es aber gerade formaler Regelungen über die reine Übernahme von Begrifflichkeiten hinaus bedurft.[670] So wird es womöglich in der Praxis an Möglichkeiten des konstruktiven Umgangs im Miteinander der unterschiedlichen Behörden fehlen.

Es fehlt beispielsweise an einer Regelung für den Fall, dass es zwischen den beteiligten Behörden Meinungsverschiedenheiten gibt.[671] Auch praktische Erwägungen sprechen dafür, eine kompetenzrechtliche Regelung bereits auf gesetzlicher Ebene zu treffen: Sollten auftauchende Konflikte jeweils erst im Wege der Fachaufsicht geklärt werden, so birgt das die

---

667 Günter, Zur Europarechtskonformität der Umsetzung der IVU-Richtlinie nach dem Artikelgesetz, NuR 2002, 394 (398).

668 Günter, Zur Europarechtskonformität der Umsetzung der IVU-Richtlinie nach dem Artikelgesetz, NuR 2002, 394 (398); Wahl, Die Normierung der materiell-integrativen (medienübergreifenden) Genehmigungsanforderungen, ZUR 2000, 360 (371); Biesecke, Die verfahrensrechtliche Integration durch das novellierte Bundesimmissionsschutzgesetz, ZUR 2002, 325 (328).

669 Beyer, Die integrierte Anlagenzulassung, S. 211.

670 Wahl, Die Normierung der materiell-integrativen (medienübergreifenden) Genehmigungsanforderungen, ZUR 2000, 360 (367); Biesecke, Die verfahrensrechtliche Integration durch das novellierte Bundesimmissionsschutzgesetz, ZUR 2002, 325 (328).

671 Wahl, Die Normierung der materiell-integrativen (medienübergreifenden) Genehmigungsanforderungen, ZUR 2000, 360 (367); Günter, Zur Europarechtskonformität der Umsetzung der IVU-Richtlinie nach dem Artikelgesetz, NuR 2002, 394 (398).

Gefahr erheblicher zeitlicher Verzögerungen.[672] Auf diese Weise würden die vielfältigen Bemühungen des Gesetzgebers in der jüngeren Vergangenheit um die Beschleunigung behördlicher Verfahren konterkariert. Nachdem kein bundesgesetzlicher Rahmen in Gestalt eines Pflichtenkatalogs mit Vorgaben auch einer zeitlichen Abstimmung der beteiligten Behörden oder der Festlegung einer federführenden Behörde geschaffen wurde, werden die Länder in die Pflicht genommen. Diese scheinen der Herausforderung bislang eher zurückhaltend gegenüber zu stehen.[673] Das mag jedoch seine Ursache auch in den grundsätzlichen methodischen Problemen einer Bewertung mit integrierten Ansatz haben.[674] Den Ländern verbleibt im Immissionsschutzrecht ein beträchtlicher Spielraum landesspezifischer Differenzierungen sowohl in der Ausfüllung von sich bietenden Konkretisierungs- und Gestaltungsspielräumen als auch auf der Ebene der Verwaltungsorganisation. So sind Zuschnitt und Zuordnung der obersten Landesbehörden und deren Ausstattung in den Ländern, aber auch die Organisation der Umweltverwaltungsbehörden, durchaus verschieden; etwa verfügen einige Länder über ein eigenes Landesamtes für Umweltschutz, andere dagegen nicht.[675] Daraus ergeben sich zwischen den Bundesländern in der Vollzugspraxis Unterschiede im Hinblick auf Elemente wie Zeit und Fristen,

672 Günter, Zur Europarechtskonformität der Umsetzung der IVU-Richtlinie nach dem Artikelgesetz, NuR 2002, 394 (398 f.); dazu auch Wahl, Die Normierung der materiell-integrativen (medienübergreifenden) Genehmigungsanforderungen, ZUR 2000, 360 (366).

673 Biesecke, Die verfahrensrechtliche Integration durch das novellierte Bundesimmissionsschutzgesetz, ZUR 2002, 325 (328). Zu dem Problem einer einheitlichen Verwaltungspraxis und der Verlagerung der Verantwortung auf die Länderebene auch Feldhaus, Integriertes Anlagenzulassungsrecht, ZUR 2002, 1 (6); Hansmann, Integrierter Umweltschutz durch untergesetzliche Normsetzung, ZUR 2002, 19 (21).

674 Zu der Problematik integrativer medienübergreifender Bewertung Ladeur, Integrierter Umweltschutz im Genehmigungsverfahren, ZUR 1998, 245 (250), Feldhaus, Integriertes Anlagenzulassungsrecht, ZUR 2002, 1 (2). Vgl. auch Kabinettsbeschluss d. Bundesregierung v. 12.12.2001 zur Begründung der Novellierung der TA-Luft S. 12 (erhältlich unter www.bmu.de). Ausf. statt vieler Schreiber, Das Regelungsmodell der Genehmigung im integrierten Umweltschutz, S 53 ff. Dieser Befund scheint im übrigen für alle Mitgliedstaaten und deren Verwaltung zu gelten, vgl. Bohne, Langfristige Entwicklungstendenzen im Umwelt- und Technikrecht, in: Schmidt-Aßmann (Hg.), Strukturen des Europäischen Verwaltungsrechts, S. 237.

675 Schulze-Fielitz, Immissionsschutz als Feld bundesstaatlichen Wettbewerbs? NuR 2002, 1 (4).

im Vollzugsklima und auch in der Kooperationsbereitschaft.[676] Im Interesse eines einheitlichen Vollzugs könnte ein Interesse der zügigen Abstimmung unter den Ländern durch Verwaltungsvorschriften bereits darin liegen, die Gefahr eines „Bieterwettbewerbes" um Industrieinvestitionen zu vermeiden.[677] Momentan mangelt es jedoch an Regelungen des behördlichen Miteinanders zur Ausfüllung des Artikel 7, der aufgrund seiner Offenheit und Unbestimmtheit auch keine direkte Anwendung finden kann.[678]

Somit lässt sich zusammenfassen, dass es sich bei der Umsetzung des Gebots der Verfahrensintegration durch den § 10 Absatz 5 S. 2 BImSchG um eine bloß formale Umsetzung gemeinschaftsrechtlicher Vorgaben handelt: Auf den ersten Blick scheint mit der Aufnahme der Koordination in den § 10 Absatz 5 S. 2 BImSchG in fast wortgleicher Formulierung mit Artikel 7 der IVU-Richtlinie eine ausreichende Umsetzung erfolgt.[679] Es bleibt aber auch nach Erlass der Artikelgesetzes manche Frage offen, auch gerade weil das Verfahrensrecht im Detail in der Kompetenz der Länder liegt.[680]

5. Sonstige Änderungen

Neben diesen Anpassungen im Grundsätzlichen erfolgten weitere kleinere Änderungen zur Umsetzung, die in der Literatur zum Teil als unzureichend kritisiert werden. Geändert wurde der Anwendungsbereich

---

676 Schulze-Fielitz, Immissionsschutz als Feld bundesstaatlichen Wettbewerbs? NuR 2002, 1 (4); grundlegend die Untersuchung von Breunung/Treiber zu diesem Thema, die ebenfalls zu dem Schluss kommen, dass die unterschiedlich organisierte Umweltverwaltung in den untersuchten Bundesländern - Niedersachsen und Baden-Württemberg - zu Unterschieden beim Vollzug des Umweltschutzrechts führt (dies, Die Vollzugsorganisation als Entscheidungsfaktor des Verwaltungshandelns S. 210 ff., insb. In Bezug auf die Strenge der Anforderungen S. 209).

677 Dazu Schulze-Fielitz, Immissionsschutzrecht als Feld bundesstaatlichen Wettbewerbs? NuR 2002, 1; vgl. auch Hansmann, Integrierter Umweltschutz durch untergesetzliche Normsetzung, ZUR 2002, 19 (21).

678 Vgl. Günter, Zur Europarechtskonformität der Umsetzung der IVU-Richtlinie nach dem Artikelgesetz, NuR 2000, 394 (399).

679 So Staupe, Die vollständige Koordination des Behördenhandelns gemäß IVU-Richtlinie, ZUR 2000, 368 (371).

680 Wasielewski, Die versuchte Umsetzung der IVU-Richtlinie in das deutsche Recht, in: Dolde (Hg.), Umweltrecht im Wandel, S. 213 (230); vgl. auch ders., Die verfahrensrechtliche Integration durch das novellierte Bundesimmissionsschutzgesetz, ZUR 2002, 325 (328).

des Bundesimmissionsschutzgesetzes (4. BImSchV).[681] In der Diskussion befinden sich im Wesentlichen die immissionsschutzrechtlichen Institute der Zulassung des vorzeitigen Beginns (§ 8 a BImSchG), des Vorbescheids (§ 8 a Abs. 3 BImSchG), die Vorschriften über den Genehmigungsantrag (§§ 3, 4, 4 a-d 9. BImSchV) und die Änderungsgenehmigung (§ 16 Abs. 2 S. 1 BImSchG). Im Ergebnis lässt sich § 8 a BImSchG bei einschränkender richtlinienkonformer Auslegung des Absatz 3 mit der IVU-Richtlinie (hier Art. 4 und 12) vereinbaren: Die Vorschrift des § 8 a Absatz 3 BImSchG ist nicht auf Anlagen anzuwenden, die nach der IVU-Richtlinie einer Genehmigung bedürfen.[682] Auch die Vorschriften über den Genehmigungsantrag (§§ 3, 4, 4 a-d 9. BImSchV) lassen sich richtlinienkonform zu Artikel 6 der IVU-Richtlinie auslegen,[683] ebenso die Vorschrift über die Änderungsgenehmigung (Art. 15).[684] Die IVU-Richtlinie kann in diesen Punkten als ausreichend umgesetzt angesehen werden. Problematisch bleibt die Unterscheidung des Bundesimmissionsschutzgesetzes zwischen Grenzwerten, die lediglich der Vorsorge dienen und damit keine Klagebefugnis von Nachbarn und Dritten zu begründen vermögen, und solchen der Gefahrenabwehr, die als drittschützend anerkannt sind und damit eine Klagebefugnis verleihen.[685] Auch die Umsetzung der in der IVU-Richtlinie angeordneten regelmäßigen Überprüfung und gegebenenfalls der Aktualisierung der Genehmigungsauflagen (Art. 13 Abs. 1) durch die Änderung des § 52 Absatz 1 BImSchG wird in

681 Feldhaus, Integriertes Anlagenzulassungsrecht, ZUR 2002. 1; krit. aus rechtspolitischer Sicht zum geänderten Anwendungsbereich Artikelgesetz auch Enders/Krings, Das Artikelgesetz aus immissionsschutz- und abfallrechtlicher Sicht, DVBl. 2001, 1389 (1390).

682 Biesecke, Die verfahrensrechtliche Integration durch das novellierte Bundesimmissionsschutzgesetz, ZUR 2002, 325 (326 f.). Zu § 8 a BImSchG unter dem Gesichtspunkt der Drittbeteiligung allerdings einen Verstoß gegen die IVU-Richtlinie annehmend Böhm, Umsetzungsdefizite und Direktwirkung der IVU- und UVP-Änderungsrichtlinien? ZUR 2002, 6 (10).

683 Biesecke, Die verfahrensrechtliche Integration durch das novellierte Bundesimmissionsschutzgesetz ZUR 2002, 325 (327).

684 Biesecke, Die verfahrensrechtliche Integration durch das novellierte Bundesimmissionsschutzgesetz, ZUR 2002, 325 (330).

685 Böhm, Umsetzungsdefizite und Direktwirkung der IVU- und UVP-Änderungsrichtlinien? ZUR 2002, 6 (10). Der Grund hierfür liegt in der Rechtsprechung des EuGH, der den Bürgern einen Rechtsanspruch auf jegliche durch Rechtsvorschrift festgesetzten Grenzwerte gibt.

der Literatur gerade vor dem Hintergrund der faktischen Vollzugsprobleme bei der Anlagenüberwachung als unzureichend angesehen.[686]

III. Der Verwaltungsvollzug: Die BVT-Merkblätter in der deutschen Genehmigungspraxis

Zwar hat die Kommission bereits einige BVT-Merkblätter in ihrer endgültigen Fassung veröffentlicht. Inwieweit die BVT-Merkblätter bereits Einfluss auf die behördliche Praxis haben, lässt sich jedoch noch nicht mit Bestimmtheit ausmachen.[687] Ein Teil der Literatur erwartet von den BVT-Merkblätter für die deutsche Verwaltungspraxis eine große faktische Wirkung.[688] In dem deutschen Modell der Umsetzung aber füllt bereits die TA-Luft den Großteil des der Verwaltung im Rahmen unbestimmter Rechtsbegriffe übertragenen Beurteilungsspielraums aus und nimmt als abstrakt-generelle Regelung zugleich die für die integrierte Zulassung erforderliche Abwägung vorweg. Es stellt sich so die Frage, wo rechtlich Raum für einen Einfluss der BVT-Merkblätter auf die zukünftige Verwaltungspraxis bleibt. Ob ein solcher möglicher Spielraum genutzt werden würde, um dem Inhalt der BVT-Merkblätter Geltung zu verschaffen, bleibt abzuwarten.

Das Bundesimmissionsschutzgesetz selbst enthält nach den Änderungen durch das Artikelgesetz bereits eine Regelung im Hinblick auf die BVT-Merkblätter: Gemäß § 3 Absatz 6 BImSchG i.V.m. Anhang zu § 3 Absatz 6 sind die BVT-Merkblätter als Ergebnis des in der IVU-Richtlinie

---

686 Böhm, Umsetzungsdefizite und Direktwirkung der IVU- und UVP-Änderungsrichtlinien? ZUR 2002, 6 (10).

687 Die Umsetzung der IVU-Richtlinie selbst liegt erst kurz zurück, in der Literatur finden sich noch keine Auswertungen mit empirischen Belegen.

688 Buschbaum/Schulz, Europäisierung des deutschen Umweltrechts am Beispiel des Technikstandards „Beste verfügbare Techniken", NuR 2001, 181 (182); Wasielewski, Die versuchte Umsetzung der IVU-Richtlinie in das deutsche Recht, in: Dolde (Hg.) Umweltrecht im Wandel, S. 213 (217 f.); Tausch, Die Bedeutung der BVT-Merkblätter im Umweltrecht, NVwZ 2002, 676 (679); Steinberg, Standards integrierten Umweltschutzes, NuR 1999, 192 (197); vgl. auch Beyer, Die integrierte Anlagenzulassung, S. 136; Davids, Die Konkretisierung der besten verfügbaren Technik in der Anlagenzulassungspraxis, UPR 2000, 439 (441 und 443); Feldhaus, Beste verfügbare Techniken und der Stand der Technik, NVwZ 2001, 1 (8); skeptisch dagegen Gerhold, Anwendungsfragen der neuen TA-Luft, UPR 2003, 44 (47 f.); krit. auch Meinken, der ein Problem in der rechtlichen Unverbindlichkeit und sieht und den Inhalt der Merkblätter als zu offen und wenig zielführend ansieht (ders., Emissions- versus Immissionsorientierung, S. 152).

vorgeschriebenen „Informationsaustauschs" bei der Ermittlung des Standes der Technik zu berücksichtigen. Die Merkblätter werden damit zwar nicht Gegenstand einer eigenen Regelung, und sie werden auch nicht zum unmittelbaren Maßstab erhoben, sie erlangen jedoch über die Berücksichtigungspflicht eine mittelbare Bedeutung.[689] Diese wird allerdings relativiert durch die weiteren Gesichtspunkte, die nach dem Anhang zu berücksichtigen sind.

Auch die novellierte TA-Luft enthält Regelungen über das Verhältnis zu den BVT-Merkblättern. Lagen BVT-Merkblätter zu einzelnen Bereichen bereits bei der Erarbeitung der Neufassung der TA-Luft vor, so wurden diese direkt berücksichtigt. Werden nun neue oder überarbeitete BVT-Merkblätter veröffentlicht, so gelten zunächst die Anforderungen der TA-Luft unverändert weiter.[690] Bedeutung für den nationalen Verwaltungsvollzug erlangen diese BVT-Merkblätter erst über ein spezielles, in der TA-Luft beschriebenes Verfahren. Danach richtet das Bundesumweltministerium einen beratenden Ausschuss ein, der die Aufgabe hat, zu prüfen, inwieweit sich aus den BVT-Merkblättern ergänzende oder emissionsbegrenzende Anforderungen ergeben, die weiter reichen als die in der TA-Luft niedergelegten Standards und Anforderungen, und ob eine Ergänzung der TA-Luft geboten erscheint.[691] Die Genehmigungsbehörden sind an die entsprechenden Vorschriften der TA-Luft dann nicht mehr gebunden, wenn das Bundesumweltministerium den Fortschritt des Standes der Technik beziehungsweise eine entsprechende Ergänzung entsprechend dem § 31 a Absatz 4 BImSchG nach Anhörung der zuständigen Landesbehörden im Bundesanzeiger veröffentlicht. Von diesem Zeitpunkt an haben die Genehmigungsbehörden bei der Genehmigungsentscheidung die neueren, in den BVT-Merkblättern niedergelegten Erkenntnisse zu berücksichtigen.[692] Auf diese Weise soll gewährleistet werden, dass zwischen den beiden Regelwerken keine Diskrepanzen entstehen.[693]

---

689 Tausch, Die Bedeutung der BVT-Merkblätter im Umweltrecht, NVwZ 2002, 676 (679); Feldhaus, Beste verfügbare Techniken und Stand der Technik, NVwZ 2001, 1 (8).

690 TA-Luft, 5.1.1.

691 TA-Luft, 5.1.1.

692 TA-Luft, 5.1.1.

693 Beyer, Die integrierte Anlagenzulassung, S. 208. Nach Gerhold liegt hier ein Kompetenzproblem, da § 31 a Abs. 4 BImSchG nur zur Veröffentlichung sicherheitstechnischer Regelungen ermächtige, es fehle aus diesem Grunde an einer hinreichenden rechtlichen Grundlage. Für die Berücksichtigung der

Da die jeweiligen Industriezweige ihr Wissen bei dem „Informationsaustausch" mit den staatlichen Behörden teilen, schrumpft der eingangs[694] geschilderte Wissensvorsprung der Privaten. Mit den BVT-Merkblättern bekommen die Genehmigungsbehörden detaillierte Daten und werden dadurch in die Lage versetzt, den Wissensvorsprung der Antragsteller wenigstens zum Teil zu kompensieren. Die BVT-Merkblätter sind insgesamt näher an der Praxis als die TA-Luft, weil sie - anders als diese - einen konkret anlagen- und verfahrensbezogenen Ansatz verfolgen. Dieser Ansatz macht die BVT-Merkblätter viel leichter verwertbar für die behördliche Praxis.[695] Einzig das Sprachenproblem bleibt als praktische Hürde bestehen.[696] Die BVT-Merkblätter treten damit als Vollzugshilfe für die Behörde neben die TA-Luft. Beide Anleitungen - das untergesetzliche Regelwerk des deutschen Immissionsschutzrechts, insbesondere die TA-Luft, und die BVT-Merkblätter als von Expertengruppen erarbeitete und von der Kommission verkündete „technische Regelwerke" – stehen so in einer Art Konkurrenzverhältnis.[697] Trotz der in der TA-Luft enthaltenen Regelung für den Umgang mit aktuelleren BVT-Merkblättern wächst mit dem faktischen Nebeneinander die Gefahr von Differenzen zwischen den beiden Vollzugshilfen, und es stellt sich die Frage nach deren rechtlichen Verhältnis zueinander. Im Unterschied zur TA-Luft in Form der Verwaltungsvorschrift sind die BVT-Merkblätter allerdings mangels entsprechender nationaler rechtlicher Regelung für die Behörde nicht rechtsverbindlich.[698]

BVT-Merkblätter müssten daher auch weiterhin die allgemeinen von der Rechtsprechung aufgestellten Kriterien gelten (ders., Anwendungsfragen der neuen TA-Luft, UPR 2003, 44 (48)). Konflikte aus der Differenz träten nach dieser Ansicht gar nicht erst auf. Diese Ansicht verkennt jedoch, dass es sich bei dem Verweis auf § 31 Abs. 4 BImSchG nicht um die Begründung der Regelungskompetenz handelt, sondern lediglich auf die Art und Weise des Verfahrens verwiesen wird. Es stellt sich vielmehr die Frage, ob in der TA-Luft eine Weiterdelegation zur verbindlichen Regelung weiterer Inhalte zulässig ist. Da die TA-Luft aber insofern zum Teil auch selbst auf technische Normen verweist (vgl. z.B. Nr. 5.1.1. Abs. 8 TA-Luft), erscheint eine solche Delegation zur dynamischen Änderung unproblematisch; insoweit haben die die TA-Luft setzenden Institutionen ihre Befugnisse delegiert.

694 Zweites Kapitel, B.

695 Statt vieler Beyer, Die integrierte Anlagenzulassung, S. 137 f.

696 Dazu bereits oben, Fünftes Kapitel, B. I. 2. a).

697 Beyer, Die integrierte Anlagenzulassung, S. 210.

698 Beyer, Die integrierte Anlagenzulassung, S. 208; vgl. auch Feldhaus, Beste verfügbare Techniken und der Stand der Technik, NVwZ 2001, 1 (8).

Stimmen die in der TA-Luft angegebenen Grenzwerte mit den im entsprechenden BVT-Merkblatt genannten mittels „bester verfügbarer Techniken" erreichbaren Emissionsmargen im Ergebnis überein, so ist das Verhältnis unproblematisch. Weichen TA-Luft und BVT-Merkblatt jedoch voneinander ab, so sind drei Konstellationen denkbar. Die erste Konstellation besteht darin, dass die im BVT-Merkblatt beschriebene „beste verfügbare Technik" mehr Emissionen zulässt als der in der TA-Luft angegebene Wert. Dies betrifft den aus umweltschutzrechtlicher Sicht unproblematischen Fall der strengeren nationalen Regelung, der daher an dieser Stelle nicht weiter vertieft werden soll. Möglich ist zweitens aber auch der umgekehrte Fall: Mit der im Merkblatt beschriebenen „besten verfügbaren Technik" lassen sich geringere Emissionswerte erreichen als die von der TA-Luft angegebenen. Dieser Fall lässt sich drittens variieren: Denkbar ist nämlich auch, dass in dem BVT-Merkblatt bei der integrierten Betrachtung andere Prioritäten gesetzt werden, so dass im Ergebnis der Grenzwert der TA-Luft überschritten wird, aber dafür weniger Emissionen oder Belastungen auftrete, die nicht von der TA-Luft erfasst sind.

Für die zweite und die dritte Konstellationen stellt sich die Frage, wie das deutsche Immissionsschutzrecht im Einzelfall mit den Differenzen umgeht. Ein Verstoß gegen das Gemeinschaftsrecht kann dabei bereits wegen der Unverbindlichkeit der BVT-Merkblätter nicht vorliegen.[699] Für beide Konstellationen ist für den Regelfall für die Genehmigungsbehörden im Immissionsschutzrecht eine Entscheidung getroffen: Verbindlich bleiben zunächst allein die Festlegungen der TA-Luft. Der Dogmatik der normkonkretisierenden beziehungsweise normausfüllenden Verwaltungsvorschriften im Umweltrecht folgend, sind die Festlegungen der TA-Luft auch für die Gerichte im Regelfall bindend, da die TA-Luft einen Standardisierungsspielraum ausfüllt, welcher der Exekutive vom Gesetzgeber zur Gestaltung übertragen wurde.[700] Aufgrund der großen Praxisnähe der BVT-Merkblätter lässt sich allerdings vermuten, dass Sonderfälle, die - der dogmatischen Figur des Standardisierungsspielraums folgend - zu einer Abweichung von der TA-Luft berechtigen, sich zukünftig leichter begründen lassen, oder die Behörde wegen der nun verfügbaren Daten aus den BVT-Merkblättern überhaupt erst in der

---

699 Die Unterschiede dürften sich ohnehin nur im Bereich der Risikovorsorge abspielen. Im Bereich der Gefahr ist sowohl auf nationaler als auch auf gemeinschaftsrechtlicher Ebene die Abwehr geboten, so dass hier bereits rechtlich keine substanziellen Unterschiede auftauchen dürfen.

700 Jarass, Bundesimmissionsschutzgesetz, § 48, Rdnr. 2 und 30 ff.

Lage sein wird, das Vorliegen eines Sonderfalls festzustellen.[701] Erweist sich die TA-Luft nach der Novellierung als genauso veränderungsresistent wie in der vorherigen Fassung, und werden die BVT-Merkblätter dagegen kontinuierlich den aktuellen Erkenntnissen und Entwicklungen angepasst, so könnte die TA-Luft Stück für Stück an Verbindlichkeit verlieren.[702] Dies wäre zum einen - formal - aufgrund des vorgesehenen Verfahrens möglich, das dazu führen könnte, dass die TA-Luft für konkrete Betriebsarten und -verfahren ihre Verbindlichkeit verliert. Zum anderen könnte aber die Anzahl der Abweichungen in individuellen Genehmigungsverfahren zu einer schleichenden Erosion der allgemeinen Verbindlichkeit der TA-Luft führen.[703] Dies hätte auch Folgen für den Charakter der immissionsschutzrechtlichen Genehmigungsentscheidung: Die Genehmigung würde sich von der durchnormierten und darum gebundenen Entscheidung hin zu einem durch die Anerkennung faktischer Spielräume und deren Ausfüllung durch den jeweils aktuellsten und fachlich fundiertesten Informationsinput offeneren Tatbestand entwickeln, der eine Entscheidung mit mehr planerischem Charakter kennzeichnet.[704]

Diese These der allmählichen Erosion der TA-Luft scheint eine Entscheidung des VGH Mannheim aus der jüngsten Vergangenheit zunächst zu bestätigen. Noch unter Geltung der alten TA-Luft und vor Änderung des Bundesimmissionsschutzgesetzes durch das Artikelgesetz hat der VGH Mannheim unter Hinweis auf ein BVT-Merkblatt den Emissionsgrenzwert der TA-Luft für überholt erklärt. Dem Rechtsstreit lag folgender Sachverhalt zugrunde: Der Betreiberin einer Anlage zur Zementherstellung wurde von der Genehmigungsbehörde ein Emissionsgrenzwert für Feinstaub von 20 mg/m^3 aufgegeben, während die TA-Luft in der geltenden Fassung von 1986 einen Wert von 50 mg/m^3 vorsah. Die Anlagenbetreiberin begehrte die Festsetzung des Grenzwertes der TA-Luft. Nach Auffassung des VGH Mannheim stellte der in der TA-Luft genannte Grenzwert lediglich eine Mindestanforderung an die zu genehmigende Anlage, von diesem könne jedoch im Sinne einer verbesserten

---

701 Zu der insoweit begrenzten Bindungswirkung der TA-Luft allg. z.B. Kloepfer, Umweltrecht, § 14, Rdnr. 74.

702 Vgl. auch Jarass, der eine mit zunehmenden Alter abnehmende Bindungswirkung technischer Verwaltungsvorschriften annimmt (ders., Bundesimmissionsschutzgesetz, § 48, Rdnr. 37).

703 Vgl. Beyer, Die integrierte Anlagenzulassung, S. 137 f.; Pschera/Koepfer, Die neue TA-Luft, NuR 2003, 517 (525).

704 Vgl. oben, Fünftes Kapitel, B. II. 3.

Vorsorge abgewichen werden. Das Gericht begründete dies mit der Systematik der TA-Luft: Der entsprechende Grenzwert sei für alle Anlagen generell vorgesehen, bereichsspezifisch könne daher im konkreten Fall ein strengerer Grenzwert festgelegt werden.[705] Hilfsweise stützte das Gericht seine Entscheidung auf den Erkenntnisfortschritt von Wissenschaft und Technik, durch den die Außenwirkung der TA-Luft entfalle. Eine der Erkenntnisquellen, aus denen das Gericht auf diesen Erkenntnisfortschritt schloss, war der Entwurf des BVT-Merkblattes über die „besten verfügbaren Techniken" in der Zement- und Kalkindustrie, in dem bei Verwendung der besten verfügbaren Technik ein Emissionswert von 5 mg/m³ für erreichbar angegeben wurde.[706] Das Gericht stützte sich außerdem darauf, dass zu diesem Zeitpunkt bereits der Entwurf zur Novellierung der TA-Luft vorlag, der einen Wert von 20 mg/m³ vorsah. Ebenso lag der Entwurf einer Neufassung einer VDI-Richtlinie zur Emissionsminderung bei Zementwerken vor, der einen Wert von 20 bis 30 mg/m³ nannte. Diese Verschärfung trage auch den neuen Erkenntnissen über die Schädlichkeit der Feinstaubemissionen Rechnung.[707]

Die auf das Urteil folgende Revisionsentscheidung jedoch dämpft die hoch gesteckten Erwartungen bezüglich der BVT-Merkblätter. Das Bundesverwaltungsgericht folgte der Argumentation des VGH Mannheim nämlich nicht und begründete seine Entscheidung ausdrücklich, ohne darüber zu entscheiden, ob die TA-Luft bezüglich der Emissionen von Zementanlagen noch dem aktuellen Stand der Technik wiedergebe oder nicht.[708] Zunächst lehnte das Gericht die Auffassung des VGH Mannheim, der in der TA-Luft festgesetzte Grenzwert sei als Mindestanforderung zu verstehen, aus systematischen und teleologischen Gesichtspunkten als unzutreffend ab: Die vereinheitlichende und normkonkretisierende Funktion der TA-Luft werde entwertet, verstünde man die in ihr festgesetzten Emissionsgrenzwerte lediglich als Mindestanforderungen, die im Einzelfall von der zuständigen Behörde verschärft werden könnten.[709] Aber auch die hilfsweise Begründung des VGH Mannheim wurde verworfen: Das Abrücken von den in der TA-Luft niedergelegten Standards stelle „hohe Anforderungen an die dafür erforderliche Tatsachengrundlage" und könne nur durch „gesicherte Erkenntnisfortschrit-

---

705 VGH Mannheim, Az. 10 S 792/99, Urt. v. 10.07.2000, DVBl. 2000, 1865 (1866 f.).
706 VGH Mannheim, Az. 10 S 792/99, Urt. v. 10.07.2000, DVBl. 2000, 1865 (1867).
707 VGH Mannheim, Az. 10 S 792/99, Urt. v. 10.07.2000, DVBl. 2000, 1865 (1868).
708 BVerwGE 114, 342 (350) = NVwZ 2001, 1165 = NuR 2002, 47 = ZUR 2002, 109 = UPR 2001, 448 = DVBl. 2001, 1460.
709 BVerwGE 114, 342 (345).

te" begründet werden. Um festzustellen, ob sich wesentliche Änderungen ergeben hätten, sei es notwendig, den Erkenntnisstand und dessen technische Umsetzung bei Erlass der TA-Luft mit dem aktuellen Stand der Technik zu vergleichen. Dabei seien insbesondere auch wirtschaftliche Gesichtspunkte zu berücksichtigen; dies habe der VGH Mannheim nicht in ausreichendem Maße getan. Bereits zum Zeitpunkt des Erlasses der TA-Luft in der Fassung von 1986 seien Emissionswerte von weniger als 20 mg/m³ technisch machbar gewesen, in der TA-Luft sei jedoch „offenbar aus Gründen wirtschaftlicher Vertretbarkeit" ein höherer Emissionswert festgelegt worden. Der VGH Mannheim habe nicht substantiiert dargetan, dass auch in Bezug auf die Wirtschaftlichkeit ein Fortschritt stattgefunden habe; ein solcher hätte durch eine Gegenüberstellung beziffert werden müssen. Etwas anderes ergebe sich auch nicht aus der Hinzuziehung des Entwurfs des BVT-Merkblatts für die Zement- und Kalkindustrie. Die alleinige Aussage über die Erreichbarkeit günstigerer Emissionswerte sei solange nicht aussagekräftig genug, wie es an Daten über die dazu notwendigen finanziellen Investitionen mangele. Es sei vor allem der wirtschaftliche Aufwand zur Emissionsreduzierung zum Zeitpunkt des Erlasses der TA-Luft mit dem gegenwärtigen Aufwand zu vergleichen.[710] Das gleiche gelte für den Entwurf der TA-Luft-Novelle. Der pauschale Hinweis, die notwendige emissionsreduzierende Technik sei heutzutage wirtschaftlich erheblich günstiger in Anschaffung und Betrieb, genüge diesen Anforderungen nicht. Die mit dem VGH Mannheim im Ergebnis gleichlautendes Entscheidung stützte das Bundesverwaltungsgericht schließlich einzig darauf, dass die von der Betreiberin eingesetzte Technik unstreitig den Emissionswert von 20 mg/m³ im ordnungsgemäßen Betrieb einhalten konnte. Die entsprechende Technik sei Bestandteil der genehmigten Anlage und als solche ordnungsgemäß im Sinne der Emissionsreduzierung zu betreiben. Hierzu diene die Festsetzung des streitigen Grenzwerts, was sich aus der Systematik der TA-Luft ergebe, insbesondere aus der Art und Weise der darin vorgesehenen Kontrollen durch die Behörde.[711]

Soweit das Bundesverwaltungsgericht auf die wirtschaftliche Vertretbarkeit abstellt, vermag die Argumentation nicht zu überzeugen. Wirtschaftliche Aspekte spielen gerade bei der Festlegung der besten verfügbaren Technik im Sinne der IVU-Richtlinie, und damit auch bei der Ausarbeitung der BVT-Merkblätter, eine große Rolle. Insbesondere erscheint

---

710 BVerwGE 114, 342 (346 f.).
711 BVerwGE 114, 342 (348 ff.).

der Hinweis, die TA-Luft habe seinerzeit den Grenzwert „offenbar" aus ökonomischen Überlegungen so hoch angesetzt, unsubstantiiert.[712] Wenn das Gericht schon eine tiefergehende Auseinandersetzung mit den näheren Umständen der Festsetzung des Grenzwerts - insbesondere mit den verbundenen Kosten damals und heute - fordert, so hätte man sich an dieser Stelle auch eine fundiertere Begründung gewünscht. Zumal es in dem BVT-Merkblatt für die Zement- und Kalkindustrie heißt, Datenmaterial über die Kosten der einzelnen Verfahren sei im Detail nicht verfügbar.[713] Eine differenzierte wirtschaftliche Betrachtung erscheint unter solchen Gesichtspunkten schwierig, und die Feststellung des Bundesverwaltungsgerichtes ist vor diesem Hintergrund umso erstaunlicher. Überhaupt erstaunt die starke Betonung wirtschaftlicher Erwägungen, denn wirtschaftliche Erwägungen waren in der Definition des Standes der Technik im Sinne des § 3 Absatz 6 der alten Fassung des Bundesimmissionsschutzgesetzes bis zur Umsetzung der IVU-Richtlinie nicht ausdrücklich genannt. Berücksichtigt wurden wirtschaftliche Erwägungen vielmehr über das Verhältnismäßigkeitsprinzip.[714] Infolge der ausdrücklichen Nennung wirtschaftlicher Belange in der IVU-Richtlinie wurde vor der Umsetzung IVU-Richtlinie in der Literatur zukünftig gerade eine verstärkte Berücksichtigung wirtschaftlicher Aspekte bei der Festlegung des Standes der Technik erwartet.[715] Aus dieser Perspektive verwundert die Feststellung des Bundesverwaltungsgerichts, der Grenzwert der TA-Luft sei „offenbar" aus wirtschaftlichen Erwägungen so hoch angesetzt worden - ebenso gut könnte der Grenzwert in dieser Höhe festgesetzt worden sein, weil es an Erkenntnissen über die Gesundheitsschädlichkeit von Feinstaub fehlte und nach damaligen Erkenntnisstand auch eine solche Schädlichkeit nicht zu erwarten war.

An der dogmatischen Struktur des Immissionsschutzrechts ändert sich infolge dieser Entscheidung im Grundsatz nichts.[716] Es wird lediglich das Maß der Argumentationslast für ein Abweichen von der Verwaltungsvorschrift festgelegt. Die Stimmen der Literatur, die im zukünftigen Voll-

---

712 Ebenso Tausch, Die Bedeutung der BVT-Merkblätter im Umweltrecht, NVwZ, 2002, 676 (680).

713 European Commission, Integrated Pollution Prevention and Control (IPPC), Reference Document on Best Available Techniques in the Cement and Lime Manufacturing Industries, December 2001, S. 59 (Zement), 98 (Kalk); erhältlich unter http://eippcb.jrc.es (zuletzt besucht am 19.02.2005).

714 Statt vieler Kloepfer, Umweltrecht, § 14, Rdnr. 108 ff.

715 Z.B. Kloepfer, Umweltrecht, 2. Aufl. 1998, § 3, Rdnr. 76.

716 S.o., Fünftes Kapitel, B. II. 2.

zug des Immissionsschutzrechts einen großen faktischen Einfluss der BVT-Merkblätter erwarten, ziehen jedoch zur Begründung häufig das Urteil des VGH Mannheim und dessen Rezeption der BVT-Merkblätter heran. Die Entscheidung des Bundesverwaltungsgerichts hängt die Hürde für ein Abweichen von der TA-Luft jedoch höher als der VGH und dürfte die in der Literatur an die BVT-Merkblättern geknüpften Erwartungen dämpfen. Unabhängig von den angeführten Kritikpunkten bleibt für die aktuelle Rechtslage als Ergebnis festzuhalten, dass das Bundesverwaltungsgericht jedenfalls eine intensive inhaltliche Auseinandersetzung mit den Gründen, die zur Festlegung des TA-Luft Grenzwertes geführt haben, fordert, um diese sodann mit denen der BVT-Merkblätter bzw. mit den aktuellen Erkenntnissen zu vergleichen. Die These, dass sich mit Veröffentlichung der BVT-Merkblätter die Verbindlichkeit der TA-Luft zukünftig nach und nach auflöse, lässt sich unter Berücksichtigung der Rechtsprechung in der oben dargestellten Schärfe jedenfalls (noch) nicht bestätigen.

Erinnert werden soll an dieser Stelle auch noch einmal an die bereits angesprochene[717] „Sprachbarriere“: Wollen sich Zulassungsbehörden in kleineren Zusammenhängen auf regionaler Ebene auf die Referenzdokumente stützen, so bedarf es zusätzlicher Ressourcen für die Übersetzung. Aus Kostengründen werden die technischen Referenzdokumente nicht in alle Amtssprachen übersetzt, sondern sind als offizielle Version vorerst nur in englischer Sprache erhältlich. War dies in der Anfangsphase ausschließlich der Fall, so gibt es mittlerweile zumindest deutschsprachige Übersetzungen, die allerdings keine offiziellen Dokumente darstellen, da die Übersetzungen nicht autorisiert sind.[718]

C. Zwischenergebnis: Implementationsdefizite in der gemeinschaftlichen Luftreinhaltepolitik

Die Industrieanlagen-Richtlinie verfehlte die mit ihr verfolgten Ziele. Als Hemmschuh erwies sich bereits die Umsetzung in das mitgliedstaatliche Recht und die weitere Konkretisierung auf Gemeinschaftsebene. Der in

717 S.o., Fünftes Kapitel, B. I. 2. a).

718 Die Übersetzungen sind erhältlich unter http://www.umweltbundesamt.de (zuletzt besucht am 29.07.2004); in den Dokumenten wird jeweils angegeben, dass die Übersetzung durch die Kommission erfolgt ist und vom Umweltbundesamt mit Unterstützung der Wirtschaftsverbände sprachlich überarbeitet wurde.

der Richtlinie enthaltene Gedanke, die Genehmigungsanforderungen durch Tochterrichtlinien präziser zu fassen und auf diese Weise gemeinschaftsweit einheitliche Kriterien zu schaffen, hat sich in der Praxis nicht bewährt.[719] Zwar wurden beispielsweise in der Großfeuerungsanlagen-Richtlinie in den Anhängen verbindliche Emissionsgrenzwerte für Neuanlagen aufgestellt. Im Ergebnis waren die Vorgaben aber nicht eng genug, um ein einheitliches Anlagenzulassungsrecht zu gewährleisten.[720] Die weiterhin uneinheitlichen rechtlichen Rahmenbedingungen für Anlagenbetreiber in den verschiedenen Mitgliedstaaten beruhten aber auch auf erheblichen zeitlichen Verschiebungen bei der Umsetzung.

Die IVU-Richtlinie lässt sich ebenfalls als Rahmenrichtlinie auffassen, denn sie dient nicht der Angleichung von Genehmigungsverfahren und materiell-rechtlichen Standards im Detail.[721] In wesentlichen Regelungsbestandteilen lässt die IVU-Richtlinie den Mitgliedstaaten den Mitgliedstaaten bei der Umsetzung einen großen Spielraum bezüglich der nationalen Regelungstechnik. Diese kann immissionsorientiert ausgestaltet werden und Grenzwerte individuell in der Genehmigung festschreiben, sie kann aber auch emissionsorientiert umgesetzt werden und auf abstrakt-generell festgelegten Grenzwerten beruhen. Ebenso überlässt die IVU-Richtlinie den Mitgliedstaaten die Entscheidung darüber, ob der notwendige Gestaltungsspielraum rechtsdogmatisch als behördlicher Ermessensspielraum zu gestalten ist oder nicht. Diese Optionen für die Umsetzung in das nationale Recht ergeben sich aus der Interpretation der IVU-Richtlinie selbst. Bezüglich der inhaltlichen Offenheit der Regelungen lässt sich insoweit eine Ähnlichkeit mit der Industrieanlagen-Richtlinie feststellen, nicht zuletzt deswegen, weil bei beiden die „besten verfügbaren Techniken" als zentraler Begriff zur Bestimmung der materiellen Genehmigungsanforderungen dient. So herrscht auch in vielen der Mitgliedstaaten die Ansicht vor, im eigenen Rechtssystem seien hinreichend integrative Ansatzpunkte vorhanden, die lediglich ergänzt werden müssten. Zugespitzt könnte man formulieren, im Ergebnis suchten alle Mitgliedstaaten nach Übereinstimmungen mit dem eigenem

719 Zu den unzureichenden Harmonisierungseffekten vgl. Meinken, Emissions- versus Immissionsorientierung, S. 138.

720 Ein Indiz dafür ist bereits dass der Anpassungsdruck für Änderungen des britischen Systems als gering angesehen werden konnte (Meinken, Emissions- versus Immissionsorientierung, S. 133).

721 Schnutenhaus, Die IPPC-Richtlinie, ZUR 1994, 299 (303).

Regelungssystem, um anschließend einen geringen Änderungsbedarf zu diagnostizieren.[722]

Die Planungen zur Umsetzung der IVU-Richtlinie in Deutschland begannen sehr ambitioniert mit dem Vorhaben, das deutsche Umweltrecht in einem einheitlichen Umweltgesetzbuch zu vereinheitlichen und zu modernisieren. Nachdem dieses Vorhaben gescheitert war, versuchte man mit der zu spät erfolgten Umsetzung, das deutsche System des Immissionsschutzrechts weitestgehend aufrecht zu erhalten. Bei der Betrachtung des Artikelgesetzes zur Umsetzung der IVU-Richtlinie kann man sich des Eindrucks nicht erwehren, dass die Änderungen auf das Notwendigste beschränkt wurden und so wenig substanzielle Änderungen wie möglich bringen sollten.[723] Gerade die BVT-Merkblätter als Ergebnis des für die Bedeutung der IVU-Richtlinie zentralen „Informationsaustauschs" finden im deutschen Immissionsschutzrecht nur über einen recht umständlichen Umweg Beachtung. Die strikte Beachtung des „Informationsaustauschs" gehört indes rechtlich nicht zwingend zur vollständigen Implementation der IVU-Richtlinie, da die BVT-Merkblätter nicht verbindlich sind; die Beachtung der BVT-Merkblätter ist den Mitgliedstaaten freigestellt. Entsprechend werden die BVT-Merkblätter tatsächlich nicht direkt in das Immissionsschutzrecht eingebaut: Zum materiellen Maßstab werden sie nicht erhoben, da insoweit an der TA-Luft festgehalten wird, und auch die gebundene Genehmigung bleibt erhalten, so dass eine Stärkung des Verfahrens und eine Öffnung der Genehmigungsmaßstäbe, in deren Rahmen die BVT-Merkblätter Beachtung finden könnten, zunächst außen vor bleibt. Allerdings genügt die Umsetzung im deutschen Recht den gemeinschaftsrechtlichen Anforderungen. Die von der IVU-Richtlinie eröffneten Freiräume werden so zwar nicht überdehnt, aber ein aus gemeinschaftsrechtlicher Sicht rechtspolitisch wünschenswertes Entgegenkommen durch den nationalen Gesetzgeber lässt sich auch nicht ohne weiteres feststellen.[724] Die mit dem

722 Davids, Die Konkretisierung der besten verfügbaren Technik in der Anlagenzulassungspraxis, UPR 2000, 439 (443).

723 Beyer, Die integrierte Anlagenzulassung, S. 214; Wahl, Die Normierung der materiell-integrativen (medienübergreifenden) Genehmigungsanforderungen, ZUR 2000, 360 (367).

724 Zu den Spannungen zwischen deutschem Immissionsschutzrecht und IVU-Richtlinie siehe oben Fünftes Kapitel, B. II. 3. Gleiches gilt wohl für die anderen Mitgliedstaaten, soweit diese ebenfalls die Übereinstimmungen der Richtlinie mit ihren nationalen Regelwerk suchten, allerdings stehen die anderen

Artikelgesetz verfolgte Strategie der Minimalumsetzung birgt nun die Gefahr, dass die Umsetzung von der Kommission im Ergebnis als nicht richtlinienkonform angesehen wird, mit dem zusätzlichen Nachteil einer eventuell langen Ungewissheit bis zur gerichtlichen Klärung der Konformität mit entsprechenden politischen Kosten.[725] Rechtspolitisch erscheint es aus dem Blickwinkel des gemeinschaftlichen Umweltrechts eher wünschenswert, an einer Methodik zu arbeiten, dem integrativen Anspruch der IVU-Richtlinie besser zur Geltung zu verhelfen, anstatt den status quo fortzuschreiben. Der Rückzug auf einen pragmatisch geprägten, immer noch stark medienorientierten Ansatz zur Umsetzung der IVU-Richtlinie in Deutschland mit dem Argument, dass es bislang auch auf Ebene der Europäischen Gemeinschaft nicht gelungen sei, einen methodischen Ansatz für eine integrierte Betrachtung und Bewertung zu finden, bleibt unter dem Gesichtspunkt der gemeinschaftlichen Umweltschutzpolitik im Ergebnis unbefriedigend.

Mitgliedstaaten den BVT-Merkblättern im Ergebnis offener gegenüber (s.o., Fünftes Kapitel, B. II.; Sechstes Kapitel, B. II. 2. b).

725 Wahl, Die Normierung der materiell-integrativen (medienübergreifenden) Genehmigungsanforderungen, ZUR 2000, 360 (367).

Sechstes Kapitel:

Die Rolle von Information bei der Implementation von EG-Richtlinien

Nachdem in den vorangegangenen Kapiteln die Implementation je zweier Richtlinien aus den beiden Politikbereichen des Naturschutzes und der Luftreinhaltung dargestellt wurde, werden die Ergebnisse nun unter systematischen und rechtlichen Gesichtspunkten analysiert. Wie sich bereits bei der Darstellung der nationalen Umweltschutzpolitik zeigte,[726] spielt Information bei der Regulierung in umweltschutzpolitischen Zusammenhängen eine bedeutende Rolle. Ob - und wenn ja, warum - dies auch bei der Implementation von Gemeinschaftsrecht so ist, soll im folgenden Abschnitt geklärt werden. Enger gefasst, geht es um die Frage, ob Kooperation im gemeinschaftlichen Zusammenhang auch über Information als Instrument und Vermittler funktioniert. Lässt sich dabei bezüglich der Struktur von Steuerungsinstrumenten eine Parallele zum Nationalstaat ziehen, so können die anfangs herausgearbeiteten Handlungsmuster, hierarchisch und kooperativ, als Schablone dienen. Ob die Probleme, die diese Handlungsmuster nach sich ziehen, sich ähneln, und welche Rolle Wissen und Information dabei spielen, sind die Fragen, denen im folgenden Kapitel nachgegangen wird.

A. Hierarchische Formen der Steuerung: Die Vogelschutz- und die Industrieanlagen-Richtlinie

I. Die Vogelschutzrichtlinie

1. Zur Implementationsstruktur der Vogelschutzrichtlinie

Betrachtet man die Struktur des mit Erlass der Vogelschutzrichtlinie von der Europäischen Gemeinschaft gewählten Ansatzes der Implementation in Bezug auf das Verhältnis zwischen Gemeinschaft und Mitgliedstaaten, so lässt sich dieser Ansatz - analog zu nationalstaatlichen Politikmustern - als Ansatz hierarchischer Steuerung auffassen.

Kennzeichnend für das hierarchische Steuerungsmodell ist es, dass eine regulative Politik mittels einer konditional programmierten Rechtsnorm in einem Über- bzw. Unterordnungsverhältnis zwischen rechtssetzender

726 S.o., Zweites Kapitel, B. sowie C.

Instanz und Adressaten verfolgt wird. Die Europäische Gemeinschaft ist den Mitgliedstaaten in diesem Politikbereich aufgrund der ihr von den Mitgliedstaaten übertragenen und durch Erlass der Richtlinie wahrgenommenen Hoheitsrechte übergeordnet. Zu den Ebenen im Nationalstaat kommt eine rechtliche und organisatorische Hierarchieebene hinzu. Bei der Handlungsform der Richtlinie lassen sich - ebenso wie beim Nationalstaat - Normgeber und Normadressat klar voneinander unterscheiden: Normadressat im Nationalstaat ist der Bürger, der dem Staat und dessen umfassender, lediglich durch die Grundrechte in ihrer Funktion als Freiheitsrechte begrenzter Regelungskompetenz untergeordnet ist. Im Verhältnis zwischen Mitgliedstaat und Gemeinschaft gibt es zwar eine solche umfassende Kompetenz nicht.[727] Eine Vergleichbarkeit der Hierarchie ist dennoch für die Bereiche möglich, in denen der Gemeinschaft von den Mitgliedstaaten Hoheitsrechte eingeräumt wurden.[728] Die Gemeinschaft mit dem Rat als maßgebliches Organ im Rechtssetzungsverfahren stellt sich gegenüber den Mitgliedstaaten, vermittelt über die ihr durch Art. 174 EGV übertragene Kompetenz, als hoheitlicher Normgeber dar. Zu den nationalen Institutionen - seien sie rechtsetzend oder vollziehend tätig - tritt die europäische Ebene hinzu. Das Verhältnis von Mitgliedstaaten und Europäischer Gemeinschaft, wie es im EG-Vertrag ausgestaltet wird, lässt sich im Rahmen der übertragenen Kompetenz so als Über-/Unterordnungsverhältnis begreifen.

Dabei folgt die Vogelschutzrichtlinie im Hinblick auf ihr Kernanliegen - der Ausweisung besonderer Vogelschutzgebiete für besonders gefährdete Arten - einem konditional programmierten Muster: Liegen die in der Richtlinie aufgestellten Voraussetzungen in einem bestimmten Gebiet vor, so muss der Mitgliedstaat das Gebiet als Schutzgebiet ausweisen. Die Mitgliedstaaten kommen dieser Verpflichtung nach, indem sie die Richtlinie in nationales Recht umsetzen und dieses nationale Recht mit ihrem Verwaltungsapparat im Wege des indirekten Vollzugs von Gemeinschaftsrecht vollziehen. Die Gemeinschaft baut so allein auf die Rechtsbefolgung als Steuerungsmodus. Über die Rechtsbefolgung durch die Mitgliedstaaten wacht ebenfalls die Gemeinschaft.[729] Die Gemein-

727 Es gilt das in Art. 5 EGV verankerte Prinzip der begrenzten Einzelermächtigung (dazu z.B. Calliess/Ruffert EG-Vertrag, Art. 5, Rdnr. 8 ff.). Auch Artikel 308 EGV verleiht der Gemeinschaft keine sog. Kompetenz-Kompetenz (dies., EG-Vertrag, Art. 304, Rdnr. 1 f.).

728 Zur umweltschutzpolitischen Kompetenz der EG s.o., Drittes Kapitel, A.

729 Die Kontrolle übernimmt zunächst die Kommission in ihrer Rolle als „Hüterin des Gemeinschaftsrechts". Ist die Kommission der Ansicht, ein Mitgliedstaat

schaft bedient sich damit im Rahmen des eben beschriebenen Über-/Unterordnungsverhältnisses bei ihrer regulativen Politikgestaltung einer konditionalen Programmierung.[730]

Allerdings zeichnet sich die Vogelschutzrichtlinie aufgrund des weit gefassten Normentatbestandes in Bezug auf die Verpflichtung, Schutzgebiete auszuweisen, durch eine „schwache Ergebnissteuerung" aus.[731] In der Literatur wird in dieser Art der Steuerung der Grundstein für ein kooperativ kontraktualistisches Steuerungsmodell der Gemeinschaft gesehen.[732] In einer solchen schwachen Ergebnissteuerung allein kann aber noch kein solches Steuerungsmodell, das insoweit grundsätzlich nicht auf die Ausbildung hierarchischer Strukturen abzielt, erblickt werden. Wenn argumentiert wird, das Gemeinschaftsrecht setze eben gerade auf Konsens und Übereinstimmung bei der Konkretisierung des Sekundärrechts in den Mitgliedstaaten als Ergebnis eines Prozesses - und nicht als dessen Prämisse -, so impliziert dies als Voraussetzung, dass diese schwache Ergebnissteuerung durch Instrumente flankiert wird, die einen solchen Konsens wirksam zu fördern vermögen. Es lässt sich aber als eine der Ursachen der mangelhaften Umsetzung und des uneinheitlichen Vollzuges eine - gemessen am hohen Anspruch der vollständigen Umsetzung und des einheitlichen Vollzugs - mangelhafte Kooperation zwischen Kommission und Mitgliedstaaten feststellen.[733] Gerade im Falle der Vogelschutzrichtlinie fehlte es an solchen Instrumenten. Insbesondere kann in der IBA-Liste kein Instrument zur Förderung der Kooperation zwischen Gemeinschaft und Mitgliedstaaten sowie betroffenen Privaten und Bürgern erblickt werden.[734]

---

verstoße gegen das Gemeinschaftsrecht, so erhebt sie Klage vor dem EuGH, der rechtsverbindlich feststellt, ob ein Verstoß vorliegt oder nicht (dazu Calliess/Ruffert EG-Vertrag Art. 211, Rdnr. 2 ff.).

730 Dieser Befund beruht auf der rechtlichen Betrachtung der Richtlinie und des Verhältnisses von EG und Mitgliedstaaten. Der politikwissenschaftliche, empirische Befund, dass das Zusammenspiel der vielen Akteure bei der Umsetzung gemeinschaftlicher Politik als „Mehrebenensystem" (dazu oben Drittes Kapitel, B.) steht dem daher nicht entgegen. Dieser empirische Befund belegt andererseits bereits, dass Politiksteuerung im gemeinschaftlichen Kontext sich in der Praxis nicht so schlicht als hierarchisches Konzept realisieren lässt.

731 Die Terminologie ist Wichert entlehnt, ders. Natura 2000, S. 108 ff.

732 Wichert, Natura 2000, S. 108 ff.

733 Nicklas, Implementationsprobleme des EG-Umweltrechts, S. 160.

734 Dazu sogleich unten in den folgenden Abschnitten 2. und 3.

Auch das Rechtssetzungsverfahren selbst genügt alleine nicht, um der Vogelschutzrichtlinie besagten Charakter zu verleihen.[735] Der Akt der Sekundärrechtssetzung ist überhaupt erst die Grundlage der schwachen Ergebnissteuerung: Wäre das Steuerungsmodell wegen des Rechtssetzungsverfahrens auf Konsens angelegt, stünde am Ende dieses Verfahrens eben jener fachliche Konsens - das ist aber gerade nicht der Fall. Am Rechtssetzungsverfahren werden zwar über das formale Verfahren hinaus auch weitere mitgliedstaatliche Stellen beteiligt, diese Beteiligung ist jedoch sehr selektiv. Einzelne Mitgliedstaaten leisten gewissermaßen Lobbyarbeit in eigener Sache, indem sie versuchen, ihren nationalen Regulierungsansatz auf Gemeinschaftsebene zu etablieren.[736] Wegen der Informalität und Selektivität kann hierin keinesfalls eine auf Konsens gerichtete Kooperation gesehen werden. Die Vogelschutzrichtlinie entspricht in ihrer Regelungsstruktur dem hierarchischen Modell; daran ändern auch die im Rat konsensual angelegten Rechtssetzungsverfahren nichts.

2. Zur Rolle von Information bei der Implementation der Vogelschutzrichtlinie

Der Vorteil der hierarchisch strukturierten Steuerung durch konditionale Rechtsnormen liegt in der Ersparnis des für den Vollzug des Normprogramms notwendigen Wissens.[737] Dieser Vorteil wird von der Vogelschutzrichtlinie im Hinblick auf die Verpflichtung der Mitgliedstaaten, Schutzgebiete auszuweisen, allerdings nur bei vordergründiger Betrachtung genutzt. Information spielt theoretisch wegen der konditionalen Programmierung zunächst weder bei der Umsetzung, noch beim Voll-

---

735 So aber Wichert, der u.a. wegen der Rechtssetzungsverfahren eine konsensuale Prägung des gemeinschaftlichen Umweltrechts annimmt, was auch in einer Fülle von „Soft Law" (bspw. den Umweltpolitischen Aktionsprogrammen) zum Ausdruck komme (ders., Natura 2000, S. 109 f.).

736 Derjenige Mitgliedstaat, dessen Strategie mit derjenigen der Kommission am meisten übereinstimmt bzw. derjenige, der die Kommission von der eigenen Problemdefinition und Handlungsstrategie überzeugen kann, hat danach zunächst den Vorteil durch die Problemdefinition und die Formulierung von Lösungsstrategien, auf der europäischen Ebene die „Tagesordnung" mitzugestalten (Héritier, The Accomodation of Diversity in European Policy-Making and its Outcomes, JEPP 1996, 146 (152 f.); Héritier u.a., Die Veränderung von Staatlichkeit in Europa, S. 17, vgl. auch das Beispiel S. 206.). Dabei übernehmen einzelne Mitgliedstaaten für eine gewissen Zeit die Rolle eines Schrittmachers, indem sie bei der Kommission Lobbyarbeit in eigener Sache leisten.

737 S.o., Zweites Kapitel, B.

zug der Ausweisung der Schutzgebiete eine Rolle. Es gibt definierte Vorgaben, die zur Erreichung der vorgegebenen Ziele in das nationale Recht umzusetzen und anschließend zu vollziehen sind. Daten werden nach dem Idealbild dieses Modells lediglich für den Vollzug benötigt:[738] Die in den Gebieten der Mitgliedstaaten vorgefundenen Vogelarten müssen mit denen des Anhangs abgeglichen werden. Ist eine der Arten in dem als Schutzgebiet geeigneten Gebiet vorhanden, so ist diese Vogelart durch Ausweisung eines Schutzgebietes zu schützen. Der weitere Vorteil dieser Regelungsstruktur liegt nun in der Gleichheit der Rechtsanwendung durch die mitgliedstaatlichen Verwaltungen: Da die Anforderungen im Idealfall gleich sind, bleiben keine Spielräume für eine unterschiedliche Rechtsanwendung in den Mitgliedstaaten. Inhaltliche Differenzen werden so vermieden. Fachliches Wissen wird allein auf der Normsetzungsebene benötigt. Wenn mangels eigenen Wissens überhaupt Informationsbedarf besteht, dann auf dieser Ebene.

Zwar wird in der Vogelschutzrichtlinie noch genau festgelegt, für welche Vogelarten Schutzgebiete einzurichten sind. Durch die Einfügung der Einschränkung, dass lediglich die „geeignetsten" Gebiete zu schützen sind, wird der Tatbestand aber durch die Verwendung eines ausfüllungsbedürftigen Begriffs für unterschiedliche Interpretationen geöffnet. Wie dargelegt, stellt sich die Verpflichtung zur Auswahl von Schutzgebieten zwar als konditionale „Wenn-dann-Regel" dar, deren fachliche Kriterien im Detail sind aber bis heute unklar. So entsteht nun trotz eigentlich konditional strukturierter Regelung auf der Vollzugsebene wegen der schwachen Ergebnissteuerung dennoch der Bedarf an zusätzlichem Wissen und damit ein „Einfallstor" für Information. Die Verwaltungen „vor Ort" brauchen Kriterien, um zu beurteilen, ob ein Gebiet nicht nur geeignet ist, sondern ob es im Hinblick auf den Schutz der darin vorkommenden Vogelart zu den geeignetsten Gebieten gehört. Und ebenso wie die mitgliedstaatlichen Verwaltungen steht auch die Kommission zunächst vor dem Problem, abstrakte Kriterien zur fachlichen Bewertung der Eignung von Schutzgebieten festzulegen, um anhand dieser Kriterien die Implementation der Vogelschutzrichtlinie wirksam überwachen zu können. Da jedoch die Bewertungskriterien gemeinschaftsrechtlich nicht vorgegeben werden, ist der ungleiche Vollzug der Ausweisung der geeignetsten Gebiete durch die mitgliedstaatlichen Verwaltungen vorprogrammiert: Die Kommission vermag nur rückwirkend im Rahmen der ihr als Hüterin des Gemeinschaftsrechts

---

738 Vgl. oben, Erstes Kapitel, B. II.

obliegenden Kontrollfunktion zu überprüfen, ob die Ausweisung den fachlich zu stellenden Anforderungen genügt. Eine Kompetenz zur Prüfung oder zum Aufstellen fachlicher Kriterien steht ihr mangels Ermächtigung in der Richtlinie nicht zu; so wird in der Vogelschutzrichtlinie kein Ausschussverfahren zur Konkretisierung festgelegt, wie es in anderen Politikbereichen durchaus üblich ist.[739] Letztendlich obliegt es so dem Europäischen Gerichtshof, verbindlich darüber zu entscheiden, was unter dem Begriff „geeignetst" zu verstehen ist. Eine Vereinheitlichung vermag sich auf diese Weise erst allmählich über die Begriffsbildung oder Kasuistik der Rechtsprechung herauszubilden.

Hier zeigt sich nun, dass eine ganz ähnliche Situation entsteht wie anfangs beim hierarchischen Steuerungsmodell im Nationalstaat beschrieben:[740] Normgeber ist die Gemeinschaft, Adressat und Handlungsverpflichtete sind die Mitgliedstaaten. Das Wissen um die konkreten Gebiete ist am ehesten vor Ort vorhanden;[741] so fällt das Naturschutzrecht - abgesehen von der Rahmengesetzgebung des Bundes - auch folgerichtig in die Kompetenz der Länder. Die Kommission als „Hüterin des Gemeinschaftsrechts" verfügt aber insgesamt über wenig Personal.[742] Sie ist daher immer wieder auf das Fachwissen anderer Institutionen angewiesen.[743] Dies gilt besonders für die Generaldirektion Umwelt, die im Vergleich zu anderen Generaldirektionen unterdurchschnittlich ausgestattet ist.[744] Die Kommission als „Verwaltungsorgan" der Gemeinschaft kann - trotz ihrer Fachabteilung - die notwendigen Daten nicht aus eigenen Mitteln beschaffen bzw. vorhalten und ist darauf angewiesen, sich diese von Dritten zu beschaffen. Das zeigte sich im Falle der Vogelschutzrichtlinie daran, dass die Kommission erst nach Erarbeitung der IBA-Liste anfing, in größerem Umfang einzelnen Mitgliedstaaten Umsetzungsverstöße vorzuwerfen. Die Kommission selbst betont auch angesichts ihrer

739 Die Zahl und Funktion der Ausschüsse ist unübersichtlich, ein Überblick findet sich bei Falke, Komitologie, S. 77.

740 S.o., Zweites Kapitel, B.

741 Wichert, Natura 2000, S. 116.

742 Zahlen finden sich bei Wichert, Natura 2000, S. 111 f., danach beschäftigt die Generaldirektion Umwelt der Kommission 530 Mitarbeiter, während beispielsweise das Bundesumweltministerium und das Umweltbundesamt zusammen etwa 1000 Mitarbeiter beschäftigen, die britische Umweltverwaltung wird sogar mit 2000 Mitarbeitern angegeben.

743 Fast schon polemisch zur Ausstattung der Kommission u.a. mit Sachmitteln Hören, Bringt Bücher nach Brüssel, NJW 2000, 3112 f.

744 Nicklas, Implementationsprobleme des EG-Umweltrechts S. 96, m.w.N.

begrenzten Kapazitäten, wie wichtig es für sie sei, von Bürgern über mögliche Rechtsverstöße informiert zu werden.[745] Im Ergebnis ergibt sich für die Ausweisung von Vogelschutzgebieten zwischen der Europäischen Gemeinschaft als Normgeber und den Mitgliedstaaten als Adressaten ein ähnliches Wissensgefälle wie die anfangs beschriebene Differenz zwischen der nationalstaatlichen Verwaltung und Privaten. Ebenso wie der Wissensvorsprung privater Anlagenbetreiber in Bezug auf Details der Anlagentechnik und deren Emissionen ist auch der zunächst vorhandene Wissensvorsprung der mitgliedstaatlichen Verwaltungen gegenüber der Kommission der größeren Nähe zum Regelungsgegenstand geschuldet.

3. Die IBA-Liste: Untergesetzlicher Standard, Soft Law oder schlicht sachverständiges Dokument?

Um ihr Wissensdefizit den Mitgliedstaaten gegenüber auszugleichen, machte sich die Kommission das Fachwissen von Naturschutzverbänden zu Nutze, indem sie die von zwei Umweltschutzverbänden erarbeitete IBA-Liste zu Rate zog. Es war erklärter Zweck der IBA-Liste, der Kommission und den mitgliedstaatlichen Verwaltungen eine Hilfe bei der Auswahl und fachlichen Bewertung der Vogelschutzgebiete zu geben. Der Gedanke liegt nahe, dass die Liste sich als eine Art gemeinschaftsrechtlicher „untergesetzlicher Standard", ähnlich den technischen Normen im nationalen Recht, oder aber als eine Art *soft law* hätte etablieren können.

Bei der IBA-Liste handelt es sich zunächst um Information im eingangs entwickelten Sinn. Die Umweltschutzverbände stellen der Kommission ihr Wissen in Form von Daten (das Vorkommen von Vogelarten in bestimmten Gebieten) und in Form von Nachrichten (die naturschutzfachliche Bewertung dieser Vorkommen) zur Verfügung.[746] Dies geschieht explizit zu dem Zweck, die Kommission in die Lage zu versetzen, die Sachlage bezüglich des Vogelschutzes in der Gemeinschaft im Hinblick

---

745 KOM (1999) 301 endg. v. 18. Juni 1999, S. 25 ff.; vgl. auch für den Bereich der Trinkwasserregulierung Demmke, Die Implementation von EG-Umweltpolitik in den Mitgliedstaaten, S. 277.

746 Die Studie stützt sich zum Teil auf Kommissionsdaten aus dem sog. CORINE-Programm, ein Programm der EG, welches vor der Gründung der Europäischen Umweltagentur der Sammlung von Daten zu ausgewählten Umweltproblemen diente; s. auch unter http://glossary.eea.eu.int, zuletzt besucht am 29.07.2004).

auf die Vogelschutzrichtlinie beurteilen zu können und ihr eine Kontrolle zu ermöglichen.[747] Damit besteht auch der für die Information erforderliche Handlungsbezug; die Liste hat die Funktion einer Entscheidungshilfe für die Kommission. Da dieser Handlungsbezug gewollt ist, ist auch die normative Zurechnung unproblematisch.

Die Funktion dieser Information besteht zunächst allerdings allein darin, der Kommission eine Entscheidungshilfe für die ihr obliegende Kontrolle der Implementation zu geben. Akzeptanz bei den Regelungsunterworfenen - den mitgliedstaatlichen Verwaltungen, die durch die fachlichen Vorgaben in ihrer regionalen Planungsfreiheit betroffen sind - wird nicht aufgebaut. Entweder ist dort bereits eine gewisse Akzeptanz für den Schutz regionaler Gebiete vorhanden; in diesem Fall kann die IBA-Liste auch von den mitgliedstaatlichen Verwaltungen als Information verwandt werden und beispielsweise Argumente in der politischen Auseinandersetzung liefern.[748] Oder die Verwaltung möchte die entsprechenden Gebiete bereits anderweitig verplanen oder sich zumindest die Freiheit anderweitiger Planung erhalten. Da die mitgliedstaatlichen Verwaltungen bei der Erarbeitung der IBA-Liste nicht mitgewirkt haben, sondern sich die Liste in erster Linie auf die regional von ehrenamtlichen Laien und unabhängigen Experten erhobenen Daten stützt,[749] ist hier eine über Information vermittelte Kooperation mit den durch die Nennung der Gebiete Betroffenen nicht erkennbar. Auf eine über Kooperation durch Information vermittelte Akzeptanz kann sich die Kommission daher im Falle der Vogelschutzrichtlinie nicht stützen.

Die IBA-Liste entfaltet auch keine den technischen Normen vergleichbare Bindungswirkung. Die Bindungswirkung technischer Standards im nationalen Recht (und auch im Gemeinschaftsrecht im Rahmen der sog. „neuen Konzeption“) beruht auf der Basis der Standards aus Sachverstand und Expertenwissen. Technische Normen werden weitgehend

747 Grimmett/Jones, Important Bird Areas in Europe, 1989 S. 2; dies zeigt sich auch in der Tatsache, dass die IBA-Liste eine aktualisierte Fassung einer von einem französischen Institut 1987 im Auftrag der Kommission erstellten Bestandsaufnahme ist (Schlussanträge des Generalanwalts Fennelly v. 9.10.1997, Rs. C-3/96, Rdnr. 47).

748 So eines der Ziele der IBA-Liste (Grimmett/Jones, Important Bird Areas in Europe, 1989 S. 2). Wie der Generalanwalt im „Santona“-Verfahren erklärte, war es auch Ziel der IBA-Liste, die Mitgliedstaaten bei der Implementation der Vogelschutzrichtlinie zu unterstützen (vgl. Schlussanträge des Generalanwalts Fennelly v. 9.10.1997, Rs. C-3/96, Rdnr. 49).

749 Grimmett/Jones, Important Bird Areas in Europe, 1989 S. vii.

faktisch akzeptiert, ihr Geltungsgrund liegt in dem ihnen zugrunde liegenden sachlichen Konsens, aber auch in der Tatsache, dass sie zumeist alternativlos sind. Die Verdichtung dieser faktischen Bindungswirkung zu Formen rechtlicher Verbindlichkeit folgt aus der Rezeption der Standards durch das Rechtssystem.[750] Dies kann explizit durch Verweis, aber auch implizit geschehen, indem unbestimmte Rechtsbegriffe verwandt werden, die weiter präzisiert werden müssen. Die IBA-Liste beruht auf Sachverstand und Expertenwissen. In ihrer Eigenschaft, den gemeinschaftsweiten Bestand der schützenswerten Vogelarten zu erfassen, war sie ihrem Anspruch nach anfangs auch alternativlos.[751] Dies gilt allerdings nur bei großräumiger Betrachtung. In Bezug auf konkrete Gebiete sind fachlich fundierte Angaben einfacher zu erlangen und auch vorhanden, wie das Verfahren vor dem EuGH zur fachlichen Eignung eines Gebietes in der Seine-Mündung zeigte.[752] Die IBA-Liste wird schließlich auch nicht von allen beteiligten Akteuren als fachlich verbindlich angesehen. Das ergibt sich bereits aus der immer noch beträchtlichen Differenz zwischen den von den Mitgliedstaaten der Kommission gemeldeten Vogelschutzgebieten und den in der IBA-Liste als schützenswert eingestuften Gebieten.

Diese mangelnde Akzeptanz der IBA-Liste mag auch an dem Verfahren der Erstellung liegen: Technische Normen werden in einem formalen Verfahren unter Beteiligung der unterschiedlichen von der Norm betroffenen Kreise erstellt.[753] Dabei stellt sich stets das gleiche Problem: Für eine pluralistische Besetzung sprechen die Vermutung einer höheren Akzeptanz der Ergebnisse, die bessere Gemeinwohlorientierung und schließlich - unter dem Stichwort Grundrechtsschutz durch Verfahren- - auch rechtsstaatliche Erwägungen.[754] Gegen eine pluralistische Beteiligung solcher Gremien und gegen weitreichende Beteiligungsrechte

750 Gusy, Probleme der Verrechtlichung technischer Standards, NVwZ 1995, 105 (106 f.).

751 Mit dem fortschreitenden Aufbau der EUNIS-Datenbank (dazu oben Viertes Kapitel, B. III. 2. b)) wird allerdings an Alternativen gearbeitet.

752 EuGH, Urt. v. 18.03.1999, Rs. C-166/97 (Kommission./.Frankreich) - „Seine-Mündung“, Slg. 1999-I, S. 1719 = NuR 1999, 501.

753 Zwar lässt sich mit guten Argumenten bezweifeln, dass die Normungsverfahren eine „Pluralität“ der unterschiedlichen Interessen gewährleisten. Insbesondere Verbraucher- und Umweltschutzinteressen sind als unterrepräsentiert anzusehen (vgl. Sechstes Kapitel, B. II. 2. b)). Dennoch gibt es immerhin ein formales Verfahren mit Beteiligungsrechten.

754 Vomhof, Rechtsprobleme der Einbindung von sachverständigen Gremien in das Umwelt- und Technikrecht, 2000, S. 199 und 203, m.w.N.

spricht die möglicherweise längere Verfahrensdauer, die möglicherweise mangelnde fachliche Kompetenz von Laien als Interessenvertreter sowie - wenn man der Ansicht folgt, es handele sich bei der Normsetzung lediglich um die sachverständige Unterstützung der Exekutive - die mangelnde rechtliche Legitimation der normsetzenden Gremien.[755] Die IBA-Liste ist eine Studie, erstellt von zwei Nichtregierungsorganisationen, die als Umweltschutzverbände klare Interessenvertreter sind, ohne Abstimmung und ohne Koordinierung in einem formalisierten Verfahren.[756] In der Literatur wird auch kritisiert, dass es mittlerweile vielfältige Aktualisierung und Ableger gibt, auf die in der Rechtsprechung undifferenziert Bezug genommen werde.[757] Zwar gibt es seit Erscheinen der zweiten IBA-Liste in der Tat Aktualisierungen, ein „Wildwuchs" ist dennoch nicht festzustellen. Für Mecklenburg-Vorpommern gibt es beispielsweise eine Aktualisierung aus dem Jahr 2002. Diese ist erstellt von der *Ornithologischen Gesellschaft Mecklenburg-Vorpommern e.V.* und in Abstimmung mit dem *NABU* und *BirdLife International* als weiteren Naturschutzverbänden nach den Kriterien der IBA-Liste 2000 erarbeitet.[758] Allerdings beruhen die darin gemachten Gebietsangaben auf ganz unterschiedlichen Quellen. Auch folgen die Abgrenzungen der Gebiete keinem stringenten Schema, da „in der Regel deutlich erkennbare naturräumliche Grenzen oder gut nachvollziehbare Lineamente (Straßen, Eisenbahnlinien) gewählt" wurden. Mit der Liste wird ausdrücklich das Ziel verfolgt, möglichst große Flächen unter Schutz zu stellen. Die Daten, die der Liste zugrunde gelegt wurden, stammen teils aus Publikationen,

---

755 Vomhof, Rechtsprobleme der Einbindung von sachverständigen Gremien in das Umwelt- und Technikrecht, 2000, S. 200 f., m.w.N.

756 Dieser Punkt wurde von deutscher Seite in dem Verfahren Rs. C-3/96 „Kommission/Niederlande" bemängelt (Schlussanträge des Generalanwalts Fennelly v. 9.10.1997, Slg. 1998-I, S. 3031, Rdnr. 48###); krit. auch in Bezug auf das Zustandekommen Füßer, Die „zahlen- und flächenmäßig geeignetsten Gebiete" i.S. des Art. 4 Abs. 1 S. 4 der Vogelschutzrichtlinie, NuR 2004, 701 (703).

757 Füßer, Die „zahlen- und flächenmäßig geeignetsten Gebiete" i.S. des Art. 4 Abs. 1 S. 4 der Vogelschutzrichtlinie, NuR 2004, 373 (376); vgl. insoweit auch BVerwG, Urt. v. 22.01.2004, NuR 2004, 373 (376; Rdnr. 2.2.2.3); das Gericht bezieht sich explizit auf die IBA-Liste 2000 sowie eine Aktualisierung des NABU (Naturschutzbund aus dem Jahr 2002).

758 Scheller /Strache/Eichstädt/Schmidt, Important Bird Areas (IBA) in Mecklenburg-Vorpommern, S. 9.

teils aus unpublizierten Gutachten und teils aus „unpublizierten Beobachtungsdaten von Gebietskennern".[759]

Die IBA-Liste ist so insgesamt auf den Arten- und Naturschutz fokussiert, nach naturschutzfachlichen Kriterien erarbeitet, und sie lässt andere Gemeinwohlbelange zunächst zurückstehen.[760] Das unterscheidet sie beispielsweise auch von den immissionsschutzrechtlichen Verwaltungsvorschriften TA-Luft und TA-Lärm. Ihr Inhalt gründet sich eben nicht auf einen inhaltlichen und fachlichen Konsens aller Betroffenen. Insbesondere wird dem Gesichtspunkt der Abwägung unterschiedlicher Belange in der Raumplanung dadurch nicht in einem solchen Maße Rechnung getragen, wie es sich ein Teil der Öffentlichkeit offenbar wünscht. Dies mag seinen Grund darin haben, dass in Zeiten ökonomischer Probleme naturschutzpolitische Belange weniger Konjunktur haben, was sich auch an den Widerständen, mit denen die Implementation der FFH-Richtlinie zu kämpfen hat, zeigt.[761] In dieser einseitigen Ausrichtung liegt vielleicht auch der Grund, warum die IBA-Liste als Information trotz solider fachlicher Basis keine integrative Funktion entfalten kann.[762]

Schließlich fehlt es an einer hinreichenden Rezeption der IBA-Liste durch das Rechtssystem: Die fehlende allgemeine Verbindlichkeit rechtlicher Art lässt sich aus den oben angeführten Entscheidungen des Europäischen Gerichtshofs schließen.[763] Das Gericht stützt sich zwar in einigen Entscheidungen auf die IBA-Liste und bezeichnet diese ausdrücklich als gegenwärtig einzig verfügbare fachlich zuverlässige Quelle. Es fällt

---

759 Scheller/Strache/Eichstädt/Schmidt, Important Bird Areas (IBA) in Mecklenburg-Vorpommern, S. 8.

760 Das unterscheidet die IBA-Liste etwa von den immissionsschutzrechtlichen Verwaltungsvorschriften TA-Luft und TA-Lärm, insoweit kann für eine mögliche Verbindlichkeit - so man dieser rechtsdogmatischen Figur noch Bedeutung einräumt - auch nicht die Rechtsfigur des antezipierten Sachverständigengutachtens herangezogen werden.

761 So ist in der Tagespresse betroffener Regionen immer wieder zwischen dem Konflikt ökonomischer Entwicklung und der Ausweisung von Schutzgebieten zu lesen, z.B. zur geplanten Autobahnverbindung zwischen Schwerin und Wismar die Ostsee-Zeitung v. 06.01.2004: „Stillstand an der A 241; Schweriner Volkszeitung v. 07.01.2004: „Neues Vogelschutzgebiet legt Bau der A 241 lahm" und v. 16.01.2004 „Vogelschutzgebiet kontra A 241?"; Schwerin-Express v. 21.04.2004: „Naturschutz bremst Wirtschaft".

762 Zur integrativen Funktion von Information siehe oben, Zweites Kapitel, C. II.

763 BVerwG Urt. v. 15.01.2004 Az. 4 A 11.02 NVwZ 2004, 732 (735).

allerdings auf, dass der Gerichtshof sich nicht auf fachliche Details stützt und sich auch inhaltlich nicht tiefgreifend mit diesen Details auseinander setzt. Das Gericht zieht sich vielmehr zumeist auf das Argument zurück, ein Verstoß liege bereits wegen der deutlichen Differenz zwischen tatsächlich unter Schutz gestellten und nach der IBA-Liste oder anderen Quellen als schützenswert anzusehenden Gebieten vor.[764] Das Gericht räumt den Mitgliedstaaten gleichzeitig die Möglichkeit ein, der Liste eigene wissenschaftlich fundierte Daten entgegenzuhalten und Alternativen zu schaffen. Nachdem sich der EuGH auch nicht auf die fachlichen Kriterien der IBA-Liste festlegen wollte, sondern von Fall zu Fall entschied, sind fachliche Kriterien für die Beurteilung von möglichen Vogelschutzgebieten auf abstrakt-genereller Ebene nicht in Sicht. Die Rechtsprechung ist demnach eher kasuistisch geprägt, und sie versäumt es - wie von der Literatur zu Recht kritisiert wird - allgemein verbindliche, abstrakt-generelle Kriterien herauszuarbeiten. Eine Vereinheitlichung der von den mitgliedstaatlichen Verwaltungen herangezogenen Kriterien vermag sich auf diese Weise nur schwerlich herauszubilden. So zeigen auch die Beispiele aus der deutschen Rechtsprechung, dass der IBA-Liste nur eine begrenzte Indizwirkung in Form eines „wissenschaftlichen Erkenntnismittels, dem ein hoher Beweiswert zukommt,"[765] zuerkannt wird. Das Gemeinschaftsrecht nimmt aus diesen Gründen nicht hinreichend eng Bezug auf die IBA-Liste.

Unter *soft law* werden im internationalen Recht Verhaltensregeln verstanden, die zwar keine Rechtsverbindlichkeit beanspruchen können, sondern sich zwischen Verbindlichkeit und Unverbindlichkeit bewegen, die aber dennoch eine politische oder soziale Verpflichtung begründen und aus diesem Grunde funktionsadäquat zu positivrechtlichen Verhaltensregelungen sind. Zwar fehlt beim *soft law* regelmäßig ein strikter rechtlicher Bindungswille, denn es werden eben keine rechtlich verbindlichen Verhaltenserwartungen geschaffen. Auf der Ebene politischer und sozialer Verpflichtungen werden solche Verhaltenserwartungen durch das *soft law* jedoch sehr wohl begründet.[766] Der Grund für die Befolgung von *soft law* beruht auf der Internalisierung der Norm und der Furcht vor

764 Füßer bezeichnet dies als „Jedenfalls-Dann-Methode", ders., Die „zahlen- und flächenmäßig geeignetsten Gebiete" i.S. des Art. 4 Abs. 1 S. 4 der Vogelschutzrichtlinie, NuR 2004, 701 (704).

765 Hösch, Die Rechtsprechung des Bundesverwaltungsgerichts zu Natura-2000-Gebieten, NuR 2004, 348 (349).

766 Bothe, „Soft Law" in den Europäischen Gemeinschaften? S. 768.

nachteiligen politischen oder auch sozialen Konsequenzen.[767] So lassen sich rechtsunverbindliche Absprachen als eine Art von *soft law* auffassen.[768] *Soft law* bietet allerdings nicht die Sicherheit rechtlich verbindlicher Normen, da es nicht unmittelbar justiziabel und auch nicht mit hoheitlichen Mitteln durchzusetzen ist.[769]

Die IBA-Liste selbst kann schon aufgrund ihrer Herkunft keine allgemeine Rechtsverbindlichkeit beanspruchen. Der Liste kommt auch keine indirekte Verbindlichkeit durch Bezugnahme oder Rezeption durch das Recht zu. Man könnte allerdings vermuten, dass die IBA-Liste trotz dieser Widerstände aus Furcht vor nachteiligen politischen Konsequenzen eine gewisse faktische Bindungswirkung entfalte: Bei jedem Gebiet, das in der IBA-Liste als schützenswert aufgeführt wird, kann es sich um ein Gebiet handeln, dass nach der Vogelschutzrichtlinie unter Schutz zu stellen ist. Die IBA-Liste enthält damit in Bezug auf die bislang noch nicht geschützten Gebiete eine Aufzählung möglicher faktischer Vogelschutzgebiete. Als solche wären sie der regionalen Planung mit den gleichen Konsequenzen entzogen wie ein formal unter Schutz gestelltes Gebiet. Die Vermutung liegt also nahe, dass von der Rechtsfigur des faktischen Vogelschutzgebietes über die IBA-Liste eine gewisse „präventive" Wirkung ausgeht, die aufgelisteten Gebiete unter Schutz zu stellen. Hinzu kommt das ungeklärte Verhältnis von Vogelschutz- und FFH-Richtlinie: Ist ein Gebiet als faktisches Vogelschutzgebiet zu behandeln, so ist die bestehende Rechtslage im Hinblick auf Möglichkeiten eines Eingriffs in den bestehenden Schutz bzw. einer Veränderung des Gebietsstatus' nicht völlig geklärt.[770] Während die eine Seite unter dem Gesichtspunkt des Sanktionsgedankens die Anwendung des Schutzregimes der Vogelschutzrichtlinie befürwortet, vertritt die andere Seite die Ansicht, das weniger strenge Schutzregime der FFH-Richtlinie sei hier anzuwenden.[771] Bei fehlender Ausweisung eines Gebietes könnte die Planungsfreiheit daher stärker beeinträchtigt sein als bei erfolgter Ausweisung. Die Entscheidung, in der die IBA-Liste als Maßstab herangezogen wurde,[772] bot jedoch offensichtlich jedoch keinen hinreichenden Anlass, nun alle in der IBA-Liste aufgeführten Gebiete zu melden. Der Grund

---

767 Bothe, „Soft Law" in den Europäischen Gemeinschaften? S. 771.

768 Kautz, Absprachen im Verwaltungsrecht, S. 42.

769 Bothe, „Soft Law" in den Europäischen Gemeinschaften? S. 769 f.

770 Siehe dazu oben, Viertes Kapitel, C.

771 Vgl. dazu oben, Viertes Kapitel, C.

772 EuGH, Urt. v. 19.05.1998, Rs. C-3/96 (Kommission./.Niederlande), Slg. 1998-I, S. 3031 = NuR 1998, 538 (539); siehe dazu oben Viertes Kapitel, A. III. 2.

dürfte darin zu finden sein, dass das Gericht seine Entscheidung abstrakt damit begründete, ein Verstoß liege bereits in der vom Ausmaß viel zu niedrigen Ausweisung von Schutzgebieten. Damit legte das Gericht zwar nahe, sich generell an der IBA-Liste zu orientieren. Ob sich die Liste jedoch verbindlich für konkrete Gebiete herunterbrechen lassen würden, blieb offen. In Verfahren, in denen es um konkrete Gebiete und deren flächenmäßige Ausweisung ging, genügte dem Gericht die IBA-Liste allein dann folgerichtig auch nicht mehr. Der EuGH erkannte hier vielmehr besondere fachliche, auf das konkrete Gebiet bezogene Umstände an, die der Mitgliedstaat vorbrachte.[773] Dennoch scheint es zu aufwändig gewesen zu sein, wegen einzelner, konkreter Gebiete, die in der IBA-Liste enthalten, jedoch nicht als Vogelschutzgebiet gemeldet sind, jeweils ein Vertragsverletzungsverfahren vor dem EuGH einzuleiten. Die IBA-Liste vermochte also auch - insbesondere regional - keine erkennbaren Verhaltenserwartungen dahingehend zu begründen, die in die Liste aufgenommene Gebiete seien vollumfänglich formal als Schutzgebiet auszuweisen.

Als Ergebnis bleibt so festzuhalten, dass der IBA-Liste weder eine Form rechtlicher Verbindlichkeit als untergesetzlicher Standard, noch die Qualität von *soft law* zukommt. Weder ist erkennbar, dass die Liste in den Mitgliedstaaten und deren lokalen Verwaltungen als fachlich verbindlich angesehen wird, noch kommt der Liste nach der Rechtsprechung des Europäischen Gerichtshofes allein aufgrund ihrer hohen fachlichen Qualität eine hinreichende Form rechtlicher Verbindlichkeit zu. Allerdings wird durch die IBA-Liste immerhin ein fachliches Niveau an die Beurteilung der Gebiete festgelegt.[774]

II. Die Industrieanlagen-Richtlinie und Großfeuerungsanlagen-Richtlinie

1. Zur Implementationsstruktur der Industrieanlagen-Richtlinie

Auch die Industrieanlagen-Richtlinie folgt bei der Implementation - wie für die Vogelschutzrichtlinie beschrieben[775] - dem Muster konditionaler

773 Vgl. die Entscheidung EuGH, Urt. v. 18.03.1999, Rs. C 166/97 (Kommission./.Frankreich) - „Seine-Mündung", Slg. 1999-I, S. 1719 = NuR 1999, 501.

774 Füßer, Die „zahlen- und flächenmäßig geeignetsten Gebiete" i.S. des Art. 4 Abs. 1 S. 4 der Vogelschutzrichtlinie, NuR 2004, 701 (705).

775 Sechstes Kapitel, A. I. 1.

Programmierung: Die Mitgliedstaaten werden verpflichtet, bestimmte Anlagen einer Genehmigungspflicht zu unterwerfen und die Erteilung der Genehmigung von festgelegten, abstrakten Kriterien abhängig zu machen. Da die Industrieanlagen-Richtlinie, ebenso wie die Großfeuerungsanlagen-Richtlinie als Tochterrichtlinie, eine regulative Politik verfolgt, indem sie als Steuerungsmodus auf die Rechtsbefolgung baut, lässt sich auch diese Richtlinie als Beispiel einer hierarchischen Implementationsstruktur auffassen.

Die Industrieanlagen-Richtlinie zeichnet sich allerdings, trotz Konkretisierung durch Tochterrichtlinien, im Ergebnis ebenso wie die Vogelschutzrichtlinie durch eine „schwache Ergebnissteuerung" aus. Auch hier fehlt es an flankierenden Instrumenten zur Förderung eines gemeinschaftsweiten Konsenses für einen einheitlichen Vollzug der offenen gemeinschaftsrechtlichen Tatbestände in Bezug auf die Genehmigungsvoraussetzungen. So liegt auch im Falle der Industrieanlagen-Richtlinie in der schwachen Ergebnissteuerung kein kooperativ kontraktualistisch geprägtes Steuerungsmodell vor. Zwar wurde als Instrument für die Verbesserung des Vollzugs des sekundären Gemeinschaftsrechts bereits 1992 das sog. „Chester-Network"[776] als informales Netzwerk der mitgliedstaatlichen Verwaltungen mit dem Ziel, den mitgliedstaatlichen Vollzug des gemeinschaftlichen Sekundärrechts im Bereich der Umweltschutzpolitik zu verbessern, gegründet. Die Richtlinie selbst nimmt aber keinen Bezug auf das Netzwerk. Das Chester-Network nahm überdies seine Arbeit erst fünf Jahre nach Erlass der Großfeuerungsanlagen-Richtlinie, die der Konkretisierung der Industrieanlagen-Richtlinie diente, auf. Als flankierende Maßnahme kam das Netzwerk daher reichlich spät, denn die Zeit, die für eine einheitliche Implementation in den Mitgliedstaaten benötigt wird, ist als wichtiger Faktor zu werten.[777] Mitte der neunziger Jahre wurde das Chester-Network formal in das „EU-Netzwerk für Umsetzung und Vollzug des Umweltrechts" *(European Union Network for the Implementation and Enforcement of Environmental Law,* kurz: IMPEL) bezeichnet, überführt. Das IMPEL-Netzwerk befasste sich in seinen dafür eingerichteten Arbeitsgruppen zwar auch mit der Erteilung

776 Zu Aufgaben und Historie dieses Netzwerkes Werner, Das EU-Netzwerk für Umsetzung und Vollzug von Umweltrecht, in: Lübbe-Wolff (Hg.), Der Vollzug des europäischen Umweltrechts, S. 131.

777 Hatje, Europäische Rechtseinheit durch einheitliche Rechtsdurchsetzung, EuR, Beiheft 1/1998, S. 7 (19).

von Anlagengenehmigungen.[778] An der Arbeit des Netzwerkes wird aber kritisiert, dass sich die Teilnehmer in erster Linie aus Vertretern der Ministerialbürokratie zusammensetzen. So bleiben die eigentlichen Rechtsanwender, die Mitarbeiter der unteren Verwaltungsbehörden, unbeteiligt; ebenso bleibt die Öffentlichkeit außen vor.[779] Gravierender allerdings ist die Tatsache zu werten, dass jeweils nur einige der Mitgliedstaaten in den Arbeitsgruppen mitarbeiten. Das Netzwerk wird daher von einigen Mitgliedstaaten dominiert, andere beteiligen sich gar nicht, so dass es zur Erzielung eines gemeinschaftsweiten Konsenses insgesamt nur sehr bedingt geeignet erscheint.[780]

Wie oben für das Beispiel der Vogelschutzrichtlinie gezeigt wurde, genügt das primärrechtlich festgelegte Rechtssetzungsverfahren der Richtlinie selbst nicht für die Annahme eines kooperativen, kontraktualistischen Steuerungsmodells.[781] Nun handelt es sich bei der Industrieanlagen-Richtlinie aber um eine Rahmenrichtlinie, deren weitere Konkretisierung in Form von Tochterrichtlinien erfolgen soll. Insofern liegt der Gedanke nahe, der Industrieanlagen-Richtlinie eine auf einen Konsens gerichtete Verfahrensprägung deshalb zuzuschreiben, weil jeder Grenzwert zunächst das komplette Rechtssetzungsverfahren durchlaufen muss. Eine solche Charakterisierung greift jedoch zu kurz. Das mit der Industrieanlagen-Richtlinie verfolgte Konzept sieht als Vorgabe für die Tochterrichtlinien eine konditional programmierte Form der Implementation, nämlich die verbindliche Vorgabe von Genehmigungsanforderungen in Form von Emissionsgrenzwerten, vor. Der Erlass von Tochterrichtlinien stellt sich aber trotz zugrunde liegender Rahmenrichtlinie immer noch als Setzung gemeinschaftlichen Sekundärrechts und damit als Handlung der Gemeinschaft dar. Als solche ist dies aber gerade kein Akt

---

778 Nicklas, Implementationsprobleme des EG-Umweltrechts, S. 161 f.; Werner, Das EU-Netzwerk für Umsetzung und Vollzug von Umweltrecht, in Lübbe-Wolff (Hg.), Der Vollzug des europäischen Umweltrechts, S. 131 (134).

779 Nicklas, Implementationsprobleme des EG-Umweltrechts, S. 162. Werner, Das EU-Netzwerk für Umsetzung und Vollzug von Umweltrecht, in Lübbe-Wolff (Hg.), Der Vollzug des europäischen Umweltrechts, S. 131 (135).

780 Die Gründe für die mangelnde Beteiligung werden vor allem in finanziellen Engpässen gesehen, gerade die unteren Vollzugsebenen verfügen oftmals über weniger Reisemittel, aber auch in Sprachenproblemen, sowie allgemeiner Prioritätensetzung der nationalen Politik (Nicklas, Implementationsprobleme des EG-Umweltrechts, S. 162; Werner, Das EU-Netzwerk für Umsetzung und Vollzug von Umweltrecht, in Lübbe-Wolff (Hg.), Der Vollzug des europäischen Umweltrechts, S. 131 (136)).

781 S.o., Sechstes Kapitel, A. I. 1.

der mitgliedstaatlichen Umsetzung von Gemeinschaftsrecht. Es handelt sich beim formalen Rechtssetzungsverfahren auch nicht um einen Fall der Kooperation zwischen Organen der Gemeinschaft und den Mitgliedstaaten, da der Rat als maßgebliches Organ des Rechtssetzungsverfahrens ein Organ der Gemeinschaft und die Setzung von Sekundärrecht eben ein gemeinschaftsrechtlicher Akt ist.

2. Zur Rolle von Information bei der Implementation der Industrieanlagen-Richtlinie

Auch die Industrieanlagen-Richtlinie nutzt den in der Wissensersparnis liegenden Vorteil hierarchisch strukturierter Steuerung durch konditional programmierte Rechtsnormen nicht. Die Vorgaben der Richtlinie sind zu unpräzise. Dies ist bereits der Natur dieser Richtlinie als Rahmenrichtlinie geschuldet. Diesem Konzept entsprechend, kann die Industrieanlagen-Richtlinie gar nicht die für die schlichte und strikte Umsetzung einer konditionalen Norm notwendigen präzisen Anforderungen aufstellen. Der Ansatz, die Grundsätze der Anlagenzulassung zunächst umfassend in einer Rahmenrichtlinie festzulegen und die weiteren, konkreten Anforderungen den Tochterrichtlinien zu überlassen, dürfte dem Umstand geschuldet sein, dass die Richtlinie einen sehr weiten Anwendungsbereich umfasst und komplexe Sachverhalte regelt. Das zeigt sich bereits daran, dass das nationale Anlagenzulassungsrecht umfangreich und komplex ist. Zwar ist die Struktur der Richtlinie im Ergebnis konditional gefasst. Inhaltlich ist sie jedoch zu unpräzise, um eine substanzielle Vereinheitlichung der materiellen Anforderungen der Anlagenzulassung in den Mitgliedstaaten voranzubringen. Soweit keine Tochterrichtlinien - wie etwa die Großfeuerungsanlagen-Richtlinie - vorhanden sind, obliegt den Mitgliedstaaten weiterhin, die in der Industrieanlagen-Richtlinie aufgestellten Anforderungen zu konkretisieren.

Die im Unterschied zur Vogelschutzrichtlinie vielfältigere und komplexere Regelungsmaterie macht es für die Kommission aber noch schwieriger, sich überhaupt einen Überblick über die mitgliedstaatliche Praxis zu verschaffen. Obwohl die Kommission beklagt, dass es an Daten zum Vollzug des gemeinschaftlichen Immissionsschutzrechts fehle, und sie entsprechend auch ein Vollzugsdefizit vermutet, gibt es keine Entscheidungen des EuGH zur Konkretisierung des Begriffs der „Besten verfügbaren Techniken".[782] Bereits daran zeigt sich, dass die Kommission, der die Einleitung eines solchen Verfahrens obläge, sich nicht in der Lage sieht, eine bestimmte konkrete Vorstellung des Begriffes gemeinschaftsweit durchzusetzen. Das Wissen über den nationalen Verwaltungsvollzug ist bei der Kommission nur in unzureichendem Maße vorhanden. Die Schwierigkeiten beginnen hier allerdings bereits bei den Mitgliedstaaten, die selbst nicht über hinreichende Daten, etwa über den behördlichen Vollzug, verfügen.[783]

3. Tochterrichtlinien: Ein effektives Instrument der Rechtsvereinheitlichung?

Gegen die Feststellung, die Industrieanlagen-Richtlinie habe ihren Anspruch, das Anlagenzulassungsrecht innerhalb der Europäischen Gemeinschaft zu vereinheitlichen, nicht genügt, ließe sich nun, wie eben angedeutet, einwenden, dass mit der Richtlinie eine gemeinschaftsweite Vereinheitlichung im Detail noch gar nicht beabsichtigt war. Schließlich handelte es sich lediglich um eine Rahmenrichtlinie, mit der das weitere Vorgehen und die Regulierungsstrategie der Gemeinschaft in diesem Politikfeld festgelegt werden sollte. Vorgesehen war, die Rahmenvorgaben jeweils für die einzelnen Unterbereiche durch Tochterrichtlinien zu konkretisieren. Die Industrieanlagen-Richtlinie sah also bereits - anders als die Vogelschutzrichtlinie - selbst ein Verfahren zur Füllung von Lücken und Präzisierung von Anforderungen vor. Das Modell der Industrieanlagen-Richtlinie besteht also gerade darin, Details einer späteren Regelung vorzubehalten. So gewendet, erscheint es nur folgerichtig, dass die Industrieanlagen-Richtlinie Spielräume offen ließ. Eine Rechtsvereinheitlichung und Angleichung der umweltrechtlich vorgegebenen Rahmenbedingungen im angestrebtem Maße wurde jedoch auch durch die konkretisierenden Tochterrichtlinien nicht erreicht.

Es spricht viel dafür, dass auch in der Folgezeit keine Einigung über die Details zustande kommen wird, wenn bereits bei Erlass der Rahmen-

---

782 In der Literatur werden keine Fundstellen angeführt und eine Recherche in der CELEX-Datenbank zum Gemeinschaftsrecht erbrachte ebenfalls keine Ergebnisse.

783 Dieses Problem wurde eingangs für den nationalen Bereich grundsätzlich dargestellt (vgl. oben Zweites Kapitel, B.). Zu mangelnden Daten bezüglich des Vollzug für England und Wales vgl. Howarth, Umweltrecht und Vollzug des Umweltrechts in England und Wales, in Lübbe-Wolff (Hg.), Der Vollzug des europäischen Umweltrechts, S. 37 (65).

richtlinie keine Einigung über entscheidende Details erreicht werden konnte.[784] Die Regelungen der Rahmenrichtlinie selbst lassen den Mitgliedstaaten zunächst genügend Freiraum, allzu große Veränderungen ihres Systems abzufedern.[785] Gleichzeitig bleibt die Hürde, die mit dem Erfordernis eines neuerlichen formalen Rechtssetzungsverfahrens für Tochterrichtlinien aufgebaut wird, sehr hoch: Die Tochterrichtlinien müssen erneut, wie bereits die Rahmenrichtlinie, das gesamte Rechtssetzungsverfahren durchlaufen.

Die Tochterrichtlinien sind damit - wie die Rahmenrichtlinie selbst - Gegenstand der Politik, und auf diesem weiten Weg durch das Rechtssetzungsverfahren drohen sie in der politischen Auseinandersetzung unterzugehen. Für die Kommission ist es dabei bereits schwierig, das notwendige Wissen für eine Konkretisierung und Ausfüllung der vorhandenen Spielräume zu gewinnen. Die Kommission spielt aber wegen des ihr zustehenden „Initiativmonopols" im Rechtssetzungsverfahren bei der Gestaltung gemeinschaftlicher regulativer Politik eine entscheidende Rolle.[786] In der Praxis ist es allerdings häufig ein Mitgliedstaat, der den Anstoß für die Kommission gibt, tätig zu werden, und zwar entweder, indem er selbst Regelungen erlässt, oder indem er mit Vorschlägen an

---

784 Zu den Problemen und politischen Hintergründen bei der Verabschiedung der Großfeuerungsanlagenrichtlinie Meinken, Emissions- versus Immissionsorientierung, S. 135

785 Vgl. zum geringen Anpassungsdruck, der von der Industrieanlagen-Richtlinie auf das britische System ausging Meinken, Emissions- versus Immissionsorientierung, S. 133. Diese Unterschiede im System führen im Ergebnis auch zu einer erhöhten Anzahl von Vertragsverletzungen durch verspätete Umsetzung (Demmke, Die Implementation von EG-Umweltpolitik in den Mitgliedstaaten, S. 47).

786 Der Erlass eines Sekundärrechtsaktes erfolgt - von wenigen Ausnahmen abgesehen - auf Initiative der Kommission (vgl. Art. 189 EGV); dazu statt vieler Beutler/Bieber/ Pipkorn/Streil, Die Europäische Union, S.167, Rdnr. 254. Es wird daher allgemein vom „Initiativmonopol" der Kommission gesprochen. Gemäß Art. 189 a Abs. 1 EGV kann der Rat Änderungen des Vorschlags der Kommission nur einstimmig beschließen, wobei die Kommission gemäß Art. 189 a Abs. 2 EGV ihren Vorschlag bis zu einem Beschluss des Rates jederzeit zurückziehen kann. Allerdings steht dem Rat gemäß Art. 152 EGV das Recht zu, von der Kommission die Vorstellung von Vorschlägen zu verlangen. Dieses wird vom Rat formal jedoch nur selten genutzt (Beutler/Bieber/Pipkorn/Streil, a.a.O., S. 154, Rdnr. 229, für den Bereich des Umweltrechts Epiney, Umweltrecht in der Europäischen Union, S. 26).

die Kommission herantritt.[787] Der Entschluss, einen Rechtsakt zu erlassen, kann zwar auf eine Initiative innerhalb der Kommission selbst zurückgehen.[788] Dabei spielen aber die innerhalb der Kommission verfügbaren Ressourcen und das verfügbare Personal eine große Rolle.[789] Da diese im Bereich des Umweltschutzes eher knapp bemessen sind,[790] wird externe Unterstützung von der Kommission gerne in Anspruch genommen.[791] Die Kommission ist aus diesen Gründen trotz ihrer einflussreichen Stellung abhängig von dem Fachwissen und den Vorschlägen der nationalen Verwaltungen, aus deren Vielfalt sie sich bedient; die mitgliedstaatlichen Verwaltungen können so als Ideengeber für die Rechtsentwicklung des Sekundärrechts gesehen werden.[792] Ebenso wie im Nationalstaat das Wissensgefälle zwischen privaten Betreibern auf der einen Seite und staatlichen Institutionen andererseits macht sich hier ein Wissensgefälle zwischen Gemeinschaft und Mitgliedstaaten, die über ihre Behörden und Ministerialbürokratien fachlich näher an der Materie arbeiten, bemerkbar. Bereits die Kontrolle des normativen Vollzugs

787 Héritier, The Accomodation of Diversity in European Policy-Making and its Outcomes, JEPP 1996, 146 (151 f.); Héritier u.a., Die Veränderung von Staatlichkeit in Europa, S. 178 f.; Krämer, The Elaboration of EC Environmental Legislation, in: Winter (Hg.), European Environmental Law - A Comparative Perspective, S. 297 (315); ders., Arbeit und Konzeption der EG-Kommission in der Umweltpolitik, in: Calliess / Wegener (Hg.), Europäisches Umweltrecht als Chance, S. 37; Majone, Redistributive und sozialregulative Politik, in: Jachtenfuchs/Kohler-Koch (Hg.), Europäische Integration, S. 225 (232). Zu nennen ist auch die durch eine Vereinbarung der Kommission mit den Mitgliedstaaten geschaffene Verpflichtung, die Kommission über geplante umweltrechtliche Maßnahmen zu unterrichten und diese auf nationaler Ebene nicht weiter zu verfolgen, wenn die Kommission aufgrund der Unterrichtung Maßnahmen auf europäischer Ebene plant (EG-ABl. Nr. C 9/1 v. 15.03.1973).

788 Krämer, Arbeit und Konzeption der EG-Kommission in der Umweltpolitik, in: Calliess/Wegener (Hg.), Europäisches Umweltrecht als Chance, S. 37.

789 Héritier u.a., Die Veränderung von Staatlichkeit in Europa, S. 178.

790 Krämer, Arbeit und Konzeption der EG-Kommission in der Umweltpolitik, in: Calliess/Wegener (Hg.), Europäisches Umweltrecht als Chance, S. 298, 300; Héritier, The Accomodation of Diversity in European Policy-Making and its Outcomes, JEPP 1996, 146 (152); Héritier u.a., Die Veränderung von Staatlichkeit in Europa, S. 178; Epiney, Umweltrecht in der Europäischen Union, S. 43.

791 Z.B. in Form von zur Kommission abgeordneten Beamten der nationalen Verwaltungen. Héritier u.a., Die Veränderung von Staatlichkeit in Europa, S. 178 f. und S. 18.

792 Zu dieser Wechselwirkung Héritier, The Accomodation of Diversity in European Policy-Making and its Outcomes, JEPP 1996, 146 (152); Héritier u.a., Die Veränderung von Staatlichkeit in Europa, S. 179 f.

durch die Kommission gestaltet sich daher schwierig, und die Beurteilung, ob der Verwaltungsvollzug letztendlich im Ergebnis richtlinienkonform ist, sieht sich daher mit noch größeren Schwierigkeiten konfrontiert.

Seine Ursache dürften diese Schwierigkeiten bei der Harmonisierung in den unterschiedlichen Regelungstraditionen der Mitgliedstaaten haben, die bei der Formulierung der Gemeinschaftspolitik und der Schaffung von Sekundärrecht in einen „regulativen Wettbewerb" führt.[793] Die Umweltschutzpolitik in den Mitgliedstaaten ist von unterschiedlichen Regelungstraditionen geprägt; manche Mitgliedstaaten verfügten bis zur Einführung der gemeinschaftlichen Umweltschutzpolitik gar nicht über eine spezifische Umweltschutzpolitik. Während Deutschland beispielsweise in der Luftreinhaltepolitik traditionell den Ansatz verfolgte, abstrakte Grenzwerte aufzustellen und die Genehmigung von der Einhaltung dieser generellen Anforderungen abhängig zu machen, war der britische Ansatz ohne das strenge Korsett genereller Anforderungen flexibler. Die einzuhaltenden Grenzwerte wurden in Großbritannien in den jeweiligen Antragsverfahren individuell festgelegt. Möchte die Europäische Gemeinschaft in einem Bereich, beispielsweise in der Luftreinhaltung, aktiv werden, so muss sie nun ihrerseits einen Regelungsansatz wählen. Die Mitgliedstaaten müssen dann den gemeinschaftsrechtlich vorgegebenen Politikansatz in ihr eigenes Regelungsgefüge einpassen. Dies kann je nach Diskrepanz der Regulierungsansätze, wie zum Beispiel der Emissions- oder Immissionsorientierung in der Luftreinhaltepolitik, erheblichen Aufwand erfordern.[794] Für die Mitgliedstaaten gibt es daher gewichtige ökonomische Gründe, sich auf Gemeinschaftsebene für die Übernahme der eigenen Problemdefinition und der eigenen Handlungsstrategie in das Gemeinschaftsrecht zu engagieren.[795] Auf nationaler

---

793 Dieser Wettbewerb wurde auch bei der Erarbeitung der IVU-Richtlinie deutlich; vgl. dazu Zöttl, Integrierter Umweltschutz in der neuesten Rechtsentwicklung, S. 145 ff.; Schnutenhaus, Die IPPC-Richtlinie, ZUR 1994, 299 (304).

794 Krämer spricht in diesem Zusammenhang von sogar von einer „Xenophobie" in den Mitgliedstaaten gegenüber gemeinschaftsrechtlichen Neuerungen, ders., Defizite im Vollzug des EG-Umweltrechts und ihre Ursachen, in: Lübbe Wolff (Hg.), Der Vollzug des europäischen Umweltrechts, S. 7 (19).

795 Als Beispiel lässt sich auch das Ringen um die IVU-Richtlinie anführen: Die maßgebliche Initiative für die Gestaltung der IVU-Richtlinie ging von England aus, im weiteren Verlauf des Rechtssetzungsverfahrens erfuhr das ursprünglich stark britisch geprägte Modell jedoch starke Modifikationen. Dazu Feldhaus, Beste verfügbare Techniken und Stand der Technik, NVwZ 2001, 1 (2); zu den unterschiedlichen Verhandlungspositionen und ökonomischen Inter-

Ebene werden Anpassungskosten vermieden, wenn der gemeinschaftliche Lösungsansatz dem nationalen Ansatz und den Regelungstraditionen weitgehend entspricht. Weiter wird versucht, über die Etablierung des eigenen Regulierungsansatzes für die nationale Industrie Wettbewerbsvorteile im Vergleich zu der Industrie anderer Staaten zu schaffen oder jedenfalls Nachteile zu vermeiden, und schließlich spielt die innenpolitische Situation, die z.B. dem Umweltschutz ein hohes - oder auch niedriges - Gewicht beimessen kann, eine Rolle.[796]

So bleibt festzuhalten, dass im Falle der Industrieanlagen-Richtlinie diese Hürde nicht überwunden und auf der politischen Ebene der notwendige Wille zur Konkretisierung der Genehmigungsanforderungen in weiten Teilen des anlagenbezogenen Immissionsschutzrechts nicht aufgebracht werden konnte. Auf der Ebene der Implementationskontrolle fehlte aber das Wissen zur „administrativen" Ausfüllung der Spielräume und der effektiven Kontrolle fehlte.

III. Die Grenzen des hierarchischen Implementationsmodells

Die Vogelschutzrichtlinie und die Industrieanlagen-Richtlinie weisen bezüglich der von ihnen vorgegebenen Struktur der Implementation ein hierarchisches Muster auf. Wegen der aufgezeigten Konsistenzprobleme, aber auch wegen der beschriebenen Freiräume aufgrund nicht weiter präzisierter Generalklauseln litten beide Richtlinien an einer „Vollzugsunfähigkeit" bezüglich der Umsetzung in den Mitgliedstaaten. Insoweit trifft auf diese beiden Beispiele die so oft geführte Klage über die dem gemeinschaftlichen Sekundärrecht fehlenden praktikablen, vollzugstauglichen und effizienten Rechtsnormen zu.[797] Rechtliche Instrumente allein - wie beispielsweise der effet utile - vermögen keine hinreichende einheitliche Implementation zu gewährleisten.[798] Letzten Endes bedürfen auch solche rechtlichen Instrumente beständiger Kontrolle und gegebenenfalls der gerichtlichen Durchsetzung. Die beiden Richtlinien sind be-

---

essenlagen siehe auch plastisch Mentzinis, Die Durchführbarkeit des Europäischen Umweltrechts, S. 238 f.

796 Héritier, The Accomodation of Diversity in European Policy-Making and its Outcomes, JEPP 1996, 146 (151); Héritier u.a., Die Veränderung von Staatlichkeit in Europa, S. 2 und 13 f.; vgl. auch das Beispiel des Gewässerschutzes bei Epiney, Umweltrecht in der Europäischen Union, S. 38 f.

797 Statt vieler Demmke, Umweltpolitik im Europa der Verwaltungen, Die Verwaltung 27 (1994) S. 49 (66).

798 Zur Rechtsfigur des effet utile statt vieler Kadelbach, Allgemeines Verwaltungsrecht unter europäischem Einfluss, S. 115.

reits aufgrund der hierarchischen Implementationsstruktur in besonderem Maße auf eine „Nachkontrolle" durch die Kommission als „Hüterin der Verträge" angewiesen. Eine solche zentrale Kontrolle kann die Kommission jedoch nicht in ausreichendem Maße gewährleisten.[799] Die Gemeinschaft konnte sich bislang auch nicht dazu durchringen, ein zentrale Institution mit Befugnissen zu einer umfassenden Kontrolle der Implementation des gemeinschaftlichen Umweltrechts auszustatten. In der Literatur werden zwar verschiedentlich die Kompetenzen und Möglichkeiten eines entsprechenden Ausbaus der Europäischen Umweltagentur auch unter diesem Blickwinkel beleuchtet und erörtert. Der Agentur wurden vom Rat allerdings weder entsprechende Kompetenzen verliehen, noch wurde sie mit den erforderlichen Sachmitteln für eine solche Kontrolle ausgestattet.[800] Gerade die Beispiele der Vogelschutz- und der Industrieanlagen-Richtlinie zeigen aber, dass eine schwache Ergebnissteuerung ohne flankierende Instrumente zur weiteren inhaltlichen Ausfüllung der Spielräume unter dem Gesichtspunkt der Schaffung eines gemeinschaftsweit einheitlichen Verwaltungsvollzugs und einer einheitlichen Rechtsdurchsetzung aber dem hohen Anspruch nicht gewachsen sind.

---

799 Die Kommission will daher verstärkt dazu übergehen, allgemeine Vertragsverletzungen wegen unzureichender Gesamtausweisungen einzuleiten, anstatt den Schutz einzelner Gebiete einzuklagen (SEK (2002) 804 v. 07.07.2003 „Vierter Jahresbericht über die Durchführung und Durchsetzung des Umweltrechts der Gemeinschaft", S. 14). Allg. vgl. Epiney, Gemeinschaftsrecht und Verbandsklage, NVwZ 1999, 485 (487); Albin, Die Vollzugskontrolle des europäischen Umweltrechts S. 387; Nicklas schlägt vor, die Europäische Umweltagentur zu stärken, ders., Implementationsprobleme des EG-Umweltrechts, S. 130 ff. und S. 170.

800 So verbleibt die Kontrolle bei der Kommission als Hüterin des Gemeinschaftsrechts (Nicklas, Implementationsprobleme des EG-Umweltrechts, S. 61 und S. 128). Die Kommission unterscheidet zwischen Regulierungsagenturen und reinen Exekutivagenturen. Den Exekutivagenturen obliegen reine Verwaltungsaufgaben und sie unterliegen der Kontrolle der Kommission. Regulierungsagenturen dagegen sind organisatorisch unabhängig und nehmen aktiv Aufgaben der Exekutivfunktion wahr (KOM (2002) 718 endg. v. 11.12.2002 „Rahmenbedingungen für die europäischen Regulierungsagenturen" S. 4). Zu den Regulierungsagenturen zählt die Kommission auch die Umweltagentur, auch wenn die Agentur auf die Beschaffung und Aufbereitung von Daten zur Information der gemeinschaftlichen Umweltschutzpolitik beschränkt ist (vgl. KOM (2002) 718 endg. S. 5). Eine Ausweitung der Kompetenzen erwägt die Kommission in ihrer Mitteilung jedoch nicht.

Das hierarchische Modell der Implementation findet so in der Komplexität des „Mehrebenensystems", in dem Setzung und auch Vollzug des Gemeinschaftsrechts stattfindet, seine Grenzen. Dabei zeigt sich, dass die gemeinschaftliche Umweltschutzpolitik, die dem Muster hierarchischer Steuerung folgt, mit ganz ähnlichen Problemen zu kämpfen hat, wie sie bereits in der Umweltschutzpolitik im nationalen Rahmen zu bewältigen ist.[801] So spielt das Wissen um die zu regelnden Zusammenhänge und damit Information auch im gemeinschaftsrechtlichen Kontext eine tragende Rolle. Es gilt auch für die Ebene der gemeinschaftlichen Umweltschutzpolitik, dass aufgrund der komplexen Ursachen- und Wirkungszusammenhänge die Entscheidungsträger sowohl auf das Wissen sachkundiger Dritter angewiesen sind, als auch auf die Akzeptanz der direkten Beteiligten und der Drittbetroffenen.[802] Diese Feststellung trifft gleichermaßen für den Nationalstaat und die Gemeinschaft zu.[803] Auch die Gemeinschaft ist in ihrer Fähigkeit, allein durch Einsatz „hoheitlicher" Instrumente zu steuern, begrenzt. Insoweit erscheint es zur Erreichung von Gleichheit in der Umsetzung und Anwendung des Gemeinschaftsrechts zweifelhaft, ob es zur Verbesserung der mitgliedstaatlichen Implementation genügt, allein auf den Einsatz rechtlicher Instrumente abzustellen. Das gemeinschaftliche Sekundärrecht ist ebenso wie das nationalstaatliche Recht auf ein Mindestmaß an Loyalität und Akzeptanz bei den Adressaten angewiesen,[804] und zwar sowohl auf Ebene der Gesetzgebung als auch auf Verwaltungsebene. Das Maß der Akzeptanz in den Mitgliedstaaten muss dabei höher sein als die bloße Hinnahme der auf Ebene der Gemeinschaft getroffenen Entscheidung. Von den mitgliedstaatlichen Organen wird nicht nur gefordert, gegen das Gemeinschaftsrecht keinen Widerstand zu leisten, sondern das gemeinschaftliche Sekundärrecht aktiv umzusetzen, also rechtschöpfend und gestalterisch tätig zu werden. Basis dieser Akzeptanz kann zwar - ähnlich wie im Nationalstaat die Zustimmung zur verfassungsmäßigen Ordnung als Grundkonsens - der Konsens über das gemeinsame Projekt der Schaffung gleicher ökologischer Maßstäbe durch Rechtsvereinheitlichung

---

801 Zu den grundsätzlichen methodischen Problemen der nationalen Umweltschutzpolitik vgl. Zweites Kapitel.

802 So auch Demmke, Die Implementation von EG-Umweltpolitik in den Mitgliedstaaten, S. 305.

803 So auch Demmke, Die EG-Informationsrichtlinie und die Vollzugsdefizite in der EG-Umweltpolitik, in: Hegele (Hg.), Umweltschutz durch Umweltinformation, S. 49.

804 Vgl. Pühs, Der Vollzug von Gemeinschaftsrecht, S. 157 ff.; Wichert, Natura 2000, S. 113.

sein. Wie die Beispiele zeigten, ist dieser Grundkonsens aber als alleinige Basis gerade in umweltschutzpolitischen Belangen oftmals nicht ausreichend.

Als Alternative zur Richtlinie käme zwar die Rechtsform der Verordnung in Betracht. Immerhin entfiele hier der Schritt der Umsetzung in das nationale Recht. Möglichen Ungleichheiten, die ihre Ursache bereits in unterschiedlichen Umsetzungen in das nationale Recht haben, wäre so vorgebeugt. Das Problem der Kontrolle bliebe allerdings. Auch ist es überaus fraglich, ob im Bereich der Umweltschutzpolitik angesichts der sehr unterschiedlichen mitgliedstaatlichen Regelungssysteme und Verwaltungskulturen vollzugsfähige europäische Regelungen geschaffen werden könnten. In der Praxis neigen die Formen der Richtlinie und Verordnung überdies dazu, ihre klaren Konturen zu verlieren und zu verschwimmen. So bedürfen auch Verordnungen im Hinblick auf ihre Vollzugsfähigkeit vielfach der weiteren Konkretisierung.[805]

B. Kooperative Formen der Steuerung: Die FFH- und die IVU-Richtlinie

Bei der Darstellung der FFH- und der IVU-Richtlinie und deren Implementation in den Mitgliedstaaten zeigte sich bereits, dass beide Richtlinien ebenfalls über mehr oder weniger offene Tatbestände verfügen. Im Unterschied zur Vogelsschutz- und Industrieanlagen-Richtlinie sehen FFH- und IVU-Richtlinie aber jeweils besondere Verfahren vor, um verbleibende Spielräume auszufüllen. Es stellt sich nun die Frage, ob diese Instrumente in der Lage sind, die Implementation von Richtlinien mit einer offenen Ergebnissteuerung wirksam zu flankieren, indem sie der Implementationsstruktur einen kooperativen Charakter verleihen. Dabei ist vor allem interessant, inwieweit es diesen Regelungsmodellen gelingt, die Rahmenbedingungen für eine vollständige und fristgerechte Implementation zu schaffen.

805 Vgl. dazu Krämer, Rechtsakte und Handlungsformen, in Rengeling (Hg.), EUDUR Bd. I, § 16 Rdnr. 48 ff.

I. Die FFH-Richtlinie

1. Die Implementationsstruktur der FFH-Richtlinie

Kernelement der FFH-Richtlinie ist die Errichtung des gemeinschaftsweiten Netzes von Schutzgebieten, das Natura-2000-Netz. Die FFH-Richtlinie sieht zur Errichtung dieses Netzes mehrere Phasen vor. Die Verfahren, deren Ergebnisse und die jeweils Beteiligten unterscheiden sich je nach Phase, wie sich oben zeigte.[806] Bei der Frage nach der Implementationsstruktur sind diese Phasen daher auch zunächst gesondert zu betrachten.

Die Phase 1 der Gebietsfestlegung (Erstellung der mitgliedstaatlichen Vorschlagslisten) ist konditional strukturiert. Die Mitgliedstaaten sind verpflichtet, geeignete Gebiete mittels einer nationalen Liste der Kommission zu melden. Wenn die Kriterien vorliegen, ist das betreffende Gebiet - vorbehaltlich eines rein fachlichen Beurteilungsspielraumes - in die nationale Vorschlagsliste aufzunehmen, die der Kommission zu übermitteln ist. Die Mitgliedstaaten sind gegenüber der Europäischen Gemeinschaft den Vorgaben der Richtlinie unterworfen und zum Vollzug verpflichtet. Die Phase 1 der Gebietsauswahl weist damit die wesentlichen Merkmale hierarchischer Regulierungsstruktur auf. Die FFH-Richtlinie enthält dabei engere materielle Vorgaben als die Vogelschutzrichtlinie, die solche noch vermissen lässt.

Ebenso ist die letztendliche formale Unterschutzstellung der auf der EG-Ebene ausgewählten Gebiete in der Phase 3 durch die mitgliedstaatlichen Verwaltungen konditional strukturiert. Denn die Aufnahme eines Gebietes in die Gemeinschaftsliste begründet die unbedingte Verpflichtung des Mitgliedstaates, dieses Gebiet unter den entsprechenden Schutz zu stellen. Eine mögliche anschließende Lockerung des Schutzregimes oder die Änderung der Gebietsgrenzen unter Abwägung anderer Belange ist dagegen verfahrensgeprägt. So ist bei einer Änderung von prioritären Gebieten die Kommission zu beteiligen.[807] Wegen der insgesamt deutlich verspäteten Implementation ist das Thema der Änderung von bereits ausgewiesenen Schutzgebieten und das dafür vorgesehene Verfahren bislang allerdings noch nicht relevant geworden.

---

806 S.o., Sechstes Kapitel, B. I. 2.

807 Vgl. dazu z.B. Fisahn/Cremer, Ausweisungspflicht und Schutzregime nach Fauna-Flora-Habitat- und der Vogelschutzrichtlinie, NuR 1997, 268.

Anders aber als bei der Vogelschutzrichtlinie erfolgt die eigentliche Bewertung der Schutzgebiete als „geeignet" (in der Terminologie der Vogelschutzrichtlinie „geeignetst") nicht auf Ebene des Mitgliedstaates, sondern auf Ebene der Gemeinschaft. Denn es sind in Phase 1 prinzipiell alle auf der nationalen Ebene zur Errichtung des Biotopverbundes als geeignet erscheinenden Gebiete zu melden, damit auf Ebene der Gemeinschaft in der folgenden Phase 2 des Verfahrens eine Auswahl getroffen werden kann.[808] Dass diese in der Phase 1 erstellten Listen lediglich Vorschlagslisten darstellen und in der folgenden Phase 2 eine Auswahl aus diesen Listen erfolgen soll, spricht nicht grundsätzlich gegen eine konditionale Programmierung auch der Phase 2. Streng formal betrachtet, ließe sich die Phase 2 ebenfalls als konditional strukturiert auffassen: Auch hier sind allein fachliche Kriterien ausschlaggebend für die Bewertung und Einordnung der vorgeschlagenen Gebiete. Allein der Bezugsrahmen der fachlichen Beurteilung hätte sich dann von der Bewertung der nationalen Bedeutung zur gemeinschaftlichen Bedeutung ohne das strenge Korsett genereller Anforderungen geändert. Diese Interpretation der Richtlinie wird hinsichtlich der prioritären Arten aufgrund der in Anhang III Phase 2 Ziff. 1 zur FFH-Richtlinie vorgeschriebenen direkten Übernahme der vorgeschlagenen Gebiete in die Gemeinschaftsliste vordergründig auch bestärkt.

Andererseits soll die Entscheidung über die Aufnahme der vorgeschlagenen Gebiete in die Gemeinschaftsliste nach dem Wortlaut der Richtlinie von der Kommission „im Einvernehmen" mit den Mitgliedstaaten erfolgen (Art. 4 Abs. 2 UAbs. 1). Das stufenförmige Auswahlverfahren mit seinen auf die Größe der jeweiligen Ebene bezogenen Auswahlkriterien lässt erkennen, dass die FFH-Richtlinie von der Vorstellung geprägt ist, dass die Mitgliedstaaten mehr Gebiete melden als anschließend in das Netz der Natura-2000-Gebiete aufgenommen werden.[809] Auf dieser Grundlage soll dann erkennbar auf der Gemeinschaftsebene nochmals eine echte Auswahl getroffen werden können. Für Gebiete, die weder prioritäre Arten beherbergen, noch prioritäre Lebensräume darstellen, wird die Entscheidung über die Aufnahme in die Gemeinschaftsliste in der Phase 2 des Auswahlverfahrens nach der gemeinsam gefundenen Bewertung getroffen. Die FFH-Richtlinie legt diese Phase bezüglich der

---

808 Vgl. Wegener, Gebietsauswahl und -ausweisung für das Schutzgebietsgesetz „Natura-2000", in: Erbguth (Hg.), Neuregelungen im Bundesnaturschutzgesetz, S. 49 (54)

809 Vgl. Fisahn, Probleme der Umsetzung von EU-Richtlinien im Bundesstaat, DÖV 2002, 239.

nichtprioritären Gebiete bereits wegen des komplexen Verfahrens und der offenen Frage der Bewertung final an. Die konkrete Ausgestaltung des in Phase 2 stattfindenden Verfahrens ist ebenso geprägt von dem Bestreben, die Gebietsauswahl im Konsens zwischen Gemeinschaft und Mitgliedstaaten zu treffen.[810] Denn in den biogeographischen Seminaren wird vor dem formalen Regelausschussverfahren ein inhaltlicher Konsens auf fachlicher Basis mit den jeweils betroffenen Mitgliedstaaten gesucht. Die Funktion des Ausschussverfahrens, in dem theoretisch auch eine Mehrheitsentscheidung möglich ist, besteht nur noch in der formalen Bestätigung des gefundenen Konsenses. Dieses Verfahren dient dazu, der Entscheidung Rechtskraft zu verleihen, darin erschöpft sich die Funktion aber auch bereits. In alldem zeigt sich deutlich das Bestreben, zu einer gemeinsamen Entscheidung von Gemeinschaft und Mitgliedstaat zu kommen. So wird auch in den Erwägungsgründen der Kommissionsentscheidung zu den Gebieten von gemeinschaftsweiter Bedeutung in der biogeographischen Region Makaronesien ausdrücklich darauf hingewiesen, dass die Liste im Einvernehmen mit den betroffenen Mitgliedstaaten erstellt wurde.[811]

Was ist nun aber zur Auswahl der prioritären Gebiete in Phase 2 zu sagen? Für die prioritären Gebiete stellt sich die Einordnung etwas komplizierter dar. Zwar müssen prioritäre Gebiete gemäß Anhang III direkt aus der Vorschlagsliste der Mitgliedstaaten in die Liste der Gebiete von gemeinschaftsweiter Bedeutung übernommen werden. Allerdings enthält Artikel 4 Absatz 2 Unterabsatz 2 eine Ausnahmeklausel, wodurch das Gebot der direkten Aufnahme prioritärer Gebiete in die Gemeinschaftsliste eine bedeutende Einschränkung erfährt. Nach dieser Vorschrift kann, wenn die prioritären Gebiete zusammen mehr als 5% des Hoheitsgebiets eine Mitgliedstaates ausmachen, vom Prinzip der automatischen Aufnahme in die Gemeinschaftsliste abgewichen werden, und im Einvernehmen mit der Kommission können die Beurteilungskriterien „flexibler angewandt werden". Im April 2002 hatten jedoch bereits alle Mitgliedstaaten mehr als 5% des Hoheitsgebietes in die nationalen Vorschlagslisten aufgenommen; neun der Mitgliedstaaten haben sogar mehr als 10% ihres Hoheitsgebietes vorgeschlagen.[812] Allerdings trennt diese

810 Wichert, Natura 2000, S. 24 ff.; Epiney, Vogel- und Habitatschutz in der EU, UPR 1997, 303 (305).

811 Ziff. 5 der Erwägungsgründe Entscheidung der Kommission v. 28.12.2001 (2002/11/EG).

812 Die Kommission veröffentlicht im *„Natura-2000" Barometer,* erstellt von der Generaldirektion Umwelt, regelmäßig den Implementationsfortschritt des

Statistik nicht zwischen prioritären und „einfachen" Gebieten, so dass keine verlässliche Aussage darüber getroffen werden kann, wie praxisrelevant die 5%-Klausel des Artikel 4 tatsächlich ist. Werden die 5% andererseits nicht erreicht, so ist davon auszugehen, dass der Anteil prioritärer Gebiete jedenfalls nicht so groß sein wird, dass deren strikte Übernahme den Charakter und die Struktur des gesamten Verfahrens prägt. Die 5%-Klausel lässt sich so als Sicherung für eine verfahrensorientierte Prägung der Gebietsauswahl verstehen: Entweder der Anteil strikt zu übernehmender Gebiete (dem konditionalen Regelungsmuster folgend) ist flächenmäßig so gering, dass der diesbezügliche Anteil konditionaler Regelung insgesamt zumutbar ist, oder der Anteil ist so groß, dass über die Öffnungsklausel wiederum die konsens- und verfahrensorientierten Auswahlinstrumente - ebenso wie bei den „einfachen" Gebieten - zur Anwendung kommen. Jedenfalls besteht auch für prioritäre Gebiete kein absoluter Automatismus. Schließlich bleibt zu berücksichtigen, dass auch für die prioritären Gebiete die Aufnahme in die Gemeinschaftsliste trotz der Vorschrift des Anhang III Phase 2 Ziff. 1 nach Art. 4 immer noch von der formalen Entscheidung der Kommission abhängt (Art. 4 Abs. 2 UAbs. 3). Die FFH-Richtlinie sieht daher auch für prioritäre Gebiete keinen selbstvollziehenden Automatismus vor und entspricht damit auch nicht dem rein konditionalen Regelungsmuster.

Es deutet sich so ein Konflikt zwischen materiellen Vorgaben und verfahrensrechtlichen Elementen an.[813] Während die FFH-Richtlinie auf der einen Seite eine enge materielle Ergebnissteuerung vorsieht, legt sie andererseits eine über die Verfahrensprägung vermittelte Konsensorientierung fest, die - zumindest vordergründig - den Eindruck vermittelt, auch politische Handlungsspielräume zu eröffnen.[814] Da die Richtlinie

---

„Natura-2000" Netzes u.a. mit Daten zu der Anzahl und Fläche der von den Mitgliedstaaten gemeldeten Gebiete unter http://europa.eu.int. Das jeweilige *„Natura-2000" Barometer* wird auch in dem Newsletter *Natura 2000 Newsletter „Natur" der Europäischen Kommission GD XI* veröffentlicht). Im April 2002 bildete Belgien mit 5,37% laut *„Natura-2000" Barometer* das Schlusslicht („Natura 2000 - Newsletter „Natur" der Europäischen Kommission GD XI" v. Mai 2002 S. 9. Aktuell bildet Frankreich mit 7,5 % das Schlusslicht („Natura 2000 - Newsletter „Natur" der Europäischen Kommission GD XI, Nr. 17 v. Januar 2004 S. 9).

813 Vgl. dazu auch Wichert, Natura 2000, S. 24 ff.

814 Fisahn/Cremer, Ausweisungspflicht und Schutzregime nach Fauna-Flora-Habitat- und der Vogelschutzrichtlinie, NuR 1997, 268 (274); vgl. auch Wichert Natura 2000 S. 26. Dieser ist zwar auch der Ansicht, dass im weiteren Verfahren der Gebietsauswahl ausschließlich fachliche Belange Gewicht haben,

ausdrücklich die einvernehmliche Auswahl der Gebiete von Gemeinschaftsinteresse fordert, ist dieser Zielkonflikt bereits in der Richtlinie selbst angelegt und wird nicht etwa erst durch die Ausgestaltung des Auswahlverfahrens in der Praxis erzeugt. Dieser Widerspruch ließe sich auflösen, indem aus rechtlichen Gründen ein Auswahlermessen bereits auf der Ebene der Erstellung der mitgliedstaatlichen Vorschlagslisten angenommen wird.[815] Auf diese Weise würde die Differenz zwischen enger materieller Ergebnissteuerung und gleichzeitiger Verfahrensprägung überbrückt. Dogmatisch lässt sich die angedeutete Differenz jedoch auch anders überwinden: Auch wenn das Ergebnis der Auswahl in Phase 2 in gewissem Maße offen ist, so ist damit nicht gemeint, dass das Ergebnis beliebig wäre oder im politischen Ermessen der Beteiligten stünde. Vielmehr handelt es sich um eine Entscheidung, die anhand der rechtlich von der FFH-Richtlinie vorgegebenen Kriterien zu treffen und lediglich innerhalb der verbleibenden fachlichen Spielräume „offen" ist. Dies lässt sich am Beispiel des Konzertierungsverfahrens verdeutlichen.[816] Das in Artikel 5 vorgesehene Konzertierungsverfahren eröffnet wegen der erforderlichen Einstimmigkeit vordergründig ein Vetorecht des betroffenen Mitgliedstaates gegen die Aufnahme eines von ihm abgelehnten Gebietes in die Vorschlagsliste. So wird in der Literatur zum Teil vertreten, die Aufnahme eines bestimmten Gebietes könne letztendlich nicht erzwungen werden.[817] Das Konzertierungsverfahren entbindet die Beteiligten jedoch nicht davon, die materiellen Vorgaben der FFH-Richtlinie zu beachten. Die Argumente im Konzertierungsverfahren sind im wesentlichen vielmehr beschränkt auf solche naturschutzfachlicher Art, und zwar in dem Rahmen, den die FFH-Richtlinie zulässt. Ein politischer Spielraum besteht jedenfalls nur in sehr engen Grenzen.[818] Argumentiert

---

möchte aber, um die Akzeptanz der Mitgliedstaaten zu erhalten und einen Gesamtkonsens zu erreichen, den Mitgliedstaaten bei der Zusammenstellung der Vorschlagsliste einen Spielraum einräumen, ders., a.a.O., S. 130 f.

815 Wichert vertritt die Ansicht, dass sowohl das Verhältnismäßigkeitsprinzip als auch die Kompetenzverteilung zwischen Mitgliedstaaten und Gemeinschaft eine Abstimmung von Natura 2000 mit der mitgliedstaatlichen räumlichen Planung zu geschehen hat; aus Gründen der Gleichheit seien auch private Belange zu berücksichtigen, ders., Natura 2000, S. 103 f.

816 Zu den Einzelheiten des Konzertierungsverfahrens siehe Gellermann, Biotop- und Artenschutz, in: Rengeling (Hg.), EUDUR Bd. II, § 78, Rdnr. 24.

817 Z.B. Stüber, Gibt es „potentielle Schutzgebiete" i.S.d. FFH-Richtlinie?, NuR 1998, 531 (533).

818 Wohl einen etwas weiteren politischen Spielraum annehmend Wichert, Natura 2000, S. 67 f.

ein Mitgliedstaat im Konzertierungsverfahren mit im Rahmen der Gebietsauswahl von der FFH-Richtlinie nicht zugelassenen politischen Erwägungen, so bleibt der Kommission als letztes Mittel eine Klage vor dem Europäischen Gerichtshof wegen Verletzung der aus der FFH-Richtlinie entspringenden Verpflichtung zur Ausweisung fachlich geeigneter Gebiete. Der angesprochene Widerspruch zwischen materieller Ergebnissteuerung und ergebnisoffener Verfahrensprägung in der Phase 2 lässt sich so zwar rechtsdogmatisch auflösen, in der praktischen Umsetzung lauert er dennoch beständig im Hintergrund.

Diese Differenz zwischen materieller Ergebnissteuerung und verfahrensgeprägter Ergebnisoffenheit ist bei näherer Betrachtung zwar nicht so groß, wie es zunächst den Anschein haben mag. Allerdings bleibt festzuhalten, dass die Verfahrensprägung der Richtlinie selbst und die Ausgestaltung der „einvernehmlichen" Gebietsauswahl in Phase 2 das Vorhandensein politischer Handlungsspielräume suggerieren können. Dass die Phase 2 der Gebietsauswahl bei aller Verfahrensprägung über eine materielle Ergebnissteuerung verfügt, wird durch eben diese starke Verfahrensprägung kaschiert. Denn das Auswahlverfahren der Phase 2 weist starke verfahrensrechtliche Elemente auf. So wird in der Literatur auch darauf hingewiesen, dass der Inhalt der FFH-Richtlinie, gerade was das Verfahren der Gebietsauswahl angeht, von der Erkenntnis der Kommission geprägt ist, dass es notwendig sei, mit den Mitgliedstaaten zusammenzuarbeiten, da ansonsten die Gefahr bestünde, dass die Gemeinschaft faktisch überlastet werde.[819] Im Ergebnis erscheint die Gebietsauswahl in dem praktizierten Auswahlverfahren der Phase 2 auf der Gemeinschaftsebene in der Praxis in gewissem Maße als ergebnisoffen.

Zusammenfassend ist an dieser Stelle festzuhalten, dass die FFH-Richtlinie eine kompliziertere Implementationsstruktur als die Vogelschutzrichtlinie aufweist. Hauptunterschied des Ansatzes der FFH-Richtlinie im Vergleich zur Vogelschutzrichtlinie in Bezug auf die Implementation ist die Mehrstufigkeit, mit der die FFH-Richtlinie umgesetzt wird. Die Festlegung von Vogelschutzgebieten erfolgt durch den Mitgliedstaat und liegt allein in seiner Verantwortung. Das in drei Phasen gegliederte Verfahren der Gebietsauswahl der FFH-Richtlinie weist innerhalb dieser Phasen unterschiedliche Strukturmerkmale auf. Man kann daher nicht mehr - wie noch im Falle der Vogelschutzrichtlinie - von einer einheitlichen Struktur sprechen. Eine Einordnung der Struktur der Richtlinie

819 Wichert, Natura 2000, S. 25.

zwischen den Polen hierarchischer und kooperativer Prägung muss differenzierend erfolgen. Die Festlegung der FFH-Schutzgebiete ist keiner einheitlichen Struktur zuzuordnen, sondern enthält - je nach Phase des gesamten Auswahlverfahrens - konditionale und offenere verfahrensgeprägte Elemente: Phase 1 folgt dem konditionalen Muster, Phase 2 einem in der Hauptsache verfahrensgeprägten Muster, allerdings mit durchaus konditionalen Elementen, und Phase 3 wiederum weist eine konditionale Struktur auf.

2. Akzeptanz durch das gestufte Verfahren der Gebietsauswahl?

In Deutschland ist die Anmeldung von Gebieten bzw. deren Aufnahme in die nationalen Listen von Seiten der Betroffenen mit sehr großer Skepsis begleitet worden und bisweilen auf erheblichen Widerstand getroffen[820] - obwohl gerade in der Anfangszeit zumeist bereits zuvor unter Schutz stehende Gebiete in die Liste aufgenommen wurden. Insgesamt erweckt die verspätete Gebietsmeldung und Datenweitergabe durch die Länder den Eindruck, dass auf der Ebene der Kommunen und Länder den Pflichten aus der FFH-Richtlinie nur zögerlich und unter gewissen Vorbehalten nachgekommen werde. Gerade außerhalb der für den Naturschutz zuständigen Ressorts und Verwaltungsabteilungen scheinen starke Vorbehalte hinsichtlich der rein naturschutzfachlich zu bewertenden Einordnung von Gebieten zu bestehen. Die starken zeitlichen Verzögerungen gegenüber dem verbindlichen Terminplan der FFH-Richtlinie sprechen für eine wenig ausgeprägte Akzeptanz für die Errichtung des Natura-2000-Netzes auf Seiten der Mitgliedstaaten. Dabei stellt die Zeit gerade wegen der gesetzten Fristen einen wichtigen Faktor für eine einheitliche Rechtsdurchsetzung des Gemeinschaftsrechts dar.[821]

Womit kann nun dieses Phänomen angesichts der in Phase 2 doch stark verfahrensmäßig geprägten endgültigen Gebietsauswahl weiter erklärt werden? Zunächst ist zwischen den unterschiedlichen Beteiligten auf

---

820 Siehe „Natura-2000. Naturschutz-Infoblatt der Europäischen Kommission GD XI", Ausgabe Nr. 5 (2/1998); ein Beispiel aus der Regionalpolitik bietet die Presseerklärung des Bremer Senators für Wirtschaft und Häfen v. 05.11.1999 „FFH darf wirtschaftliche Perspektive Bremens nicht gefährden - Gebietsvorschläge des Umweltressorts kritisch prüfen" (im Internet erhältlich unter www.bremen.de); aus der Tagespresse z.B. SPIEGEL online v. 16.08.2001 „Watt für's Leben" (www.spiegel.de, zuletzt besucht am 16.08.2001).

821 Hatje, Europäische Rechtseinheit durch einheitliche Rechtsdurchsetzung, EuR 1998, Beiheft 1, 7 (19).

den verschiedenen Ebenen zu differenzieren. Direkter Ansprechpartner der Kommission auf Seiten der Mitgliedstaaten sind die Regierungen. Die FFH-Richtlinie entfaltet ihre größte Wirkung jedoch lokal in den jeweiligen Gebietskörperschaften.[822] Bei föderal organisierten Mitgliedstaaten wie der Bundesrepublik ist außerdem zu beachten, dass die Implementation, sowohl hinsichtlich des normativen Vollzugs als auch des Verwaltungsvollzugs, teilweise in die Kompetenz der Länder fällt.[823] Schließlich sind auch Private von der Gebietsauswahl betroffen, sei es, dass sie als Bürgerinnen und Bürger in ihrem Freizeitverhalten bei der Nutzung von Gebieten betroffen sind, sei es, dass sie als Eigentümerinnen oder Eigentümer bestimmte Nutzungseinschränkungen hinnehmen müssen.[824] Im Idealfall sollte die Schutzgebietsauwahl auf allen diesen Ebenen auf Akzeptanz treffen, denn alle sind davon betroffen und spielen bei der Umsetzung des Natura-2000-Konzeptes eine Rolle: Der Bund ist als direkter Ansprechpartner der Gemeinschaft gegenüber der Verpflichtete. Aufgrund seiner Rahmenkompetenz besitzt er auch gestalterische Möglichkeiten, die er entsprechend einzusetzen hat. Die Länder sind im Rahmen ihrer naturschutzrechtlichen Kompetenz ebenfalls zur Umsetzung verpflichtet; ihnen obliegt insbesondere die Zusammenstellung der Gebietslisten. Schließlich sind die Kommunen betroffen; hier vor Ort ist das Wissen um die tatsächlichen Gegebenheiten der Gebiete

822 Dies gilt auch für die Mitgliedstaaten mit zentralistischer Staatsorganisation wie etwa Frankreich, das unterhalb der zentralstaatlichen Ebene in Departements aufgeteilt ist. Die folgenden Ausführungen nehmen dennoch aus Gründen der notwendigen Beschränkung nur die Bundesrepublik Deutschland zum Ausgangspunkt und beziehen sich daher auch auf die deutsche Terminologie.

823 Zu den dadurch entstehenden Problemen am Beispiel der Bundesrepublik Deutschland grundlegend Fisahn, Probleme der Umsetzung von EU-Richtlinien im Bundesstaat, DÖV 2002, 239 ff. Im Zusammenhang mit der aktuellen Debatte um die Reform des Föderalismus plädiert Koch wegen der starken europarechtlichen und völkerrechtlichen Prägung für eine konkurrierende Gesetzgebungskompetenz des Bundes (ders., Naturschutz und Landschaftspflege in der Reform der bundesstaatlichen Ordnung, NuR 2004, 277 (281)). Füßer weist für die Vogelschutzrichtlinie auch darauf hin, dass sich die Auswahlkonzepte der Länder zum Teil unterscheiden (ders., Die „zahlen- und flächenmäßig geeignetsten Gebiete" i.S. des Art. 4 Abs. 1 S. 4 der Vogelschutzrichtlinie, NuR 2004, 701 (707)).

824 Zur Betroffenheit von Grundstückseigentümern in ihren Rechten vgl. Biester, Der Rechtsschutz des Einzelnen bei der Umsetzung der Flora-Fauna-Habitat-Richtlinie, S. 55 ff. (insb. 57)

am größten.[825] Gleiches gilt für Grundstückseigentümer, aber auch die anderen Bürger. Auch auf ihre Akzeptanz muss sich eine Schutzgebietsausweisung letztlich stützen können. Stößt das Konzept des Natura-2000-Netzes hier nicht auf Akzeptanz, sondern auf Widerstand, so werden auch die mitgliedstaatlichen Behörden gerade in den kleineren lokalen Zusammenhängen und auf Kommunalebene nur zögerlich an die Umsetzung herangehen.[826] Die Akzeptanz der Bürger ist aber auch wichtig, damit der formale Schutz der Gebiete nicht leer läuft. Müssten die Behörden alle mit einer Schutzgebietsausweisung einhergehenden Verbote überwachen, wären sie in ihrer Kapazität überfordert.

Da sich die Funktion und Rolle der Beteiligten in den drei Phasen unterscheidet, ist bei der Frage nach der Rolle von Information und Kooperation zwischen den Phasen zu trennen. Die „Phase 3" soll im folgenden dabei nicht weiter vertieft behandelt werden, da es sich bei dieser Phase um eine so schlichte konditional strukturierte Norm handelt, dass keinerlei Spielräume verbleiben.

a) Phase 1: Übermittlung des vor Ort vorhandenen Wissens

Ein Aspekt für die zögerliche Umsetzung des Natura-2000-Netzes wird bei der Betrachtung des Auswahlverfahrens aus der Perspektive der lokalen Ebene und der Bürger sichtbar. Für die Umsetzung der Phase 1 ist vor allem die Akzeptanz auf der lokalen Ebene und bei den Bürgern wichtig. Hier ist das Wissen um die wirkliche Beschaffenheit der Gebiete und deren reale Nutzung - wie soeben festgestellt - am größten.[827] Zwar stehen dem Bund Mechanismen zur Verfügung, die Umsetzung von EG-Richtlinien durch die Länder gegebenenfalls zu erzwingen, diese rechtlichen Instrumente sind jedoch recht aufwändig und kosten vor allem Zeit.[828] Nebenbei sei angemerkt, dass die mitgliedstaatliche lokale Ebene auch für die spätere formale Ausweisung der Schutzgebiete, den Vollzug sowie für die Durchsetzung eines Gebietsmanagements, das dem Anspruch der FFH-Richtlinie gerecht wird, wichtig ist. Das dürfte auch für zentral organisierte Mitgliedstaaten gelten, hier ist es zwar unter Um-

---

825 Vgl. Stüer/Spreen, Rechtsschutz der Gemeinden bei der Ausweisung von Habitaten und Vogelschutzgebieten, NordÖR 2003, 221 (222).

826 Wichert, Natura 2000, S. 156.

827 Sechstes Kapitel, B. I. 2. a).

828 Fisahn, Probleme der Umsetzung von EU-Richtlinien im Bundesstaat, DÖV 2002, 239 ff.; vgl. auch Koch, Naturschutz und Landschaftspflege in der Reform der bundesstaatlichen Ordnung, NuR 2004, 277.

ständen einfacher, die Umsetzung rechtlich zu erzwingen, die Gefahr mangelnder Umsetzung durch ein Vollzugsdefizit bleibt aber dennoch bestehen.

Die konditional strukturierte Phase 1 der Gebietsauswahl kann im Vergleich zur Vogelschutzrichtlinie wegen der umfangreichen Anhänge auf detaillierte Tatbestände verweisen.[829] Ist ein Gebiet, gemessen an den Kriterien der Richtlinie, geeignet, so ist es anzumelden, und der Datenbogen ist mit den entsprechenden Einträgen an die Kommission zu übermitteln. So ist diese Phase bereits in der FFH-Richtlinie, die durch die konditionale Programmierung einem hierarchischen Verständnis folgt, so angelegt, dass wenig Spielraum besteht. Die von den Mitgliedstaaten übermittelten Gebietsvorschläge und ausgefüllten Datenblätter stellen so auch keine Information nach dem hier vertretenen Begriffsverständnis dar. Es fehlt an der erforderlichen Zurechnung des gelieferten Input. Die Daten werden in Folge der hoheitlichen Anordnung der FFH-Richtlinie übermittelt, die in der Phase 1 dem Muster hierarchischer Steuerung und konditionaler Programmierung folgt. Aufgrund dieses hoheitlichen „Zwangs" fehlt es an der Verantwortlichkeit der den Input übermittelnden Stellen. Art und Umfang der zu übermittelnden Daten sind durch die Richtlinie und deren Anhänge sowie durch die Formblätter der Kommission vorgegeben.[830] Trotz eines gewissen Beurteilungsspielraums, der den Mitgliedstaaten bei der Zusammenstellung der Vorschlagsliste verbleibt, sind die Mitgliedstaaten aufgrund der konditionalen Struktur in hohem Maße festgelegt. Die Bildung von Akzeptanz durch eine Kooperation, die über den Input von Information, wie sie im Rahmen einer formalen Verfahrensbeteiligung entstehen kann, entfällt damit.

Das Konzept des Natura-2000-Netzes der FFH-Richtlinie greift aber tief in die lokalen Planungszusammenhänge.[831] Gerade weil die nationalen Gebietsvorschläge aus der Phase 1 die Basis für das weitere Verfahren bilden, sind sie von großem Gewicht. So stellt bereits die Aufnahme eines Gebiets in die Vorschlagsliste eine raumbedeutsame Maßnahme im Sinne des Raumordnungsgesetzes dar (§ 3 Nr. 6 ROG) und hat entspre-

---

829 S.o., Viertes Kapitel, B. III. 2. a). sowie Viertes Kapitel, A. III. 2.

830 S.o., Viertes Kapitel, B. III. 1. a).

831 Berg, Europäisches Naturschutzrecht und Raumordnung, S. 2 f. Stüer/Spreen, Rechtsschutz der Gemeinden bei der Ausweisung von Habitaten und Vogelschutzgebieten, NordÖR 2003, 221 (222).

chende planungsrechtliche Folgen.[832] Die EG-rechtlichen Vorgaben sind bei anstehenden planerischen Abwägungsentscheidungen entsprechend zu gewichten; im Falle einer Kollision von mitgliedstaatlicher Planung und dem Schutzregime der FFH-Richtlinie greift der Grundsatz vom Anwendungsvorrang des Gemeinschaftsrechts.[833] Ebenso wie bereits im Zusammenhang mit der Ausweisung von Vogelschutzgebieten festgestellt, besteht auch bezüglich der FFH-Richtlinie eine Differenz zwischen dem vom Abwägungsgedanken geprägten deutschen Naturschutzrecht und den Regelungen der FFH-Richtlinie.[834] Aus der lokalen Perspektive stellt sich die Aufforderung zum Vorschlag von Gebieten als schlichter Befehl dar. Da den Behörden bei der Gebietsauswahl kein Ermessen zusteht, gibt es auf der lokalen Ebene keinerlei Gestaltungsspielraum, sondern lediglich einen fachlichen Spielraum bei der Anwendung der Auswahlkriterien.[835] Die Verpflichtung zur Meldung relevanter Gebiete für die nationalen Vorschlagslisten folgt aus lokaler Perspektive so einem unbedingten Gebot. Der durch dieses unbedingte Gebot zur Meldung der relevanten Gebiete entfallenden Planungs- und Handlungsspielraum auf den unteren lokalen Ebenen wird in der Phase 1 der Gebietsauswahl, wie sie die FFH-Richtlinie vorschreibt, nicht durch eine Teilhabe an der inhaltlichen Entscheidung über die Geeignetheit der Gebiete durch eine eigene formale Verfahrensbeteiligung kompensiert.

Neben der mangelnden Akzeptanz seitens der Länder und Kommunen kann sich der Aufbau des gemeinschaftsweiten Natura-2000-Netzes auch nicht auf die ungeteilte Zustimmung der Bürger stützen.[836] Zu der Skepsis der Betroffenen beigetragen haben dürfte die gerade anfangs vorherrschende Intransparenz bei der Zusammenstellung der Vorschlagslisten in den Ländern und die Behandlung des Auswahlverfahrens als weitge-

---

832 Berg, Europäisches Naturschutzrecht und Raumordnung, S. 368; dies gilt im Übrigen auch für die Vogelschutzgebiete.

833 Vgl. dazu Berg, Europäisches Naturschutzrecht und Raumordnung, S. 368 ff.

834 Vgl. Sechstes Kapitel, B. I. 2. a).

835 Zu diesem Spielraum s.o., Viertes Kapitel, B. III. 1. a).

836 Zu den widerstreitenden Interessen z.B. Bönsel/Hönig, Wovon Naturschützer träumen und womit Naturschutzgegner Politik machen, LKV 2000, 479 f. Die geteilten Meinungen lassen sich auch daran erkennen, dass von Seiten der Umweltschutzverbände viel Engagement in die Erstellung von sogenannten Schattenlisten für die nationale Gebietsauswahl investiert wird, andererseits aber andere Teile der Öffentlichkeit viel Widerstand gegen die neuerliche Naturschutzmaßnahmen leisten. Zum Widerstand gegen EG-initiierte Naturschutzprojekte aus der Presse z.B. SPIEGEL online v. 16.08.2001 „Watt für's Leben", http://www.spiegel.de (zuletzt besucht am 16.8.2001)

hend interne Angelegenheit der Verwaltung, insbesondere ohne Öffentlichkeitsbeteiligung.[837] Bei der Auswahl der Gebiete für die nachfolgenden Tranchen wurde die Öffentlichkeit zwar zumeist beteiligt, allerdings bestehen in dieser Phase aufgrund der konditionalen Regelungsstruktur der FFH-Richtlinie keine echten Einflussmöglichkeiten, da allein fachliche Belange zu berücksichtigen sind. Dass eine solche Beteiligung weder bundesgesetzlich vorgeschrieben ist, noch von Gemeinschaftsseite, insbesondere von der Kommission, forciert wurde, ist rechtlich nicht unbedenklich und rechtspolitisch unter dem Gesichtspunkt der Transparenz, dem die gemeinschaftliche Umweltschutzpolitik ansonsten einen hohen Stellenwert einräumt, als verfehlt anzusehen.[838] Gerade wenn eine Beteiligung auf der ersten Stufe der Erstellung der Vorschlagsliste nicht erfolgt, bleibt im weiteren Verfahren wenig Gelegenheit, um diese effektiv nachzuholen oder durchzuführen. Auch die Tatsache, dass von den Betroffenen von den unteren Gerichten bislang kein Rechtsschutz gegen die Aufnahme von Gebieten in die Vorschlagsliste gewährt wird, dürfte ihren Teil zur ablehnenden Haltung unter den Betroffenen beigetragen haben - zumal auch die Aussicht, Rechtsschutz über Rechtsmittelinstanzen zu erlangen, selbst bei Ausschöpfung des Instanzenzugs skeptisch beurteilt werden muss. Dabei könnte eine frühzeitige auch inhaltliche Beteiligung der Öffentlichkeit wie auch der Betroffenen im Endergebnis mehr zur Effektivität des Verfahrens beitragen als die anfangs geübte Heimlichkeit.[839]

Es bleibt somit die Bildung von Akzeptanz über inhaltliche Begründung und Überzeugung. Diesem Zweck dienen mehrere flankierende Instru-

---

837 Zur Erstellung der Vorschlagslisten in Deutschland s.o., Viertes Kapitel, B. III. 1. b).

838 Für ein verfassungsrechtliches Gebot einer Öffentlichkeitsbeteiligung Kolodziejcok, „Natura-2000" und die Gewährung des rechtlichen Gehörs für die betroffenen privaten Grundeigentümer und -besitzer, NuR 2000, 674 (676 f.); Wirths, Naturschutz durch europäisches Gemeinschaftsrecht, S 256; Apfelbacher/Adenauer/Iven, Das zweite Gesetz zur Änderung des BNatSchG, NuR 1999, 63 (65), vgl. dazu auch VG Schleswig NVwZ 2001, 348. Zur wenig ausgeprägten Kooperation zwischen Gemeinschaft und EG-Bürgern: Wichert, Natura 2000, S. 119 ff. Auch die Kommission hat erkannt, dass die Gemeinschaft für die Bürger allgemein mehr Transparenz schaffen muss, um größere Akzeptanz zu erreichen, KOM (2001) 428 endg. „Europäisches Regieren - Ein Weißbuch" EG-ABl. C 287 v. 12.10.2001, S. 23. Zur insoweit inkonsequenten Haltung der Kommission gerade in Bezug auf die FFH-Richtlinie vgl. auch Wichert, Natura 2000, S. 157.

839 Wichert, Natura 2000, S. 158.

mente mit „identitätsstiftendem Charakter".[840] Zu nennen sind hier insbesondere die regelmäßigen Veröffentlichungen über den Fortschritt des Ausbaus des Natura-2000-Netzes in Form der „natura 2000 newsletter", aber auch auf den ersten Blick so vordergründig erscheinende Dinge wie die Bezeichnung „Natura 2000" samt Logo-Entwurf für das zu schaffende Netzwerk von Schutzgebieten.[841] Auch den LIFE-Fonds zur Förderung und Finanzierung von Schutzmaßnahmen im Zusammenhang mit der FFH-Richtlinie kann man als einem der wenigen finanziellen Instrumente im Bereich der gemeinschaftlichen Umweltschutzpolitik eine identitätsstiftende Wirkung zusprechen.[842] Dass es trotzdem zu derartigen zeitlichen Verzögerungen kam, spricht jedoch stark dafür, dass diese Maßnahmen nicht genügten, um hinreichende Akzeptanz zu schaffen. Die politische Debatte scheint dabei oftmals von dem Missverständnis geprägt gewesen zu sein, dass mit der Aufnahme eines Gebietes in die Gemeinschaftsliste jede zukünftige Nutzung und Entwicklung des Gebietes unmöglich werden würde.[843] Einer der Gründe liegt sicherlich in der bereits angesprochenen Komplexität der rechtlichen Materie und der Unklarheit des Normprogramms und damit der Reichweite der mitgliedstaatlichen Pflichten.[844]

---

840 Vgl. Wichert, Natura 2000, S. 122.

841 Wichert, Natura 2000, S. 122 f. Die Newsletter werden unter anderem im Internet veröffentlicht unter http://europa.eu.int (zuletzt besucht am 07.07.2003). Dort finden sich auch zahlreiche weitere Dokumente zur Erläuterung der FFH-Richtlinie. So versucht die Kommission beispielsweise auch verbleibende Unklarheiten bezüglich der Verträglichkeitsprüfung (Art. 6 Abs. 3) zunächst über eine Veröffentlichung auszuräumen (Europäische Kommission, Natura 2000 - Gebietsmanagement: Die Vorgaben des Artikels 6 der Habitat-Richtlinie 92/43/EWG, (Hg.: Amt für amtliche Veröffentlichungen der Europäischen Gemeinschaften in Luxemburg)).

842 So berichtet die Kommission regelmäßig im „Natura 2000 Newsletter „Natur" der Europäischen Kommission GD XI" auch über die LIFE-finanzierte Projekte. Vgl. z.B. „Aus dem Gelände. Den Wald vor lauter Bäumen sehen: LIFE im Natura 2000-Wald", in: Natura 2000 - Newsletter „Natur" der Europäischen Kommission GD ENV Nr. 16 v. 5/2003, S. 10; erhältlich unter http://europa.eu.int (zuletzt besucht am 29.07.2003).

843 Bönsel/Hönig, Wovon Naturschützer träumen und womit Naturschutzgegner Politik machen, LKV 2000, 479 f. Rechtlich ist dies wegen der möglichen Ausnahmen keineswegs zwingend (Wrase, Ausnahmen vom FFH-Schutzregime, NuR 2004, 356 (359)).

844 Stüber NuR 2000, 245 (251). Ein Beispiel findet sich auch bei der FFH-Richtlinie: Letztlich war auch die Frage des mitgliedstaatlichen Entscheidungsspielraums bis zur Entscheidung durch den EuGH unklar. Erst damit war die

b) *Phase 2: Kooperation mit ausgewählten Beteiligten*

Kooperation und fachlicher Konsens sind - wie eben[845] gezeigt - Leitmotive des Entscheidungsverfahrens in der Phase der Gebietsauswahl (Phase 2). Damit sollte die Akzeptanz der Entscheidung in einem Maße sichergestellt sein, dass die anschließende Umsetzung gewährleistet ist. Dabei braucht es auf Seiten der Mitgliedstaaten nicht einmal eines Konsenses in Form der Überzeugung von der inhaltlichen Richtigkeit der Entscheidung. Als Grad der Akzeptanz genügt es, dass die Entscheidung aufgrund ihres Zustandekommens als angemessen respektiert und befolgt wird.[846]

Wie sich bei der Betrachtung der Struktur der Phase 2 zeigte, ist das Verfahren nicht in dem Sinne als ergebnisoffen anzusehen, dass nun wieder alle denkbaren Belange und Interessen in das Verfahren eingebracht werden können.[847] Es sind allein fachliche Argumente zugelassen. Die Ausgestaltung des Verfahrens suggeriert zwar politische Handlungsspielräume, die Beteiligten sind sachlich jedoch auf die von der FFH-Richtlinie genannten naturschutzfachlichen Argumente beschränkt. So ist die Festlegung der Schutzgebiete auch in dieser Verfahrensphase sehr fachlich geprägt. Dies zeigt sich auch darin, dass vom Europäischen Themenzentrum, das verantwortlich für die Organisation der Seminare ist, neben NGO-Vertretern sachkundige Experten als Dritte hinzugezogen werden. Hier taucht wiederum der Konflikt der FFH-Richtlinie mit der im deutschen Naturschutzrecht klassischerweise als planerische Abwägungsentscheidung ausgestalteten Ausweisung von Schutzgebieten auf. Das in Phase 2 von der Kommission institutionalisierte Verfahren zielt so auf einen Konsens aus der Überzeugungskraft der naturschutzfachlichen Argumente heraus. Auch wenn es sich bei der Aufnahme in die Gemeinschaftsliste formal um eine Entscheidung der Kommission im Komitologieverfahren handelt, ist nach dem Wortlaut der Richtlinie die Entscheidung einvernehmlich zu treffen (Art. 4 UAbs. 1).[848]

Rechtslage dahingehend sicher, dass die Entscheidung über die Gebietsauswahl nicht so offen ist, wie das Verfahren dies zum Teil suggeriert (dazu oben, Viertes Kapitel, B. III. 1. a)).

845 S.o., Sechstes Kapitel, B. I. 1.

846 Zum Maß an Akzeptanz, das für eine freiwillige Rechtsbefolgung notwendig ist, vgl. oben, Zweites Kapitel, C. II.

847 Dazu Viertes Kapitel, B. III. 2. a).

848 Dazu Viertes Kapitel, B. III. 2. c); auch der EuGH betont in einer aktuellen Entscheidung, dass die Aufnahme in die Gemeinschaftsliste formal von der

Da ein inhaltlicher Konsens der Beteiligten gesucht wird, handelt es sich trotz formaler Entscheidung durch die Kommission dennoch um eine echte Teilhabe an der Entscheidung. Die Mitgliedstaaten als Adressaten der Verpflichtung, Schutzgebiete auszuweisen - als der FFH-Richtlinie „Rechtsunterworfene" - werden in die Entscheidung vollständig einbezogen.[849] Weder wird die Kooperation über eine einfache Verfahrensbeteiligung in Form einer Anhörung und über die im Rahmen einer solchen Beteiligung mitgeteilten Informationen vermittelt, noch über informale Wege in Form von Aushandlungsprozessen.[850] Darin liegt zunächst über bloße Formen der Kooperation durch Beteiligung und Information hinaus eine originäre Form der Partizipation.

Die Mitgliedstaaten haben dabei neben der Mitentscheidung in der Phase 2 weitere, indirektere Möglichkeiten der Einflussnahme. Über ihre Vertreter im Habitatausschuss und in der wissenschaftlichen Arbeitsgruppe des Ausschusses können sie Einfluss auf die fachlichen Inhalte der Methoden nehmen, nach denen die Auswahlkriterien vom Themenzentrum erarbeitet werden.[851] Auch in diesen Arten der Mitarbeit können Formen der Kooperation erblickt werden. Diese Kooperationen dienen in erster Linie der fachlichen Information, dem Input von Fachwissen. Die über diese Formen der Kooperation vermittelte Teilhabe durch Input von Information ist jedoch zusätzlich sehr selektiv in dem Sinne, dass nicht unbedingt diejenigen einbezogen werden, die von der letztendlichen Entscheidung konkret betroffen werden.

Der Konflikt quasi zwischen lokaler Planungskompetenz und Einbindung der Kommission in die konkrete inhaltliche Entscheidung wird bei der Betrachtung der FFH-Richtlinie unter dem primärrechtlichen Gesichtspunkt des Subsidiaritätsprinzips (Art. 5 EGV) deutlich, auch wenn

---

Kommission getroffen wird, nachdem die Liste im Einvernehmen mit den Mitgliedstaaten erstellt wurde (EuGH Urt. v. 13.01.2005 Rs C 117/03 „Società Italiana Dragaggis Spa", Rdnr. 23 f.).

849 Das ist im Übrigen Voraussetzung für die Rechtmäßigkeit der FFH-Richtlinie im Hinblick auf das primärrechtlich verankerte Subsidiaritätsprinzip (Art. 5 EGV); dazu auch sogleich in diesem Abschnitt; ausführlich zur Vereinbarkeit der FFH-Richtlinie mit dem Subsidiaritätsprinzip Rödiger-Vorwerk, Die Fauna-Flora-Habitat-Richtlinie der Europäischen Union und ihre Umsetzung in das deutsche Recht, S. 56 ff.

850 Zu Kooperation vermittelt durch Information vgl. o. Zweites Kapitel, C. II.

851 Ssymank/Balzer u.a., Die gemeinschaftliche Bewertung der deutschen FFH-Gebietsvorschläge für das Netz Natura 2000 und der Stand der Umsetzung, Natur und Landschaft 78 (2003), 268.

die Bedenken wegen der erforderlichen Bewertung der Gebietsvorschläge im Hinblick auf ihre gemeinschaftsweite Bedeutung nicht durchgreifen.[852] Die Einbindung der Kommission in das Auswahlverfahren ist nämlich gemeinschaftsrechtlich nicht unbedenklich. Die Umsetzung von EG-Richtlinien ist nach dem EG-Vertrag grundsätzlich den Mitgliedstaaten zugewiesen (Art. 249 EGV),[853] und so folgte die Vogelschutzrichtlinie bei der Schutzgebietsausweisung auch noch diesem Modell. Im Falle der FFH-Gebietsauswahl werden die mitgliedstaatlichen Stellen letztlich allein auf der Grundlage fachlicher Kompetenz beteiligt. Darin unterscheidet sich diese Form der Beteiligung wesentlich etwa von der Beteiligung im Rechtssetzungsverfahren, denn dort können alle betroffenen Interessen vorgebracht werden. Faktisch bringt sich in der Phase 2 in starken Maße der Bund als Ansprechpartner der Kommission ein. Das Bundesnaturschutzgesetz trifft zwar keine ausdrückliche Regelung darüber, wer kompetenzrechtlich die Bundesrepublik in dieser Phase vertritt. In der Praxis der biogeographischen Seminare hat jedoch ein Vertreter der Bundesregierung immerhin die Delegationsleitung inne.[854] Der Einfluss von lokalen Trägern der Raumplanung ist so auf die jeweiligen Ländervertreter reduziert, und auch diese sind nicht unbedingt Vertreter der regionalen oder lokalen Interessen, sondern eben solche des Landes. Immerhin wird aber die Akzeptanz bei den beteiligten Fachbehörden auf Bundesebene durch die Beteiligung in den biogeographischen Seminaren, aber auch durch die verschiedenen Beteiligungsmöglichkeiten, vermittelt über die Europäische Umweltagentur, hoch sein.

---

852 Rödiger-Vorwerk, Die Fauna-Flora-Habitat-Richtlinie der Europäischen Union und ihre Umsetzung in nationales Recht, S. 56; Wirths, Naturschutz durch europäisches Gemeinschaftsrecht, S. 79; Kues, Lebensraumschutz nach der Fauna-Flora-Habitat-Richtlinie, S. 48 f. Stüber bringt das Subsidiaritätsprinzip als Argument für das Vetorecht der Mitgliedstaaten gegen die Aufnahme von strittigen Gebieten in die Gemeinschaftsliste in Anschlag, ders., Gibt es „potentielle Schutzgebiete" i.S.d. FFH-Richtlinie?, NuR 1998, 531 (533).

853 Rödiger-Vorwerk, Die Fauna-Flora-Habitat-Richtlinie der Europäischen Union und ihre Umsetzung in nationales Recht, S. 56.

854 Ssymank/Balzer, Die gemeinschaftliche Bewertung der deutschen FFH-Gebietsvorschläge für Natura 2000, Natur und Landschaft 78 (2003), 268; Wichert hält dagegen die Länder für weisungsberechtigt, da ihnen die eigentliche Kompetenz zur Auswahl der Gebiete zukomme (ders., Natura 2000, S. 138); Wirths schreibt dem BMU die Funktion einer „Schaltstelle" zwischen Ländern und der Kommission zu (ders., Naturschutz durch europäisches Gemeinschaftsrecht, S. 259 f.)

c) *Die Gebietsauswahl im Phasenmodell: Eine „Akzeptanzfalle"?*

Es bleibt als Ergebnis der Analyse festzuhalten, dass die FFH-Richtlinie insgesamt auf die gemeinsame Anerkennung naturfachlicher und damit wissenschaftlicher Kriterien durch alle Beteiligten, von den mitgliedstaatlichen Verwaltungen – angefangen bei der Ministerialverwaltung hinunter zu den örtlichen Vollzugsbehörden - bis zu den betroffenen Bürgern zielt. Das Verfahren zur Gebietsauswahl ist zwar dementsprechend komplex angelegt. Da über die Aufnahme eines Gebiets im Einvernehmen zwischen Kommission und Mitgliedstaat zu entscheiden ist, erscheint auf den ersten Blick auch die Akzeptanz der getroffenen Entscheidung gewährleistet. Das komplexe Verfahren verfehlt es dennoch, die Grundlagen für die Akzeptanz aller Beteiligten und Betroffenen zu legen, indem es auf Seiten der Mitgliedstaaten eine Kooperation nur mit ausgewählten Akteuren vorsieht. Die Phasen der Gebietsauswahl stellen sich bezüglich der ersten und der zweiten Phase so als Stufen dar. Auf der ersten Stufe werden von der lokalen Ebene die notwendigen Daten abgefragt, auf der zweiten Stufe dagegen bestehen keine Beteiligungsrechte der lokalen Ebene. Auf der zweiten Stufe als Stufe der eigentlichen Entscheidung ist lediglich der Bund beteiligt. Zwar sitzen in den wichtigen biogeographischen Seminaren auch Vertreter der Länder, diese lassen sich jedoch nicht ohne weiteres als Vertreter regionaler oder kommunaler Interessen verstehen. Der Schritt zur „höheren Stufe" geht so einher mit einem Rückgang der Beteiligung der regional Betroffenen. Im Ergebnis stellt sich die Gebietsauswahl für die betroffenen Bürger und für die staatliche lokale Ebene, die Kommunen und Landkreise, als ebenso hierarchisch heraus wie die gemeinschaftsrechtliche Anweisung, bestimmte Gebiete als Vogelschutzgebiete auszuweisen. Das deutsche staatsrechtliche Kompetenzgefüge wird so in den Phasen zur Gebietsauswahl im Hinblick auf Beteiligungsrechte und -möglichkeiten nicht hinreichend nachgezeichnet. Die FFH-Richtlinie verfehlt es auf diese Weise, sich die integrative Funktion der über den Input von Information vermittelten Kooperation zu Nutze zu machen.

3. Möglichkeiten der Kontrolle

Litt die FFH-Richtlinie solchermaßen gerade in der Anfangszeit der Umsetzung unter einem Mangel an Akzeptanz, der sich in der starken zeitlichen Verzögerung niederschlug, stellt sich die Frage, ob es keine wirksame Sanktionsdrohung gab, um der FFH-Richtlinie zu einer vollständigen und fristgerechten Implementation zu verhelfen. Die Kontrolle der

Einhaltung der sich in der Phase 1 ergebenden mitgliedstaatlichen Verpflichtungen durch die Kommission stellte sich auch zunächst insofern als einfach dar, als ein Verstreichen der vorgesehenen Frist ohne eine flächendeckende Meldung von Gebieten für den entsprechenden Mitgliedstaat zweifelsfrei als Verstoß gewertet werden kann. Auch die Meldung von Gebieten aus nur einzelnen Regionen eines Mitgliedstaates fällt leicht als Verstoß auf. Schwieriger wird es erst bei der Frage, ob ein Mitgliedstaat alle relevanten Gebiete gemeldet hat. Hier ist die Kommission allein, ähnlich wie bei der Vogelschutzrichtlinie, überfordert.

Die Kommission kann sich bei der Kontrolle nun aber gleich auf mehrere Quellen stützen. Von den Naturschutzverbänden wurden auch für die Umsetzung der FFH-Richtlinie sogenannte Schattenlisten mit Gebieten erstellt, welche die Naturschutzverbände für geeignet im Sinne der FFH-Richtlinie halten: Diese Listen weisen ebenso wie die IBA-Liste bereits eine beachtenswerte fachliche Qualität auf.[855] Mit der Europäischen Umweltagentur hat die Gemeinschaft begonnen, auch eine eigene Sachkompetenz auszubilden. [856] Die Kommission ist so in der Lage, sich fachlich fundiert über die Umsetzung der FFH-Richtlinie zu informieren. Dies führt jedoch nicht automatisch dazu, dass nun einzelne Gebiete mit ganz konkretem Umfang erfolgreich eingeklagt werden könnten. Der EuGH zeigte sich bereits bei dem Versuch der Kommission, ein Vogelschutzgebiet mit dem in der IBA-Liste bestimmten Umfang klagweise durchzusetzen, zurückhaltend. Er erkannte in dem Verfahren die von dem beklagten Mitgliedstaat Frankreich vorgebrachten Argumente als fachlich fundiert an und folgte ihnen. Legt man dieses Urteil auch der Frage nach der Präventionswirkung von Schattenlisten und Listen des Themenzentrums für die Erstellung der nationalen Vorschlagslisten zugrunde, so ergibt sich aus der Perspektive der Mitgliedstaaten, dass es zwar zweckmäßig ist, eine gewisse Rücksicht auf diese Listen zu nehmen und sich zumindest inhaltlich mit ihnen auseinander zu setzen. Es mag auch

---

855 Diese Schattenlisten sehen zur Zeit ca. 9,5% der Fläche der BRD einschließlich der bereits gemeldeten Gebiete. Nach Aussage des *„Natura-2000" Barometer* der Kommission von April diesen Jahres hat Deutschland 9% seiner Fläche als FFH-Schutzgebiet angemeldet, die Zahlen nähern sich also. Ssymank/Balzer sehen die Nachmeldung von über 500 Gebieten derzeit als realistisch an (dies., Die gemeinschaftliche Bewertung der deutschen FFH-Gebietsvorschläge für Natura 2000, Natur und Landschaft 78 (2003), 268 (271)).

856 Zur Funktion der Umweltagentur bei der Anwendungskontrolle des gemeinschaftlichen Umweltschutzrechtes auch Nitschke, Harmonisierung des nationalen Verwaltungsvollzugs von EG-Umweltrecht, S. 171.

schwierig sein, Gebiete, die in den Listen als wertvoll genannt sind, ganz von der Vorschlagsliste auszunehmen. Dennoch bleiben den Mitgliedstaaten bei Beachtung fachlicher Kriterien Spielräume erhalten.[857]

Deutschland drohte wegen mangelhafter Umsetzung ein Zwangsgeldverfahren, das die Kommission allerdings nicht weiter aktiv betreibt, soweit das Meldeverfahren zügig abgeschlossen wird.[858] Als quasi außerrechtliche Sanktion hat die Kommission neben der Einleitung formaler Vertragsverletzungsverfahren damit begonnen, den aus ihrer Sicht säumigen Mitgliedstaaten anzudrohen, Fördermittel aus den gemeinschaftlichen Fonds zur Regional- und Strukturförderung zu streichen oder einzufrieren.[859] Es spricht viel dafür, dass die verstärkten Anstrengungen zur Umsetzung der FFH-Richtlinie nach einer langen Zeit der Säumigkeit gerade auch durch dieses ökonomische Druckmittel motiviert waren.[860] Die Kommission selbst hält - neben formalen Vertragsverletzungsverfahren - die Strategie für vielversprechend, mit der Aussetzung von Zahlungen aus den Strukturfonds zu drohen.[861] Insoweit ist ein solche Verknüpfung vielleicht sogar wirksamer und vor allen Dingen kurzfristig Erfolg versprechender als die Einleitung langwieriger Vertragsverletzungsverfahren.[862] Ist ein Gebiet nicht als Schutzgebiet be-

---

857 Dazu Wrase, Ausnahmen vom FFH-Schutzregime, NuR 2004, 356 f.; vgl. auch Hösch, Die Rechtsprechung des Bundesverwaltungsgerichts zu Natura-2000-Gebieten, NuR 2004, 348 (355).

858 http://bfn.de (zuletzt besucht am 27.06.2005).

859 Wichert, Natura 2000, S. 143 f.

860 Berg, Europäisches Naturschutzrecht und Raumordnung, S. 38; vgl. auch Pressemitteilung des BMU v. 24.01.2000 – „Bundesumweltminister Trittin appelliert an die Länder: Naturschutzgebiete zügig ausweisen und melden"; http://www.bmu.de (zuletzt besucht am 28.01.2003).

861 Dies soll auch in Zukunft praktiziert werden (SEK (2002) 804 v. 07.07.2002 „Vierter Jahresbericht über die Durchführung und Durchsetzung des Umweltrechts der Gemeinschaft", S. 15). Vgl. auch „Arbeitsdokument der Kommission – Natura 2000" v. 27.12.2002, S. 12, im Internet unter http://europa.eu.int (zuletzt besucht am 20.08.2003).

862 Ob eine solche Verknüpfung rechtlich zulässig ist, mag dahingestellt bleiben. Da die finanziellen Zuwendungen der Gemeinschaft eine große integrationspolitische Rolle spielen, ist deren Kürzung oder gar Streichung auch aus gemeinschaftspolitischen Erwägungen jedoch nicht unbedingt opportun (vgl. dazu Pühs, Der Vollzug von Gemeinschaftsrecht, S. 260).

nannt, entfällt natürlich auch die Möglichkeit der Förderung aus dem dafür vorgesehenen LIFE-Fonds der Europäischen Gemeinschaft.[863]

II. Die IVU-Richtlinie

1. Die Implementationsstruktur der IVU-Richtlinie

Die IVU-Richtlinie folgt in der Implementationsstruktur zum Teil einem konditional programmierten Ansatz: Die Richtlinie macht beispielsweise mit der Einführung der zeitlich befristeten Genehmigung strikte materielle Vorgaben, die im Rahmen des normativen Vollzugs ihrem Gehalt nach exakt in das nationale Recht umzusetzen und anschließend im Verwaltungsvollzug durchzusetzen sind. Gleichzeitig trifft die IVU-Richtlinie aber bezüglich der materiellen Anforderungen an die genehmigungspflichtigen Anlagen keine verbindlichen Festlegungen in Form von Emissionsgrenzwerten. Mit dem zentralen Begriff der „besten verfügbaren Technik" lässt auch die IVU-Richtlinie, ähnlich wie die ältere Industrieanlagen-Richtlinie, den Mitgliedstaaten reichlich Spielraum bei der inhaltlichen Umsetzung. Gleiches gilt für die Regelungsstruktur des nationalen Rechts, denn den Mitgliedstaaten bleibt es gleichermaßen möglich, abstrakt-generelle Grenzwerte oder Emissionsgrenzwerte in der individuellen Genehmigung festzusetzen. So lässt sich, wie oben[864] dargelegt, die IVU-Richtlinie als Rahmenrichtlinie, geprägt durch eine schwache Ergebnissteuerung, auffassen. Dieser Rahmen allerdings, so offen er für die Umsetzung unterschiedlicher Regelungsmodelle ist, folgt einem konditionalen und damit hierarchischen Muster der Implementation.

Zentrales Element der Richtlinie ist daneben aber der „Informationsaustausch" über die besten verfügbaren Techniken; über dieses Instrument soll ein gemeinschaftsweit einheitlicher Vollzug bezüglich der materiellen Anforderungen organisiert werden. Dieser „Informationsaustausch" ersetzt nun gewissermaßen den Erlass von Tochterrichtlinien. Zwar trifft die IVU-Richtlinie selbst keine Regelungen darüber, auf welche Art und Weise dieser „Informationsaustausch" stattzufinden hat. Insofern bleibt

---

863 Bönsel/Hönig vermuten etwa, dass dem Land Mecklenburg-Vorpommern dadurch Fördergelder in sechsstelliger Höhe verloren gingen (dies., Wovon Naturschützer träumen und womit Naturschutzgegner Politik machen, LKV 2000, 479 (480)).

864 S.o., Fünftes Kapitel, C.

die IVU-Richtlinie auch hier ihrem offenen Charakter als eine Art Rahmenrichtlinie treu. Dennoch ist in dem „Informationsaustausch" gerade wegen der damit verbundenen Offenheit und Unverbindlichkeit der Ergebnisse ein Element zu sehen, das weder eine ordnungsrechtliche noch hierarchische Prägung aufweist. Zwar gibt die IVU-Richtlinie keinerlei Verfahrensregelungen vor, wenn man von der Verpflichtung der Kommission, die Ergebnisse zu veröffentlichen, absieht (Art. 16 Abs. 2). Die Richtlinie gibt jedoch vor, wer an diesem Informationsaustausch zu beteiligen ist, nämlich die Mitgliedstaaten und die jeweils betroffene Industrie. So weist der Austausch an sich bereits wegen der fehlenden Verfahrensregelungen eine informale Prägung auf. Man mag aus diesem Grunde vielleicht nicht von einer „Verfahrensprägung" im Sinne von formal in Rechtsform verbürgter Beteiligung der Betroffenen sprechen. Ein Austausch von „Informationen" bedingt jedoch ein Minimum an verfahrensgeprägten Elementen, in dem der Austausch stattfindet.

Betrachtet man das dem „Informationsaustausch" zugrunde liegende Konzept insgesamt, so zeigt sich darüber hinaus, dass die IVU-Richtlinie auf einen Prozess als Steuerungsmechanismus aufbaut: Die Steuerung über das Instrument des „Informationsaustausches" soll in zwei Stufen erfolgen. Zunächst werden mit Hilfe des „Informationsaustausches" die BVT-Merkblätter erstellt, diese werden dann den mitgliedstaatlichen Verwaltungen und der Industrie als Entscheidungshilfe zur Verfügung gestellt. Idealerweise wird auf diesem Wege ein „Informationskreislauf" zwischen Industrie, mitgliedstaatlichen Verwaltungen und der Gemeinschaft etabliert, bei dem alle Beteiligten miteinander kooperieren: Industrieverbände und mitgliedstaatliche Verwaltungen bringen ihr Wissen bei der Erstellung der BVT-Merkblätter ein. Die Kommission, respektive das Technikbüro, koordiniert die durch die Merkblätter erfolgende Standardsetzung. Die so gemeinsam erstellten BVT-Merkblätter werden wiederum der Industrie, nun in der Rolle als Antragsteller für die erforderlichen Genehmigungen, und den mitgliedstaatlichen Verwaltungen, in ihrer Rolle als Genehmigungsbehörden, zur Verfügung gestellt.[865]

In diesem Idealbild würde – vermittelt über den Input bei der Erstellung der BVT-Merkblätter - eine Kooperation zwischen Industrie, Gemein-

865 Daneben sind die Umweltschutzverbände als „Treuhänder" der Umwelt und als Interessenvertreter der Öffentlichkeit bei der Erstellung beteiligt, die BVT-Merkblätter können selbstverständlich auch von der interessierten Öffentlichkeit verwandt werden, sei es um geplante Vorhaben zu beurteilen und einzuschätzen, sei es für allgemeine politische Arbeit.

schaft und mitgliedstaatlichen Verwaltungen entstehen, die wiederum für den durch die BVT-Merkblätter erfolgenden Input Akzeptanz schaffen würde. Wegen der rechtlichen Unverbindlichkeit der in den BVT-Merkblättern niedergelegten Standards ist deren Akzeptanz für die Implementation der IVU-Richtlinie und das Ziel der Verwirklichung gemeinschaftsweiter einheitlicher Standards oder zumindest der Förderung einheitlicher Standards enorm wichtig. Erst auf der Grundlage hinreichender Akzeptanz kann die angestrebte Vereinheitlichung umweltrechtlicher Standards von Industrieanlagen erreicht werden. Der Wissensinput spielt also bei der Implementation der IVU-Richtlinie auf zwei Ebenen eine Rolle: Der „Informationsaustausch", in dessen Rahmen, wie oben dargestellt, Vertreter der mitgliedstaatlichen Verwaltungen, der Industrie- und der Umweltverbände Wissen und Daten einbringen können, dient der Erstellung der BVT-Merkblätter. Diese werden wiederum als Input den mitgliedstaatlichen Verwaltungen, der Industrie und den Umweltschutzverbänden sowie der Öffentlichkeit zur Erfüllung ihrer Aufgaben und Verwirklichung ihrer Zwecke zur Verfügung gestellt. Für beide Ebenen stellt sich die Frage, ob der Input jeweils den Charakter von Information hat, und inwieweit durch den „Informationsaustausch" eine Kooperation als Grundlage der Akzeptanz angeregt wird und stattfindet.

2. Kooperation durch „Informationsaustausch" und BVT-Merkblätter?

a) Informationsinput der Mitgliedstaaten und der Industrie

Die IVU-Richtlinie lässt zunächst Form und Inhalt des „Informationsaustauschs" offen. Der gewählte Begriff „Informationsaustausch" deutet aber; wie gesagt; bereits deutlich auf Kooperation als Strukturprinzip dieses für die IVU-Richtlinie zentralen Instruments hin. Der „Informationsaustausch" stellt sich insgesamt als ungeregelt und informal dar. Festgelegt ist lediglich, dass die betroffenen Industriezweige an einem Austausch über die besten verfügbaren Techniken zu beteiligen sind. Weder ist eine bestimmte Organisationsform für den Austausch vorgesehen, noch gibt es eine Geschäftsordnung oder sonstige Verfahrensregeln, welche die Rolle der Beteiligten festlegen und deren Rechte und Pflichten normieren. Es lässt sich aus diesem Grunde weniger von einem „geregelten" Verfahren als vielmehr von einem „ungeregelten" Prozess reden.

An diesem Prozess sind die betroffenen Industriezweige, die mitgliedstaatlichen Verwaltungen, die Kommission und Umweltschutzverbände beteiligt. Dabei bringen die Beteiligten eigenes Wissen über den ihnen bekannten Stand der Technik als Input ein. Der Handlungsbezug des Inputs ergibt sich aus dem Zweck, daraus BVT-Merkblätter zu erstellen, die wiederum der Anleitung der mitgliedstaatlichen Verwaltungen, aber auch der Industrie dienen sollen. Dieser Handlungsbezug ist zurechenbar, da der Input zweckgerichtet erfolgt. Eigenes Wissen wird auf freiwilliger Basis als Input eingebracht. Keiner der Beteiligten ist rechtlich durch die Vorschriften der IVU-Richtlinie oder einer sonstigen Rechtsvorschrift verpflichtet, einen Beitrag zu diesem Prozess zu leisten. Die in Artikel 16 Absatz 1 der IVU-Richtlinie enthaltene Verpflichtung der Mitgliedstaaten, der Kommission alle drei Jahre die verfügbaren Daten zu Grenzwerten und gegebenenfalls zu den besten verfügbaren Techniken zu übermitteln, bezieht sich auf den von der Kommission gemäß Artikel 16 Absatz 3 zu erstellenden Bericht.[866] Der Informationsaustausch geht jedoch über die bloße Mitteilung der im nationalen Recht geltenden Grenzwerte hinaus. Da die Grenzwerte in Form von Rechts- oder Verwaltungsvorschriften bereits öffentlich sind, handelt es sich bei dieser Verpflichtung um eine schlichte Mitteilungspflicht, ähnlich der in Richtlinien oft enthaltenen Pflicht zur Mitteilung von Umsetzungsmaßnahmen. Diese dient der Arbeitserleichterung der Kommission. Anders als bei der Meldungsverpflichtung der Mitgliedstaaten für die FFH-Schutzgebiete steht hier daher eine rechtliche Verpflichtung zur Mitteilung einer Zurechnung nicht entgegen.[867] In der Umsetzung des in Artikel 16 Absatz 2 der IVU-Richtlinie enthaltenen Auftrags, einen „Informationsaustausch" über die besten verfügbaren Techniken zu schaffen, kann man so bereits aufgrund des freiwilligen Inputs eine Verwirklichung des Kooperationsprinzips erblicken. Dieses bezieht hier sogar über die in Artikel 5 EGV verankerte Kooperation zwischen Gemeinschaft und Mitgliedstaaten Private mit ein.

Bereits über den Input ihres Wissens können sich die Beteiligten ein gewisses Maß an Einfluss auf das Ergebnis sichern, und bereits hier werden Unterschiede zwischen den Beteiligten sichtbar. Wie eingangs beschrieben, verfügen die Industrieverbände aufgrund der größeren Sach-

---

866 Vgl. Becker, Integrierte Vermeidung und Verminderung der Umweltverschmutzung, Art. 16, Rdnr. 1, S. 1.

867 Zur fehlenden Informationseigenschaft der Schutzgebietsmeldungen s.o., Sechstes Kapitel, B. I. 2. a).

nähe in Bezug auf technische Verfahren und Möglichkeiten über das größte Wissen. Diese Exklusivität des Wissens sichert einen inhaltlichen Einfluss auf die BVT-Merkblätter, während über Information sonst nur die Möglichkeit eines Einflusses erreicht wird.[868] So erreichen die Industrieverbände bereits über die von ihnen eingebrachten Informationen eine echte Teilhabe an der inhaltlichen Gestaltung der BVT-Merkblätter. Die Behörden hinken demgegenüber - wie oben[869] gezeigt wurde - in ihrem Wissen über die technischen Möglichkeiten und deren Realisierungsmöglichkeiten hinterher. Gleiches gilt für die Umweltschutzverbände, die ebenfalls nicht über eine solche Sachnähe wie die betroffene Industrie selbst verfügen. In der Folge entsteht für den Erstellungsprozess der BVT-Merkblätter bereits auf der Ebene des Informationsinputs eine gewisse Asymmetrie in Bezug auf die über die Information vermittelten faktischen Möglichkeiten der Einflussnahme auf den Inhalt.

Die Beteiligung an dem „Informationsaustausch" erschöpft sich aber nicht allein darin, Input zu geben, auf dessen Grundlage das Technikbüro dann in eigener Tätigkeit die BVT-Merkblätter erstellt. Die beteiligten Vertreter werden darüber hinaus auch an der inhaltlichen Arbeit an den Merkblättern beteiligt: Die BVT-Merkblätter werden in den Arbeitsgruppen (Technical Work Groups) erarbeitet, in denen wiederum die genannten Vertreter präsent sind. Damit wird diesen nun - vermittelt über den Informationsinput - eine über den indirekten Einfluss, hinaus reichende explizite Teilhabe an der inhaltlichen Gestaltung der Merkblätter eingeräumt. Zwar liegt die letztendliche Verantwortung für den Inhalt bei der Kommission; diese veröffentlicht die Merkblätter in eigener Verantwortung.[870] Weil dabei aber die in den Arbeitsgruppen gefundenen Kompromisse und Ergebnisse Berücksichtigung finden und die eigentliche inhaltliche fachliche Arbeit auf Ebene der Arbeitsgruppen stattfindet, ist der faktische Einfluss der vertretenen Verbände und Verwaltungen nicht zu unterschätzen. Eine Kooperation findet daher über die auf freiwilliger Basis erfolgende Information auch durch aktive Einbeziehung seitens

868 Das charakteristische des Steuerungsinstrumentes der Information liegt in der Regel eben darin, dass der bezweckte Einfluss unsicher ist. Dazu s.o., Erstes Kapitel.

869 Aus diesen Gründen kritisch in Bezug auf den Inhalt der BVT-Merkblätter Aertker, Europäisches Zulassungsrecht für Industrieanlagen, S. 59. Der chronische Wissensvorsprung der Industrie ist, wie oben gezeigt wurde, dem System und der gesellschaftlichen Entwicklung geschuldet (s.o., Zweites Kapitel, B.).

870 Art. 16 Abs. 2 IVU-Richtlinie, s. dazu auch oben, Fünftes Kapitel, D. I. 2. b).

der Kommission und die folgende Mitarbeit der weiteren Beteiligten statt.

Die eben festgestellte Ungleichheit aufgrund des ungleich verteilten Wissens setzt sich bei der Mitarbeit fort: Eben der Wissensvorsprung der Anlagenbetreiber, der ihnen bereits einen größeren Einfluss über den Informationsinput garantiert, verschafft ihnen nun auch wegen des zur Regulierung benötigten Wissens eine starke Verhandlungsposition. Da die Ergebnisse der Arbeitsgruppen nicht abgestimmt werden, es keine Vetorechte oder anderen formalen Rechte gibt, auf die sich die Beteiligten zurückziehen können und die ihnen ein bestimmtes Maß an Einfluss auf die inhaltliche Gestaltung garantieren könnten, sieht denn auch die faktische Teilhabe am Inhalt der BVT-Merkblätter, wie sich bei der Darstellung des „Informationsaustausches" zeigte, deutlich unterschiedlich aus. Wegen der Informalität des Prozesses hängt der Einfluss von der faktischen Verhandlungsmacht der jeweils Beteiligten ab. Der höchst informale Charakter des Prozesses ist auch Gegenstand der Kritik.[871] In der Literatur wird Skepsis geäußert wegen der massiven Interessen der Wirtschaft und deren Durchsetzungsmacht.[872] So stößt die Vertretung ökologischer Belange bei der Erarbeitung der BVT-Merkblätter durch Nichtregierungsorganisationen auf manche Schwierigkeiten. Die aktive Teilnahme am „Informationsaustausch" erfordert eine umfassende fachliche Bildung und ein großes zeitliches Engagement.[873] Deutlich wird hier auch wieder das Wissensgefälle von den Betreibern über die Verwaltungsvertreter hin zu den Vertretern der Umweltverbände.[874] Die Fristen für Stellungnahmen sind in der Regel kurz bemessen; seitens der

---

871 Hey, Zukunftsfähigkeit und Komplexität, in: v. Prittwitz (Hg.), Institutionelle Arrangements in der Umweltpolitik, S. 85 (93 f.); vgl. auch Lohse/Sander, Is the BREF process a success or a failure, in: Umweltbundesamt (Hg.), The Sevilla Process S. 61 (64 ff.).

872 Aertker, Europäisches Zulassungsrecht für Industrieanlagen, S. 57 ff.; vgl auch Davids, Die Konkretisierung der besten verfügbaren Technik in der Anlagenzulassungspraxis, UPR 2002, 439 (444); Mentzinis äußerte solche Befürchtungen bereits 1999, ders., Implementationsprobleme des EG-Umweltrechts, S. 259. Vgl. aus NGO-Sicht auch Lohse/Sander, Is the BREF process a success or a failure, in: Umweltbundesamt (Hg.), The Sevilla Process, S. 61 (63).

873 Lohse/Sander, Is the BREF process a success or a failure, in: Umweltbundesamt (Hg.), The Sevilla Process S. 61 (62); Hey, Zukunftsfähigkeit und Komplexität, in: v. Prittwitz (Hg.), Institutionelle Arrangements in der Umweltpolitik, S. 85 (93).

874 Vgl. Lohse/Sander, Is the BREF process a success or a failure, in: Umweltbundesamt (Hg.), The Sevilla Process, S. 61 (63).

Umweltschutzverbände wird bemängelt, die Fristen seien zu kurz. Im Unterschied zu den Industrieverbänden stehen den Umweltschutzverbänden als Nichtregierungsorganisationen nur sehr begrenzte Ressourcen zur Verfügung, und die NGO-Vertreter drohen auf diese Weise überfordert zu werden.[875] Diese Befürchtungen sind insgesamt nicht gänzlich von der Hand zu weisen. Die Verhandlungsmacht der Industrieverbände zeigte sich beispielsweise bei der Erstellung des BVT-Merkblattes „Eisen und Stahl sowie Zement und Kalk". Der Verband drohte für den Fall, dass im Vorwort des BVT-Merkblattes die Möglichkeit zur Umsetzung der Anforderungen über Artikel 9 Absatz 8 - also ein abstrakt-genereller Grenzwert - als Option genannt würde, mit dem Auszug aus dem Gremium.[876] Da die Inhalte der Entwürfe und schließlich die Referenzdokumente nicht Ergebnis einer Abstimmung sind, können in ihnen auch Positionen ihren Niederschlag finden, die nicht von allen Seiten oder auch der Mehrheit geteilt werden. So wurde beispielsweise in dem BVT-Merkblatt auf Druck der Industrievertreter für Eisen und Stahl das Verfahren der Kokstrockenkühlung, das in weltweit über 60 Anlagen im Betrieb von Kokereien eingesetzt wird und bereits in der TA Luft von 1986 als Stand der Technik aufgeführt wird, auf Druck der Industrievertreter wegen der höheren Kosten als „Technik in der Entwicklung" bezeichnet.[877] Als Argument wurde ein zu schlechtes Kosten-Nutzen-Verhältnis angeführt, was mit diesen Worten auch in das BVT-Merkblatt aufgenommen wurde:

> „With respect to present energy prices in the EU, 'instrument/ operational cost-environmental benefit'-consideration sets strong limitations on the applicability of CDQ [Coke dry quenching, Kokstrockenkühlung]"[878].

---

875 Hey, Zukunftsfähigkeit und Komplexität, in: v. Prittwitz (Hg.), Institutionelle Arrangements in der Umweltpolitik, S. 85 (93); Lohse/Sander, Is the BREF process a success or a failure, in: Umweltbundesamt (Hg.), The Sevilla Process, S. 61 (65).

876 Davids, Die Konkretisierung der besten verfügbaren Technik in der Anlagenzulassungspraxis, UPR 2000, 439 (444).

877 Mit Zahlenmaterial Schoenberger, BREF on the Production of Iron and Steel - conclusion on BAT in: Umweltbundesamt (Hg.), The Sevilla Process, S. 101 (107); Davids, Die Konkretisierung der besten verfügbaren Technik in der Anlagenzulassungspraxis, UPR 2000, 349 (441).

878 Schoenberger, BREF on the Production of Iron and Steel - conclusion on BAT in: Umweltbundesamt (Hg.), The Sevilla Process, S. 101 (107).

Die Umweltschutzverbände kritisieren auch, dass bereits in frühen Stadien der Erarbeitung Bewertungen vorgenommen würden, obwohl zunächst allein (wertfreie) Daten zusammengetragen werden sollten und auf deren Basis dann eine gemeinsame Bewertung erfolgen sollte.[879] In Behördenkreisen werden dagegen die Ergebnisse positiver gesehen. Hier wird auf die zügig angelaufene Arbeit und eine hohe fachliche Qualität der BVT-Merkblätter hingewiesen.[880] Auch hinsichtlich des zeitlichen Rahmens gehen die Ansichten auseinander. Teils wird vertreten, die Praxis erziele erstaunlich schnelle Ergebnisse,[881] während von anderer Seite der Fortschritt und das Tempo der Erarbeitung als zu schleppend kritisiert wird.[882]

Der ursprüngliche Vorschlag der Kommission sah noch ein anderes Modell des „Informationsaustausches" vor. Nach Vorstellung der Kommission sollten die Mitgliedstaaten verpflichtet werden, die von ihren zuständigen Behörden festgelegten Emissionsgrenzwerte und die diesbezüglichen besten verfügbaren Techniken sowie weitere praktische Maßnahmen zur Förderung der Verwendung bester verfügbarer Techniken zu übermitteln. Eine Aktualisierung war in einem Turnus von drei Jahren vorgesehen. Zusätzlich war ein „Informationsaustausch" zwischen den zuständigen nationalen Behörden und den betroffenen Industriezweigen vorgesehen. Die Kommission verfolgte mit diesem Ansatz ursprünglich drei Ziele: Erstens die gemeinschaftsweite Harmonisierung durch Sicherstellung der Vergleichbarkeit der Normen auf EG-Ebene, zweitens die Unterstützung einer Erörterung künftiger gemeinschaftsweiter Normen, und drittens die Angleichung des Stands des technologischen Potenzials innerhalb der Europäischen Gemeinschaft.[883] Gegenüber diesem ursprünglichen Vorschlag verschiebt die endgültige Fas-

---

879 Lohse/Sander, Is the BREF process a success or a failure, in: Umweltbundesamt (Hg.), The Sevilla Process S. 61, (64).

880 Davids, Die Konkretisierung der besten verfügbaren Technik in der Anlagenzulassungspraxis, UPR 2000, 349 (441); Schoenberger, BREF on the Production of Iron and Steel - conclusion on BAT, in: Umweltbundesamt (Hg.), The Sevilla Process, S. 101 (108); Lange/Landgrebe, The German Approach to the Use of BREFs at the national level, in: Umweltbundesamt (Hg.), The Sevilla Process, S. 195 (196).

881 Tausch, Die Bedeutung der BVT-Merkblätter im Umweltrecht, NVwZ 2002, 676 (678).

882 Aertker, Europäisches Zulassungsrecht für Industrieanlagen, S. 59. Einen Vergleich mit der TA-Luft, die 25 Jahre unverändert galt, brauchen die BVT-Merkblätter allerdings nicht zu scheuen.

883 Mentzinis, Die Durchführbarkeit des Europäischen Umweltrechts, S. 256 f.

sung des Artikel 16 der IVU-Richtlinie die Akzente, indem sie die Rollen der Beteiligten anders definiert. Nach dem Wortlaut der Richtlinie findet der „Informationsaustausch" nun zwischen den Mitgliedstaaten und der Industrie (bzw. den entsprechenden Verbänden) statt, während sich die Mitteilungspflicht der Mitgliedstaaten gemäß Artikel 16 Absatz 1. in erster Linie auf die Emissionsgrenzwerte bezieht und diese Mitteilungspflicht hinsichtlich der besten verfügbaren Techniken durch den Zusatz „gegebenenfalls" stark eingeschränkt ist.[884] Der Schwerpunkt hinsichtlich der Beteiligung Privater und damit auch deren faktisches Gewicht bei der Festlegung der BAT-Standards hat sich damit nach vorne verlagert. Kritisch gewendet, lassen sich nun die betroffenen Industriezweige als entscheidende Akteure des „Informationsaustausches" und das Produkt, die BVT-Merkblätter, als „im wesentlichen Umfang von der Industrie ausgearbeitete Standards" bezeichnen.[885]

b) *Informationsinput durch die BVT-Merkblätter in den nationalen Verwaltungsvollzug*

Für das Funktionieren des mit dem „Informationsaustausch" verfolgten Steuerungskonzepts ist es wichtig, dass dessen Ergebnisse, die BVT-Merkblätter, in den behördlichen Genehmigungsverfahren der mitgliedstaatlichen Verwaltungen Berücksichtigung finden. Es zeigte sich, dass bereits gemeinschaftlich rechtsverbindlich festgelegte Genehmigungsanforderungen, wie sie beispielsweise die Industrieanlagen-Richtlinie enthält, für eine vollständige und auch wirkungsvolle Implementation in den Mitgliedstaaten auf ein gewisses Maß an Akzeptanz angewiesen sind.[886] Da die BVT-Merkblätter gerade keine rechtliche Verbindlichkeit beanspruchen können, sind sie auf ein besonderes Maß an Akzeptanz angewiesen.

Um die Frage nach der Rolle der BVT-Merkblätter für Akzeptanz und Kooperation im Hinblick auf die vollständige Implementation der IVU-Richtlinie weiter zu verfolgen, ist zunächst zu klären, inwieweit es sich bei den Merkblättern um Information im engeren Sinne handelt. Die Merkblätter sollen nach dem Konzept der IVU-Richtlinie zur Vereinheitlichung der Genehmigungsstandards in den Mitgliedstaaten beitragen,

---

884 Mentzinis, Die Durchführbarkeit des Europäischen Umweltrechts, S. 258.

885 So Mentzinis, Die Durchführbarkeit des Europäischen Umweltrechts, S. 259; krit. auch Aertker, Europäisches Zulassungsrecht für Industrieanlagen, S. 59.

886 S.o., Sechstes Kapitel, A. III.

indem sie den Genehmigungsbehörden entweder auf der Ebene der individuellen Genehmigungserteilung oder aber auf der Ebene der Setzung abstrakt-genereller Standards das benötigte aktuelle Wissen in hinreichender fachlicher Tiefe liefern. Die IVU-Richtlinie lässt ausdrücklich beide Regulierungsmodelle gleichermaßen zu.[887] Der Handlungsbezug des dadurch stattfindenden Wissenstransfers liegt auf der Hand. Ist bei der Erarbeitung der BVT-Merkblätter der Input der Beteiligten freiwillig und daher als Information zu qualifizieren, so ist nun die Berücksichtigung der veröffentlichten Merkblätter selbst durch die Mitgliedstaaten freiwillig. Es ergibt sich aus dem Gemeinschaftsrecht keine strikte rechtliche Beachtenspflicht des Merkblattinhalts. Obwohl die BVT-Merkblätter im Rahmen einer Richtlinie, die auch strikt zu beachtende Genehmigungsanforderungen aufstellt, stehen, haben sie damit den der Information eigenen appellativen Charakter. Die von der Kommission veröffentlichten BVT-Merkblätter stellen dabei für die Mitgliedstaaten einen Informationsinput dar. Informationsgeber ist die Europäische Gemeinschaft, und hier die Kommission. Zwar sind nach der konkreten Ausgestaltung des „Informationsaustausches" neben den gemäß Artikel 16 Absatz 4 benannten mitgliedstaatlichen Stellen auch die betroffenen Industriezweige wesentlich in den Prozess eingebunden und auch am Inhalt der Ergebnisse beteiligt, wie sich soeben zeigte. Die IVU-Richtlinie weist aber in Artikel 16 der Kommission die verantwortliche Moderatorenrolle zu. Die Kommission nimmt ihre Verantwortung durch die Gemeinsame Forschungsstelle wahr, die eigens für diese Aufgabe das Technikbüro in Sevilla gründete.[888] Der Kommission obliegt dabei auch verantwortlich die Redaktion der Endfassungen der BVT-Merkblätter und deren Veröffentlichung. Trotz Beteiligung Dritter an der inhaltlichen Arbeit trägt aus diesem Grunde die Kommission formal die inhaltliche Verantwortung der veröffentlichten BVT-Merkblätter.

Zwar ist die Kommission durch die IVU-Richtlinie verpflichtet, die Ergebnisse des Informationsaustausches an die Mitgliedstaaten weiterzugeben (Art. 16 Abs. 2). Diese Verpflichtung führt aber, anders als bei der Bewertung der mitgliedstaatlichen FFH-Gebietsvorschläge, nicht dazu, dass eine Zurechnung des Handlungsbezugs entfällt. Denn anders als bei der Übermittlung der FFH-Gebietsdaten, die einem strikten Regime folgt, verfügt die Kommission in Bezug auf die BVT-Merkblätter

887 S.o., Fünftes Kapitel, B. I 1. sowie II. 3.
888 Dazu oben, Fünftes Kapitel, B. I. 2. b).

über einen größeren Entscheidungs- und Handlungsspielraum.[889] Das zeigt sich bereits an dem sehr offen gehaltenen Wortlaut des Artikel 6 Absatz 2 der IVU-Richtlinie, welcher der Kommission lediglich die Veröffentlichung der Ergebnisse des „Informationsaustausches" auferlegt. Weder ist für den Austausch ein Verfahren, noch ist für die Veröffentlichung der Ergebnisse eine bestimmte Form vorgeschrieben. Der Kommission ist damit ein sehr weitreichender Gestaltungsspielraum übertragen. Dieser Spielraum, zusammen mit der inhaltlichen Verantwortung, rechtfertigt es, der Kommission als der maßgeblichen Gestalterin den in den BVT-Merkblättern enthaltenen Handlungsbezug zuzurechnen. Dass die BVT-Merkblätter als Informationsinput für die mitgliedstaatlichen Genehmigungsbehörden dienen können, zeigt auch die oben dargestellte Entscheidung des VGH Mannheim. Der Antragsteller wandte sich dagegen, dass die Genehmigungsbehörde sich bei der Entscheidung inhaltlich an dem für die Anlage fachlich einschlägigen BVT-Merkblatt beziehungsweise dessen Entwurf orientierte.[890]

Das von der IVU-Richtlinie verfolgte Steuerungskonzept ist bereits auf der Ebene des normativen Vollzugs auf ein hinreichendes Maß an Akzeptanz bei den mitgliedstaatlichen Gesetzgebern angewiesen. Die IVU-Richtlinie stößt, wie sich oben zeigte, in den Mitgliedstaaten auf unterschiedliche Verhältnisse; so können die BVT-Merkblätter in Großbritannien sogar fast direkt in das behördliche Genehmigungsverfahren eingespeist werden.[891] Sind die entsprechenden Freiräume dem nationalen Recht noch fremd, so ist für die entsprechende Anpassung im Rahmen des normativen Vollzugs zunächst die Akzeptanz des nationalen Gesetzgebers für das Steuerungsinstrument des „Informationsaustausches" notwendig. Indem die IVU-Richtlinie die Entscheidung über abstraktgenerelle oder individuell festzulegende Genehmigungsmaßstäbe den Mitgliedstaaten überlässt, gestattet sie unterschiedliche Regulierungsvarianten. Gerade diese weiterhin bestehende Gestaltungsfreiheit erfordert für die angestrebte Vereinheitlichung über den „Informationsaustausch" und die Beachtung der in den BVT-Merkblättern aufgestellten Maßstäbe ein größeres Maß an Akzeptanz bei den nationalen Gesetzgebern als es bei der Implementation einer dem strikten hierarchischen Modell fol-

889 Vgl. zu den nationalen Vorschlagslisten für FFH-Schutzgebiete und zur dazugehörigen Übermittlung der Gebietsdaten oben Sechstes Kapitel, B. I. 2. a).

890 Dazu Fünftes Kapitel, B. III.

891 S.o. Fünftes Kapitel, B. II.

genden Richtlinie wie der oben dargestellten Industrieanlagen-Richtlinie erforderlich ist.

In Deutschland setzte das überkommene Regime des Immissionsschutzrechts für eine unmittelbare Einbeziehung der BVT-Merkblätter engere Grenzen. Auch nach erfolgter Umsetzung der IVU-Richtlinie in das deutsche Recht sieht das deutsche Immissionsschutzrecht eine unmittelbare Anwendung oder gar eine direkte rechtliche Geltung der BVT-Merkblätter nicht vor. Neben (oder statt) der TA-Luft sollen die Merkblätter erst über ein spezielles Verfahren unter Einbeziehung eines beratenden Ausschusses für die nationalen Behörden - unmittelbare Beachtung für das behördliche Genehmigungsverfahren finden können. Möglichkeiten für die Einbindung der Merkblätter in das materielle Recht oder auch das immissionsschutzrechtliche Genehmigungsverfahren hätte es aber beispielsweise durch eine Öffnungsklausel oder auch durch die Ablösung der TA-Luft gegeben. Die BVT-Merkblätter hätten dann direkt von den Behörden verwendet werden können.

Angesichts der in Deutschland erfolgten „Minimalumsetzung" in das nationale Recht stellt sich nun allerdings die Frage, ob es bereits an Akzeptanz beim Gesetzgeber insbesondere für das Konzept der IVU-Richtlinie, speziell für den „Informationsaustausch" und dessen Ergebnis, den BVT-Merkblättern, fehlte. Dabei ist die Verspätung der Umsetzung zum Teil wenigstens noch mit dem politisch ambitionierten und umfangreichen Vorhaben des geplanten Umweltgesetzbuches und der damit verbundenen intensiven Diskussion zu erklären. So traf die IVU-Richtlinie beispielsweise unter anderem auf eine Debatte der Verfahrensbeschleunigung.[892] Im Rahmen eines solchen umfassenden Projekts hätte gewiss eher die Chance bestanden, auch Änderungen im überkommenen dogmatischen System des Immissionsschutzrechts vorzunehmen.

Ein weiterer Grund, bei der Umsetzung von Sekundärrecht der Europäischen Gemeinschaft möglichst wenig substanzielle Änderungen im nationalen Recht vorzunehmen, ist das Bestreben, die Anpassungskosten gering zu halten. Hierbei spielen sowohl die staatlichen Kosten eine Rolle, die entstehen, weil die eigene Verwaltung umgestellt werden muss, als auch die Kosten, die der heimischen Industrie durch Rechtsänderungen entstehen.[893] Nachdem das Projekt eines umfassenden Um-

892 Vgl. Zöttl, Integrierter Umweltschutz in der neuesten Rechtsentwicklung, S. 398.

893 Heritier u.a., Die Veränderung von Staatlichkeit in Europa, S. 386.

weltgesetzbuches aber von der politischen Agenda verschwand, liegt einerseits der Gedanke nahe, dass die Vermeidung von sonst entstehenden Anpassungskosten Motivation genug dafür sei, am System der Standardsetzung durch Verwaltungsvorschriften festzuhalten. Andererseits bestehen Ähnlichkeiten zwischen der Figur der Verwaltungsvorschriften und den BVT-Merkblättern; beide konkretisieren den abstrakten Begriff der „besten verfügbaren Technik". Das oben diskutierte Urteil des VGH Mannheim zeigte auch, dass eine Einbeziehung der BVT-Merkblätter in das behördliche Genehmigungsverfahren rechtsdogmatisch möglich wäre - wenngleich sich das Bundesverwaltungsgericht dieser Auffassung nicht anschloss.[894] Jedenfalls hätte aus diesem Grunde eine Umstellung von der Konkretisierung durch Verwaltungsvorschriften hin zur Konkretisierung durch die BVT-Merkblätter nicht zwangsläufig erhöhte administrative Anpassungskosten erzeugt.

Allerdings wäre mit einem Verweis auf die BVT-Merkblätter oder mit einer Öffnungsklausel der Verlust der Definitionshoheit auch über diejenigen Begriffe und Standards verbunden gewesen, die bislang noch nicht verbindlich gemeinschaftsrechtlich vorgegeben sind.[895] Für eine Aufgabe dieser Definitionshoheit genügte die Akzeptanz beim deutschen Gesetzgeber für den „Informationsaustausch" sowie dessen Ergebnis, die BVT-Merkblätter, offenbar nicht. Die integrative Funktion der Information bei der Erarbeitung der BVT-Merkblätter und die Kooperation der Gemeinschaft mit den Mitgliedstaaten, die über die direkte Beteiligung in den technischen Arbeitsgruppen vermittelt wird, vermochte hier augenscheinlich keine hinreichende Akzeptanz zu erzeugen.

Im Bereich des Binnenmarktes dagegen praktiziert die Europäische Gemeinschaft ein ähnliches Modell mit Erfolg: Bis Mitte der achtziger Jahre betrieb die Gemeinschaft die Beseitigung technischer Handelshemmnisse im Binnenmarkt mit dem Konzept einer Totalharmonisierung auf der Ebene des Sekundärrechts. Dieses Konzept hatte den Nachteil, dass die Harmonisierungsvorhaben schwerfällig waren und teilweise eine erhebliche Dauer aufwiesen und aufgrund von Detailstreitigkeiten auch

---

894 S.o., Fünftes Kapitel, B. III.

895 Zum Teil haben gemeinschaftsrechtliche Vorgaben für Grenzwerte schon dazu geführt, dass Bestimmungen aus der TA-Luft ausgegliedert und nun in Form einer Rechtsverordnung geregelt sind (vgl. dazu oben Fünftes Kapitel, B. II. 3.).

gar keine Regelungen zustande kamen[896]. Um diesen Schwierigkeiten wirksam zu begegnen, werden seit 1985 Technikrichtlinien nach dem Modell der „neuen Konzeption“ erlassen. Bei diesem Modell werden in der entsprechenden Harmonisierungsbestimmung nur noch abstrakte Anforderungen EG-rechtlich festgeschrieben und hinsichtlich der Detailregelungen auf europäische technische Normen verwiesen, die von europäischen Normungsorganisationen aufgestellt werden.[897] Die Umsetzung in nationales Recht erfolgt hinsichtlich der abstrakten Anforderungen auf dem üblichen Wege und hinsichtlich der technischen Normen durch die Übernahme der europäischen Norm in das nationale Normenwerk durch die jeweiligen nationalen Normungsorganisationen. Die europäischen Normungsorganisationen *CEN (Comité Européen de Normalisation)*, *CENELEC (Comité Européen de Normalisation Électrotechnique)* und *ETSI (European Telecommunications Standards Institute)* sind als privatrechtliche Vereine belgischen Rechts mit Sitz in Brüssel organisiert, ebenso wie die deutschen Normungsorganisationen privatrechtlich organisierte Vereine (deutschen Rechts) sind, z.B. das *Deutsches Institut für Normung e.V. (DIN)* oder der *Verein Deutscher Ingenieure (VDI)*. Mitglieder der europäischen Normungsorganisationen sind die jeweiligen nationalen Normungsorganisationen; lediglich das *ETSI* ist anders organisiert.[898]

Zwar werden im Vorfeld zwischen Normungsorganisation und Kommission Absprachen hinsichtlich der Normung getroffen, es werden jedoch faktisch Rechtsetzungskompetenzen auf Private übertragen.[899] Bei Normungsverfahren handelt es sich dabei - ebenso wie beim „Informationsaustausch“ - um einen ergebnisoffenen Prozess: Materielle Vorgaben sind bei der Erarbeitung der BVT-Merkblätter nur insofern zu beachten, als die in den Merkblättern veröffentlichten Standards und Tech-

---

896 Roßnagel, Europäische Techniknormen im Lichte des Gemeinschaftsrechts, DVBl. 1996, 1181 (1181).

897 Schulte, Materielle Regelung: Umweltnormung, in: Rengeling (Hg.) EUDUR Bd. I, § 17, Rdnr. 88 ff.; Neumann/Pastowski, Vor- und Nachteile einheitlicher EG-Umweltstandards, in: Jarass/Neumann (Hg.), Umweltschutz und Europäische Gemeinschaften, S. (121); Überblick bei Falke, Technische Normung in Europa, in Winter (Hg.), Die Europäische Gemeinschaft und das Öffentliche, S. 79 ff.

898 Vgl. Roßnagel, Europäische Techniknormen im Lichte des Gemeinschaftsrechts, DVBl. 1996, 1181 (1184).

899 Roßnagel, Europäische Techniknormen im Lichte des Gemeinschaftsrechts, DVBl. 1996, 1181.

niken jedenfalls in der Lage sein müssen, die geltenden Grenzwerte einzuhalten. Da die „besten verfügbaren Techniken" darüber hinaus aber der Verwirklichung des Vorsorgeprinzips dienen, sollen die entsprechenden Techniken gerade über die geltenden Anforderungen hinaus optimiert werden. Es geht eben nicht allein um den Austausch über Techniken, die lediglich die bislang geltenden Grenzwerte erfüllen. Insofern sind bindende und auch praktikable materiell-rechtliche Maßstäbe, an denen sich die Ergebnisse messen lassen könnten, nur wenig vorhanden und der „Informationsaustausch" als Prozess ergebnisoffen.

Im zweiten Kapitel dieser Arbeit zeigte sich bei der Analyse der Rolle der Information im Nationalstaat, dass die dem Kooperationsprinzip folgende Einbindung in das Verfahren und die über einen Informationsinput vermittelte integrative Funktion der Information alleine nicht in jedem Falle hinreichend dafür sind, dass das Ergebnis von allen Betroffenen akzeptiert wird.[900] Für das Beispiel einer behördlichen Anlagengenehmigung wurde jedoch gezeigt, dass das Ergebnis des Verfahrens von denjenigen, die von der Entscheidung betroffen sind und die sich dem Ergebnis unterordnen sollen, nicht allein deshalb akzeptiert wird, weil im Verfahren die Gelegenheit bestand, über einen Informationsinput eigene Interessen einzubringen. Darüber hinaus ist es vielmehr auch wichtig, dass die vorgegebenen Verfahrensregeln eingehalten werden und das Ergebnis mit den vorhandenen materiellen Vorgaben in Einklang zu bringen ist, sowie dass das Ergebnis für die Betroffenen anhand der Begründung rational nachzuvollziehen ist. Sind im konkreten Genehmigungsverfahren der Anlagenbetreiber und die sonstigen Drittbetroffenen die der hoheitlichen Entscheidung der staatlichen Genehmigungsbehörde Unterworfenen, so ist im Bereich gemeinschaftlichen Sekundärrechts der Mitgliedstaat in ähnlicher Weise der Entscheidung der Gemeinschaft unterworfen.[901]

Gleichzeitig zum inhaltlich offenen Ergebnis ist der Prozess des „Informationsaustauschs" sehr stark informal geprägt; verfahrensrechtliche Regelungen, die Beachtung verlangen und die den Beteiligten Rechte gewähren, auf deren Wahrung diese pochen könnten, gibt es nicht. Informales Handeln bietet zwar die Chance, durch „tauschförmige Kooperation" unter Einsatz weniger Ressourcen Entscheidungen durchzusetzen und Ziele zu erreichen. Allerdings finden in informalen Zusammen-

---

900 Vgl. dazu Zweites Kapitel, C. II.

901 Zum Verhältnis zwischen Europäischer Gemeinschaft und Mitgliedstaaten s.o., Drittes Kapitel, A.

hängen gefundene Entscheidungen bei denjenigen wenig Akzeptanz, die ihre Interessen wegen der Informalität des Verfahrens und der darin herrschenden faktischen Machtverhältnisse nur unzureichend vertreten sehen.[902] Wie sich bei der Betrachtung des Ablaufes des „Informationsaustausches" gezeigt hat, sind die Verhandlungspositionen der Beteiligten unterschiedlich stark.[903] Der informale Charakter des „Informationsaustausches" ist im Hinblick auf eine möglichst weitgehende Akzeptanz aller Beteiligten aus diesem Grunde durchaus ein zweischneidiges Schwert.

Grundsätzlich kann die Akzeptanz einer Entscheidung zwar auch durch eine überzeugende Begründung geliefert werden; hier ist dann die Begründung die Akzeptanz erzeugende Information.[904] Wenn allerdings im Rahmen des normativen Vollzugs bei der Umsetzung der IVU-Richtlinie im nationalen Recht erst noch Freiräume für die Berücksichtigung BVT-Merkblätter oder gar verbindliche Regelungen zu deren Beachtung geschaffen werden müssen, so genügen fachlich überzeugende BVT-Merkblätter nicht. Denn diese stellen immer erst das Ergebnis des „Informationsaustauschs" dar. Eine gesetzliche Regelung würde sich jedoch immer auch auf die zukünftigen Merkblätter beziehen. Notwendig ist daher ein gewisses Vertrauen darin, dass der „Informationsaustausch" zukünftig hinreichend akzeptable Ergebnisse produzieren wird. Gerade die Offenheit des Prozesses des „Informationsaustausches", verlangt also eine Ausgestaltung des Entscheidungsverfahrens, das bereits selbst zur Akzeptanz des noch zu findenden Ergebnisses beiträgt. Ein informales Verfahren ohne jede geschützte Rechtspositionen scheint dabei nur bedingt geeignet, das notwendige Vertrauen der Beteiligten im Hinblick auf die Vertretbarkeit der Ergebnisse zu gewinnen: Gerade die Delegation von Regelungsbefugnissen setzt Vertrauen in die Institution, der Kompetenzen übertragen werden, voraus.[905]

Und gerade hier besteht ein Unterschied zu technischen Normen. Technische Normen werden im Rahmen eines Verbandes erarbeitet und sind Ergebnis eines Verfahrens, das insgesamt in einem formaleren Korsett steckt. Zwar wird auch das Verfahren, in dem technische Normen erarbeitet werden, oft kritisiert. Dabei ähneln die kritisierten Punkte durch-

902 Vgl. oben, Zweites Kapitel, C. II.
903 S.o., Sechstes Kapitel, B. II. 2.
904 Vgl. Zweites Kapitel, C. II.
905 Majone, The new European agencies: regulation by information, JEPP 1997, 262 (270).

aus denen, die auch bei den BVT-Merkblätter genannt wurden.[906] So wird auch bei der Erarbeitung der technischen Normen die mangelnde Pluralität der normsetzenden Gremien aufgrund der unterschiedlichen Ausstattung an Ressourcen kritisiert.[907] Die technische Normung kann allerdings auf eine längere Tradition zurückblicken. So bestehen langjährige Erfahrungen mit den normsetzenden Verbänden, und gesetzliche Verweise und die Ausfüllung von unbestimmten Rechtsbegriffen durch technische Normen waren im deutschen Recht bereits vor der „neuen Konzeption" gängige Praxis.[908] Das Bundesimmissionsschutzgesetz wird zudem auch nicht unmittelbar durch technische Normen konkretisiert. So sind wischen unbestimmten Rechtsbegriff und technischer Norm die Verwaltungsvorschriften, beispielsweise die TA-Luft, geschaltet. Die TA-Luft aber kommt im Gegensatz zu den BVT-Merkblättern gerade in einem formalen Verfahren mit den Beteiligungsrechten der betroffenen Kreise und des Bundesrats zustande.[909] Vor allem behält sich der Staat durch die Regulierung im Rahmen der Verwaltungsvorschrift, zum Beispiel der TA-Luft, die Definitionsmacht vor. Vor diesem Hintergrund scheint es nur konsequent, wenn dieses Modell im deutschen Immissionsschutzrecht nun auf die BVT-Merkblätter übertragen wird, indem die TA-Luft die Beachtung der Merkblätter durch die Genehmigungsbehörden von der formalen Anerkennung eines staatlichen Ausschusses abhängig macht.

Zusammenfassend ist festzustellen, dass der deutsche Gesetzgeber am „bewährten", überkommenen System des Immissionsschutzrechts festhielt. Die Möglichkeit, über den informal organisierten „Informationsaustausch" Einfluss auf den Inhalt der BVT-Merkblätter zu nehmen, vermochte offenbar nicht in einem solchen Maße Vertrauen in die Ergebnisse dieses Prozesses zu erzeugen, dass die BVT-Merkblätter von den Genehmigungsbehörden von Gesetzes wegen direkt als Maßstab dienen können. Als Ursache drängt sich der informale Charakter des „Informationsaustauschs" auf. In anderen Zusammenhängen vertrauen die Mitgliedstaaten gemeinschaftsweiten untergesetzlichen Standards sehr

---

906 Zu den Kritikpunkten in Bezug auf technische Normen statt vieler Führ, Technische Normen in demokratischer Gesellschaft, ZUR 1993, 99.

907 Vgl. z.B. Falke, Normung in Europa: Zieht sich der Staat wirklich zurück? in: Winter (Hg.), Die Europäischen Gemeinschaften und das Öffentliche, S. 79 (122 f.).

908 Gerade im Bereich des Umweltschutzrechts bediente sich der deutsche Gesetzgeber dieser Regelungstechnik, dazu oben Zweites Kapitel, C.

909 Das Verfahren ist in § 48 BImSchG geregelt.

wohl, wie die „neue Konzeption" zur Herstellung des Binnenmarktes zeigte. Ein wesentlicher Unterschied besteht aber gerade darin, dass im Rahmen der „neuen Konzeption" auf technische Normen zurück gegriffen wird, die in einem formalen Verfahren unter der Ägide eines Verbandes zustande gekommen sind, während der informale Charakter des „Informationsaustauschs" zur Erarbeitung der BVT-Merkblätter stark die Tauschförmigkeit informalen Verwaltungshandelns zur Geltung bringt. Wie sich bei der Darstellung des Erarbeitungsprozesses zeigte, spielen Verbandsinteressen und die jeweils vorhandene Durchsetzungsmacht eine große Rolle, so dass das Wort vom Interessenmakler für die Beschreibung der Rollen im informalen Handeln hier sehr treffend ist.[910] Bemerkenswerterweise kann für das Modell der deutschen Umsetzung nicht allein das Argument strengerer nationaler Kriterien als Grund angeführt werden, wie der dem dargestellten Urteil des VGH Mannheim zugrunde liegende Fall zeigt. Möglich ist nicht nur, dass über das in das Immissionsschutzrecht eingebaute „Genehmigungserfordernis" für eine rechtlich fundierte Beachtlichkeit der BVT-Merkblätter bei der Erteilung von Anlagengenehmigungen strengere nationale Kriterien Geltung behalten können. Das nationale Recht kann auch von strengeren Standards, die von der Gemeinschaftsebene an die nationale Umweltschutzpolitik herangetragen werden, freigehalten werden.

Für die Verwaltung dagegen stellen sich die BVT-Merkblätter als attraktive Entscheidungshilfe dar. Das angesprochene Urteil des VGH Mannheim deutete - auch wenn sich das Bundesverwaltungsgericht dem nicht anschloss - bereits an, dass die BVT-Merkblätter als Information durchaus das Potenzial besitzen, direkten Einfluss auf den Inhalt behördlicher Genehmigungsentscheidungen zu nehmen. Dabei weisen die BVT-Merkblätter eine gewisse Affinität zu technischen Normen auf, wie sich oben zeigte.[911] Die weit verbreitete faktische Beachtung der technischen Normen hat seinen Grund in der Tatsache, dass technische Normen meist ohne Alternative sind.[912] Gleichzeitig nimmt das Recht auf die technische Normen Bezug mit der Begründung des in ihnen enthaltenen

---

910 Zum informalen Handeln hoheitlicher Akteure s. o., Zweites Kapitel, C. II.

911 S.o., Sechstes Kapitel, B. II. 2. b).

912 Gusy, Probleme der Verrechtlichung technischer Standards, NVwZ 1995, 105 (106f); dazu auch oben, Sechstes Kapitel, A. I. 3. Die Inbezugnahme durch das Recht wird zwar auch mit dem hohen Maß an enthaltenen Sachverstand begründet. Eben aufgrund des Maßes an Sachverstand sind die Normen jedoch ohne Alternative, so dass Sachverstand und Alternativlosigkeit zwei Seiten einer Medaille sind.

hohen Maßes an Sachverstand. Auch den Merkblättern wird von Vertretern der mitgliedstaatlichen Verwaltungen ein beachtliches fachliches Niveau bescheinigt.[913] Der Mangel an Alternativen, wie er beispielsweise für die Ausführung der Vogelschutzrichtlinie anfänglich auch in Bezug auf die IBA-Liste galt, lässt sich in Bezug auf die BVT-Merkblätter zwar nicht feststellen. Die BVT-Merkblätter finden vielmehr bereits die technischen Normen der Normungsverbände, aber auch die entsprechenden Verwaltungsvorschriften wie die TA-Luft, vor, in denen ebenfalls detailliertes und fundiertes Fachwissen niedergelegt ist. Allerdings ist der Fokus der BVT-Merkblätter ein anderer. In den BVT-Merkblättern liegt der Schwerpunkt nicht auf dem Setzen abstrakt-genereller Vorgaben, sondern auf der Beschreibung konkreter technischer Verfahren.[914] Gerade dieses konkrete Wissen ist es aber, was den Behörden oft fehlt; der Mangel an Wissen stellte sich anfangs als Kernproblem der modernen Umweltschutzverwaltung heraus.[915] Insofern setzt das Konzept des Informationsaustauschs über die besten verfügbaren Techniken genau am Kernproblem an. Dieses Konzept macht sich das Problem der „unwissenden Verwaltung“, das sich bei der Betrachtung der Umweltschutzpolitik aus der nationalstaatlichen Perspektive gezeigt hat, zu eigen. Sind die BVT-Merkblätter so zwar nicht ohne Alternative, bleibt dennoch, wie sich bei der Betrachtung des Verwaltungsvollzugs zeigte, die größere Praxisnähe der BVT-Merkblätter. Diese lässt sie für die konkrete Arbeit der Genehmigungsbehörde als willkommenes Werkzeug erscheinen. Aber auch aus Perspektive der Antragsteller bieten sich dann Vorteile, denn soweit sie sich an die Vorgaben der BVT-Merkblätter halten, können sie mit einem zügigen Verfahren rechnen.[916] Stoßen die BVT-Merkblätter dabei auf eine hohe Akzeptanz bei den Genehmigungsbehörden, so hat das seine Ursache nicht in einer Beteiligung, sondern vielmehr darin, dass die BVT-Merkblätter aufgrund ihrer Konzeption in hohem Maße anwenderfreundlich sind. Der Grund für die Akzeptanz liegt hier also nicht in der vorangegangenen Kooperation, sondern im sachlichen Inhalt der Information, nämlich der großen Praxisnähe.[917]

---

913 S.o., Sechstes Kapitel, B. II. 2. a).
914 Zu diesem Unterschied zwischen TA-Luft und BVT-Merkblätter vgl. Fünftes Kapitel, B. III.
915 Vgl. oben, Zweites Kapitel, B.
916 Beyer, Die integrierte Anlagenzulassung, S. 137
917 Zur Bedeutung sachlicher Richtigkeit bzw. dem Vertrauen in die Sachgerechtigkeit der Information s.o., Zweites Kapitel, C. II. sowie Erstes Kapitel, B. II.

Im Ergebnis lässt sich ein „Informationskreislauf", wie er oben als Modell skizziert wurde,[918] zwar noch nicht ausmachen. Die BVT-Merkblätter finden nach derzeitiger Rechtslage im deutschen Immissionsschutzrecht nur vermittelt über Verwaltungsvorschriften, insbesondere die TA-Luft, Beachtung. Rechtsdogmatisch und formal betrachtet, verbleiben daneben zwar keine weiteren Freiräume für eine direkte Anwendung der Inhalte der BVT-Merkblätter, faktisch bestehen aber in den technischen Details Spielräume, die auch Raum für eine Anwendung der BVT-Merkblätter durch die jeweilige Genehmigungsbehörde im Einzelfall lassen. Hier könnten die BVT-Merkblätter sogar entsprechend ihrem Zweck Information für das einzelne Genehmigungsverfahren sein. So stehen die beiden Regelwerke - TA-Luft und BVT-Merkblätter - im Ergebnis tatsächlich in dem beschriebenen Konkurrenzverhältnis. Es mag geschehen, dass die BVT-Merkblätter in den Genehmigungsbehörden auf eine größere Akzeptanz treffen als auf der Rechtsetzungsebene. Gerade hierin liegt die bereits angesprochene Gefahr der allmählichen faktischen Erosion der Geltungswirkung der TA-Luft. Ob und in welchem Umfang der Informationscharakter der BVT-Merkblätter auf der Ebene der individuellen Genehmigungserteilung Wirkung entfalten wird, lässt sich derzeit allerdings noch nicht beurteilen. Die BVT-Merkblätter liegen noch nicht vollständig vor. Auch für die bereits vorhandenen Merkblätter ist es wegen der kurzen Zeitspanne und der erst spät erfolgten Umsetzung der IVU-Richtlinie in das deutsche Recht schwierig, bereits konkrete Auswirkungen für die Genehmigungsverfahren bei den zuständigen Behörden anzugeben.

3. Möglichkeiten der Kontrolle

Artikel 18 der IVU-Richtlinie legt fest, dass der Handlungsbedarf bezüglich möglicher weiterer Regulierung „insbesondere" auf der Grundlage des „Informationsaustausches" über die besten verfügbaren Techniken festgestellt werden kann, andere Handlungsgründe sind daher nicht ausgeschlossen.[919] Dem Wortlaut nach ist die Vorschrift allerdings zu weit gefasst, um eine konkrete Handlungsschwelle daraus abzuleiten.[920]

---

918 Zu dem Modell des „Informationskreislaufes" s.o., Sechstes Kapitel, B. II. 1.

919 Skeptisch dazu allerdings Tausch, Die Bedeutung der BVT-Merkblätter im Umweltrecht, NVwZ 2002, 676 (679).

920 Aertker, Europäisches Zulassungsrecht für Industrieanlagen, S. 140 f.; Schreiber, Das Regelungsmodell der Genehmigung im integrierten Umweltschutz, S. 155 f.

Gerade die Verfahrensprägung der IVU-Richtlinie öffnet auch die Genehmigungsentscheidung für Wertungs- und Abwägungsspielräume auf der nationalen Ebene, also der Ebene der einzelnen Zulassungsentscheidung, so dass eine konkrete Schwelle für ein Handeln der Kommission auf der Grundlage des Artikel 18 schwer zu fassen ist.[921] Da die Regelung aus diesem Grunde in der Praxis nicht justiziabel sein wird, stellt Artikel 18 einen Prüf- und Regelungsauftrag mit eher politischem Charakter dar.[922] Eine echte Sanktionsbewehrung, verstanden als Androhung der klagweisen Durchsetzung von Konsequenzen durch Dritte, ist in der Vorschrift also nicht zu sehen.

Daneben bestehen die gewöhnlichen Möglichkeiten der Kommission als „Hüterin der Verträge", die Implementation der IVU-Richtlinie in den Mitgliedstaaten zu überwachen. Da keine materiellen Anforderungen in Form von Grenzwerten aufgestellt werden, beschränkt sich die Kontrolle allerdings insoweit auf die Umsetzung der Vorgaben in das nationale Recht und deren anschließender Beachtung beim Verwaltungsvollzug. Im Grundsatz sieht sich die Kommission so ähnlichen Problemen wie bereits bei der Industrieanlagen-Richtlinie und deren Tochterrichtlinien gegenüber. Allerdings stellen die BVT-Merkblätter nun auch der Kommission eine verbesserte Grundlage für diese Aufgabe zur Verfügung. Außerdem stellt die IVU-Richtlinie Berichtspflichten für die Mitgliedstaaten auf. Mit dem Entwurf eines entsprechenden Fragebogens sind diese Berichtspflichten vollzugsfähig ausgestaltet, so dass die Kommission nun auch tatsächlich in die Lage versetzt wird, den Vollzug in den Mitgliedstaaten detailliert zu vergleichen und zu beurteilen.[923] Insgesamt betrachtet, wird durch diese Berichtspflichten ein dichtes System der Vollzugskontrolle etabliert.

III. Die Grenzen der kooperativer Elemente bei der Implementation

Bereits bei der Darstellung der FFH- und der IVU-Richtlinie zeigte sich, dass auch diese beiden Richtlinien mit Problemen bei der Umsetzung zu kämpfen hatten und auch noch haben. In den vorangegangenen beiden

---

921 Feldhaus, Beste verfügbare Techniken und Stand der Technik, NVwZ 2001, 1 (5).

922 Aertker, Europäisches Zulassungsrecht für Industrieanlagen, S. 141. Zur Historie dieser Klausel Schnutenhaus, Die IPPC-Richtlinie, ZUR 1994, 299 (301).

923 Dazu grundlegend Jankowski, Der Fragebogen der EG-Kommission zur IVU-Richtlinie, UPR 1999, 437

Abschnitten wurde der von den Richtlinien verfolgte Ansatz der Implementation analysiert und die möglichen Ursachen für die weiterhin bestehenden Probleme bei der Implementation herausgearbeitet. Beide Richtlinien verfügen über kooperative Elemente, die einer effektiveren Implementation und gleichmäßigeren Rechtsanwendung und -durchsetzung dienen sollten.

Neben der Gemeinsamkeit, kooperative Elemente für die Implementation aufzunehmen, weisen die beiden Richtlinien aber auch einen signifikanten Unterschied auf. Der Unterschied besteht in dem Charakter der Kooperation: Während sich die FFH-Richtlinie formal geprägter kooperativer Elemente bedient, weisen die kooperativen Elemente der IVU-Richtlinie einen stark informalen Charakter auf. Die Auswahl der Schutzgebiete erfolgt in einem formalen Verfahren, dessen einzelne Schritte im Wesentlichen von der Richtlinie vorgegeben werden. Am Ende des Verfahrens steht die verbindliche Festlegung der einzelnen Schutzgebiete mit der rechtlichen Verpflichtung des betroffenen Mitgliedstaates, das ausgewählte Gebiet zur Erhaltung des Biotops oder der Tier- oder Pflanzenart vor nachteiligen Veränderungen zu schützen. Die IVU-Richtlinie dagegen verfolgt das Ziel einer Vereinheitlichung materieller Technik- und Emissionsstandards über den Weg, die unverbindlichen BVT-Merkblätter herauszugeben. Zwar schreibt die IVU-Richtlinie einen „Informationsaustausch" zu den besten verfügbaren Techniken vor, lässt aber dessen Ausgestaltung völlig offen. Der „Informationsaustausch", dessen Ergebnis die BVT-Merkblätter sind, ist in der Praxis ein stark informal geprägter Prozess.

Die Implementation beider Richtlinien wies trotz der unterschiedlichen kooperativen Elemente die je aufgezeigten eigenen Probleme auf. Bei der Auswahl der Schutzgebiete nach den Vorgaben der FFH-Richtlinie werden die am Ende von der Entscheidung konkret Betroffenen als Folge der Zerlegung des Entscheidungsverfahrens in die verschiedenen Phasen bzw. Stufen nicht an der Entscheidung beteiligt.[924] Die im Rahmen der IVU-Richtlinie angebotenen und möglichen Alternativen stießen möglicherweise nicht zuletzt wegen des informellen Charakters des „Informationsaustauschs" nicht auf genügende Resonanz. Bei der Umsetzung der IVU-Richtlinie vermochte sich Deutschland nicht von seinem überkommenen Immissionsschutzrecht und dessen dogmatischem System trennen. Jedenfalls schien der Aufwand für einen grundlegenden

---

924 Siehe dazu oben, Sechstes Kapitel, B. I. 2. c).

Umbau des Immissionsschutzrechts dem Gesetzgeber augenscheinlich zu hoch. In der Folge wird es zu einem faktischen Nebeneinander und möglicherweise sogar zu einer Art Konkurrenz zwischen den unterschiedlichen untergesetzlichen Standards kommen.[925]

In der Literatur wird beklagt, dass es dem Gemeinschaftsrecht häufig an praktikablen, vollzugstauglichen und effektiven Rechtsnormen fehle.[926] Es zeigte sich, dass diese Kritik nicht unberechtigt ist; das Gemeinschaftsrecht ist nicht immer hinreichend präzise und konsistent. Auch die FFH- und die IVU-Richtlinie bergen solche Unklarheiten. So birgt das Naturschutzregime im Zusammenspiel von Vogelschutz- und FFH-Richtlinie für die Verwaltung (die wegen der direkten Anwendbarkeit zum Schutz auch faktischer Vogelschutzgebiete verpflichtet ist) Unklarheiten mit der Folge, dass das rechtliche Programm für die zum Vollzug verpflichteten Verwaltungen nicht klar erkennbar ist.[927] Hierin liegt für die Mitgliedstaaten bereits die erste große Schwierigkeit. Es muss zunächst einmal festgestellt werden, welche Anforderungen überhaupt an sie herangetragen werden. Die Unübersichtlichkeit einer Rechtsmaterie birgt allein schon deshalb ein Problem im Hinblick auf eine vollständige Implementation, weil stets die Gefahr besteht, dass bestimmte Anforderungen der Richtlinie gar nicht oder nur unzutreffend von den mitgliedstaatlichen Stellen gesehen und erkannt werden. Auf diese Weise wird auch Missverständnissen der Weg bereitet. So war auch bis zu den entsprechenden Entscheidungen des EuGH aufgrund des Merkmals der „geeignetsten Gebiete" (Art. 4 Abs. 1 UAbs. 4) unklar, ob den Mitgliedstaaten bei der Gebietsauswahl eine Ermessen zusteht. Für eine vollständige und richtliniengetreue Umsetzung in dem vorgegeben zeitlichen Rahmen ist aber auch das lückenlose Wissen um unmissverständliche Anforderungen eine Grundvoraussetzung. Im Rechtsregime der Luftreinhaltung ist ein solcher dogmatisch schwer aufzulösender Widerspruch bereits in ein und derselben Richtlinie, der IVU-Richtlinie, angelegt. Die Richtlinie verhält sich in Artikel 9 unpräzise dazu, welche An-

---

925 Siehe dazu oben, Sechstes Kapitel, B. II. 1.

926 Vgl. Demmke, Umweltpolitik im Europa der Verwaltungen, Die Verwaltung 27 (1994), S. 49 (66); ders. Die Implementation von EG-Umweltpolitik in den Mitgliedstaaten, S. 305; Nicklas, Implementationsprobleme des EG-Umweltrechts, S. 51.

927 Stüber, Artenschutz und dessen Monitoring in der Vogelschutz- und der FFH-Richtlinie und die Umsetzung in Bundesrecht, NuR 2000, 245 (251); Fisahn/Cremer, Ausweisungspflicht und Schutzregime nach Fauna-Flora-Habitat- und der Vogelschutzrichtlinie, NuR 1997, 268.

forderungen an die Genehmigungsentscheidungen zu stellen sind - abstrakt-generelle oder konkret-individuelle.[928] Die in den beiden Richtlinien enthaltenen kooperativen Elemente vermochten zur Lösung gerade dieser Probleme nichts signifikantes beizutragen. Die Ursache dieser Schwierigkeiten ist bereits in den Richtlinientexten angelegt und damit im Rechtssetzungsverfahren selbst zu suchen. Erfolgversprechender dürfte damit auch die Steigerung der Qualität der Rechtstexte selbst sein; hierfür dürfte der Schlüssel in der Vorbereitung der Richtlinientexte und dem Rechtsetzungsverfahren liegen.[929]

928 Dazu oben Fünftes Kapitel, B. II. 1. b).

929 So liegen von der Kommission auch bereits Papiere zu diesem Problem vor: COM (2002) 278 final v. 05.06.2002 (Action plan „Simplfying and improving the regulatory environment") sowie COM (2002) 275 final. v. 05.06.2002 (European Governance: Better lawmaking).

Ausblick:

Der Beitrag kooperativer Elemente auf dem Weg zu einer effektiveren Implementation des Gemeinschaftsrechts

Betrachtet man die dargestellten Beispiele aus Naturschutz- und Luftreinhaltepolitik zusammenfassend, so ist ein Wechsel der Politikansätze festzustellen. Dieser bezieht sich nicht so sehr auf die letztendlich einzusetzenden regulatorischen Instrumente. Während es zwischen Industrieanlagen-Richtlinie und IVU-Richtlinie größere Unterschiede gibt, sind die Ansätze im Falle der Vogelschutzrichtlinie und der FFH-Richtlinie sogar fast identisch: Beide verfolgen als Strategie die Ausweisung von Schutzgebieten, und auch inhaltlich liegen die beiden Richtlinien eng beieinander. Das zeigt sich bereits darin, dass die Vogelschutzrichtlinie von der FFH-Richtlinie ergänzt und nicht etwa aufgehoben wird. Der Unterschied zwischen den beiden älteren Richtlinien (Vogelschutz und Industrieanlagen) und den beiden jüngeren Richtlinien (FFH und IVU) besteht vielmehr in den gewandelten Strukturen der Implementation, welche die Richtlinien vorsehen. Das Verhältnis von Gemeinschaftsrecht und den darin gesetzten Vorgaben zum mitgliedstaatlichen Recht und dessen Vollzug lässt sich in Bezug auf die beiden älteren Richtlinien als hierarchisch beschreiben. Im jüngeren Umweltrecht der Europäischen Gemeinschaft sind dagegen kooperative Muster prägend. Dieser Wechsel vom hierarchischen zum kooperativen Konzept der Implementation gemeinschaftlicher Umweltschutzpolitik kann als Paradigmenwechsel bezeichnet werden. Statt einseitig „hoheitlicher" Regelung - der Begriff passt formal nicht ganz in diesem Zusammenhang, trifft aber, untechnisch gesprochen, den Kern[930] – verlegt sich die Gemeinschaft auf kooperative Formen der Rechtssetzung und Steuerung.

Ist der in der FFH-Richtlinie und der IVU-Richtlinie verwirklichte Ansatz nun effektiver als der in der Vogelschutz- und der Industrieanlagen-Richtlinie verfolgte? Wie sich bei der Untersuchung der beiden Politikbereiche Naturschutz und Luftreinhaltung zeigte, weisen auch die beiden neueren Richtlinien, die einen kooperativ geprägten Ansatz der Imple-

---

930 Die Kompetenz zur verbindlichen Rechtsetzung gegenüber den Mitgliedstaaten ist der Europäischen Gemeinschaft von diesen vertraglich eingeräumt worden, daraus ergibt sich der Unterschied zur nationalen Souveränität, die Grundlage nationalstaatlicher Hoheitsgewalt ist.

mentation verfolgen, Umsetzungsdefizite in den Mitgliedstaaten auf.[931] Dennoch liegt gerade in den kooperativen Elementen in Bezug auf eine effektive Implementation ein großes Potenzial. Oben wurde bereits in Bezug auf die Politikgestaltung und -umsetzung der Europäischen Gemeinschaft von einem komplexen „Mehrebenensystem" gesprochen.[932] Ein direkter Durchgriff von der Gemeinschaftsebene auf die unterschiedlichen Ebenen und Institutionen der mitgliedstaatlichen Verwaltungen ist im Grundkonzept des EG-Vertrages nicht vorgesehen. Ansprechpartner der Gemeinschaft ist zunächst die Regierung als Organ des Mitgliedstaates. Das zeigt sich deutlich beim indirekten Verwaltungsvollzug des Gemeinschaftsrechts; die Mitgliedstaaten führen hier das Gemeinschaftsrecht als eigene Angelegenheit im eigenen Namen aus. Für die Gemeinschaft ist die Verwaltungsorganisation der Mitgliedstaaten so gleichsam eine Art „black box". Das zeigte sich besonders deutlich bei den beiden älteren Richtlinienbeispielen. Nicht zuletzt durch die in der FFH- und IVU-Richtlinie enthaltenen kooperativen Elemente findet hier für die Naturschutz- und die Luftreinhaltepolitik eine Veränderung statt. Durch die Kooperation werden weitere Strukturen und Netzwerke geschaffen, die dieses „black box"-System aufbrechen.[933]

Mit dem sogenannten IMPEL-Netzwerk gibt es zwar auch im Bereich der gemeinschaftlichen Umweltschutzpolitik seit längerem ein Netzwerk, das dem Austausch von Erfahrungen bei der Umsetzung und Anwendung des gemeinschaftlichen Umweltschutzrechts dienen soll.[934] Der ursprüngliche Gedanke der Kommission hierbei war es, eine von nationalen Interessen unabhängige Expertenrunde zur Unterstützung zu bekommen, mit deren Hilfe auch die Umsetzbarkeit in den Mitgliedstaaten und die dabei zu erwartenden Schwierigkeiten in Erfahrung zu bringen sind.[935] Das Wissen darüber ist wichtig, da die unterschiedlichen Verwaltungsorganisationen wesentlichen Einfluss auf die Gestalt und den

931 S.o., Sechstes Kapitel, B. III.; Viertes Kapitel, D. und Fünftes Kapitel, C.

932 S.o., Drittes Kapitel, B.

933 In der Literatur werden in Bezug auf Infrastrukturvorhaben und Naturschutz bereits Konturen eines "europäischen Planungsverbundes" ausgemacht (Sydow, Strukturen europäischer Planungsverfahren, DÖV, 2003, 606 (612 f.)).

934 S.o., Sechstes Kapitel, A. II. 1.

935 Krämer, The Elaboration of EC Environmental Legislation, in: Winter, Gerd (Hg.), European Environmental Law - A Comparative Perspective, S. 297 (301).

Inhalt der jeweiligen mitgliedstaatlichen Implementation nehmen.[936] In zunehmendem Maße wird das Netzwerk aber zur Vorbereitung von Rechtsetzungsvorhaben instrumentalisiert. Ein Grund dafür dürfte sein, dass die Mitglieder des Netzwerkes aus zu hohen Ebenen der Verwaltung kommen und daher nicht über die praktischen Erfahrungen des Genehmigungsalltags verfügen bzw. diese austauschen können.[937] Das IMPEL-Netzwerk erfüllt damit eher die Aufgaben einer Ministerialverwaltung, aus der zunehmend die Impulse und das notwendige (Fach-)Wissen für die gemeinschaftsrechtliche Rechtsetzung kommen.

Die durch die FFH-Richtlinie etablierten kooperativen Verfahrenselemente gehen jedoch einen Schritt weiter. Mit dem gestuften Verfahren zur Erstellung der Liste von Gebieten mit gemeinschaftsweiter Bedeutung findet im Bereich der Naturschutzpolitik eine Verschränkung der unterschiedlichen Ebenen statt. Es lässt sich hier nicht mehr uneingeschränkt vom indirekten Verwaltungsvollzug, wie er klassischerweise verstanden werden kann, sprechen. Die Setzung verbindlicher gemeinschaftsrechtlicher Vorgaben erfolgt nicht allein auf Ebene der Gemeinschaft, und sei es auch im Wege der Komitologie. Die FFH-Richtlinie stellt nicht abstrakt-generelle Maßstäbe auf, nach denen es sodann im Rahmen der Implementation den Mitgliedstaaten obliegt, die entsprechenden Gebiete unter Schutz zu stellen. Statt dessen verpflichtet die Richtlinie die Mitgliedstaaten zunächst nur dazu, in Frage kommende Gebiete zu melden, um sodann in Zusammenarbeit mit den Mitgliedstaaten aus den gemeldeten Gebieten eine verbindliche Liste zu erstellen. Mitgliedstaatliche Implementation und Setzung der verbindlichen gemeinschaftsrechtlichen Vorgaben in Form der verbindlichen Gebietsliste werden auf diese Weise miteinander verschränkt. Nicht zuletzt auf diese Verschränkung gründen sich die Bedenken hinsichtlich eines Verstoßes der Richtlinie gegen das Subsidiaritätsprinzip aus Art. 5 EGV. Der Gedanke eines gemeinschaftsweiten, kohärenten Netzes von Schutzgebieten impliziert allerdings bereits einen gewissen Verwaltungsapparat, der räumlich das gesamte Gebiet der Europäischen Gemeinschaft umfasst und zugleich auch kompetent über die regionalen Verhältnisse unterrichtet ist. Der Mehrwert des auf diese Weise entstehenden „Informationsnetzwerkes Naturschutzpolitik“ lässt sich auch in

936 Dieser Einfluss zeigt sich deutlich bei der unterschiedlichen Umsetzung der IVU-Richtlinie in das deutsche und das englische Recht (dazu oben Fünftes Kapitel, B. I.); vgl. auch Hatje, Europäische Rechtseinheit durch einheitliche Rechtsdurchsetzung, EuR, Beiheft 1/1998, S. 7 (14).

937 Nicklas, Implementationsprobleme des EG-Umweltrechts, S. 126.

Bezug auf die Vogelschutzrichtlinie zeigen: So werden die für die Meldung der FFH-Schutzgebiete vorgesehenen Meldebögen für die Vogelschutzgebiete verwendet, auch wenn es hierfür an einer expliziten Rechtsgrundlage fehlt.[938] Das führt zwar, wie festgestellt, wegen der fehlenden rechtlichen Grundlage rechtlich nicht zu einer Übertragbarkeit der materiellen Kriterien für die Gebietsauswahl, und insoweit verbleibt es bei den unpräzisen Vorgaben der Vogelschutzrichtlinie. Aber auch wenn diese Kompetenzzuweisung seitens der Kommission akzeptiert wird, so drängt sie doch darauf, im Zusammenhang mit der Sammlung und Auswertung der Daten zu den FFH-Schutzgebieten auch Daten über Vogelschutzgebiete und schützenswerte Gebiete zu bekommen. Diese dienen dann nämlich weniger der Auswahl oder einer verfahrensmäßigen Beteiligung als vielmehr der nachfolgenden Kontrolle, ob die Mitgliedstaaten ihrer Schutzverpflichtung nachgekommen sind. [939] Die Kommission hat ein Interesse an fundierten Daten, um mögliche Verstöße festzustellen und stichhaltig vor dem EuGH begründen zu können. Auf diese Weise erlangt sie gewissermaßen als Mitnahmeeffekt des komplexen Auswahlverfahrens - auch eine wesentlich verbesserte Kenntnis über Zustand und Umfang der Vogelschutzgebiete. Auch dürfte nach Erlass der FFH-Richtlinie das faktische Konfliktpotenzial bezüglich der Kriterien zur Gebietsbeurteilung geringer geworden sein, da sich die Praxis des Vogelschutzes nun an den Kriterien der FFH-Richtlinie ausrichten kann.[940] Dabei darf allerdings nicht vergessen werden, dass der EuGH im Falle der Vogelschutzrichtlinie seiner Bezeichnung als „Motor der Integration" gerecht wurde[941] und die dogmatische Struktur, insbesondere durch die Figur des faktischen Schutzgebietes, entscheidend mitprägte.

Der als informaler Prozess organisierte „Informationsaustausch", in dessen Rahmen die BVT-Merkblätter erstellt werden, bietet die Chance, dem

---

938 Dazu oben, Viertes Kapitel, B. III. 2. c).

939 European Environment Agency, Nature Conservation Topic Update 1998, 1999, S. 18.

940 Allerdings brachte die FFH-Richtlinie neben dem Vorteil, den mitgliedstaatlichen Verwaltungen fachliche Kriterien für die Auswahl relevanter Gebiete an die Hand zu geben, auch den Nachteil, dass die enge Verbundenheit der unterschiedlichen Schutzgebiete unter dem begrifflichen Dach des „Natura-2000" Netzes zu Verwirrungen bezüglich des Verhältnisses und der unterschiedlichen Verpflichtungen der beiden Richtlinien führten.

941 Zur Rolle des EuGH bei der Rechtsfortbildung und der Integration der Gemeinschaft Callies/Ruffert, EG-Vertrag Art. 220, Rdnr. 16.

eingangs skizzierten Wissensdefizit der öffentlichen Verwaltung wirksam zu begegnen. Gerade der informale Charakter des „Informationsaustauschs" scheint es dabei zu ermöglichen, die geschilderte Asymmetrie des für die Risikosteuerung notwendigen Wissens zu ändern. Indem die Industrieverbände einen Platz direkt bei der Erarbeitung der materiellen Standards eingeräumt bekommen, wird versucht, das Schema des geschilderten „Hase-und-Igel-Wettlaufs" aufzubrechen. Wie sich bei der Analyse des „Informationsaustauschs" zeigte,[942] geschieht dies durch die dem informalen Handeln eigene tauschförmige Kooperation: Der Preis für die Einbeziehung ist allerdings die Rücksichtnahme auf die eingebrachten Interessen.[943]

Der Bewertung, die Europäische Gemeinschaft flüchte sich zunehmend in weiche, unverbindliche Formen der Steuerung, indem sie von ihrer Kompetenz, verbindliches Recht zu setzen, immer weniger Gebrauch mache und statt dessen in Formen des *soft law* flüchte, kann im Ergebnis nicht gefolgt werden.[944] Zwar weisen die späteren Richtlinien explizit Elemente der Kooperation auf, und die IVU-Richtlinie setzt als Instrument auf die Unverbindlichkeit des „Informationsaustauschs". Dennoch stellen auch die FFH- und die IVU-Richtlinie einen verbindlichen Rahmen auf. Die Untersuchung hat dabei gezeigt, dass auch die beiden früheren Richtlinienbeispiele - obwohl dem „klassischen" Muster der Richtlinie folgend und ein schlichtes, hierarchisches Verständnis der Implementation festlegend - große Probleme bei der Implementation bergen. Die bei der gemeinschaftsweit einheitlichen Umsetzung und Anwendung der gemeinschaftsrechtlichen Vorgaben auftauchenden Probleme sind so vielfältig und komplex, dass sie mit der Verabschiedung schlichter verbindlicher Rechtsnormen allein nicht zu lösen sein werden. Insofern ist in der Aufnahme kooperativer Elemente mehr eine notwendige Flucht nach vorne denn ein Rückzug hinter bereits erreichte Positionen zu sehen. Dabei ist festzuhalten, dass bestehende Grenzwerte durch den informalen Austausch und die Merkblätter nicht relativiert werden. Die durch die kooperativen Elemente geförderte Vernetzung der staatlichen Behörden mit der Kommission stellen vielmehr einen Beitrag zur Gewährleistung einer einheitlichen Rechtsdurchsetzung im Gemeinschafts-

---

942 Vgl. o., Sechstes Kapitel, B. II. 2. a).

943 Eindrucksvoll insoweit die oben angeführte Drohung der Industrieverbände, den „Informationsaustausch" zu beenden, sollten bestimmte Inhalte nicht in das Merkblatt aufgenommen werden (dazu oben Sechstes Kapitel, B. II. 2. a).

944 So Bothe, „Soft Law" in den Europäischen Gemeinschaften? S. 774.

gebiet dar.[945] Indem die Beteiligten angemessen informiert werden, werden verbesserte Voraussetzungen für die Gestaltung einer effektiven Umweltschutzpolitik geschaffen, und ein effektiverer Vollzug sichergestellt.

945 Hatje, Europäische Rechtseinheit durch einheitliche Rechtsdurchsetzung, EuR, Beiheft 1/1998, 7 (16).

Literaturverzeichnis

Adam, Heike: Die Mitteilungen der Kommission: Verwaltungsvorschriften des Europäischen Gemeinschaftsrechts? Eine Untersuchung zur rechtsdogmatischen Einordnung eines Instruments der Kommission zur Steuerung der Durchführung des Gemeinschaftsrechts, 1999. Zugl. Diss. Univ. Bremen 1998.

Aertker, Peter: Europäisches Zulassungsrecht für Industrieanlagen: die Richtlinie über die integrierte Vermeidung und Verminderung der Umweltverschmutzung und ihre Auswirkungen auf das Anlagenzulassungsrecht der Bundesrepublik Deutschland, 2000. Zugl. Diss, Univ. Münster (Westfalen), 1999.

Albin, Silke: Die Vollzugskontrolle des europäischen Umweltrechts, 1999. Zugl. Diss. Univ. Bayreuth.

Apfelbacher, Dieter / Adenauer, Ursula / Iven, Klaus: Das zweite Gesetz zur Änderung des Bundesnaturschutzgesetzes. Innerstaatliche Umsetzung und Durchführung gemeinschaftsrechtlicher Vorgaben auf dem Gebiet des Naturschutzes.

- Teil 1: Artenschutz, NuR 1998, 509.
- Teil 2: Biotopschutz, NuR 1999, 63.

Bailey, Patricia M. The changing role of environmental agencies, EELR 1997, 148.

Balzer, Sandra / Schröder, Eckart / Ssymank, Axel: Ergänzung der Anhänge zur FFH-Richtlinie auf Grund der EU-Osterweiterung, Natur und Landschaft 2004, 145.

Banse, Gerhard: Herkunft und Anspruch der Risikoforschung, in: ders. (Hg.), Risikoforschung zwischen Disziplinarität und Interdisziplinarität: von der Illusion der Sicherheit zum Umgang mit Unsicherheit, 1996, S. 15.

Beck, Ulrich: Risikogesellschaft - Auf dem Weg in eine andere Moderne, 1986.

Becker, Bernd: Integrierte Vermeidung und Verminderung der Umweltverschmutzung (IVU/IPPC). Richtlinie 96/61/EG des Rates der Europäischen Union. Loseblatt-Slg.

Bender, Bernd: Gefahrenabwehr und Risikovorsorge als Gegenstand nukleartechnischen Sicherheitsrechts, NJW 1979, 1425.

Benz, Arthur: Verwaltungskooperation im Mehrebenensystem der Europäischen Union - Das Beispiel der regionalen Strukturpolitik, in: Schmidt-Aßmann (Hg.), Strukturen des europäischen Verwaltungsrechts, 1999, S. 45.

Berg, Gunhild: Europäisches Naturschutzrecht und Raumordnung, 2002. Zugl. Diss., Univ. Münster (Westfalen), 2002.

Berner, Klaus: Der Habitatschutz im europäischen und deutschen Recht: die FFH-Richtlinie der EG und ihre Umsetzung in der Bundesrepublik Deutschland, 2000. Zugl. Diss., Univ. Augsburg, 1999.

Beutler, Bengt / Bieber, Roland / Pipkorn, Jörn / Streil, Jochen: Die Europäische Union: Rechtsordnung und Politik, 5. Aufl. 2001.

Beyer, Peter: Die integrierte Anlagenzulassung : zur Umsetzung der IVU-Richtlinie im Bundesimmissionsschutzgesetz sowie im Entwurf der Sachverständigenkommission zum UGB und ihren Auswirkungen auf die Struktur des Verwaltungsrechts, 2001. Zugl. Diss., Univ. Freiburg i. Br., 2001.

Biesecke, Tilo: Die verfahrensrechtliche Integration durch das novellierte Bundesimmissionsschutzgesetz, ZUR 2002, 325.

Biester, Frauke: Der Rechtsschutz des Einzelnen bei der Umsetzung der Flora-Fauna-Habitat-Richtlinie, 2002. Zugl. Diss. Univ. Osnabrück, 2002.

Böhm, Monika: Umsetzungsdefizite und Direktwirkung der IVU- und UVP-Änderungsrichtlinie? ZUR 2002, 6.

Bohne, Eberhard: Informales Verwaltungs- und Regierungshandeln als Instrument des Umweltschutzes, VerwArch. 75 (1984), 343.

Bohne, Eberhard: Langfristige Entwicklungstendenzen im Umwelt- und Technikrecht, in: Schmidt-Aßmann (Hg.), Strukturen des europäischen Verwaltungsrechts, 1999, S. 218.

Bönsel, André / Hönig, Dietmar: Wovon Naturschützer träumen und womit Naturschutzgegner Politik machen, LKV 2000, 479.

Bothe, Michael: "Soft Law" in den Europäischen Gemeinschaften, in: v. Münch, Ingo, Festschrift für H.-J. Schlochhauer, 1981, S. 762.

Brandt, Edmund: Umweltaufklärung und Verfassungsrecht, 1994.

Brenner, Michael / Nehrig, Anja: Das Risiko im öffentlichen Recht, DÖV 2003, 1024.

Breuer, Rüdiger: Probabilistische Risikoanalysen und Gentechnikrecht, NuR 1994, 157.

Breuer, Rüdiger: Umweltschutzrecht, in: Eberhard Schmidt-Aßmann (Hg.), Besonderes Verwaltungsrecht, 12. Aufl. 2003, S. 503.

Breunung, Leonie / Treiber, Hubert: Die Vollzugsorganisation als Entscheidungsfaktor des Verwaltungshandelns: eine empirische Untersuchung zum „vereinfachten Genehmigungsverfahren" nach dem BImSchG, 2000.

Brohm, Winfried: Sachverständige Beratung des Staates, in: Isensee, Josef/Kirchhoff Paul (Hg.), Handbuch des Staatsrechts, Bd. 2: Demokratische Willensbildung - Die Staatsorgane des Bundes, S. 207 ff. (Zit als: Brohm, Sachverständige Beratung des Staates, in: Isensee/Kirchhof, HdStR II, Rdnr.)

Bruns, Heike: Das Umweltbundesamt (UBA) im Spannungsfeld zwischen Wissenschaft und Politik, in: Kotulla, Michael/Ristau, Herbert (Hg.), Umweltrecht und Umweltpolitik, 1998, S. 151.

Buchholz, Georg: Integrative Grenzwerte im Umweltrecht, 2001. Zugl. Diss., Univ. Trier, 2000.

Bückmann, Walter / Yeong Heui Lee / Zieschank, Roland: Bodenschutz: Steuerungsfunktion von Recht, Politik, Planung und Information im Bereich des Umweltschutzes, UPR 1999, 81.

Buschbaum, Heike / Schulz, Henning Alexander: Europäisierung des deutschen Umweltrechts am Beispiel des Technikstandards "Beste verfügbare Techniken", NuR 2001, 181.

Callies, Christian / Ruffert, Matthias (Hg.): Kommentar des Vertrages über die Europäische Union und des Vertrages zur Gründung der Europäischen Gemeinschaft: EUV/EGV, 2. Aufl. 2002 (zit. als: Bearbeiter, in: Callies/Ruffert, EG-Vertrag, Art., Rdnr.).

Covello, Vincent *T. / Mumpower, Jeryl:* Risk Analysis and Risk Management: An Historical Perspective, Risk Analysis Vol .5, No. 2 (1985), 103.

Davids, Peter Die Konkretisierung der besten verfügbaren Technik in der Anlagenzulassungspraxis, UPR 2000, 439.

Demmke, Christoph: Die EG-Informationsrichtlinie und die Vollzugsdefizite in der EG-Umweltpolitik, in: Hegele, Dorothea (Hg.), Umweltschutz durch Umweltinformation - Chancen und Grenzen des neuen Informationsanspruchs, 1993, S. 33.

Demmke, Christoph: Die Implementation von EG-Umweltpolitik in den Mitgliedstaaten, Umsetzung und Vollzug der Trinkwasserrichtlinie, 1994. Zugl. Diss., Hochschule Speyer, 1994.

Demmke, Christoph:: Umweltpolitik im Europa der Verwaltungen, Die Verwaltung 27 (1994), S. 49.

DiFabio, Udo: Grundfragen der rechtlichen Regulierung wissenschaftlich und technisch erzeugter Risiken, in: Banse, Gerhard (Hg.), Risikoforschung zwischen Disziplinarität und Interdisziplinarität. Von der Illusion der Sicherheit zum Umgang mit Unsicherheit, 1996, S. 133.

DiFabio, Udo: Risikoentscheidungen im Rechtsstaat, 1994.

DiFabio, Udo: Privatisierung und Staatsvorbehalt, JZ 1999, 585.

DiFabio. Udo: Das Kooperationsprinzip - ein allgemeiner Rechtsgrundsatz des Umweltrechts, NVwZ 1999, 1153.

Dose, Nicolai: Die verhandelnde Verwaltung - Eine empirische Untersuchung über den Vollzug des Immissionschutzrechts, 1997. Zugl. Diss., Univ. Konstanz, 1996.

Eberbach, Wolfram / Lange, Peter: Gentechnikrecht (GenTR), Loseblatt-Slg.

Ebinger, Barbara: Der unbestimmte Rechtsbegriff im Recht der Technik. Eine Untersuchung anhand des Beispiels der "Gefahren, erhebliche Nachteile oder Belästigungen" im Anlagengenehmigungsverfahren, 1993. Zugl. Diss., Univ. Bayreuth, 1991-1992.

Enders, Rainald / Krings, Michael: Das Artikelgesetz aus immissionsschutz- und abfallrechtlicher Sicht. Zur Umsetzung der UVP-Änderungsrichtlinie, der IVU-Richtlinie, der Deponierichtlinie und weiterer EG-Richtlinien zum Umweltschutz, DVBl. 2001, 1389.

Engelsberger, Christian: Der Vollzug europarechtlicher Vorschriften auf dem Gebiet des Umweltschutzes. Rechtliche Vorgaben und Verwaltungspraxis anhand einer empirischen Umfrage bei Behörden und Umweltschutzverbänden in Deutschland, 1998. Zugl. Diss., Univ. Bayreuth, 1996/97.

Epiney, Astrid: Umweltrecht in der Europäischen Union - Primärrechtliche Grundlagen, Gemeinschaftliches Sekundärrecht, 1997.

Epiney, Astrid: Vogel- und Habitatschutz in der EU. Mitgliedstaatliche Beurteilungsspielräume bei der Ausweisung von Schutzgebieten und der Anwendung der Schutzregime, UPR 1997, 303.

Epiney, Astrid: Gemeinschaftsrecht und Verbandsklage, NVwZ 1999, 485.

Epiney, Astrid: Rationalitätsgebote im Recht - unter besonderer Berücksichtigung der Vorgaben im europäischen Gemeinschaftsrecht, in: Gawel, Erik/Lübbe-Wolff, Gertrude (Hg.), Rationale Umweltpolitik - Rationales Umweltrecht. Konzepte, Kriterien und Grenzen rationaler Steuerung im Umweltschutz, 1999, S. 167.

Erbguth, Wilfried: Umweltrecht im Gegenwind: die Beschleunigungsgesetze, Anmerkungen rechtlicher, rechtsethischer und rechtspolitischer Herkunft, JZ 1994, 477.

Ewer, Wolfgang: Rechtsschutz gegenüber der Auswahl und Festsetzung von FFH-Gebieten, NuR 2000, 361.

Faber, Heiko: Verwaltungsrecht, 4. Aufl. 1995.

Falke, Josef: Technische Normung in Europa: Zieht sich der Staat wirklich zurück? in Winter (Hg.), Die Europäischen Gemeinschaften und das Öffentliche, ZERP Diskussionspapier 7/91, 1991, S. 79.

Falke, Josef: Komitologie - Entwicklung, Rechtsgrundlagen und erste empirische Annäherung, in: Joerges, Christian / Falke, Josef (Hg.), Das Ausschusswesen der Europäischen Union. Praxis der Risikoregulierung im Binnenmarkt und ihre rechtliche Verfassung, 1999.

Feldhaus, Gerhard: Beste verfügbare Techniken und Stand der Technik, NVwZ 2001, 1.

Feldhaus, Gerhard: Integriertes Anlagenzulassungsrecht, materiell- und verfahrensrechtliche Anforderungen nach neuem Recht, ZUR 2002, 1.

Fisahn, Andreas / Cremer, Wolfgang: Ausweisungspflicht und Schutzregime nach Fauna-Flora-Habitat- und der Vogelschutzrichtlinie, NuR 1997, 268.

Fisahn, Andreas: Defizite bei der Umsetzung der FFH-RL durch das BNatSchG, ZUR 2001, 252.

Fisahn, Andreas: Demokratie und Öffentlichkeitsbeteiligung, 2002.

Fisahn, Andreas: Probleme der Umsetzung von EU-Richtlinien im Bundesstaat, DÖV 2002, 239.

Fischer, Precht: Umweltschutz durch technische Regelungen. Zur Bedeutung der Grenzwertfestsetzungen und Verfahrensbeschreibungen des immissions- und Atomrechts 1989. Zugl. Diss., Univ. Hamburg, 1988.

Fischer-Hüftle, Peter / Herter, Wolfgang / Kratsch, Dietrich / Schumacher, Anke / Schumacher, Jochen: Bundesnaturschutzgesetz – Kommentar, 2003.

Führ, Martin: Technische Normen in demokratischer Gesellschaft, ZUR 1993, 99.

Füßer, Klaus : Die „zahlen- und flächenmäßig geeignetsten Gebiete" i.S. des Art. 4 Abs. 1 S. 4 der Vogelschutzrichtlinie. Diskussionsstand und Perspektiven der Rechtsprechung von EuGH und BVerwG, NuR 2004, 701.

Gassner, Erich / Bendomir-Kahlo, Gabriele / Schmidt-Räntsch, Annette / Schmidt-Räntsch, Jürgen: Bundesnaturschutzgesetz – Kommentar. Unter Berücksichtigung des Bundesartenschutzverordnung, des Washingtoner Artenschutzübereinkommens, der EG-Artenschutz-Verordnungen, der EG-Vogelschutz-Richtlinie und der EG-Richtlinie „Fauna-Flora-Habitate", 2. Aufl. 2003.

Gellermann, Martin: Was sind faktische bzw. potentielle Natura 2000-Gebiete? NVwZ 2002, 1202.

Gellermann, Martin: Biotop- und Artenschutz, in: Rengeling, Hans-Werner (Hg.), Handbuch zum europäischen und deutschen Umweltrecht, Bd. II 2. Aufl. 2003, § 78.

Gerhold, Thomas: Anwendungsfragen der neuen TA-Luft, UPR 2003, 44.

Grimm, Dieter: Der Wandel der Staatsaufgaben und die Zukunft der Verfassung, in: ders. (Hg.), Staatsaufgaben, 1994, S. 613.

Günter, Gisela: Zur Europarechtskonformität der Umsetzung der IVU-Richtlinie nach dem Artikelgesetz, NuR 2002, 394.

Gusy, Christoph: Die untergesetzliche Rechsetzung aus verfassungsrechtlicher Sicht, in: Koch, Hans-Joachim / Lechelt, Rainer (Hg.), Zwanzig Jahre Bundes-Immissionsschutzgesetz, 1994, S. 185.

Gusy, Christoph: Probleme der Verrechtlichung technischer Standards, NVwZ 1995, 105.

Gusy, Christoph: Verwaltung durch Information, NJW 2000, 977.

Gusy, Christoph: Kooperation als staatlicher Steuerungsmodus, ZUR 2001, 1.

Häberle, Peter: Grundrechte im Leistungsstaat, VVDStRL 30 (1972), 43.

Haibach, Georg: Komitologie nach Amsterdam - Die Übertragung von Rechtssetzungsbefugnissen im Rechtsvergleich, Staatsrecht 1999, 98.

Hansmann, Klaus: Integrierter Umweltschutz durch untergesetzliche Normsetzung, ZUR 2002, 19.

Hatje, Armin: Europäische Rechtseinheit durch einheitliche Rechtsdurchsetzung, EuR, Beiheft 1/1998, S. 7.

Heath, M.F. / Evans, M.I. et al. (ed.): Important Bird Areas in Europe: Priority Sites for Conservation, Vol. 2, 2000.

Heimlich, Jörg: Der Begriff „Stand der Technik im deutschen und europäischen Umweltrecht, NuR 1998, 582.

Held, Jürgen: Der Grundrechtsbezug des Verwaltungsverfahrens, 1984. Zugl. Diss., Univ. Bonn, 1983.

Henning, H.-Jörg: Wissen und Handeln, in: Preuß, Volker (Wolfgang Ritter-Stiftung, Universität Bremen, Gesellschaft der Freunde der Universität Bremen) (Hg.), Globale Umweltveränderungen und ihre Wahrnehmung in der Gesellschaft, 11. Bremer Universitäts-Gespräch, 1999.

Héritier, Adrienne / Mingers, Susanne / Knill, Christoph / Becka, Martina.: Die Veränderung von Staatlichkeit in Europa: ein regulativer Wettbewerb: Deutschland, Großbritannien und Frankreich in der Europäischen Union, 1994 (zit. als: Héritier u.a., Die Veränderung von Staatlichkeit in Europa.).

Héritier, Adrienne: The Accomodation of Diversity in European Policy-Making and its Outcomes: Regulatory Policy as a Patchwork, Journal of European Public Policy 1996, 146.

Hesse, Konrad: Bestand und Bedeutung der Grundrechte in der Bundesrepublik Deutschland, EuGRZ 1978, 427.

Hey, Christian: Balancing participation in Technical Working Groups: the case of the information exchange of the IPPC Directive, in: Umweltbundesamt (Hg.), The Sevilla process: A driver for environmental performance in industry, 2000, S. 67.

Hey, Christian: Zukunftsfähigkeit und Komplexität – Institutionelle Innovationen in der Europäischen Union, in: von Prittwitz (Hg.) Institutionelle Arrangements in der Umweltpolitik: Zukunftsfähigkeit durch innovative Verfahrenskombinationen? 2000, S. 65.

Hill, Hermann: Akzeptanz des Rechts - Notwendigkeit eines besseren Politikmanagements, JZ 1988, 377.

Hoffmann-Riem, Wolfgang: Verfahrensprivatisierung als Modernisierung, DVBl. 1996, 225.

Hofmann, Ekkehard: Integrierter Umweltschutz in der Abwägung (Planfeststellung), ZUR 2002, 11.

Hoppe, Werner / Beckmann, Martin / Kauch, Petra: Umweltrecht, 2. Aufl. 2000.

Hören, Thomas: Bringt Bücher nach Brüssel, NJW 2000, 3112.

Hösch, Ulrich: Die Rechtsprechung des Bundesverwaltungsgerichts zu Natura-2000-Gebieten, NuR 2004, 348.

Howarth, William: Umweltrecht und Vollzug des Umweltrechts in England und Wales, in Lübbe-Wolff, Gertrud (Hg.): Der Vollzug des europäischen Umweltrechts, 1996, S. 37.

Isensee, Josef: Rechtfertigung des Staates, JZ 1999, 271.

Iven, Klaus: Zur Praxis der Mitgliedstaaten bei der Ausweisung von Vogelschutzgebieten, NuR 1998, 528.

Jachtenfuchs, Martin: Regieren durch Überzeugen. Die Europäische Union und der Treibhauseffekt, in: ders/Kohler-Koch, Beate (Hg.), Europäische Integration, 1996, S. 429.

Jankowski, Klaus: Die Neustrukturierung der britischen Umweltverwaltung. Die Environment Agency für England und Wales, ZUR 1998, 237.

Jankowski, Klaus: Der Fragebogen der EG-Kommission zur IVU-Richtlinie, UPR 1999, 437.

Jarass, Hans D.: EG-rechtliche Vorgaben zur Ausweisung und Änderung von Vogelschutzgebieten, NuR 1999, 481.

Jarass, Hans D.: EG-rechtliche Folgen ausgewiesener und potentieller Vogelschutzgebiete. Zugleich ein Beitrag zum Rechtsregime für FFH-Gebiete, ZUR 2000, 183.

Jarass, Hans D.: Zur Systematik des Immissionsschutzrechts, in: Dolde, Klaus-Peter, Umweltrecht im Wandel: Bilanz und Perspektiven aus Anlass des 25-jährigen Bestehens der Gesellschaft für Umweltrecht (GfU), 2001, S. 381.

Jarass, Hans D.: Bundesimmissionsschutzgesetz – Kommentar. Unter Berücksichtigung der Bundesimmissionsschutzverordnungen und der TA-Luft sowie der TA-Lärm, 5. Aufl. 2002.

Joerges, Christian: Das Recht im Prozess der europäischen Integration. Ein Plädoyer für die Beachtung des Rechts durch die Politikwissenschaft und ihre Beteiligung an rechtlichen Diskursen. In: Jachtenfuchs, Martin/Kohler-Koch, Beate, Europäische Integration, 1996, S. 73.

Kadelbach, Stefan: Allgemeines Verwaltungsrecht unter europäischem Einfluss, 1999. Zugl. Habil., Frankfurt a. M., 1996.

Kahl, Wolfgang: Stellung und Funktion von Umweltagenturen - eine rechtsvergleichende Typologie, UTR 36 (1996), 119.

Kautz, Steffen: Absprachen im Verwaltungsrecht: Zulässigkeit, Grenzen und Folgen, 2002. Zugl. Diss., Univ. Heidelberg, 2001.

Kloepfer, Michael: Umweltrecht, 3. Aufl. 2004.

Kloepfer, Michael: Informationsrecht, 2002.

Koch, Thorsten: Europäisches Habitatschutzrecht und Rechte von Planungs- sowie Vorhabenträgern, 2000.

Koch, Hans-Joachim: Naturschutz und Landschaftspflege in der Reform der bundesstaatlichen Ordnung, NuR 2004, 277.

Kolodziejcok, Karl-Günther: "Natura 2000" und die Gewährung des rechtlichen Gehörs für die betroffenen privaten Grundeigentümer und -besitzer, NuR 2000, 674.

Kortenkamp, Andreas / Grahl, Birgit: Resümee, in: dies. (Hg.), Die Grenzenlosigkeit der Grenzwerte, zur Problematik eines politischen Instruments im Umweltschutz, 1989, S. 262.

Kracht, Harald / Wasielewski, Andreas: Integrierte Vermeidung und Verminderung der Umweltverschmutzung, in: Rengeling, Hans-Werner (Hg.), Handbuch zum Europäischen Umweltrecht (EUDUR), Bd. I, 2. Aufl. 2003, § 35.

Krämer, Ludwig: Arbeit und Konzeption der EG-Kommission in der Umweltpolitik, in: Calliess, Christian/Wegener, Bernhard W. (Hg.), Europäisches Umweltrecht als Chance, 1992.

Krämer, Ludwig: Defizite im Vollzug des EG-Umweltrechts und ihre Ursachen, in: Lübbe-Wolff, Gertrude (Hg.), Der Vollzug des europäischen Umweltrechts, 1996, S. 7.

Krämer, Ludwig: The Elaboration of EC Environmental Legislation, in: Winter, Gerd (Hg.), European Environmental Law - A Comparative Perspective, 1996, S. 297.

Krämer, Ludwig: Rechtsakte und Handlungsformen, in: Rengeling, Hans-Werner (Hg.), Handbuch zum europäischen und deutschen Umweltrecht (EUDUR), Bd. I, 2. Aufl. 2003, § 16.

Krämer, Ludwig: Direkte und indirekte Verhaltenssteuerung, in: Rengeling, Hans-Werner (Hg.), Handbuch zum europäischen und deutschen Umweltrecht (EUDUR), Bd. I, 2. Aufl. 2003, § 15.

Kues, Dirk: Lebensraumschutz nach der Fauna-Flora-Habitat-Richtlinie, 2001. Zugl. Diss., Univ. Münster (Westfalen), 2001.

Ladeur, Karl-Heinz: Standards, in: Böhret, Carl/Hill, Hermann (Hg.), Ökologisierung des Rechts- und Verwaltungssystems, 1994, S. 75.

Ladeur, Karl-Heinz: Integrierter Umweltschutz im Genehmigungsverfahren. Zur Irritation des deutschen Umweltverwaltungsrechts durch das Europarecht, ZUR 1998, 245.

Lange, Michael / Landgrebe, Jürgen: The German Approach to the Use of BREFs at the national Level, in: Umweltbundesamt (Hg.), The Sevilla process: A driver for environmental performance in industry, 2000, S. 195.

Laubinger, Hans-Werner: Grundrechtsschutz durch Gestaltung des Verwaltungsverfahrens, VerwArch. 73 (1982), 60.

Lenk, Klaus: Außerrechtliche Grundlagen für das Verwaltungsrecht in der Informationsgesellschaft: Zur Bedeutung von Information und Kommunikation in der Verwaltung, in: Hoffmann-Riem, Wolfgang/Schmidt-Aßmann, Eberhard, Verwaltungsrecht in der Informationsgesellschaft, 2000, S. 59.

Lepsius, Oliver: Risikosteuerung durch Verwaltungsrecht: Ermöglichung oder Begrenzung von Innovationen? VVDStRL BD. 63 (2002), S. 264.

Linke, Angelika / Nussbaumer, Markus / Portmann, Paul: Studienbuch Linguistik, 5. Aufl. 2004.

Lichtenecker, Ruperta: Umweltinformationssysteme, in: Bartel, Rainer/ Hackl, Franz (Hg.), Einführung in die Umweltpolitik, 1994.

Lohse, Detlev: Der Rechtsbegriff "Stand der Wissenschaft" aus erkenntnistheoretischer Sicht am Beispiel der Gefahrenabwehr im Immissionschutz- und Atomrecht, 1994. Zugl. Diss., Univ. Erlangen-Nürnberg, 1993.

Lohse, Joachim / Sander, Knut: Is the BREF process a success or a failure? - an NGO perspective, in: Umweltbundesamt (Hg.), The Sevilla process: A driver for environmental performance in industry, 2000, S. 61.

Lorz, Albert / Müller, Markus / Stöckel, Heinz: Naturschutzrecht mit Artenschutz und Europarecht/Internationales Recht, 2. Aufl. 2003.

Louis, Hans Walter / Engelke, Annegret: Bundesnaturschutzgesetz: Gesetz über Naturschutz und Landschaftspflege (Bundesnaturschutzgesetz - BNatSchG) in der Neufassung vom 21. September 1998, BGBl. I S. 2994, 2. Aufl. 2000.

Louis, Hans Walter: Die Änderung des Bundesnaturschutzgesetzes: Überblick und rechtliche Einschätzung, in: Erbguth, Wilfried (Hg.), Neuregelungen im Bundesnaturschutzgesetz: Rechtsfragen 2000, S. 29.

Louis, Hans Walter: Das Gesetz zur Neuregelung des Rechtes des Naturschutzes und der Landschaftspflege (BNatSchG NeuRG). Die wesentlichen Änderungen des Bundesnaturschutzgesetzes durch das BNatSchNeuregG vom 25.3.2002 (BGBl. I S. 1193), NuR 2002, 385.

Lübbe-Wolff, Gertrude: Das Kooperationsprinzip im Umweltrecht - Rechtsgrundsatz oder Deckmantel des Vollzugsdefizits? NuR 1989, 295.

Lübbe-Wolff, Gertrude: Stand und Instrumente der Implementation des Umweltrechts in Deutschland, in: dies. (Hg.), Der Vollzug des europäischen Umweltrechts, 1996; S. 77.

Lübbe-Wolff, Gertrude: IVU-Richtlinie und europäisches Vorsorgeprinzip, NVwZ 1998, 777.

Luhmann, Niklas: Grenzwerte der ökologischen Politik. Eine Form von Risikomanagements, in: Hiller, Petra / Krücken, Georg, Risiko und Regulierung: soziologische Beiträge zu Technikkontrolle und präventiver Umweltpolitik, S. 195.

Maaß, Christian: Die Identifizierung faktischer Vogelschutzgebiete, NuR 2000, 121.

Mag, Wolfgang: Entscheidung und Information, 1977.

Majone, Giandomenico: Redistributive und sozialregulative Politik, in: Jachtenfuchs, Martin/ Kohler-Koch, Beate (Hg.), Europäische Integration, 1996, S. 225.

Majone, Giandomenico: The new European agencies: regulation by information, Journal of European Public Policy (JEPP) 1997, 262.

Marburger, Peter: Rechtliche Grenzen technischer Sicherheitspflichten, WiVerw 1981, 241.

Maurer, Hartmut: Allgemeines Verwaltungsrecht, 14. Aufl. 2002.

Mayntz, Renate: Entscheidungsprozesse bei der Entwicklung von Umweltstandards, Die Verwaltung 23 (1990), 137.

Mecklenburg, Wilhelm: Anmerkungen zur Rechtsfigur des potentiellen FFH-Gebietes, UPR 2002, 124.

Meinken, Lutz: Emissions- versus Immissionsorientierung. Rechts- und Effizienzfragen einer umweltpolitischen Grundsatzdebatte am Beispiel des Anlagengenehmigungsrechts, 2001. Zugl. Diss. 2000/2001 Univ. Bielefeld.

Mentzinis, Pablo: Die Durchführbarkeit des Europäischen Umweltrechts. Gemeinschaftsrechtliche Ursachen des Vollzugsdefizits im Anlagenzulassungsrecht, 2000. Zugl. Diss., Univ. Trier 1999/2000.

Meßerschmidt, Klaus: Wiedervorlage oder Innovation? Zum Entwurf einer Gesamtnovellierung des Bundesnaturschutzgesetzes vom 2. Februar 2001, ZUR 2001, 241 ff.

Münch, Ingo von: Grundgesetz-Kommentar, Bd. 1 (Präambel bis Art. 19), 5. Aufl. 2000 (zit. als: Bearbeiter, in: v. Münch, Grundgesetz-Kommentar, Art., Rdnr.).

Murswiek, Dietrich: Das sogenannte Kooperationsprinzip - ein Prinzip des Umweltrechts? ZUR 2001, 7.

Neumann, Lothar F. / Pastowski, Andreas: Vor- und Nachteile einheitlicher EG-Umweltstandards unter ökologischen und wettbewerblichen Gesichtspunkten, in: Jarass, Hans D./Neumann, Lothar F. (Hg.), Umweltschutz und Europäische Gemeinschaften. Rechts- und sozialwissenschaftliche Probleme der umweltpolitischen Integration, 1992, S. 49.

Nicklas, Cornelia: Implementationsprobleme des EG-Umweltrechts. Unter besonderer Berücksichtigung der Luftreinhalterichtlinien, 1997. Zugl. Diss., Univ. Frankfurt a. M., 1997.

Niederstadt, Frank: Die Umsetzung der Flora-Fauna-Habitatrichtlinie durch das Zweite Gesetz zur Änderung des Bundesnaturschutzgesetzes, NuR 1998, 515.

Niederstadt, Frank: Beginn und Umfang des Schutzes der FFH- und Vogelschutzgebiete nach dem Bundesnaturschutzgesetz und das Europarecht, in: Erbguth, Wilfried (Hg.), Neuregelungen im Bundesnaturschutzgesetz: Rechtsfragen, 2000, S. 65.

Nitschke, Dorothee: Harmonisierung des nationalen Verwaltungsvollzugs von EG-Umweltrecht, 2000. Zugl. Diss., Univ. Münster, 1999.

Ossenbühl, Fritz: Vorsorge als Rechtsprinzip im Gesundheits-, Arbeits- und Umweltschutz, NVwZ 1986, 161.

Ossenbühl, Fritz: Rechtsquellen und Rechtsbindungen der Verwaltung, in: Erichsen, Hans-Uwe / Ehlers, Dirk, Allgemeines Verwaltungsrecht, 12. Aufl. 2002 (zit. als: Ossenbühl in: Erichsen / Ehlers, AllgVerw, § 10, Rdnr.).

Otting, Olaf: Der Entwurf der neuen TA-Luft, DVBl. 2001, 1792.

Philipp, Renate: Staatliche Verbraucherinformation im Umwelt- und Gesundheitsrecht, 1989, Zugl. Diss. Univ. Freiburg 1988.

Pöcker, Markus: Irritationen einer Grundlage des Rechts: Die Problematik des Verhältnisses von materiellen Recht und Verfahrensrecht bei Planungsentscheidungen, DÖV 2003, 980.

Pietzcker, Jost: Verwaltungsverfahren zwischen Verwaltungseffizienz und Rechtsschutzauftrag, VVDStRL Bd. 42 (1984), S. 193.

Preuß, Ulrich K.: Risikovorsorge als Staatsaufgabe, in: Grimm, Dieter (Hg.), Staatsaufgaben, 1994, S. 523.

Priddat, Birger P.: Risiko, Ungewissheit und Neues: Epistemologische Probleme ökonomischer Entscheidungsbildung, in: Banse, Gerhard (Hg.), Risikoforschung zwischen Disziplinarität und Interdisziplinarität. Von der Illusion der Sicherheit zum Umgang mit Unsicherheit, 1996, S. 105.

Pschera, Thomas / Koepfer, Isabell: Die neue TA-Luft – Gefährdet der integrative Ansatz die Bindungswirkung? NuR 2003, 517.

Pühs, Wolfgang: Der Vollzug von Gemeinschaftsrecht: Formen und Grenzen eines effektiven Gemeinschaftsrechtsvollzugs und Überlegungen zu seiner Effektuierung, 1997. Zugl. Diss., Univ. Bayreuth, 1996.

Quinn, Martin: The UK approach to use the BREFs at national and installaltion level, in: Umweltbundesamt (Hg.), The Sevilla process: A driver for environmental performance in industry, 2000, S. 157.

Rehbinder, Eckard / Schmihing, Christoph: Ökobilanzen als Instrumente des Umweltschutzes, 2000.

Reinermann, Heinrich: Das Internet und die öffentliche Verwaltung. Von der bürokratischen zur interaktiven Verwaltung? DÖV 1999, 20.

Rengeling, Hans-Werner: Umsetzungsdefizite der FFH-Richtlinie in Deutschland? Unter Berücksichtigung der Rechtsprechung des Bundesverwaltungsgerichtes zum sog. "Ostseeautobahnurteil", UPR 1999, 281.

Rengeling, Hans-Werner: Die Ausführung von Gemeinschaftsrecht, insbesondere Umsetzung von Richtlinien, in ders. (Hg.), Handbuch zum europäischen und deutschen Umweltrecht (EUDUR), Bd. I, 2. Aufl. 2003, § 28.

Rengeling, Hans-Werner: Der Verwaltungsvollzug (Anwendung) von Gemeinschaftsrecht, in: ders., (Hg.), Handbuch zum europäischen und deutschen Umweltrecht (EUDUR), Bd. I, 2. Aufl. 2003, § 29.

Reznicek, Leonhard: Lean Management für die öffentliche Verwaltung? Eine Analyse anhand der aktuellen Berliner Verwaltungsreform, 1996.

Ritter, Ernst-Hasso: Organisationswandel durch Expertifizierung und Privatisierung im Ordnungs- und Planungsrecht, in: Schmidt-Aßmann, Eberhard/Hoffmann-Riem, Wolfgang (Hg.), Verwaltungsorganisationsrecht als Steuerungsressource, 1997, S. 207.

Rödiger-Vorwerk, Tania: Die Fauna-Flora-Habitatrichtlinie der Europäischen Union und ihre Umsetzung in nationales Recht: Analyse der Richtlinie und Anleitung zu ihrer Anwendung, 1998. Zugl. Diss., Univ. Gießen, 1998.

Rojahn, Ondolf: Planfeststellung von Straßen und europäisches Naturschutzrecht in der neuesten Rechtsprechung des Bundesverwaltungsgerichts, NordÖR 2003, 1.

Rossi, Matthias: Das Umweltinformationsgesetz in der Rechtsprechung - Ein Überblick, UPR 2000, 175.

Roßnagel, Alexander: Rechtliche Fassung technischer Risiken, UPR 1986, 46.

Roßnagel, Alexander: Europäische Techniknormen im Lichte des Gemeinschaftsrechts, DVBl. 1996, 1181.

Scheller, Wolfgang / Strache, Rolf-Rüdiger / Eichstädt, Werner / Schmidt, Ernst: Important Bird Areas (IBA) in Mecklenburg-Vorpommern. Die wichtigsten Brut- und Rastvögelgebiete Mecklenburg-Vorpommerns, 2002.

Scherzberg, Arno: Risikosteuerung durch Verwaltungsrecht: Ermöglichung oder Begrenzung von Innovationen?, VVDStRL Bd. 63 (2002), 214.

Schillhorn, Kerrin / Albrecht, Claus / Esser, Thomas / Giesen, Tilman: Rechtliche Anforderungen an die Auswahl besonderer Vogelschutzgebiete (Teil 1), NordÖR 2004, 465.

Schink, Alexander: Die Verträglichkeitsprüfung nach der Fauna-Flora-Habitat-Richtlinie der EG, DÖV 2002, 45.

Schink, Alexander: Die Verträglichkeitsprüfung nach der FFH-Richtlinie, UPR 1999, 417.

Schladebach, Marcus: Die Auswahl Europäischer Vogelschutzgebiete nach der Novelle des Bundesnaturschutzgesetzes, LKV 1999, 374.

Schmidt-Aßmann, Eberhard: Anwendungsprobleme des Art.2 Abs.2 GG im Immissionsschutzrecht, AöR 106 (1981), 205.

Schmidt-Aßmann, Eberhard: Das allgemeine Verwaltungsrecht als Ordnungsidee: Grundlagen und Aufgaben der verwaltungsrechtlichen Systembildung, 1998.

Schmidt-Aßmann, Eberhard: Strukturen des Europäischen Verwaltungsrechts: Einleitende Problemskizze, in: ders. (Hg.), Strukturen des Europäischen Verwaltungsrechts, 1999, S. 9.

Schnutenhaus, Jörn: Die IPPC-Richtlinie. Eine umweltpolitische Bestandsaufnahme, ZUR 1994, 299.

Schoenberger, Harald: BREF on the Production of Iron and Steel - Conclusion on BAT, in: Umweltbundesamt (Hg.), The Sevilla process: A driver for environmental performance in industry, 2000, S. 101.

Schrader, Christian / Hellenbroich, Tobias: Die Umsetzung der FFH-Richtlinie durch die Landesgesetzgeber in: UTR 58 (2001), S. 283.

Schreiber, Frank: Das Regelungsmodell der Genehmigung im integrierten Umweltschutz: ein Beitrag zur Lehre vom Verbot mit Erlaubnisvorbehalt unter besonderer Berücksichtigung der Richtlinie 96/61/EG des Rates vom 26. September 1996 über die integrierte Vermeidung und Verminderung der Umweltverschmutzung, 2000. Zugl. Diss., Univ. Regensburg, 1999.

Schrödter, Wolfgang: Aktuelle Fragen der Fauna-Flora-Habitat-Richtlinie und der Vogelschutzrichtlinie, dargestellt am Beispiel der Bauleitplanung, Teil 1, Nds.Vbl. 1999, 173.

Schulze-Fielitz, Helmuth: Immissionsschutz als Feld bundesstaatlichen Wettbewerbs? NuR 2002, 1.

Schwarze, Jürgen: Das Verwaltungsrecht unter europäischem Einfluss. Zur Konvergenz der mitgliedstaatlichen Verwaltungsrechtsordnungen in der Europäischen Union, 1996.

Seggelke, Jürgen: Information, in: Böhret, Carl/Hill, Hermann (Hg.), Ökologisierung des Rechts- und Verwaltungssystems, 1994, S. 44.

Seiler, Hansjörg: Aktuelle Tendenzen des Risikorechts, in Banse, Martin (Hg.), Risikoforschung zwischen Disziplinarität und Interdisziplinarität. Von der Illusion der Sicherheit zum Umgang mit Unsicherheit, 1996, S. 145.

Sellner, Dieter: Umweltmanagement und Umweltbetriebsprüfung ("Umweltaudit") - ein wirksames, nicht ordnungsrechtliches System des betrieblichen Umweltschutzes? NVwZ 1991, 928.

Sellner, Dieter: Anlagenbezogene Regelungen im Luftreinhalterecht, in: Rengeling, Hans-Werner (Hg.), Handbuch zum europäischen und deutschen Umweltrecht (EUDUR), Bd. II, 2. Aufl. 2003, § 49.

Sparwasser, Reinhard / Engel, Rüdiger / Voßkuhle, Andreas: Umweltrecht. Grundzüge des öffentlichen Umweltschutzrechts, 5. Aufl. 2003.

Sörup, Per: The European IPPC Bureau; what is it, where is it and what does it do, in: Umweltbundesamt (Hg.), The Sevilla process: A driver for environmental performance in industry, 2000, S. 83.

Ssymank, Axel u.a.: Das europäische Schutzgebietssystem Natura 2000. BfN-Handbuch zur Umsetzung der Fauna-Flora-Habitat-Richtlinie und der Vogelschutz-Richtlinie, 1998.

Ssymank, Axel / Balzer, Sandra u.a.: Die gemeinschaftliche Bewertung der deutschen FFH-Gebietsvorschläge für das Netz Natura 2000 und der Stand der Umsetzung, Natur und Landschaft 78 (2003), 268.

Staupe, Jürgen: Die vollständige Koordination des Behördenhandelns gemäß IVU-Richtlinie, ZUR 2000, 368.

Steinberg, Rudolf: Standards integrierten Umweltschutzes, NuR 1999, 192.

Steffen, Till B.: Habitatschutz in Deutschland und im Vereinigten Königreich. Eine rechtsvergleichende Untersuchung der Umsetzung des Habitatschutzes der FFH- und der Vogelschutzrichtlinie, 2004. Zugl. Diss. Univ. Hamburg.

Stich, Rudolf: Das neue Bundesnaturschutzgesetz. Bedeutsame Änderungen und Ergänzungen des Bundesnaturschutzgesetzes, UPR 2002, 161.

Streinz, Rudolf: Europarecht, 6. Aufl. 2003.

Stüber, Christian: Artenschutz und dessen Monitoring in der Vogelschutz- und der FFH-Richtlinie und die Umsetzung in Bundesrecht, NuR 2000, 245.

Stüer, Bernhard / Spreen, Holger: Rechtsschutz der Gemeinden bei der Ausweisung von Habitaten und Vogelschutzgebieten, NordÖR 2003, 221.

Stüber, Stephan: Gibt es "potentielle Schutzgebiete" i.S.d. FFH-Richtlinie? Anmerkung zum Urteil des BVerwG vom 19.5.1998 -4 A 9/97, NuR 1998, 531.

Sydow, Gernot: Strukturen europäischer Planungsverfahren - Die Europäische Union und ihre Mitgliedstaaten im Planungsverbund-, DÖV, 2003, 606.

Tausch, Christian: Die Bedeutung der BVT-Merkblätter im Umweltrecht, NVwZ 2002, 676.

Timm, Gerhard I.: Die wissenschaftliche Beratung der Umweltpolitik. Der Rat von Sachverständigen für Umweltfragen, 1989. Zugl. Diss., Univ. Köln, 1987.

Tietmann, Karl: Situation der Umwelt in der Europäischen Union, in Rengeling, Hans-Werner (Hg.), Handbuch zum europäischen und deutschen Umweltrecht (EUDUR), Bd. I, 2. Aufl. 2003; § 2.

Vahldiek, Carola: Neue Entwicklungen in der Rechtsprechung zum Umweltinformationsrecht - zwei obergerichtliche Entscheidungen fördern den Status von Informationssuchenden, ZUR 1997, 144.

Vierhaus, Hans-Peter: Umweltbewusstsein von oben. Zum Verfassungsgebot demokratischer Willensbildung, 1994. Zugl. Diss., Univ. Berlin (Humboldt), 1993/1994.

Vomhof, Martin: Rechtsprobleme der Einbindung von sachverständigen Gremien in das Umwelt- und Technikrecht, 2000. Zugl. Diss., Univ. Trier, 2000.

Voßkuhle, Andreas: Der Wandel von Verwaltungsstruktur und Verwaltungsprozessrecht in der , in: Hoffmann-Riem, Wolfgang/Schmidt-Aßmann, Eberhard, Verwaltungsrecht in der Informationsgesellschaft, 2000, S. 349.

Voßkuhle, Andreas: "Schlüsselbegriffe" der Verwaltungsrechtsreform. Eine kritische Bestandsaufnahme, VerwArch 92 (2001), 184.

Wahl, Rainer: Verwaltungsverantwortung und Verwaltungsgerichtsbarkeit, Bemerkungen zu einem Dauerthema, VBl.BW 1988, 371.

Wahl, Rainer: Die Normierung der materiell-integrativen (medienübergreifenden) Genehmigungsanforderungen, ZUR 2000, 360.

Wahl, Rainer: Materiell-integrative Anforderungen an die Vorhabenzulassung, NVwZ 2000, 502.

Wahl, Rainer: Verwaltungsverfahren zwischen Verwaltungseffizienz und Rechtsschutzauftrag, VVDStRL Bd. 42 (1984), S. 152.

Wasielewski, Andreas: Stand der Umsetzung der UVP-Änderungs- und der IVU-Richtlinie, NVwZ 2000, 15.

Wasielewski, Andreas: Die versuchte Umsetzung der IVU-Richtlinie in das deutsche Recht - eine Bilanz, in: Dolde, Klaus Peter, Umweltrecht im Wandel: Bilanz und Perspektiven aus Anlass des 25-jährigen Bestehens der Gesellschaft für Umweltrecht (GfU), 2001, S. 213.

Wedemeyer, Gerd von: Kooperationen beim Vollzug des Umweltrechts. Eine empirische und rechtliche Untersuchung der Vollzugspraxis im Bereich der Luftreinhaltung unter besonderer Berücksichtigung informalen Verwaltungshandelns, 1991. Zugl. Diss. Univ. Augsburg.

Wegener, Bernhard W.: Gebietsauswahl und -ausweisung für das Schutzgebietsnetz "Natura 2000", in: Erbguth, Wilfried (Hg.), Neuregelungen im Bundesnaturschutzgesetz: Rechtsfragen, 2000, S. 49.

Werner, Julia: Das EU-Netzwerk für Umsetzung und Vollzug von Umweltrecht, in: Lübbe-Wolff, Gertrude (Hg.), Der Vollzug des europäischen Umweltrechts, 1996, S. 131.

Wessling, Ewald: Individuum und Information: die Erfassung von Information und Wissen in ökonomischen Handlungstheorien, 1991.

Wichert, Friedrich: Natura 2000: kooperatives Vorgehen von Gemeinschaft und Mitgliedstaaten bei der Errichtung eines Netzes von Schutzgebieten zum Zwecke des Artenschutzes, 2001. Zugl. Diss., Univ. Freiburg i. Br., 2001.

Winter, Gerd: Brauchen wir das? KJ 1992, 389.

Winter, Gerd: Der Säbelschnäbler als Teil des Ganzen, NuR 1992, 21.

Winter, Gerd: Institutionelle Strukturen der Europäischen Union, DÖV 1993, 173.

Winter, Gerd: Probleme der atomrechtlichen Anlagenzulassung aus verfassungsrechtlicher Sicht. Zugleich Anmerkung zu dem Beschluss des BVerwG vom 12. Juli 1993 (7B114.92) (Legitimität von Verwaltungsrichtlinien und Regelwerken), ZUR 1994, 20.

Winter, Gerd: Was sind Umweltinformationen, was Vorverfahren im Sinne der Umweltinformationsrichtlinie? Zum Vorlagebeschluss nach Art. 177 EGV des OVG Schleswig vom 10.7.1996 - Az 4 L 222/95, NuR 1997, 335.

Winter, Gerd: Umwelt - Ressource - Biosphäre, S. 1 - (Konzeptpapier 2002).

Winter, Gerd: Die Dogmatik der Direktwirkung von EG-Richtlinie und ihre Bedeutung für das EG-Naturschutzrecht, ZUR 2002, 313.

Wirths, Volker: Naturschutz durch europäisches Gemeinschaftsrecht: die Fauna-Flora-Habitat-Richtlinie und ihre Durchführung in der Bundesrepublik Deutschland, 2001, Zugl. Diss., Univ. Würzburg, 2001.

Wirths, Volker: Defizite bei der Umsetzung der FFH-Verträglichkeitsprüfung im neuen BNatSchG und ihre Konsequenzen, NuR 2003, 150.

Wolf, Rainer: "Herrschaft kraft Wissen" in der Risikogesellschaft, Soziale Welt 39 (1988), 164.

Würtenberger, Thomas: Die Akzeptanz von Verwaltungsentscheidungen, 1996.

Wrase, Joachim: Ausnahmen vom FFH-Schutzregime, NuR 2004, 356.

Zeichner, Wolfgang: FFH und Planung von Verkehrstrassen - Beispiel A 20 (Wakenitzniederung), NVwZ 1999, 32.

Zeller, Friedrich: Staatliche Umweltberatung und gesellschaftliches Umweltbewusstsein - im Kontext der aktuellen EG-Richtlinie über den freien Zugang zu Umweltinformationen, in: Hegele/Röger (Hg.) "Umweltschutz durch Umweltinformation - Chancen und Grenzen des neuen Informationsanspruchs", 1993, S. 83.

Zieschank, Roland: Einleitung, in: Weidner, Helmut / Zieschank, Robert / Knoepfel, Peter (Hg.), Umwelt-Information: Berichterstattung und Informationssysteme in zwölf Ländern, 1992, S. 7.

Zieschank, Roland: Umweltbeobachtung und Umweltberichterstattung in der Bundesrepublik Deutschland, in: Weidner, Helmut / Zieschank, Robert / Knoepfel, Peter (Hg.), Umwelt-Information: Berichterstattung und Informationssysteme in zwölf Ländern, 1992, S. 163.

Zöttl, Johannes: Integrierter Umweltschutz in der neuesten Rechtsentwicklung. Die EG-Richtlinie über die integrierte Vermeidung und Verminderung der Umweltverschmutzung und ihre Umsetzung in deutsches Recht, 1998. Zugl. Diss., Univ. Würzburg, 1998.

Zuleeg, Manfred: Umweltschutz in der Rechtsprechung des Europäischen Gerichtshofes, NJW 1993, 31.

Zuleeg, Manfred: Die Europäische Gemeinschaft als Rechtsgemeinschaft, NJW 1994, 545.

Peter Lang · Europäischer Verlag der Wissenschaften

Magnus Noll-Ehlers

Produzentenverantwortung im Europäischen Umweltrecht

Frankfurt am Main, Berlin, Bern, Bruxelles, New York, Oxford, Wien, 2004. 230 S.
Schriften zum Europa- und Völkerrecht und zur Rechtsvergleichung.
Herausgegeben von Manfred Zuleeg. Bd. 13
ISBN 3-631-53272-5 · br. € 42.50*

Produzentenverantwortung bedeutet, dass Wirtschaftsbeteiligte die Entsorgung der von ihnen in den Verkehr gebrachten Altprodukte übernehmen müssen. Die Arbeit klärt, welche Vorschriften dazu auf Gemeinschaftsebene nötig sind. Dazu vergleicht sie die Richtlinien über Verpackungsabfälle, Altfahrzeuge und Elektroschrott. Wo Probleme offen bleiben, werden sie durch das Primärrecht gelöst. Anschließend werden die Richtlinien auf ihre Vereinbarkeit mit dem Rückwirkungsverbot und den Grundrechten geprüft. Dabei zeigt sich die Rechtswidrigkeit von Vorschriften, die neue Marktteilnehmer zur Entsorgung „historischer" Altprodukte verpflichten. Ansonsten bestehen keine Bedenken hinsichtlich der Rechtmäßigkeit. Daher plädiert der Autor dafür, die übereinstimmenden Regelungen in einem Rechtsakt zusammenzufassen, um so die Produzentenverantwortung leichter ausweiten und ihre Anwendung vereinfachen zu können.

Diese Arbeit wurde mit dem *Procter & Gamble Umweltschutzpreis 2005* ausgezeichnet.

Aus dem Inhalt: Rücknahme und Verwertung von Altprodukten · Finanzierung von Rücknahme und Verwertung · Vorgelagerte Pflichten · Vereinbarkeit der Einbeziehung „historischer" Altprodukte mit dem Rückwirkungsverbot · Vereinbarkeit der Pflichten mit Grundrechten

Kolibri 360 GmbH
Ferdinand-Jühlke-Straße 7
99095 Erfurt, Deutschland
produktsicherheit@kolibri360.de

Druck:
CPI Druckdienstleistungen GmbH
im Auftrag der
Kolibri 360 GmbH
Ferdinand-Jühlke-Str. 7
99095 Erfurt